高等学校教材

工程化学

贾朝霞　主　编

尹　忠　段文猛　副主编

GONGCHENG
HUAXUE

化学工业出版社

·北京·

内容提要

全书共分 9 章，内容包括物质的聚集状态、化学反应的基本规律、溶液中的离子平衡、电化学基础、物质结构基础、无机材料、有机高分子材料、常用油品、化学与环境保护等。本书强化化学基础，注重化学在工程技术中的应用，知识面广，深浅适度。

本书可作为高等工科院校非化学化工类各专业的教材，也可作为非化工类工程技术人员的自学参考书。

图书在版编目（CIP）数据

工程化学/贾朝霞主编 . —北京：化学工业出版社，
2009.8（2024.9 重印）
高等学校教材
ISBN 978-7-122-06315-1

Ⅰ. 工⋯　Ⅱ. 贾⋯　Ⅲ. 工程化学-高等学校-教材
Ⅳ. TQ02

中国版本图书馆 CIP 数据核字（2009）第 122479 号

责任编辑：宋林青　金　杰　　　　　　　文字编辑：丁建华
责任校对：宋　玮　　　　　　　　　　　装帧设计：史利平

出版发行：化学工业出版社（北京市东城区青年湖南街 13 号　邮政编码 100011）
印　　装：北京科印技术咨询服务有限公司数码印刷分部
787mm×1092mm　1/16　印张 16¼　彩插 1　字数 421 千字　　2024 年 9 月北京第 1 版第 12 次印刷

购书咨询：010-64518888　　　　　　　售后服务：010-64518899
网　　址：http://www.cip.com.cn
凡购买本书，如有缺损质量问题，本社销售中心负责调换。

定　　价：39.80 元

前　言

在跨入 21 世纪的今天，随着科学技术的迅猛发展、各学科的相互交叉，社会对人才的素质提出了更高的要求。在不断运动着的物质世界里，化学变化是无所不在的，使大学生了解在他们未来从事的技术领域和社会生活中存在着一个化学世界，是高等教育中其他学科所不能代替的。因此，将化学课程作为普通高等工科院校的基础课程，以完善高级专业技术和管理人员的知识结构，提高他们的素质，开发他们的创新精神，是非常必要的。

工程化学是基础化学与工程技术相结合的交叉学科，是以现代化学基础知识、基本理论为经，以现代化学一般原理在工程技术实际中的应用为纬的教材体系，它是完善高级工程技术人员知识结构和培养能力的化学基础课程，是化学与工程技术之间的桥梁。

本教材是在我们多年从事基础化学一线教学的基础上，充分汲取已出版相关教材的特色和长处，并结合我国普通高等院校的培养目标和要求等具体情况编写的。该教材包括两大部分内容，第一部分包括物质的聚集状态、化学反应的基本规律、溶液中的离子平衡、电化学基础、物质结构基础等。第二部分包括无机材料、有机高分子材料、常用油品、化学与环境保护等。教材有如下几个方面的特点：

（1）基础理论部分由浅入深，语言浅显易懂，便于学生学习吸收，特别是普通高校工科非化学化工、非材料类专业的学生。

（2）突出了从能量变化的角度来阐明化学现象，使学生容易了解化学变化的实质。

（3）突出了化学反应基本规律在实际工程技术中的应用。如在无机材料中根据土木工程专业的需要添加了无机建筑材料等。

（4）全书适用范围较宽。可适用于机械工程及自动化工程（特别是石油机械）、过程装备与控制工程、电子信息工程、土木工程等专业使用。便于教师根据专业要求、教学对象、教学时数等具体情况选择所学内容来组织教学，而其余部分有利于学生拓宽知识面。

参加本书编写工作的有：贾朝霞教授（第 4、7 章，前言及部分习题参考答案）、尹忠教授（第 1、5、9 章）、段文猛讲师（第 2、8 章）、黄英讲师（第 3 章、附录）、邱海燕讲师（第 6 章）。

本教材在编写和试用过程中，受到了西南石油大学教务处、化学化工学院及其他相关院系各级领导和化学教研室杨林等全体教师的大力支持；梁发书教授审阅了全书，为本书提出了很多宝贵意见；在编写过程中，我们还借鉴了书末列出的参考文献，对这些文献的作者，在此一并致以衷心的感谢。

由于编者水平所限，书中疏漏和不当之处在所难免，诚望读者批评指正。

编者
2009 年 4 月

目　录

第1章 物质的聚集状态

在我们生活的物质世界中，石头、铁块等物体既坚硬又不易挥发，这就是固体。我们要喝水，水就是液体。我们要呼吸空气，空气就是气体。它们分别属于固态、液态和气态物质中的一种。你一定会毫不犹豫地说，物质有三种状态：固态、液态和气态，其实物质还有第四种状态，那就是等离子态。

在茫茫无际的宇宙空间里，等离子态是一种普遍存在的状态。宇宙中大部分发光的星球内温度和压力都很高，这些星球内部的物质差不多都处于等离子态。只有那些昏暗的行星和分散的星际物质里才可以找到固态、液态和气态的物质。

就是在我们周围，也经常看到等离子态的物质。在蜡烛燃烧的火苗里，在日光灯和霓虹灯的灯管里，在炫目的白炽电弧里，都能找到它的踪迹。另外，在地球周围电离层里，在美丽的极光、大气中的闪光放电和流星的尾巴里，也能找到奇妙的等离子态。

等离子态的物质密度跨度极大，从 10^3 个/cm^3 的稀薄星际等离子态到密度为 10^{22} 个/cm^3 的电弧放电等离子态跨越近 20 个数量级；温度分布范围则从 100K（$-173.15℃$）的低温到超高温（$10^8 \sim 10^9$ K）核聚变等离子态。

除了等离子态外，科学家还发现了"超固态"和中子态。宇宙中存在的白矮星，它的密度很大，大约是水的 3600 万到几亿倍。$1cm^3$ 白矮星上的物质就是 $100 \sim 200kg$，这是怎么回事呢？

原来，普通物质内部的原子与原子之间有很大空隙，但是在白矮星里面，压力很大，在几百万个大气压的压力下，不但原子之间的空隙被压缩了，就是原子外围的电子层也被压缩了。所以原子核和原子都紧紧地挤在一起，物质里面不再有什么空隙，因此物质密度特别大，这样的物质就是超固态。科学家推测，不但白矮星内部充满了超固态物质，在地球中心一定也存在着超固态物质。

假如在超固态物质上再加上巨大的压力，原子核只好被迫解散，从里面放出质子和中子。放出的质子在极大的压力下会与电子结合成中子。这样一来，物质的结构就发生了根本性的改变，原来的原子核和电子，现在都变成了中子。这样的状态就叫做"中子态"。

中子态物质的密度大得吓人，它比超固态物质还要大 10 多万倍。一个火柴盒那么大的中子态物质，就有 30 亿吨重，要用 96000 台重型火车头才能拉动它。

物质的聚集状态一般分为上述六种，但是，在日常生活和普通工业中，经常遇到的是气态、液态和固态，所以，我们主要讲解气态、液态和固态的一些基本性质。

1.1 气体

物质处于气态时，分子或粒子间的距离较远，相互吸引力较弱，分子无规则运动占优势。这就使得气态物质成为既无固定体积又无固定形状的一种聚集状态。基本特征是它的压缩性和扩散性。气体可扩散至任何空间，任何不同气体间可以相互均匀混合，而成为均相系统。

1.1.1 理想气体的状态方程

1.1.1.1 理想气体状态方程

从 17 世纪开始，波义尔（R. Boyle，1662）、盖·吕萨克（J. Gay-lussac，1808）及阿伏伽德罗（A. Avogadro，1881）等科学家，分别在不同特定条件下测定某些气体的物质的量 n 与它们的 pVT 性质间的相互关系，得出了对各种气体都普遍适用的三个经验定律，即

波义尔定律　　　　$PV=$ 常数　　　（n、T 恒定）

盖·吕萨克定律　　　$V/T=$ 常数　　（n、p 恒定）

阿伏伽德罗定律　　　$V/n=$ 常数　　（T、p 恒定）

他们在进行这些理论研究工作时，并没有明确的理论指导，更因技术条件的限制，实验仅在低压范围内进行，测量的精度也不高。然而，三个定律都客观地反映了低压气体服从的 pVT 简单关系。

上述三个经验定律相结合，可整理得状态方程

$$pV=nRT \tag{1-1}$$

称为理想气体状态方程。式中除 p、V、T 和 n 四个量以外，还有一个常数 R，是理想气体状态方程中的一个普遍适用的比例常数，称摩尔气体常数，或简称为气体常数。当式 p、V、T、n 分别采用法定计量单位 Pa(帕斯卡)、m^3(米^3)、K(开尔文) 和 mol(摩尔) 时，R 的单位应当是 $J \cdot mol^{-1} \cdot K^{-1}$(焦·摩$^{-1}$·开$^{-1}$)。

按照阿伏伽德罗定律，在 $0℃$，101325Pa，任何气体的摩尔体积为 $22.414dm^3$，可以计算出摩尔气体常数。

$$R=\frac{pV}{nT}=\frac{1.01325 \times 10^5 Pa \times 22.414 \times 10^{-3} m^3}{1mol \times 273.15K}$$

$$=8.314 Pa \cdot m^3 \cdot K^{-1} \cdot mol^{-1}$$

因为，$1J=1Pa \cdot m^3$，故在用于能量方面的计算时 $R=8.314 J \cdot K^{-1} \cdot mol^{-1}$。

气体方程式(1-1) 实际上是一个近似的方程式，只有在认为分子本身无体积和分子之间无体积、分子间没有作用力的气体（理想气体中才完全符合），所以方程式称为理想气体状态方程式。

【例 1-1】　$100m^3$ 容器中有理想气体 C_2H_5Cl，在 298K 时其压力为 120kPa，求 C_2H_5Cl 的物质的量和气体的密度。

解：　　　$n=\dfrac{pV}{RT}=120 \times 10^3 Pa \times 100m^3/(8.314 J \cdot K^{-1} \cdot mol^{-1} \times 298K)$

$$=4.84 \times 10^3 mol$$

$$\rho=\frac{m}{V}=\frac{nM}{V}=4.84 \times 10^3 mol \times 64.5 \times 10^{-3} kg \cdot mol^{-1}/100m^3$$

$$=3.12 kg \cdot m^{-3}$$

1.1.1.2 混合物的含量表示法

由两种或两种以上的物质组成的系统称为混合物。如空气就是气态混合物；氯化钠水溶液就是液态混合物，一般简称溶液；金（Au）和银（Ag）的混合物就是固态混合物，一般简称合金或固溶体。

混合物和溶液的性质与其含量有密切的关系，多元系统中有多种的组分表示方法，本课程中常用的有如下表示方法。

（1）物质 B 的质量分数 w_B

在混合物或溶液中，物质 B 的质量 m_B 与混合物或溶液的质量 $\sum m_i$ 之比（$i=A$、B，…，

A 为溶剂），即为物质 B 的质量分数 w_B，是量纲为 1 的量。

$$w_B = m_B / \sum_i m_i$$

若以质量分数表示则 w_B

$$w'_B = (m_B / \sum_i m_i) \times 100\%$$

（2）物质 B 的摩尔分数 x_B（物质的量分数）

在混合物或溶液中，物质 B 的物质的量 n_B 与混合物或溶液的物质的量 $\sum_i n_i$ 之比，即为物质的 B 的摩尔分数 x_B，是量纲为 1 的量。

$$x_B = n_B / \sum_i n_i$$

对于液体和固体混合物，一般用 x_B 表示，对于气体混合物，一般改用 y_B 表示。

（3）物质 B 的质量摩尔浓度 b_B

在溶液中溶质 B 的物质的量 n_B 除以溶剂 A 的质量 m_A，即为溶质 B 的质量摩尔浓度 b_B，单位为 $mol \cdot kg^{-1}$。

$$b_B = n_B / m_A$$

（4）物质 B 的物质的量浓度 c_B（简称浓度，又称体积摩尔浓度）

在溶液中，物质 B 的物质的量 n_B 除以混合物或溶液的体积 V，即为物质 B 的物质的量浓度 c_B，单位为 $mol \cdot m^{-3}$。

$$c_B = n_B / V$$

1.1.2　道尔顿定律及阿马格定律

研究混合气体的 pVT 性质时，常要用道尔顿（J. Dalton）定律与阿马格（Amagat）定律，相应有分压力与分体积两个基本概念，现分述如下。

1.1.2.1　道尔顿定律及阿马格定律

混合气体的压力是构成该混合物的各组分对压力所作贡献之和，常用作总压力。19 世纪初，道尔顿曾系统地测定了在温度 T、体积 V 的容器中，混合气体的总压力 P 与它所含各组分单独存在于同样 T、V 的容器中所产生的压力之间的关系，总结出一条仅适用于低压混合气体的经验定律，即混合气体的总压力等于各组分单独存在于混合气体中的相同温度、体积条件下产生的分压力的总和，称道尔顿定律。显然，该定律表明低压混合气体中任一组分 B 对压力的贡献与所含该气体 B 单独存在于同一容器与同样温度下产生的压力完全相同。

上述道尔顿定律的结论，很容易用理想气体模型来解释。由于理想气体分子间没有相互作用，分子本身又没有体积，物质的量为 n_B 的任何理想气体 B 在 T、V 条件下产生的压力（$n_B RT/V$）绝不会随该容器中注入其他气体而改变。此外，在 T、V 确定的情况下，理想混合气体的总压力 p 也只与混合气体的总的物质的量 n 有关，与气体的种类毫无关系。所以

$$p = \frac{nRT}{V} = (n_A + n_B + n_C + \cdots)\frac{RT}{V}$$

$$= n_A\frac{RT}{V} + n_B\frac{RT}{V} + n_C\frac{RT}{V} + \cdots$$

即

$$p = \sum_i n_i(RT/V) \quad (i = A, B, C, \cdots)$$

由于低压混合气体近似符合理想气体模型，所以必近似服从上式所示关系。这就是道尔顿经验定律得以成立的理论依据，也说明了这种加和关系并不适用于非理想气体。

　　鉴于热力学计算的需要，人们还提出了一个既适用于理想气体混合物，也适用于非理想气体混合物的分压力定义，即在总压力为 p 的混合气体中，任一组分 B 的压力 p_B 是它的摩尔分数 y_B 与混合气体总压力 p 之积，即

$$p_B = y_B p \tag{1-2}$$

　　若对混合气体中各组合的分压力求和，因 $\sum_i y_i \equiv 1$，必得

$$\sum_i p_i = p \tag{1-3}$$

　　即任的混合气体中，各组分分压力之和等于总压力。

　　若把式(1-2)所示分压定义应用于理想混合气体，则可证明其中任一组分 B 的分压力 $y_B p$ 恰好与该组分单独存在于混合气体 T、V 条件下产生的压力 $n_B RT/V$ 相等，从而由另一角度证明了道尔顿定律对理想混合气体的适用性。对非理想气体混合物来说，$p_B = n_B RT/V$ 的关系不复成立，即道尔顿定律不能适用。在此应当提醒，以往有些教材中常把混合气体任一组分单独存在于混合气体的 T、V 条件下产生的压力称为它的分压力，这与当今国内外采用的分压力定义是不一致的。

　　【例 1-2】　今有 300K、104365Pa 的湿烃类混合气体（含水蒸气的烃类混合气体），其中水蒸气的分压力是 25.5mmHg。欲得到 1000mol 脱除水以后的干烃类混合气体，试求应从湿混合气体中除去 H_2O 的物质的量 n_{H_2O} 以及所需湿烃类混合气体的初始体积 V。已知：760mmHg=101.325kPa=1atm。

　　解：湿混合气体的总压力 p=104365Pa×760mmHg/101325Pa=783mmHg。

　　设分离得 1000mol 干混合气体所含水的物质的量为 n_{H_2O}，初始的湿烃类混合气体中水的摩尔分数为 y_{H_2O}，则

$$y_{H_2O} = n_{H_2O}/[1000\text{mol} + n_{H_2O}]$$

　　按式(1-2)所示分压力定义，则有

$$y_{H_2O} = p_{H_2O}/p = n_{H_2O}/[1000\text{mol} + n_{H_2O}]$$

即　　　　　　　　　$$25.5/783 = n_{H_2O}/[1000\text{mol} + n_{H_2O}]$$

解得　　　　　　　　$$n_{H_2O} = 33.7\text{mol}$$

　　300K、104365Pa 的低压混合气体应可视为理想气体，所以初始湿混合气体中的水分压 p_{H_2O} 还应与物质量为 n_{H_2O} 的水单独于 300K 及 V 体积的初始湿混合气体的压力相等，即

$$p_{H_2O} = n_{H_2O}RT/V$$

　　把有关数据按正确单位代入上式，得

$$V = n_{H_2O}RT/p_{H_2O}$$
$$= 33.7 \times 8.314 \times 300/[25.5 \times (101325/760)]$$
$$= 24.7\text{m}^3$$

　　当然，V 也可由湿气体总压及总的物质的量 $[1000\text{mol} + n_{H_2O}]$ 来求取，此处不再一一详述。

1.1.2.2　阿马格定律及分体积

　　19 世纪阿马格在对低压混合气体的实验研究中，总结出阿马格定律及混合气体中各组分的分体积概念。他定义：混合气体中任一组分 i 的分体积 V_i 是所含 n_i 的 i 气体单独存在于混合气体的温度和总压力下占有的体积。他的实验结果表明，混合气体中各组分的分体积之和等于总体积。此结论即阿马格定律，其数学式为

$$\sum_i V_i = V \qquad (i = A, B, C, \cdots) \qquad (1\text{-}4)$$

阿马格定律仍然是理想气体 p、V、T 性质的必然结果，因为理想气体在一定温度、压力下的体积仅取决于气体的物质的量，而与气体的种类无关。按理想气体状态方程，T、p 条件下混合气体中物质的量为 n_B 的任一组分 B 的分体积 V_B 应为

$$V_B = n_B RT / p$$

对理想混合气体中各组分的分体积求和，得

$$\sum_i V_i = \sum_i n_i RT / p = nRT / p \qquad (i = A, B, C, \cdots)$$

若把式(1-4)与上二式相结合，可得

$$V_B / V = y_B \quad 或 \quad V_B = y_B V \qquad (1\text{-}5)$$

表明理想混合气体中任一组分 B 的体积分数（V_B/V）等于该组分的摩尔分数 y_B。

由于低压混合气体近似符合理想气体模型，就可以用式(1-4)至式(1-5)近似符合理想气体。如果混合气体的 p、V、T 性质已不能用理想气体状态方程来描述，这并不妨碍把分体积的定义应用于其中的各组分，其数值可用实验直接测定，或由适用的其他状态方程来计算。在这种情况下，式(1-4)所示的阿马格定律及式(1-5)所示的关系应当都不再成立，但有时候人们仍用阿马格定律作为一种近似的假设，对非理想混合气体某些性质进行估算。

【例 1-3】　某待分析的混合气体中仅含 CO_2 一种酸性组分。在常温常压下取样 $100.00cm^3$，经 NaOH 溶液充分洗涤除去其中所含 CO_2 后，于同样温度、压力下测得剩余气体的体积为 $90.50cm^3$。试求混合气体中 CO_2 的摩尔分数 y_{CO_2}。

解：设 $100.00cm^3$ 混合气体试样中 CO_2 的分体积为 V_{CO_2}，其他各组分的分体积之和为 V'。因常温常压下的混合气体一般可视为理想气体，按式(1-4)所示阿马格定律可得：

$$V_{CO_2} + V' = 100.00cm^3$$

已知混合气体除去 CO_2 后，在混合气体原有的常温常压条件下体积为 $90.50cm^3$，故

$$V' = 90.50cm^3$$
$$V_{CO_2} = (100.00 - 90.50)cm^3$$
$$= 9.50cm^3$$

由式(1-5)可知，CO_2 的摩尔分数与它的体积分数相等，即

$$y_{CO_2} = V_{CO_2} / [V_{CO_2} + V']$$
$$= 9.50 / 100.00 = 0.095$$

此例是分体积概念的一个应用实例，也就是混合气体组成分析中常用的奥氏（Orsat）气体分析器的基本原理。

1.1.3　实际气体的范德华方程

对于前面讲的理想气体，我们假设了在高温、低压的条件下，气体分子本身无体积，分子间无作用力，实际气体不是这样，分子本身有体积，分子间存在相互作用力。19 世纪末，范德华（Vander Waals）考虑了实际气体与理想气体的差异，提出在理想气体状态方程中引入两个修正项来考虑实际气体的行为。

1.1.3.1　体积修正项 b

先考虑体积项的校正，在理想气体的模型中，把分子看做是没有体积的点，在 $pV_m = RT$ 一式中，V_m 可理解为每个分子可以自由活动的空间为容器的体积。在低压下气体的密度小，分子与分子间的距离大，相对气体本身的体积可以忽略不计。而当压力较高时，气体的密度增大，分子间距缩短，分子自身的体积就不能忽略了。每个分子可以自由活动的空间

不是V_m，而应在V_m中减去反映气体分子自身所占体积的修正项b，理想气体的状态方程就应修正为

$$p(V_m - b) = RT$$

可以采用一个较粗略的方法来推论b的表达式，设想在除分子 A 外，其他分子都"冻结"在一定位置上，只有 A 在运动并不断地与其他分子相碰撞。如图 1-1 所示，今以 B 的质心为圆心，以分子的直径$d(d = 2r)$为半径画一个圆，则 A 的质心就不能进入虚线之中，这个球形禁区的体积为$\frac{4}{3}\pi(2r)^3 = 8 \times \frac{4}{3}\pi r^3$，即等于分子自身体积的 8 倍，确切地说 A 分子不能进入的区域，不是虚线所划定区域的全部，而只是该区域面对着 A 分子运动方向的那一半（即实际上对 A 分子来说，它的活动禁区不是分子自身体积的 8 倍，而是 4 倍），这当然只是一个粗略的估计，b是一个大于零的量，是气体的特性常数，单位是$dm^3 \cdot mol^{-1}$，常见气体的b值列于表 1-1 中。理想气体的摩尔体积是V_m，而实际气体的自由活动空间就为$(V_m - b)$了。

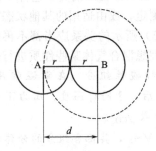 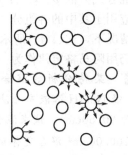

图 1-1　分子间的碰撞与有效半径　　　　图 1-2　分子间吸引力对所产生压力的影响

1.1.3.2　压力修正项a

再考虑压力的修正，分子之间的引力是一个短程力，即有一定的作用距离，超出这个距离就可以认为分子间没有引力（或引力可忽略不计）。如图 1-2 所示，当某分子 A 在容器的内部时，它受到周围分子的作用是均匀的，联合作用的合力互相抵消而等于零。但对靠近容器壁的分子，情况就不同了，它周围的分布不对称，受到后面所有气体分子的吸引，有一个合力f，其方向是指向容器的内部，相当于对靠近器壁的分子有一种向内的拉力，因此有时也称为内压力。正是f，其方向是指向容器的内部，相当于对靠近器壁的分子在垂直于器壁方向的动量减少，因而使器壁方向的动量减少，因而使器壁承受的压力比不计分子间吸力作用时（即理想气体时）的压力相应地减少了。对于某一个分子来说，f是大小与其身后的单位体积中的分子数 N 成正比（即分子数愈多，后拉力愈大）。气体分子对器壁的压力是全部分子对器壁碰撞所表现出来的宏观现象，因此不能只考虑某一个分子而应考虑单位体积中全部分子的碰撞，即与单位体积中的分子数的平方N^2成正比，所以$p_内 \propto N^2$，分子数 N 与分子密度ρ成正比，密度又与摩尔体积V_m成反比，即$N^2 \propto \rho^2$，$\rho^2 \propto \frac{1}{V^2}$也就是$p_内 \propto \frac{a}{V_m^2}$，$a$是比例常数。

先将修正后的体积$(V_m - b)$代入理想气体状态方程，则$p = \frac{RT}{V_m - b}$，考虑压力修正项后，由于分子间存在作用力，减少了气体分子施于器壁的压力，所以应从上述压力$p = \frac{RT}{V_m - b}$中减去一个内压力$p_内 = \frac{a}{V_m^2}$，即

$$p=\frac{RT}{V_m-b}-\frac{a}{V_m^2}$$

移项得：

$$\left(p+\frac{a}{V_m^2}\right)(V_m-b)=RT \tag{1-6}$$

对于 n 摩尔气体：

$$\left(p+\frac{n^2a}{V^2}\right)(V-nb)=nRT \tag{1-7}$$

式(1-6) 和式(1-7) 称为范德华方程，a 和 b 是两个常量（称为范德华常数），它们是气体物质的特性常数，一些气体的 a，b 数值和临界常数列在表 1-1 中。

表 1-1 某些气体物质的临界常数与范德华常数

项 目	H₂	N₂	CO	O₂	CO₂	NH₃	Cl₂	H₂O(g)
$a/10^{11}Pa\cdot cm^6\cdot mol^{-2}$	0.248	1.368	1.499	1.388	3.657	4.255	6.58	5.52
$b/cm^3\cdot mol^{-1}$	26.7	38.6	39.6	31.9	42.8	37.4	56.2	30.4
T_c/K	33.25	126.05	134.45	154.34	304.15	405.4	417.15	647.95
$p_c/10^5Pa$	12.96	33.98	34.95	50.36	73.86	112.8	77.1	221.4
T_b/K	20.31	77.34	81.65	90.18	194.65	293.75	239.2	373.5
$Z_c=p_cV_c/RT$	0.305	0.292	0.294	0.305	0.275	0.243	0.275	0.230
T_b/T_c	0.613	0.613	0.608	0.586	0.640	0.592	0.575	0.577

注：下标 c 表示临界状态；T_b 为沸点温度。

实际气体的状态方程除范德华方程外，还有其他 500 多个，下面仅举二例。

贝塞罗（Berthelot）状态方程式：

$$pV_m=RT\left[1+\frac{9}{128}\times\frac{pT_c}{p_cT}\left(1-\frac{T^2}{T^2}\right)\right] \tag{1-8}$$

式中，T_c 和 p_c 分别为临界温度和临界压力。

维里（Virial）状态方程式：

$$pV_m=RT(1+B'p+C'p^2) \tag{1-9}$$

式中，B' 和 C'…分别为第 2，第 3，…维里系数。

【例 1-4】 用理想气体状态方程、范德华方程计算丁烷在 522.1K，4053kPa 的摩尔体积，并与实验测定值 0.845dm³ 比较。

解：（1）由理想气体状态方程

$$V_m=\frac{RT}{p}=\frac{8.314\times522.1}{4.053\times10^6}m^3/mol=1.071dm^3/mol$$

相对误差=$[(1.071-0.845)/0.845]\times100\%=26.75\%$

（2）再由范德华方程查出丁烷：$a=1.466Pa\cdot m^6\cdot mol^{-2}$，$b=1.226\times10^{-4}m^3\cdot mol^{-1}$

用牛顿迭代法解出：$V_m=0.795m^3/mol$

相对误差=$[(0.795-0.845)/0.845]\times100\%=-5.92\%$

1.2 液体和溶液

1.2.1 液体的一般特性

当气态物质冷到一定温度时，可凝聚为液体。液体有固定的体积，但因为有流动性故没有固定的形状。气体和液体统称为流体。液体分子远比气体分子更紧密地聚集在一起，因此液体分子之间的自由空间很小，压力和温度对液体体积的影响远不如对气体的影响那么大。

1.2.1.1 液体的蒸气压和大气的湿度

如果把一杯液体如水放在一个密闭容器中，液面上那些能量较大的分子就会克服液体分子间的引力从表面逸出，成为蒸气分子，这个过程叫蒸发，蒸发是吸热过程。与此同时，蒸发出来的蒸气凝聚，凝聚是放热过程。当温度一定时，蒸发速率是恒定的，随着蒸发的进行，蒸气浓度逐渐增大，因而凝聚速率也逐渐增大。最后当凝聚速率增大到与蒸发速率相等时，即单位时间内液体变为蒸气的分子数等于蒸气凝聚为液体的分子数，液体和它的蒸气就处于平衡状态。

这时，该液体与其蒸气的系统包括有液体和气体两部分，各有着一些不同的物理性质。系统中任何具有相同的物理性质和化学性质的部分叫做相，相与相之间有明确的界面隔开。上例的液体是一个相，叫做液相；蒸气又是一个相，叫做气相。上述这种存在在于两相之间的平衡叫做相平衡。

在一定温度下，达到气液平衡时，蒸气所具有的压力称为该温度下液体的饱和蒸气压，或简称蒸气压，表 1-2 列出一些常见液体的蒸气压。

表 1-2　一些液体的蒸气压（20℃）

液　体	水	乙醇	苯	乙醚	汞	液氨
蒸气压/Pa	2337.8	5852.6	9959.2	57552.6	0.16	860046.6

可见不同的液体蒸气压相差很大，这说明蒸气压的大小与液体的本性有关。在一定温度时每一种液体的蒸气压是恒定的。蒸气压与温度有关，与液体的量无关。

通常将常温下蒸气压较小的物质称为难挥发物质，如蔗糖、食盐、甘油、硫酸等；蒸气压较大的物质称为易挥发物质，如乙醇、乙醚、苯等。

蒸发过程是吸热过程，饱和蒸气压总是随着温度升高而增大。将液体的蒸气压对温度作图，就可得到该物质的蒸气压曲线。表 1-3 列出不同温度下水的蒸气压。

表 1-3　不同温度下水的蒸气压

温度/℃	蒸气压/kPa	温度/℃	蒸气压/kPa	温度/℃	蒸气压/kPa
0	0.616	27	3.55	70	31.2
10	1.23	30	4.24	80	47.3
15	2.06	40	7.38	90	70.1
20	2.34	50	12.3	100	101.3
25	3.17	60	19.9	120	198.3

在我们赖以生存的地球表面自下而上有 3/4 为水所覆盖，由于液态水的蒸发或冰的升华会转变为水蒸气，因此水蒸气是空气中不可忽视的组成成分。水蒸气的含量多少，即常说的大气的干湿程度，简称为湿度。单位体积空气中所含水蒸气的质量称为相对湿度，常用 $1m^3$ 空气中所含水蒸气的质量（g）来表示。例对在 20℃时，空气中的水蒸气达到饱和时，每立方米空气中含有的水蒸气质量可以从气态方程式(1-1)求得：

$$m_{H_2O}(g) = \frac{pVM_{H_2O}}{RT} = \frac{2.33 \times 10^3 \times 1 \times 18.01}{8.314 \times 293.2} = 17.2(g)$$

空气中实际所含的水蒸气密度 ρ 和同温度下饱和蒸气的百分比值称为相对湿度。根据理想气体状态方程有

$$\frac{m}{V} = \frac{pM_{H_2O}}{RT} = \rho$$

由上式知：当温度 T 一定时，蒸气密度 ρ 与蒸气压 p 成正比，因此相对湿度也等于实

际水蒸气压力和同温度下饱和水蒸气的百分比值：

$$相对湿度 = \frac{p_{H_2O(实)}}{p_{H_2O(饱)}} \times 100\%$$

例如 25℃ 时水的饱和蒸气压为 $3.17 \times 10^3 Pa$，而 25℃ 时某地的实际水蒸气压力为 $2.15 \times 10^3 Pa$，则此时的相对湿度为：

$$相对湿度 = \frac{p_{H_2O(实)}}{p_{H_2O(饱)}} \times 100\% = 68\%$$

1.2.1.2　液体的沸点和凝固点

在开口容器中对液体加热时，蒸气压随着温度升高而增大。当某液体的蒸气压等于外界压力时，汽化不仅在液面上进行，并且在液体内部发生，液体内部不断产生蒸气气泡的现象叫做沸腾。液体在沸腾的温度也就是液体的沸点。从相平衡的观点来定义：液体的蒸气压等于外界压力时的温度叫做沸点。例如 100℃ 时水的蒸气压为 101325Pa。所以当外界压力为 101325Pa 时，水的沸点为 100℃。

在一定的外界压力下液体有一定的沸点，只有改变外压，才能改变液体的沸点。增大外压使沸点升高；相反地降低外压，可使液体在较低温度下沸腾。例如西藏高原的气压低，在 100℃ 以下水就沸腾；珠穆朗玛峰高达 8884m，峰顶大气压力只有 32.4kPa，水在 71℃ 就沸腾了。生产上常用减压蒸馏、真空制盐等来达到降低沸点、节约能源的目的。通常在不指明外压，即外界压力为 101325Pa 时，液体的沸点叫做正常沸点，以 bp(boiling point) 表示。

当液体冷却到一定温度时，液体变为固体时的温度称为凝固点，此时固、液两相共存。把在一定外压下，纯净液体的液相（如水）与其固相（如冰）处于平衡状态时的温度称凝固点。以 fp(freezing point) 表示。当外压为 101325Pa 时，物质的凝固温度叫正常凝固点。在外压为 101325Pa 时，0℃ 水的蒸气压为 611Pa，冰的蒸气压 611Pa，正好相等，因此纯水的凝固点为 0℃，水的凝固点也叫做冰点。

1.2.2　稀溶液的通性

溶液是一种物质以分子或离子状态分散在另一种物质中所构成的均匀而稳定的系统。这个定义可适用于任何聚集状态，包括气态溶液（如空气）、液态溶液（如蔗糖水）和固态溶液（如某些合金）。通常所谓的溶液是指液态溶液。所有溶液都是由溶质和溶剂组成。溶液是一种介质，在其中均匀地分布着溶质分子或离子。但溶质与溶剂只是相对的意义。当气体或固体溶解在液体中，通常把气体或固体称为溶质。液体称为溶剂。如果是液体溶解于液体中，常把量较少的称为溶质，量较多的称为溶剂。水是最常用的溶剂，水溶液常简称为溶液，如氯化钠溶液、蔗糖溶液等。酒精、汽油、液氨等也可作溶剂，所得溶液为非水溶液。

物质在形成溶液时，往往有能量的变化，如 KOH(s) 溶于水放热，而 $NH_4NO_3(s)$ 溶于水则是吸热。物质在形成溶液时也常有体积的变化，如酒精溶于水，总体积缩小；苯和酚醛混合后总体积增大。这些都表明溶质和溶剂间有着某种化学作用发生，因此溶液与化合物有些相似。但化合物有一定组成，而溶质和溶剂的相对含量在很大范围内是可以改变的；此外溶液中每种成分还多少保留着原有的性质，因此溶液又与混合物有些相似。综合上述，可以说溶液是介于化合物与混合物之间的一种状态。

溶液在工农业生产、科学实验和日常生活中都起着十分重要的作用。自然界中一切生命现象都与溶液密切相关，许多化学反应都是在溶液中进行。在油气田生产中，所使用的酸化液，及活性水等都是以溶液方式进行的。可见溶液应用广泛，因此了解溶液的性质是非常重要的。

我们把溶质的量极少的溶液称为稀溶液，稀溶液有其自己的特性。人们都知道，纯水在101325Pa下，100℃时沸腾，0℃时结冰，而海水却高于100℃沸腾，低于0℃时才结冰；生活在海水里的鱼类不能在淡水中生活等。这些现象的原因是什么呢？

不同的溶质或溶剂组成的溶液往往有不同的性质，例如溶液的颜色、导电性、密度、黏度、酸碱性等。但所有难挥发溶质的溶液都具有一些共同的性质，例如溶液的蒸气压下降、沸点上升、凝固点下降以及溶液的渗透压等。当溶液的浓度较稀时，这些性质都与溶液中溶质的粒子数有关，而与溶质的本性无关，所以这类性质叫稀溶液的四个依数性。又叫稀溶液的通性。

1.2.2.1 溶液的蒸气压降低

一定温度下，水的饱和蒸气压是一个定值。如果在水中加入一种难挥发的溶质，溶液的蒸气压将会发生什么变化呢？

将等体积的水和糖水各一杯放在密闭的钟罩里（图1-3），经过一段时间以后，发现水的体积减小了，糖水的体积增大了，水自动地转移到糖水里去了。这里由于溶液和纯溶剂的蒸气压不同而形成的。

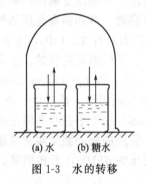

(a) 水   (b) 糖水

图1-3 水的转移

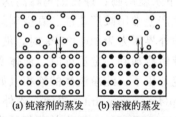

(a) 纯溶剂的蒸发   (b) 溶液的蒸发

图1-4 纯溶剂和溶液的蒸发示意图

○溶剂分子；● 溶质分子

当水中加入难挥发溶质以后，溶液的表面或多或少地被溶质（严格说是溶质的溶剂化物）占据着，减小了单位面积上溶剂的分子数。因此，同一温度下，溶液表面上单位逸出液面的溶剂分子（水分子）数，相应地比纯溶剂减小。图1-4表示纯溶剂和溶液在密闭容器内的情况。在一定温度下，溶液液面单位体积内溶剂分子的数目比纯溶剂少，即达成平衡状态时，溶液液面上单位体积内溶剂分子数目比纯溶剂少，即溶液的蒸气压比纯溶剂低。

因此，在密闭的钟罩空间内的水蒸气，对于纯水是饱和蒸气，但对于糖水来说则是过饱和蒸气，从而在糖水的表面增加了水蒸气凝聚的速度，水在糖水表面凝聚，使蒸气压降低并逐渐接近糖水的饱和蒸气压。然而，这时的蒸气压，对于纯水来说又成为不饱和，蒸气和凝聚的平衡被破坏，蒸气速度大于凝聚速度，促使更多的水分子蒸发成蒸气。水从水面上不断蒸发，并在糖水表面上不断凝聚。结果水不断从杯（a）自动转移到杯（b），这种转移速度逐渐减慢，但在理论上直到完全转移为止。

在同一温度下，难挥发溶质的溶液蒸气压（实际上是指溶液中溶剂的蒸气压）总是低于纯溶剂的蒸气压。图1-5中溶液的蒸气压曲线 bb' 低于纯溶液的蒸气压曲线 aa'。纯溶剂蒸气压和溶液蒸气压的差值叫

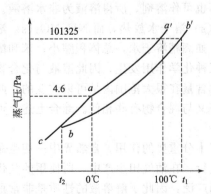

图1-5 溶液的沸点升高、凝固点降低

做溶液蒸气压下降 Δp。溶质的粒子数愈多，溶液的蒸气压愈低，即溶液的蒸气压下降得就愈多。

1887 年，法国物理学家拉乌尔根据实验结果得出下列定律：在一定温度下，难挥发非电解质稀溶液的蒸气压下降和溶解在溶剂中的溶质的摩尔分数成正比，而与溶质的本性无关。这个定律称拉乌尔定律。

由溶剂 A 和溶质 B 组成的溶液，拉乌尔定律的数学表示式为

$$p_A = p_A^* x_A$$

$$x_A + x_B = 1$$

$$p_A = p_A^* (1 - x_B) = p_A^* - p_A^* x_B$$

$$\Delta p = p_A^* - p_A = p_A^* x_B = p_A^* \frac{n_B}{n_A + n_B} \tag{1-10}$$

式中　Δp——溶液的蒸气压下降；

　　　　p_A^*——纯溶液的蒸气压；

　　　　n_A——溶剂的物质的量；

　　　　n_B——溶质的物质的量。

$\dfrac{n_B}{n_A + n_B}$ 为溶质的摩尔分数，对稀溶液来说，溶剂的物质的量远大于溶质的物质的量，即 $n_A + n_B \approx n_A$。所以

$$\frac{n_B}{n_A + n_B} \approx \frac{n_B}{n_A} \quad 则 \quad \Delta p = \frac{n_B}{n_A} p_A^*$$

在一定温度下，对一种溶剂来说，p_A^* 为定值；如果溶剂的质量一定（规定为 1000g），则 n_A 也是定值，此时 Δp 与 n_B 成正比。

如果以水为溶剂，溶解于 1000g 水（即 55.56mol）中的溶质的物质的量 n_B，就等于溶液的质量摩尔浓度 b_B。则

$$\Delta p = \frac{p_A^*}{55.56} b_B = K b_B \tag{1-11}$$

所以，拉乌尔定律可以表示为：在一定温度下，难挥发非电解质稀溶液的蒸气压下降与溶液的质量摩尔浓度（b_B）成正比。

1.2.2.2　溶液的沸点升高

一切纯净的（晶体）物质都有一定的沸点和凝固点，溶液则不一定。难挥发溶质的溶液，沸点比纯溶剂低。这都是由于溶液蒸气压下降引起的，现分别说明如下。

如果水加入难挥发的溶质时，由于溶液的蒸气压下降，在 100℃ 时，溶液的蒸气压低于 101325Pa，因而水溶液不能沸腾，只有继续加热升高温度，使溶液的蒸气压达到 101325Pa（图 1-5），当温度为 t_1℃ 时，溶液的蒸气压等于 101325Pa，此溶液才能沸腾，因此，溶液的沸点总是高于纯溶剂的沸点。海水的沸点高于 100℃ 也就是这个道理。

溶液沸点升高的根本原因是溶液的蒸气压下降，而蒸气下降的程度仅与溶液的浓度有关，因此，溶液沸点升高的程度也只与溶液的浓度有关，而与难挥发的本性无关。

根据拉乌尔定律，难挥发非电解质稀溶液的沸点升高和溶液的质量摩尔浓度成正比。它的数学表示式为：

$$\Delta t_b = K_b b_B \tag{1-12}$$

式中　K_b——溶剂的沸点上升常数；

　　　　b_B——质量摩尔浓度；

Δt_b——溶液沸点上升的温度。

当 $m=1$ 时，$\Delta t_b=K_b$。因此某溶剂的沸点上升常数的数值等于 1mol 溶质溶于 1000g 该溶剂中所引起沸点上升的温度。不同溶剂的 K_b 值不同（表 1-4）。

表 1-4 几种溶剂的沸点上升常数

溶 液	沸 点/℃	K_b	溶 液	沸 点/℃	K_b
水	100	0.512	三氯甲烷	60.19	3.63
苯	80.15	2.53	萘	218.0	5.80

1.2.2.3 溶液的凝固点降低

0℃时，水和冰的蒸气压相等，两相共存，0℃即为水的凝固点。如果在水中加入难挥发的溶质，引起溶液的蒸气压下降，在 0℃时，溶液的蒸气压必然低于冰的蒸气压，由于冰的蒸气压高于溶液的蒸气压，冰就会融化为水，融化过程中必然要吸收热量，使系统温度降低，由图 1-5 可见 ac 曲线是冰的蒸气压曲线，它比溶液蒸气曲线 bb' 陡，说明冰的蒸气压随温度的降低而减小的幅度比溶液蒸气压的幅度大，温度降低到 t_2 时，溶液的蒸气压等于冰的蒸气压，开始有冰析出的 t_2 即为溶液的凝固点，显然，溶液的凝固点比纯水的低。溶液凝固点降低的程度也仅决定于溶液的浓度。

难挥发的非电解质稀溶液的凝固点下降与溶液的质量摩尔浓度成正比，而溶质的性质无关。它的数学表示式为：

$$\Delta t_f=K_f b_B \tag{1-13}$$

式中 Δt_f——溶液凝固点下降的温度；

b_B——质量摩尔浓度；

K_f——凝固点下降常数。

凝固点下降常数也就是 1mol 溶质溶于 1000g 该溶剂中所引起凝固点下降的温度。不同溶剂有不同的 K_f 值（表 1-5）。

表 1-5 几种溶剂的凝固点下降常数

溶 液	凝固点/℃	K_f	溶 液	凝固点/℃	K_f
水	0.0	1.88	萘	80.0	6.9
苯	5.4	4.9	溴乙烯	10.0	12.5

根据沸点上升和凝固点下降与浓度的关系可以测定溶质的分子量。由于凝固点下降常数比沸点上升常数大，实验误差可以较小，而且在达到凝固点时，溶液中晶体析出，现象明显，容易观察，因此利用凝固点下降测定分子量的方法应用很广泛，现举例如下。

【例 1-5】 溶解 2.76g 甘油于 200g 水中，测得凝固点为 −0.279℃，已知水的 K_f = 1.86，求甘油的分子量。

解：设甘油的分子量（摩尔质量）为 M

在 1000g 水中溶解甘油的质量 $=2.76\times\dfrac{1000}{200}=13.8g$

甘油的质量摩尔浓度 $b_B=\dfrac{13.8}{M}$

因为 $$\Delta t_f=K_f b_B$$

所以 $$M=\frac{1.86\times13.8}{0.279}=92.0\ (g\cdot mol^{-1})$$

故甘油的分子量为 92.0g·mol^{-1}。

溶液的凝固点降低具有广泛的应用。例如在严寒的冬天，汽车散热水箱中加入甘油或乙二醇等物质，可防止水结冰。食盐和冰的混合物可以作冷冻剂，这是因为食盐溶解在冰表面的水中成为溶液，溶液的蒸气压低于冰的蒸气压，使冰融化，冰在融化过程中吸收大量的热能，因此使温度降低。

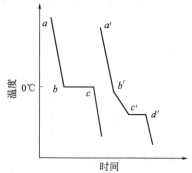

利用冰盐混合物可以得到多低的温度呢？当纯水冷却到0℃时，如设法避免过冷现象，冰即开始析出（图1-6的 b 点），直到水全部结成冰（c 点），温度始终维持在0℃（bc 线平行于横坐标）。溶液的冷却过程则完全不同，当温度下降到它的凝固点（b′，在0℃以下）时，冰开始析出，随着冰的不断析出，溶液的浓度不断增大，凝固点也因此而下降（b′c′）直到成为饱和溶液。冰和盐成为低共熔混合物从溶液中析出，这时的温度称低共熔点，它不再下降（c′d′），直到溶液全部变为固体为止（d′）。食盐溶液的低共熔点为 −22.4℃，组成

图 1-6　水和溶液的冷却曲线

为100g水和30g食盐。通过上面的分析可见，用冰盐混合物作冷冻剂最低温度可达−22.4℃。

其他盐溶液的冷却过程和食盐溶液的冷却过程相似，但不同的盐溶液的低共熔点和低共熔混合物的组成各不相同，氯化钙溶液的低共熔点为 −55℃，组成为100g 水和 42.5g $CaCl_2$。可见，用氯化钙作冷冻剂可以得到更低的低温。

1.2.2.4　溶液渗透压

渗透必须通过一种膜来进行，这种膜具有适宜的细孔，它只允许溶剂分子通过，而不允许溶质分子通过，这样的薄膜叫做半透膜。如动物的膀胱、肠衣、植物细胞壁以及人造羊皮纸、硝化纤维膜、火棉胶等，都具有半透膜的性质。

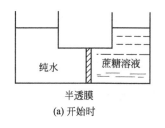

(a) 开始时

(b) 水分子由纯水向蔗糖溶液中渗透

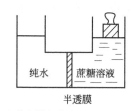

(c) 施加最小外压阻止渗透作用进行

图 1-7　渗透和渗透压

如果用一种柔韧的半透膜把水和蔗糖溶液隔开［图1-7(a)］，纯水将通过半透膜向蔗糖溶液中扩散，结果使蔗糖溶液体积增大，液面上升［图1-7(b)］。这种溶剂分子通过半透膜的单方向扩散现象叫做渗透。渗透现象表明，水从蒸气压较高的部位移向蒸气压较低的部位。

由于渗透作用，蔗糖溶液的体积逐渐增大，液面逐渐上升。随着溶液的液面升高，所产生的多余压力使溶液中水分子通过半透膜进入纯水的速率增大。当压力达到一定数值时，在单位时间内，水分子从两个相反的方向通过半透膜的数目彼此相等，即达到渗透平衡。达到平衡时，溶液的液面不再升高，这时溶液与溶剂两端的压力差就是渗透压。如图1-7(c) 所示，外加一定的压力后，就可阻止渗透作用的进行。阻止渗透作用而施加于溶液的最小外压也就是渗透压。渗透压只有当溶液与溶剂用半透膜隔开时才显示出来。膜内外两种溶液浓度不同也会产生渗透压；如果膜内外两种溶液浓度相等，则不会产生渗透压。

　　1886 年荷兰物理化学家范特霍夫（J. H. Vant. Hoff）根据实验结果发现两项规律：当温度一定时，难挥发的非电解质稀溶液的渗透压和溶液的浓度成正比；当浓度不变时，稀溶液的渗透压和绝对温度成正比。若以 Π 表示渗透压，c 表示溶液浓度，T 表示热力学温度，n_B 表示溶质的物质的量，V 表示溶液的体积，则

$$\Pi V = n_B RT$$

或

$$\Pi = \frac{n_B}{V} RT = c_B RT \tag{1-14}$$

　　这个关系式稳固为范特霍夫方程，它与气体状态方程式极为相似，R 的数值也完全一样。应当指出，产生的渗透压的原因与气体产生压力的原因是完全不相同的。气体的压力是由于它的分子运动碰撞容器壁而和产生的；溶液的渗透压是和溶液的蒸气压下降密切相关的现象。

　　渗透现象在自然界和动植物体内广泛存在，并具有重要意义。有机体的细胞膜大多具有半透膜的性质，而使生物赖以生存。如植物的细胞液的渗透压可达 $2 \times 10^7 Pa$，所以古树参天，水可从植物的根部运送到甚至高达数十米的顶端。又如人体血液的渗透压约为 $7.8 \times 10^5 Pa$。如果食物过咸或排汗过多，使组织中的渗透压升高，就会感觉到口渴；饮水后，可减少组织中可溶物的浓度而使渗透压降低。如果对人体进行肌肉注射或静脉输液时，要求输入的溶液的渗透压与血液的渗透压相等（等渗输液），否则会发生异常的生理反应，甚至危及生命。再如在淡水中游泳时，眼球容易"红涨"，腌制的或蜜饯的食物不易腐坏也与渗透现象有关。近几十年来渗透现象也逐渐应用在工业上和科学研究上。

　　(1) 反渗透　　如果外加一大于渗透压的力，即 $p > p_{渗}$（图 1-8）则水分子将由溶液向纯水中渗透，这个过程叫做反渗透。反渗透是 20 世纪 60 年代发展起来的一项新技术。工业上利用反渗透可以进行海水淡化、工业废水处理、重金属盐的回收和溶液的浓缩等。如用反渗透法来淡化海水所需能量仅为蒸馏法所需能量的 30%，因此，有人认为这种方法很有发展前途，主要问题在于制备耐高压的半透膜。

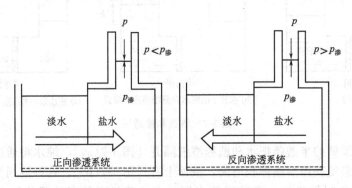

图 1-8　反渗透法净化水

　　(2) 测定高分子物质的摩尔质量　　由非常稀的已知浓度溶液和渗透压可计算溶质的摩尔质量

　　【例 1-6】将 20.0g 血红蛋白溶于水中并配成 $250 cm^3$ 溶液，在 18℃ 时测得该溶液的渗透压为 $2.84 \times 10^3 Pa$，试求血红蛋白的摩尔质量。

　　解：根据式(1-14)　　$V = 250 \times 10^{-6} m^3$　　$T = (273 + 18)K = 291K$

$$\Pi V = n_B RT = \frac{m_{质}}{M_{质}} RT$$

则 $\quad M_质=\dfrac{m_质 RT}{\Pi V}=\dfrac{20.0\times 8.314\times 291}{2.84\times 10^3\times 250\times 10^{-6}}\mathrm{g \cdot mol^{-1}}=6.82\times 10^4\,\mathrm{g \cdot mol^{-1}}$

即血红蛋白的摩尔质量为 $6.82\times 10^4\,\mathrm{g \cdot mol^{-1}}$

总结上述各项稀溶液通性，可以归纳得出一个结论：非电解质难挥发溶质的稀溶液的性质（溶液的蒸气压下降、沸点上升、凝固点下降和渗透压）与一定量溶剂中所溶解的溶质的物质的量成正比，这个定律叫做稀溶液定律。由于稀溶液的性质只与溶质的粒子数有关，而与溶质的本性无关，故又叫依数定律，以上性质又称为稀溶液的四个依数性。

稀溶液定律仅适用于难挥发的非电解质的稀溶液。如果不符合上述 3 个条件，溶质的本性对稀溶液性质的产生影响。不论是电解质溶液还是非电解质溶液，不论是浓溶液还是稀溶液，也都具有以上的现象。现将其影响分析如下。

（1）溶质不是难挥发的，将对 Δp，ΔT_{dp} 产生影响。因为溶质也挥发，蒸气压可能升高，沸点要降低，如乙醇溶于水中，Δp 升高，ΔT_{dp} 降低。对凝固点下降和渗透压，可以不考虑溶质是否挥发。

（2）若是浓溶液，由于溶质的微粒较多，溶质微粒之间相互影响以及溶质微粒与溶剂分子之间的相互影响大大加强，使稀溶液定律的定量关系产生偏差。浓度越大，影响越大，按公式计算出来的误差越大。但总的来说，溶液的上述性质与一定量溶剂中所溶解溶质的粒子数成正比。

（3）溶质项是电解质，与溶质的本性有关。由于电解质的电离，使单位体积内溶质的粒子数（包括离子和分子的总数）增多，实测的数值将随之增大（见表 1-6）

表 1-6　几种电解质浓度为 $0.100\,\mathrm{mol \cdot kg^{-1}}$ 时在水溶液中的 i 值

电解质	观察到的 $\Delta T'_{fp}/K$	按拉乌尔公式计算的 $\Delta T_{fp}/K$	$i=\dfrac{\Delta T'_{fp}}{\Delta T_{fp}}$
NaCl	0.348	0.186	1.81
HCl	0.355	0.186	1.91
K_2SO_4	0.458	0.186	2.46
CH_3COOH	0.188	0.186	1.01

【例 1-7】 将下列溶液按照其凝固点的高低顺序排列

（a）$1\mathrm{mol \cdot kg^{-1}}\,NaCl$；（b）$1\mathrm{mol \cdot kg^{-1}}\,H_2SO_4$；（c）$1\mathrm{mol \cdot kg^{-1}}\,C_6H_{12}O_6$；（d）$0.1\mathrm{mol \cdot kg^{-1}}\,CH_3COOH$；（e）$0.1\mathrm{mol \cdot kg^{-1}}\,NaCl$；（f）$0.1\mathrm{mol \cdot kg^{-1}}\,CaCl_2$；（g）$0.1\mathrm{mol \cdot kg^{-1}}\,C_6H_{12}O_6$。

解：总的说来，溶质的粒子数越多，凝固点下降得越多，凝固点越低；反之，溶质的粒子数越少，凝固点下降就越小，凝固点越高。$1\mathrm{mol \cdot kg^{-1}}$ 与 $0.1\mathrm{mol \cdot kg^{-1}}$ 比较，前者粒子数多，凝固点低。同一浓度，非电解质凝固点较高，弱电解质次之，强电解质较低。因此，上述水溶液按照其凝固点由高到低的顺序为：

$$(g)>(d)>(e)>(f)>(c)>(a)>(b)$$

1.3　固体

当液体冷却到一定温度，便凝结为固体。固体不仅具有一定的体积，而且还具有一定的几何形状，同时表现出刚性、高的密度和不易压缩的特性。这说明组成固体的粒子紧密地联系在一起，不容易自由运动，只能在一定位置上作很小幅度的振动。和液体相似，固体内部粒子所受的作用力相互抵消，而表面上的粒子所受的力不对称，表面存在自由力场。因此，所有固态物质都具有不同程度的吸附能力，这是固态物质产生润滑、黏结和催化作用的原因。

自然界的物质中，固体占绝大多数。工程材料是以固态物质为主要对象的。

1.3.1 晶体和非晶体

用 X 射线研究固体结构表明，固体可分为晶体和非晶体（或叫无定形体）两大类。自然界中绝大多数的固态物质是晶体，例如矿石、金属、食盐、明矾等。在晶体中微粒的排列很不规则，与液体中的微粒排列相似，所以非晶体常可看成是黏度很高的过冷液体。

（1）从外观上看，晶体具有整齐的、有规则的几何形状。例如食盐结晶呈立方体形，如图 1-9(a) 所示；明矾结晶呈正八面体形，如图 1-9(b) 所示。有些晶体由于粒子太小，外表看为粉末状，但在显微镜下观察，仍能看出它具有整齐规则的几何外形。而无定形物质的外形却是不规则的。

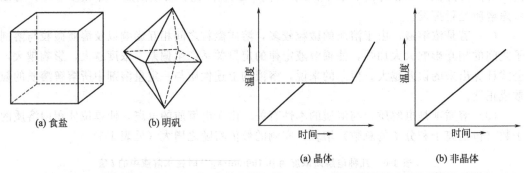

| (a) 食盐 | (b) 明矾 | (a) 晶体 | (b) 非晶体 |

图 1-9 晶体的形状 　　　　 图 1-10 固体加热熔化时的升温曲线示意图

（2）晶体的各向异性。晶体的许多物理性质，例如解理性、光学性质、导电性、导热性、溶解作用等，在晶体的不同方向测定时是各不相同的，叫做各向异性。例如石墨晶体在不同方向的导电能力相差很大；云母晶体在不同方向上的强度相差很远，容易沿着某一方向的平面分裂成薄片。而无定形物质不同，它和液体相似，都表现为各向同性。

（3）晶体有固定的熔点，而非晶体没有固定的熔点，只有软化温度范围。如果将晶体加热，当温度升高到某一定值（达到晶体的熔点）时，晶体开始熔化，系统的温度保持不变，直到晶体全部熔化后温度才重新上升，其全过程的时间-温度曲线［如图 1-10(a) 所示］为一折线。如果将非晶体加热，温度会持续上升，固体先变热，后慢慢变软开始流动，最后完全变成液体，它的时间-温度曲线［如图 1-10(b) 所示］为一直线。

应该指出：晶体和非晶体并非两种截然不同的物质。由于条件不同，同一物质可以形成晶体，也可以形成非晶体。例如二氧化硅可以形成晶体的石英，也可形成非晶体的石英玻璃。纯石英是无色晶体，棱柱状的、大而透明的石英称为水晶。

1.3.2 液晶

某些固体的有机化合物加热后，并不直接溶解为液态，而是在一定温度范围内（例如在 $T_2 \sim T_1$ 的范围内）经历一个介于固、液二态之间的过渡状态。在低于 T_1 时，它是固体，在高于 T_2 时它是液体，处于中间的这种过渡状态的物质，称为液晶（liquid crystal）。顾名思义，它既具有液体的性质也具有晶体的性质，它有液体的流动性。例如，胆甾醇苯甲酸酯 $C_6H_5CO_2C_{27}H_{45}$，在 419K 时开始熔化，直到 452K 时才变成液体，在 419～452K 之间形成不透明的液晶。此类物质的光学、电学性质和液体不同，很像晶体，是各向异性的（anisotropy）。

液晶的分子往往呈狭长的形状，即分子的长度比宽度大得多。而且常含有 1～2 个极性基团（例如—NH$_2$ 或 $\rangle$CO基团），输入的能量首先用于克服范德化引力，继而再克服极性基团之间的引力，最终变为液态。在一定温度范围内，这些分子虽不像晶体那样有严格的点阵结构，但它也可以沿着某个特定方向有序地排列起来，并能在宏观上表现出像晶体那样的各向异性。例如，图 1-11(a) 就是棒状分子在上、下方向呈远程有序排列，而从左右方向看就没有一定的规律，是无序的比较混乱的，当光线自上向下射入时，由于分子在上、下方向的排列有序，光线可以通过，当受热后，分子运动加剧，不能维持原来的有序排列，逐渐变得比较混乱，结果导致上、下看是透明

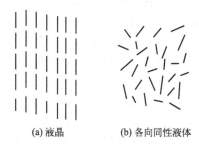

(a) 液晶　　　　(b) 各向同性液体

图 1-11　液晶的示意图

的，什么也看不见，当受热后，上、下看就不透明，数码也就显示出来了。

有文献报道，具有这种性质的有机化合物大约已有 3000 种之多，可以把它们分为许多类型，此类化合物的共同特点是：它们对光、电、磁及热等都极为敏感，只要接受极低的能量，就可以引起分子排列顺序的变化，从而产生光-电、电-光、热-光等一系列物理效应，利用这些效应就能设计出各种显示器，如笔记本电脑、数字仪表、液晶电视机、照相机和摄像机等。

液晶还可用于无损探伤，将液晶材料涂在检验材料的表面上，然后加热（或冷却），根据液晶显示出来的颜色，便可以直观探测出材料的裂缝或缺陷，这种方法已广泛用于航空工业如飞机、导弹等的检验。液晶在医疗方面也有广泛的用途，如检测皮肤温度的变化，检测皮下斑痕或肿块的位置等。

液晶早在 1881 年就已经被发现，但直到 20 世纪 70 年代对它的性质才有进一步深入的认识，并发现很多有机化合物都具有液晶性质，它的重要性和应用范围才逐步被人们所认识。

1.3.3　固体表面的吸附和干燥过程

吸附现象是物质界面将周围介质质点吸引并暂时停留的现象，或物质在相界面上浓度自动发生变化的现象。能把周围介质吸引在自己表面上的物质叫吸附剂。常用的固体吸附剂有活性炭、硅胶（SiO$_2$）、活性氧化铝（Al$_2$O$_3$）等。被吸附的物质叫吸附质。固体表面能自发地产生吸附现象。因为固体吸引周围的物质分子在其表面。被吸附物质并非静止不动，随着分子热运动、气体分子的碰撞，吸附质分子还可以重新回到周围介质中去，这一现象叫解吸。吸附与解吸是一可逆过程，最后达平衡。吸附是一个放热过程，解吸是一个吸热过程。

吸附力的本质除分子间力外，还有吸附质与吸附剂间形成的化学键力。因此吸附现象也分为物理吸附和化学吸附两类。物理吸附与化学吸附的对比如表 1-7 所示。

表 1-7　物理吸附与化学吸附对比

各种特性	物理吸附	化学吸附	各种特性	物理吸附	化学吸附
吸附力	范德华力或氢键力	化学键力	吸附层	单分子层或多分子层	单分子层
吸附热	较小,近于液化热	较大,近于反应热	吸附速度	较快,不需要活化能	较慢,需要活化能
选择性	无选择性	有选择性	可逆性	可逆	不可逆为主

物理吸附和化学吸附往往同时进行，它们的界限难以严格区分。例如镍对 H$_2$ 在低温时发生物理吸附，升高温度物理吸附减弱，当温度升高到某一程度时出现既有物理吸附又有化学吸附，到高温时主要是化学吸附。

吸附作用与吸附剂的表面结构、孔隙结构、被吸附分子的极性和大小等因素有关，是一个较为复杂的过程。

固体物质的吸附作用，使之能用作多相催化剂（如合成氨生产中的铁催化剂）、干燥剂（如硅胶）、分子筛（$Na_2O \cdot Al_2O_3 \cdot 2SiO_2 \cdot 4.5H_2O$）、清洁剂、脱色剂（如活性炭）等。

干燥是将物质中的水分除去的过程。干燥方法大致可分为物理法与化学法两种。物理法有分子吸附，分馏、利用共沸蒸馏将水分带走等。近年来还常用离子交换树脂，它是一种不溶于水、碱、酸和有机物的高分子聚合物，其细圆珠状粒子内有很多空隙，可以吸附水分子。分子筛是多水硅酸铝盐的晶体，内部有许多孔径大小均一的孔道和占本身体积一半左右的孔穴，它允许小的分子（如水分子）"躲"进去，从而达到将不同大小分子"筛分"的目的。化学方法是以干燥剂来进行脱水，通过与水可逆结合生成水合物（如使用 C_2Cl_2、$MgSO_4$ 等）或不可逆反应生成新物质（如使用 Na、P_2O_5）等方法，以达到脱水的目的。因为当 C_2Cl_2、P_2O_5 等这些易潮解物质与潮湿空气等接触时，它们表面从空气中吸收水蒸气后，可形成一层（饱和）溶液（薄膜），由于这些物质能使表面所形成的溶液蒸气压下降显著，甚至低于空气中所含水的蒸气分压，以致空气中水蒸气可不断凝聚进入溶液，即可使这些物质不断地吸收水蒸气，达到干燥空气的目的。

1.4　胶体

胶体在自然界普遍存在，对工农业生产和科学技术都起着重要作用。现代工业差不多都与胶体有关，例如石油、造纸、染料、纺织、肥皂、制药、食品、橡胶、印刷等工业，以及吸附剂、润滑剂、催化剂、感光材料和塑料的生产，在一定程度上都需要胶体化学知识。地壳上的岩层大多数是胶体，土壤和土壤中发生的多种过程也都不同程度地与胶体现象相联系。

胶体分散系由于分散程度较高，且为多相（具有明显的物理分界面）系统，因此它的一系列性质与其他分散系统有所不同。

胶体不是一种特殊类型的物质，而是物质以一定分散程度存在的一种状态。实验证明，典型的晶体物质，也可以用降低其溶解度或选用适当分散介质而制成溶胶，固态分散相分散在液态分散介质中形成的胶体称为胶体溶液，简称溶胶。例如把 NaCl 分散在苯中就可以形成溶胶。

一种或几种物质分散在另一物质中所组成的系统称为分散系，分散系中被分散的物质称为分散质（或分散相），另一种物质即分散质存在的介质称为分散剂（或分散介质）。例如蔗糖分散在水中形成的蔗糖水溶液；水滴分散在空气中形成的云雾；颜料分散在油中形成的油漆或油墨，其中蔗糖、水滴、颜料为分散质，水、空气、油为分散剂。再如钻井泥浆是黏土分散在水中形成的分散系，矿石是矿物质分散在岩石中形成的分散系。

按照分散质颗粒的大小，分散系大致可分为三类。

（1）真溶液　分散质粒子直径濒于 1nm(纳米) 以原子、离子或小分子形式存在的分散系属于真溶液，即通常的溶液。它具有透明、均匀、稳定等特点。如蔗糖水、NaCl 溶液。一般分散剂为水时称为水溶液。

（2）胶体溶液　分散质粒子直径在 1~100nm 之间，以"胶团"形式存在的分散系属于胶体溶液，常简称溶胶，为多相体系，透明，有一定稳定性，同时也具有许多特性。例如金溶胶、氢氧化铁溶胶等。

（3）粗分散系　分散质粒子直径大于 100nm 的分散系，包括悬浊泥水、牛奶、豆浆等。

上述三种分散系中，除真溶液外，都属于胶体分散系，是胶体化学研究的对象。

1.4.1　胶体的性质

由于在分散系中，分散质和分散剂皆可以有气、液、固三种聚集态，因此它们将有九种方式组合成分散系。由于气-气只能组成单相的均匀系统，所以有八种胶体分散系（表1-8）。

表 1-8　八种胶体分散系

分散系	分散剂	名　称	实　例
气	液	泡沫	泡沫、泡沫乳剂
气	固	固溶胶	泡沫塑料,浮石,砖
液	气	气溶胶	云雾,水雾
液	液	乳状液	牛奶,原油,润滑油
液	固	固溶胶	珍珠,凝胶
固	固	固溶胶	有色宝石,有色玻璃,合金
固	液	溶胶或悬浊液	硅酸溶胶,油漆,泥浆
固	气	气溶胶	灰尘,烟雾

1.4.1.1　胶体的制备

在工农业生产上经常需要生成胶体，如生产照相胶卷时，需要制卤化银溶胶。用作农药的石灰硫磺合剂，就是由于形成了胶态硫，其杀虫效力远高于一般硫磺粉而被广泛使用。用作润滑剂的石墨，也需要制成胶态石墨才能起润滑作用。可以用各种物理化学的方法控制分散相颗粒的大小，使之在胶体系统范围内。原则上制备胶体的方法有两种：①分散法——将固体研细；②凝聚法——使分子或离子聚结成胶粒。现简单介绍如下：

（1）分散法　分散法常常是用胶体磨把要分散的物质和分散剂一同反复地研磨，直到所要的分散程度。胶体磨有两片用坚硬耐磨的钨合金制成的磨盘或磨刀，当磨盘或磨刀以高速（转速一般为 $1000\sim5000r/min$）反向转动时，粗颗粒的固体就被磨细。工业上常采用胶体磨来制备胶体石墨或磨细颜料等。

（2）凝聚法

① 化学反应法：如水解、复分解反应等凡能生成不溶物者，都可以在适当的浓度和其他条件下使生成的分子聚集成较大的粒子而制得胶体。例如：

$$水解反应\ \ FeCl_3(稀溶液)+3H_2O \xrightarrow{\text{煮沸}} Fe(OH)_3(溶胶)+3HCl$$

$$复分解反应：2H_3AsO_3(稀溶液)+3H_2S \longrightarrow As_2S_3(溶胶)+6H_2O$$

② 改换溶剂法：将硫的无水酒精溶液滴入水中，由于硫在水中溶解度很低，溶质以胶粒大小析出，形成硫的水溶胶。

1.4.1.2　溶胶的特性

溶胶和溶液具有相同的性质，但由于溶胶分散质的粒子较大，形成新相，所以溶胶还有一些特殊的性质。

（1）丁达尔效应　当光束透过溶胶，从入射光线的垂直方向观察，可看到一束明亮的光柱。这种现象叫丁达尔（Tyndall）效应。其原因是胶体粒子较大，已经形成相的界面，能够把射到上面的光散射开来。每个胶粒似乎都成了一个发光的小点，使光束通过溶胶的途径变成了肉眼可见的光柱。而溶液中溶质粒子太小，悬浮液中粒子太大，故无此作用。所以利用丁达尔效应可鉴别溶液、溶胶和悬乳。

（2）布朗运动　用超显微镜观察溶胶，可以看到布朗（Brown）运动。这是由于分散质粒子本身的热运动和分散剂分子从各个方向撞击这些粒子的力不同，致使分散质粒子运动的方向经常改变。粒子的这种不规则运动就是布朗运动。

(3) **电泳现象** 将两个电极插入胶体溶液中，通以直流电，原来是不规则运动的胶粒，向某一电极单向移动的现象叫电泳。电泳在工业有广泛应用。如用电泳的方法可使橡胶镀在金属、布匹或木材上。

从电泳现象说明分散质粒子带有电荷，同一溶胶离子应带有相同电荷。为什么溶胶粒子会带电荷呢？这得从胶体粒子的结构说起。

现以 AgI 溶胶的形成为例说明胶体粒子的结构。它是由 $AgNO_3$ 和 KI 的稀溶液制得的。两种反应物的相对量不同，可以得到不同电荷的溶胶。$AgNO_3$ 过量时，胶粒带正电荷称为正溶胶，而 KI 过量时，胶粒带负电荷称为负溶胶。因为溶胶中，胶核由 m 个 AgI 构成，AgI 溶胶的结构都可用胶团式表示如下：

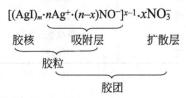

当 KI 过量时，胶团结构为：$[(AgI)_m \cdot nI^- \cdot (n-x)K^+]^{x-1} \cdot xK^+$。

上式中 m 是表示胶核中物质的原子或分子数，n 为胶核吸附的离子数；异号离子中有一部分 $(n-x)$ 在吸附层中，其余 x 个在周围的扩散层内。

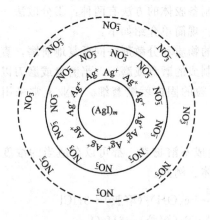

图 1-12 碘化银胶粒表面的扩散
双电层结构示意图

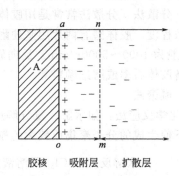

图 1-13 $AgNO_3$ 过量时形成的 AgI
胶团结构示意图

从碘化银胶体的结构看出（图 1-12），胶粒是带电的，但整个胶团则是电中性的。在外电场的作用下，胶粒向某一电极移动而扩散层的反离子则向另一电极移动。因此，胶团在电场作用下的行为与电解质很相似。这里必须注意的是当胶粒在外电场作用下定向移动时，双电层的错动不是发生在分散相固体（胶核）与液体接触的界面上（图 1-13 中的 oa 界面）而是发生在吸附层与扩散层之间（图 1-13 中的 nm 界面）

1.4.1.3 溶胶的稳定性

如前所述，溶胶粒子远大于离子、分子，应有较大的沉积、分层趋势，但实际上溶胶往往可存放相当一段时间而不产生沉积。是什么原因使溶胶具有一定稳定性呢？

胶粒带有电荷是溶胶稳定的主要因素。由于同种胶粒所带电荷相同，互相排斥，从而阻止胶粒变大。此外，吸附了离子的胶体粒子能在介质中起溶剂化作用，在它的外表面形成了溶剂化膜，也起了阻止胶粒相互结合的作用。

1.4.1.4　溶胶的聚沉

在实际工作中，有时需避免胶体的形成，或需破坏已形成的胶体。破坏胶体，只有减弱或消除使溶胶稳定的因素，使胶粒本身由于相互碰撞而自动长大，进而沉降。这种胶粒聚积成较大粒子而沉降的过程叫做聚沉。

在溶胶中加入少量电解质，使胶体粒子原来的电荷减少甚至完全中和，使胶粒相互碰撞就会引起聚沉。同理将两种带相反电荷的溶胶混合，也会发生聚沉。如将硫化砷溶液与氢氧化铁溶胶混合发生聚沉；两种不同墨水混合，有时也会产生聚沉。这种现象叫相互聚沉。

加热也可以使很多溶胶聚沉。因为加热可促进胶粒运动，增加胶粒间相互接近或碰撞的机会，同时又削弱了胶核对离子的吸附作用以及溶剂化作用；从而有利于溶胶的聚沉。例如将氢氧化铁溶胶适当加热后便可使红棕色的氢氧化铁沉淀下来。

此外，悬浊粒子也带电荷，遇到电解质后也会发生聚沉。如用明矾或 $FeCl_3$ 净化河水就是这个道理。江河湖海上的三角洲也是这样形成的。因为江河中的泥沙中吸附有 OH^- 离子而带负电荷，在与海水相遇时，被其中的 Na^+、Mg^{2+} 等离子的正电荷中和而很快聚沉下来，日积月累形成了泥沙淤积的三角洲。

1.4.2　表面活性物质

1.4.2.1　表面活性物质的分类

表面活性物质可以从用途、物理性质或化学结构等方面进行分类，最常用的是按化学结构来分类，大体上可分为离子型和非离子型两大类。当表面活性物质溶于水时，凡能电离生成离子的，称为离子型表面活性物质；凡在水中不能电离的，就称为非离子型表面活性物质。而离子型的表面活性物质按其在水溶液中具有表面活性作用的离子的电性，还可再分类。具体分类和举例如图1-14所示。

此种分类法便于人们正确选用表面活性物质。若某表面活性物质是阴离子型的，它就不能和阳离子型物质混合使用，否则就会产生沉淀等不良后果。如阴离子活性物质可作染料过程的匀染剂，与酸性染料或直接染料一起使用时不会产生不良后果，因酸性染料或直接染料在水溶液中也是阴离子型的。

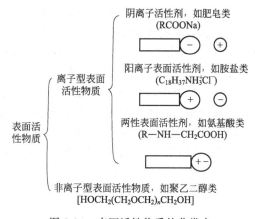

图 1-14　表面活性物质的分类表

1.4.2.2　表面活性物质的基本性质

前面已讲了表面活性物质的一些基本性质，如表面活性物质的分子都是由亲水的极性基团（如—COOH，—CONH$_2$，—OH 等）和憎水（亲油）的非极性基团（如碳链或环）所构成。表面活性物质的分子能定向排列于任意两相之间的界面层中，使界面的不饱和力场得到某种程度的补偿，从而使界面张力降低。如在 293.15K 的纯水中加入油酸钠，当油酸钠的浓度从零增加 $1mmol \cdot dm^{-3}$ 时，表面张力则从 $72.75 \times 10^{-3} N \cdot m^{-1}$ 降至 $30 \times 10^{-3} N \cdot m^{-1}$，若再增加油酸的浓度，溶液的表面张力却变化不大。许多表面活性物质都具有类似图 1-15

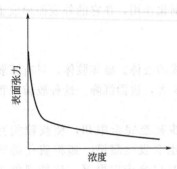

图 1-15　表面张力与浓度关系

所示的特征。

为什么在表面活性物质的浓度极稀时，稍微增加其浓度就可使溶液的表面张力急剧降低？为什么当表面活性物质的浓度超过某一数值之后，溶液的表面张力又几乎不随浓度的增加而变化？这些性质可以借助示意图 1-16 进行解释。

图 1-16(a) 表示当表面活性物质的浓度很稀时，表面活性物质的分子在溶液本体和表面层中分布的情况。在这种情况下，若稍微增加表面活性物质的浓度，表面活性物质一部分分子将自动地聚集于表面层中，不一定都是直立的，也可能是东倒西歪而使非极性的基团翘出水面；另一部分在一起，形成简单的聚集体。这时相当图 1-15 曲线急剧下降的部分。

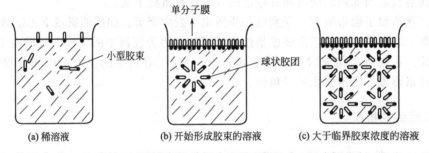

图 1-16　表面活性物质的分子在溶液本体及表面层中的分布

图 1-16(b) 表示表面活性物质的浓度足够大时，达到饱和状态，液面上刚刚挤满一层定向排列的表面活性物质的分子，形成单分子膜。在溶液本体则形成具有一定形状的胶束（micelle）它是由几十个或几百个表面活性物质的分子，排列成憎水基团向里，亲水基团向外的多分子聚集体。胶束中许多表面活性物质分子的亲水性基团与水分子相接触；而非极性基则被包在胶束中，几乎完全脱离了与水分子的接触。因此，胶束在溶液中可以比较稳定的存在。这时相当于图 1-15 中曲线的转折处。胶束的形状可以是球状、棒状、层状或椭圆球状，图 1-16 中胶束为球状。形成一定形状的胶束所需表面活性物质的最低浓度，称为临界胶束浓度，以 CMC(critical micelle comcentration) 表示。实验表明，CMC 不是一个确定的数值，而常表现为一个窄的浓度范围。例如离子型表面活性剂的 CMC 一般在 $10^{-2} \sim 10^{-3}\,mol \cdot dm^{-3}$ 之间。

图 1-16(c) 是超过临界胶束浓度的情况。这时液面上早已形成紧密、定向排列的单分子膜，达到饱和状态。若再增加表面活性物质的浓度，当然只能增加胶束的个数（也有可能使每个胶束所包含的分子数增多）。由于胶束是亲水性的，它不具有表面活性，不能使表面张力进一步降低，这相当于图 1-15 中曲线上的平缓部分。

胶束的存在已被 X 射线衍射图谱及光散射实验所证实。临界胶束浓度和在液面上开始形成饱和吸附层所对应的浓度范围是一致的。在这个窄小的浓度范围

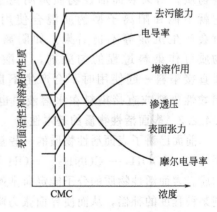

图 1-17　表面活性剂溶液的性质
与浓度关系示意图

前后，不仅溶液的表面张力发生明显的变化，其他物理性质、如电导率、渗透压、蒸气压、光学性质、去污能力及增溶作用等皆发生很大的差异，如图 1-17 所示。由图 1-17 可知，表面活性剂的浓度略大于 CMC 时，溶液的表面张力、渗透压及去污能力等几乎不随浓度的变化而改变，但增溶作用、电导率等却随着浓度的增加而急剧增加。某些有机化合物难溶于水，但可溶于表面活性剂浓度大于 CMC 的水溶液中。

表面活性物质又称"工业味精"，它具有润湿、浮化、分散、增溶、起泡、去污洗涤、渗透、抗静电、润滑、杀菌、医疗等优越性能。它在国民经济各个领域中都有广泛应用，如在日用洗涤、化妆品、医药卫生、造纸、石油开采和加工、化纤、纺织、制革、塑料、橡胶、涂料、金属加工、机械、建材、采矿选矿、煤炭、食品、化学化工等方面，可以起到改进生产工艺、降低消耗、节约能源、增加产量、提高品质和增加效益等作用。

1.4.2.3　表面活性物质的 HLB(hydrophile-lipophile balance)

为解决表面活性物质的选择问题，许多工作者曾提出不少方案，比较成功的是 HLB（亲水亲油平衡值）法，HLB 法的提出基于这样一些观点：每种表面活性物质分子都包含有亲水基和憎水基两部分。亲水基的亲水性是代表表面活性物质的溶于水的能力；憎水基（又叫亲油基）则与此相反，代表亲油的（或溶于油的）能力。表面活性物质的分子中同时存在着这两种基团（极性基团和非极性基因），它们之间互相作用，互相联系，又互相制约。因此，亲水基的亲水性和亲油基的亲油性（憎水基的憎水性）两者之比，如果又都能用数字来表达，这就可以近似用来估计表面活性物质的亲水性：

$$表面活性物质的亲水性(即亲水亲油平衡值\ HLB)=\frac{亲水基的亲水性}{憎水基的憎水性}$$

HLB 值愈大，表示该表面活性物质的亲水性愈强。根据表面活性剂的 HLB 值的大小，就可知道适宜的用途。不同类型的表面活性物质其 HLB 的确定方法是不同的。

（1）对非离子表面活性物质（如聚乙二醇型和多元醇型表面活性剂）：

$$HLB=\frac{亲水基部分的摩尔质量}{表面活性剂的摩尔质量}\times\frac{100}{5}$$

由于石蜡完全没有亲水基，所以 HLB=0，而完全是亲水基的聚乙二醇 HLB=20，这样非离子型表面活性物质的 HLB 值可用 0～20 间的数值来表示。

（2）对于离子型表面活性剂，其 HLB 值应用官能团（功能团）HLB 法。各官能团的 HLB 值见表 1-9。

表 1-9　部分官能团的 HLB 值

官能团	HLB 值	官能团	HLB 值
—SO₃Na	38.4	—OH(自由的)	1.9
—COOK	21.1	—O—	1.3
—COONa	19.1	—OH(山梨醇酐环)	0.5
磺酸盐	约 11.0	—CH—	−0.475
—N（叔胺）	9.4	—CH₂—	−0.475
酯（山梨醇酐环）	6.8	—CH₃	−0.475
酯（自由的）	2.4	—CH=	−0.475
—COOH	2.1	—(CH₂—CH₂—CH₂—O)—	−0.15

由此可见，亲水基的 HLB 值为正，亲油基的 HLB 值为负。要计算某一表面活性剂的 HLB 值，只需把此物质中各官能团的 HLB 值的代数和再加上 7 即可。例如，求十六烷醇的 HLB 值。

因为
$$HLB=7+\sum_i HLB_i$$
$$HLB=7+1.9+16\times(-0.475)=1.3$$

HLB 法的优点是它的加合性。例如，以 40% 的斯盘（Span-20）（化学成分为山梨醇酐单月桂酸酯，HLB=8.6）和 60% 吐温（Tween-60）（化学成分为聚氧乙烯山梨醇酐单硬脂酸酯，HLB=14.9）混合配制的表面活性物质的应用，其 HLB=0.4×8.6+0.6×14.9=12.3。不同 HLB 的表面活性物质的应用可参考表 1-10。

表 1-10 HLB 范围及其应用

表面活性物质加水后的性质	HLB	应 用	表面活性物质加水后的性质	HLB	应 用
不分散	0		稳定乳状分散体	10	润湿剂
不分散	2	W/O 乳化剂	半透明至透明分散体	12	润湿剂或洗涤剂
不分散	4	W/O 乳化剂	半透明至透明分散体	14	洗涤剂（W/O 乳化剂）
分散得不好	6	W/O 乳化剂	透明溶液	16	洗涤剂（W/O 乳化剂）
不稳定乳状分散体	8	润湿剂	透明溶液	18	洗涤剂（W/O 乳化剂）

1.4.3 高分子溶液和凝胶

1.4.3.1 高分子溶液

蛋白质、纤维素、淀粉、橡胶、动物胶及许多人工合成的物质如尼龙、聚氯乙烯塑料等，都是高分子化合物。它们是由一种或多种小的结构单位联结而成的。例如橡胶由几千个 —C_5H_8— 结构单位联结而构成，蛋白质分子中的小单位是各种氨基酸：

$$橡胶 \quad \left(CH_2-\underset{\underset{CH_3}{|}}{C}=CH-CH_2\right)_n$$

$$蛋白质 \quad \left(NH-CH_2-CO\right)_n$$

大多数高分子化合物是线状的，长达几百万纳米，但截面只相当于普通分子的大小，有的主链上还有支链，结构比较复杂。无论是天然的或人工合成的高分子化合物，其分子大小并非完全一样，平常所说的高分子化合物的相对分子质量是平均相对分子质量。普通化合物的相对分子质量很少有接近一千的，但某些高分子化合物的相对分子质量可高达数十万或数百万。

高分子化合物溶于适当的溶剂中，成为高分子溶液，它具有双重的性质，一方面由于分散相颗粒大小与溶胶粒子大小相近，表现出溶胶的某些特性，例如不能透过半透膜、扩散速度慢等，因此高分子溶液可以纳入胶体研究的范畴，有人称它为亲液溶胶。另一方面，高分子溶液是分子分散系统，又具有某些真溶液的特点，与胶体溶液有许多不同之处，例如：

① 高分子溶液和真溶液一样，是单相系统，分散相和分散介质之间没有界面，胶体则是多相系统。

② 高分子溶液分散相极易溶剂化，这是因为高分子化合物的组成中，常含有大量的亲水基团，如 —OH、—COOH、—NH_2 等，因此在溶液中，高分子化合物表面有一层很厚的溶剂化膜，使它们能稳定分散于溶液中而不易凝结。胶体粒子的溶剂化能力比高分子化合物弱得多。前面提到在溶胶中加入高分子物质可以起到胶体的保护作用，就是基于高分子化合物的链状而易卷曲的结构和高度溶剂化。

③ 高分子溶液一般不带电荷，溶胶粒子则是带电的。高分子溶液的稳定性是它的高度溶剂化起了决定性作用，粒子不带电也能均匀地分散在溶液中。

④ 高分子化合物能自动溶解于适当的溶剂中形成高分子溶液，它的溶解过程就是溶剂化过程。当用蒸发等方法除去溶剂后再加入溶剂仍能自动溶解，它的溶解过程是可逆过程。

胶体溶液则不能由自动分散来获得，在制备胶体溶液的过程中往往要加入第三种物质（称为沉淀剂），而且胶粒一旦凝聚出来，一般很难或者不能用简单加入溶剂的方法使之复原。

高分子溶液还有一项与真溶液和溶胶都不同的特性，就是具有很大的黏度。

1.4.3.2　凝胶

高分子溶液和某些溶胶，在适当的条件下能使整个系统转变成一种弱性的半固体状态的稠厚物质。这种现象称为胶凝作用，所形成的产物为凝胶和胶冻。例如 5% 的动物胶冷却到 18℃时即成为凝胶。琼脂、硅酸等都能制成凝胶。

形成凝胶的原因，一般认为是由于析出固体时，形成体形结构，在体形结构空隙内保留了大量的溶剂，所以凝结为稠厚而不易流动的凝胶。图 1-18 表示凝胶形成的过程。

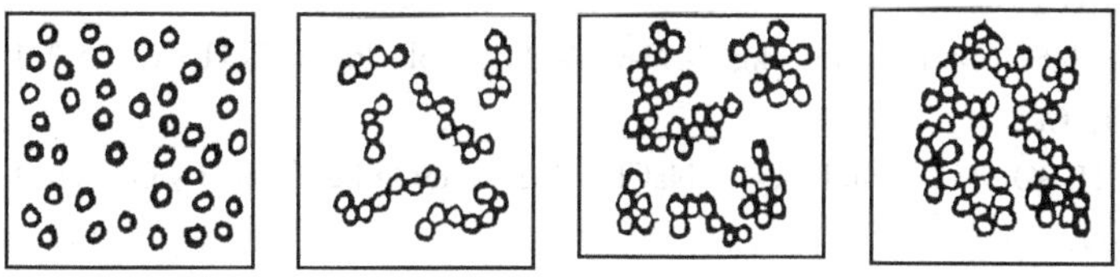

(a) 溶胶　　　　(b) 溶胶粒子变　　(c) 线形结构向体　　(d) 凝胶
　　　　　　　　为线形结构　　　形结构过渡

图 1-18　凝胶形成过程示意图

有的凝胶结构并不牢固，加热或用力振荡又能变为溶胶。人的皮肤、肌肉都可看作是凝胶。人体组织有 2/3 是水，这些水分就是保存在凝胶中的。

思考题与习题

一、填空题

1. 27℃时，在压力为 30.39kPa 下测定某气体 $1dm^3$ 的质量为 0.537g，此气体的摩尔质量是_____。

2. 在 101325Pa 和 25℃时，用排水集气法收集到 $1mol H_2$，其体积_____ dm^3。

3. 比较下列气体在 25℃，101325Pa 时的混合气体的分压：

$1.00g H_2$　　　　$1.00g Ne$　　　　$1.00g N_2$　　　　$1.00g CO_2$　　　　_____。

4. 101325Pa 下，空气中氧气的分压为_____。

5. 恒温恒压下，混合气体中某组分气体的物质的量分数_____其体积分数。

6. 下列溶液蒸气压由低到高的顺序为_____；沸点由低到高的顺序为_____。

A. $0.1mol \cdot kg^{-1}$ HAc 溶液　　　　　　　B. $0.1mol \cdot kg^{-1}$ H_2SO_4 溶液

C. $0.5mol \cdot kg^{-1}$ 蔗糖溶液　　　　　　　　D. $0.1mol \cdot kg^{-1}$ NaCl 溶液

7. 按照范德华的想法，实际气体的分子_____。

8. 油酸钠 $C_{17}H_{35}COONa$ 的 HLB 值为_____。

9. 稀溶液依数中的核心性质是_____。

10. 下列水溶液蒸气压最大的是_____；沸点最高的是_____；凝固点最低的是_____。

A. $0.2mol \cdot kg^{-1}$ $C_{12}H_{22}O_{11}$ 溶液　　　　B. $0.2mol \cdot kg^{-1}$ HAc 溶液

C. $0.2mol \cdot kg^{-1}$ NaCl 溶液　　　　　　　D. $0.2mol \cdot kg^{-1}$ $CaCl_2$ 溶液

二、选择题

1. 真实气体与理想气体的行为较接近的条件是_____。

A. 低温和低压　　　B. 高压和低温　　　C. 高温和高压　　　D. 低压和高温

2. 在压力为 p，温度为 T 时，某理想气体的密度为 ρ，则它的摩尔质量 M 的表示式为_____。

A. $M=(\rho/p)RT$　　B. $M=(p/\rho)RT$　　C. $M=(n\rho/p)RT$　　D. $M=(p/n\rho)RT$

3. 在气体状态方程 $pV=nRT$ 中，如果 R 的数值为 8.314，体积的单位为 m^3，则压力的单位为_____。

A. 大气压（atm）　　B. 毫米汞柱（mmHg）　　C. 帕（Pa）　　　　D. 千帕（kPa）

4. 在 1000℃和 98.66kPa 压力下，硫蒸气的密度为 0.597g/dm³，则此时硫的分子式为_____。

A. S　　　　　　　B. S_2　　　　　　C. S_4　　　　　D. S_8

5. 若气体压力降低为原来的 1/4，热力学温度是原来的两倍，则气体的现体积变化为原体积的_____倍。

A. 8　　　　　　　B. 2　　　　　　　C. 1/2　　　　　D. 1/8

6. 质量摩尔浓度为 1mol·kg^{-1} 的溶液是指_____中含有 1mol 溶质的溶液。

A. 1L 溶液　　　　B. 1L 溶剂　　　　C. 1000g 溶剂　　　D. 1000g 溶液

7. 水溶液的蒸气压大小的正确的次序为_____。

A. 1mol·kg^{-1} H_2SO_4 < 1 mol·kg^{-1} NaCl < 1 mol·kg^{-1} $C_6H_{12}O_6$ < 0.1 mol·kg^{-1} NaCl < 0.1mol·kg^{-1} $C_6H_{12}O_6$

B. 1mol·kg^{-1} H_2SO_4 > 1 mol·kg^{-1} NaCl > 1 mol·kg^{-1} $C_6H_{12}O_6$ > 0.1 mol·kg^{-1} NaCl > 0.1mol·kg^{-1} $C_6H_{12}O_6$

C. 1mol·kg^{-1} H_2SO_4 < 1 mol·kg^{-1} NaCl < 0.1 mol·kg^{-1} $C_6H_{12}O_6$ < 0.1 mol·kg^{-1} NaCl < 1mol·kg^{-1} $C_6H_{12}O_6$

D. 1mol·kg^{-1} H_2SO_4 > 1 mol·kg^{-1} NaCl > 0.1 mol·kg^{-1} $C_6H_{12}O_6$ > 0.1 mol·kg^{-1} NaCl > 1 mol·kg^{-1} $C_6H_{12}O_6$

8. 将 18.6g 某非电解质溶于 250g 水中，若溶液的凝固点降低了 0.744℃，则该溶质的分子量为_____。（假设 K_{fp}=1.86）。

A. 186　　　　　　B. 93.0　　　　　C. 298　　　　　D. 46.5

9. 12g 尿素 $CO(NH_2)_2$ 溶液于 200g 水，则此溶液的沸点为_____。

A. 98.14℃　　　　B. 101.86℃　　　C. 101.75℃　　　D. 100.52℃

10. 37℃人的血液的渗透压 775kPa，与血液具有同样的渗透压的葡萄糖静脉注射液的浓度应为_____。

A. 85.0g·dm^{-3}　　B. 5.41g·dm^{-3}　　C. 54.1g·dm^{-3}　　D. 8.50g·dm^{-3}

三、计算题和简答题

1. 将 32g 氮气和 32g 氢气在一容器中混合，设气体的总压力为 $P_总$，试求氮气和氢气的分压。

2. 现有 5.0g 的 N_2 和 10.0g 的 O_2 混合，在 26℃下装入体积为 12.5dm³ 的容器中，求混合气体的总压和各组分气的分压。

3. 在一个 10dm³ 的容器中盛有 N_2、O_2 和 CO_2 三种气体，在 30℃时测得混合气体的总压为 $1.2×10^5$ Pa。如果已知其中 O_2 和 CO_2 的质量分别为 8g 和 6g。试计算：（1）容器中混合气体的总物质的量；（2）CO_2、O_2 和 N_2 三种气体的物质的量分数；（3）CO_2、O_2 和 N_2 三种气体的分压；（4）容器中的 N_2 质量。

4. 在 27℃，压力为 $1.013×10^5$ Pa 时，取 100cm³ 煤气，经分析知道其组成，以摩尔分计，x_{CO}=60.0%，x_{H_2}=60.0%，其他气体为 30.0%，求煤气中 CO 和 H_2 的分压以及 CO 和 H_2 的物质的量。

5. 今将压力为 $9.98×10^4$ Pa 的 H_2 150cm³；压力为 $4.66×10^4$ Pa 的 O_2 75.0cm³；压力为 $3.33×10^4$ Pa 的 N_2 50.0cm³ 压入 250cm³ 的真空瓶内，求（1）混合物中各气体的分压；（2）混合气体的总压；（3）各气体的物质的量分数。

6. 用范德华方程式计算在 300K 下，把 2mol NH_3(g) 装在 5dm³ 容器内，其压力是多少？

7. 在 20℃时，将 50g 的蔗糖（$C_{12}H_{22}O_{11}$）溶于 500g 水中，求溶液的蒸气压。已知 20℃时水的饱和蒸气压为 $2.333×10^3$ Pa。

8. 甲醇在 30℃时蒸气压为 21.3kPa。如果在一定量的甲醇中加入甘油后，其蒸气压降为 17.2kPa。求混合溶液中甘油的物质的量分数。

9. 一种难挥发非电解质水溶液，凝固点是-0.930℃。求：（1）溶液的沸点；（2）20℃时溶液的蒸气压。已知 20℃时水的饱和蒸气压为 $2.333×10^3$ Pa。

10. 溶解 0.324g 硫于 4.00g 苯中，使苯的沸点上升了 0.81℃，问此溶液中的硫分子是由几个硫原子组成？

11. 计算 5％的蔗糖（$C_{12}H_{22}O_{11}$）溶液的沸点。

12. 将蔗糖（$C_{12}H_{22}O_{11}$）1g 制成 100cm³ 水溶液，在 25℃时该溶液的渗透压为多少？

13. 在 10.0kg 水中要加水多少乙二醇［$C_2H_4(OH)_2$］才能保证水溶液温度降到－10.0℃时不会结冰？该水溶液在 20℃时的蒸气压多少？该水溶液的沸点是多少？

14. 晶体和非晶体的特点是什么？液晶有什么用处？

15. 物理吸附与化学吸附有什么区别？

16. 0.02mol·dm⁻³的 KCl 溶液 12cm³ 和 0.5mol·dm⁻³ AgNO₃ 溶液 100cm³ 相混合制得的 AgCl 溶液，在电泳时胶体将向哪个电极移动？写出 AgCl 的胶团结构式。

17. 什么是表面活性物质，有什么用处？

18. 高分子溶液的特点是什么？凝胶有什么结构？

第2章 化学反应的基本规律

化学反应虽然纷繁复杂，但是其基本规律却是十分清晰的，本章力求运用工程技术的观点来探讨、阐述最基本、最通用的符合高等教育层次的化学反应基本规律。

本章内容主要包括化学反应的能量变化、化学反应的方向、化学反应的限度（化学平衡）和化学反应的速率四个方面；化学反应的能量变化、化学反应的方向和限度属于化学热力学的内容，化学反应速率属于化学动力学的内容。化学热力学主要从能量变化的数量和方向来讨论化学反应的可能性，对于一个可能发生的化学反应，是否能够实现和加以利用呢？这个问题就是化学反应的可行性或现实性问题，要把化学反应从可能变为可行，就要考虑化学反应的限度和反应速率及影响它们的因素。

掌握化学反应的基本规律，工程实际中的许多化学反应都是可以认识、利用的，甚至是可以控制和设计的。化学反应的基本规律在一些重要反应（如离子反应、氧化还原反应、有机高分子反应等）中的应用将在后面的章节中讨论。

2.1 化学反应的能量变化

在科学实验和生产实践中，通过化学反应在获得不同产物的同时也存在着能量的变化，即随着化学反应中新物质的生成总伴随着能量的变化。本节主要讨论化学反应所遵循的两个基本定律：质量守恒定律和能量守恒定律。化学反应所遵循的这两个定律对于科学实验和生产实践具有重要的指导意义。

2.1.1 化学反应的质量守恒

1748 年罗蒙诺索夫（Lomonosov，俄）首先提出了质量守恒定律：参加反应的全部反应物的质量等于全部生成物的质量。这就是说，在化学变化中，虽然物质发生了变化但其质量不会改变。这一结论后来被伟大的化学家拉瓦锡（Lavoisier，法）通过一系列实验所证实。

质量守恒定律有时又称为物质不灭定律：在化学反应中，质量既不能创造，也不能毁灭，只能由一种形式转变为另一种形式。

化学反应方程式就是质量守恒定律在化学变化中的具体体现，化学反应方程式反映了化学变化过程中质和量的关系。通常把化学反应方程式中各物质化学式前的系数称为该物质的化学计量数，化学计量数用符号 ν 表示；并且规定反应物的化学计量数定为负值、生成物的化学计量数定为正值。如合成氨反应：

$$N_2 + 3H_2 == 2NH_3$$

该反应中各物质的化学计量数分别为：

$$\nu_{N_2} = -1 \qquad \nu_{H_2} = -3 \qquad \nu_{NH_3} = 2$$

若以 i 表示参与反应的物质（包括反应物和生成物），那么化学反应方程式可表示成如下的通式：

$$0 = \sum_i (\nu_i \times i) \tag{2-1}$$

式中 ν_i 表示物质 i 的化学计量数，按照此通式，合成氨反应的化学方程式可以写为：

$$0=(-1)N_2+(-3)H_2+(+2)NH_3$$
$$0=2NH_3-N_2-3H_2$$

但该反应式通常的写法是： $N_2+3H_2 \Longrightarrow 2NH_3$

2.1.2 热力学第一定律

要理解热力学第一定律，必须要先掌握一些基本概念，即状态、状态函数、过程和途径、内能的概念以及系统与环境进行能量交换的两种形式——热和功。

2.1.2.1 基本概念

（1）状态和状态函数 要研究系统中物质和能量的变化，首先要确定系统的状态；系统的状态是由系统的一系列宏观可测性质来决定的。例如要确定二氧化碳气体的状态，通常可用压力 p、体积 V、温度 T 和物质的量 n 来描述，当这些性质都有确定的值时，二氧化碳气体的状态也就确定了。所谓系统的状态就是指系统一切性质的总和。当系统的性质确定，其状态也就确定了；反过来，当系统的状态确定，其性质就有确定的值。

如果系统的一个或几个性质发生了变化，系统的状态也就随之发生变化。反过来，如果系统处于两种不同的状态，则其性质必有所不同。这些用于确定系统状态的物理量叫做状态函数，如压力 p、体积 V、温度 T 和物质的量 n 等都是状态函数。

系统的各个状态函数之间通常是相互关联、相互制约的。例如，对于理想气体来说，如果知道了它的压力 p、体积 V、温度 T、物质的量 n 这四个状态函数中的任意三个，就能用理想气体的状态方程式确定第四个状态函数。当系统的状态一定，各个状态函数就有确定的值；当系统的状态发生变化时，状态函数的改变量只决定于系统的始态和终态，而与变化的途径无关。掌握状态函数的这些性质和特点对于学习化学热力学是很重要的，因为状态函数的特性是热力学研究问题的基础，也是进行热力学计算的依据。

根据状态函数的特性，可以将状态函数分为广度函数和强度函数。广度函数的数值与系统中物质的数量成正比，因而这类状态函数具有加和性，如体积、质量、内能等。强度函数的数值不随系统中物质的总量而改变，因而没有加和性，如温度、压力、密度等。

（2）过程和途径 当系统的状态发生变化时，从一种状态过渡到另一种状态称为过程；完成这个过程所经历的具体步骤称为途径。在化学热力学中通常会遇到以下四种过程：

恒压过程：系统在状态变化过程中压力始终保持不变的过程。如在敞开容器中进行的化学反应可视为恒压过程，在这个过程中化学反应系统承受的压力始终为大气压。

恒容过程：系统在状态变化过程中体积始终保持不变的过程。如在密闭容器中进行的化学反应即为恒容过程。

恒温过程：系统在状态变化过程中温度始终保持不变的过程。

绝热过程：在状态变化过程中，系统与环境间没有热量的传递。

系统在发生状态变化时，通常把变化前的状态叫做始态，变化后的状态称为终态；系统由始态变化到终态可采用不同的途径，不论哪种途径，只要始态和终态相同，系统状态函数的变化量都相同。对于一个化学反应系统来说，反应前的状态（一定条件下的所有反应物）就是始态，而反应后的状态（一定条件下的所有生成物）就是终态。

（3）内能 一个系统所具有的能量主要包括三部分，即：

$$E=T+V+U$$

这里 E 就是系统所具有的全部能量，T 为系统做整体运动所具有的动能，V 为系统处于外力场（如电场、磁场、重力场等）中的势能，U 就是下面要介绍的内能。

内能是系统内部一切能量的总和，用符号 U 表示。系统的内能包括系统内部各种物质的分子平动能、分子间势能、分子内部的转动能和振动能、电子运动能和核能等。内能具有以下特征：

内能是衡量系统内部能量高低的物理量，它是一个状态函数，内能的单位为 J 或 kJ。当系统处于一定的状态时，内能具有一定的值；内能是一个广度函数，在一定条件下，系统的内能和系统中物质的量成正比，即内能具有加和性。当系统状态发生变化时，其内能也会有所改变；内能的改变量只取决于系统的始态和终态，而与变化的途径无关。

由于系统内部物质结构的复杂性和物质运动形式的多样性，无法知道一个系统内能的绝对数值是多少。尽管内能的绝对值无法知道，但系统发生状态变化时，内能的改变量（ΔU）则可以从变化过程中系统与环境所交换的能量（热和功）来确定。在化学热力学中，对一个化学变化来说，只要知道内能的改变量就够了，无需追究它的绝对值，所以内能有时也称为热力学能。

（4）热和功　系统在状态变化过程中，系统与环境之间通过能量的交换，使系统的内能发生变化。这种能量交换通常有热和功两种形式。

① 热　当两个温度不同的物体相互接触时，高温物体温度下降，低温物体温度上升，在两者之间发生了能量交换，最后达到温度一致。由于温度不同而在系统和环境之间交换或传递的能量就叫做热。在许多过程中都可以看到热的吸收和放出，化学变化过程中也常伴有热的交换。热常用符号 Q 表示，系统吸热则 Q 取正值，系统放热则 Q 取负值。

若系统的温度由 T_1 升高到 T_2，且温度变化过程中没有物体的相变化，那么系统吸收的热量为：

$$Q = cn\Delta T = cn(T_2 - T_1) \tag{2-2}$$

式中，n 为系统中物质的量，mol；c 为比热容，$J \cdot mol^{-1} \cdot K^{-1}$。

② 功　系统和环境之间除热以外其他一切交换或传递的能量都称为功。功常用符号 W 表示，系统对环境做功则 W 取负值，环境对系统做功则 W 取正值。

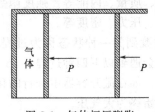

图 2-1　气体恒压膨胀

功的种类较多，如电池对外放电就做了电功；气体膨胀或压缩就做了体积功；物体的表面积增大或缩小就做了表面功。过程不同，功的种类就可能不同；化学反应也常常伴随着做功。在一般条件下进行的化学反应，通常只做体积功，体积功以外的功称为非体积功（如电化学反应可以做电功）。在化学热力学中，体积功常用 W 表示；非体积功又叫做有用功，可以用 W' 来表示。

体积功是化学热力学中一个非常重要的概念。如图 2-1 所示：设有一热源加热气缸里的气体，推动面积为 A 的活塞移动距离 $\Delta l (\Delta l = l_2 - l_1)$，气体的体积由 V_1 膨胀到 V_2，膨胀过程中反抗恒定外力 F，恒定外力来自于外界大气压 p，那么体积功为：

$$W = -F\Delta l = -pA\Delta l = -p(V_2 - V_1) = -p\Delta V \tag{2-3}$$

该公式是计算体积功的基本公式。当压力的单位为 Pa，体积的单位为 m^3 时，体积功的单位就是 $J(1J = 1Pa \cdot m^3)$。

热（Q）和功（W）只有在能量交换过程中才会产生，随着过程的终了而结束，所以热和功不是系统的性质，不能说某个系统具有多少热或功。当系统和环境发生能量交换时，经历的途径不同，热和功的值就会有所不同，因此热和功都不是状态函数。热和功的单位都是能量单位，常用 J 或 kJ 表示。

【例 2-1】　在 298K、100kPa 下，锌粒与盐酸反应生成了 1.5mol 氢气，计算该反应过程的体积功。

解： 该反应过程为恒温恒压过程，反应前后的体积变化近似等于生成氢气的体积，那么：

$$W = -p\Delta V = -pV_{H_2} = -n_{H_2}RT$$
$$= -1.5 \times 8.314 \times 298 = -3716.4 \text{ (J)}$$

2.1.2.2　热力学第一定律

人们通过长期的生产实践和科学实验证明：一切物质都具有能量；在任何变化过程中，能量既不能创造，也不能消灭，只能从一种形式转化成另一种形式，从一个物体传递到另一个物体；在转化和传递的过程中能量的总值保持不变。这就是能量守恒与转化定律，在热力学中把这个规律称为热力学第一定律。也就是说热力学第一定律就是能量守恒与转化定律在热力学中的应用，按照热力学第一定律，在任何变化过程中，通过系统与环境进行热和功的交换，都可能引起系统内能的变化。

对于一个封闭系统，若始态的内能为 U_1，在某一变化过程中，通过从环境吸收一定量的热 Q、并从环境中得到一定量的功 W 而过渡到终态，终态的内能为 U_2。按照热力学第一定律：

$$U_2 - U_1 = Q + W \qquad 即：\Delta U = Q + W \qquad (2-4)$$

式中，ΔU 为系统的内能变化量，该式就是热力学第一定律的数学表达式。根据该表达式可以得出：封闭系统内能的变化量就等于变化过程中系统与环境交换的热和功之和。

【例 2-2】 计算下列过程中系统内能的变化。(1) 系统吸收热量 600kJ，同时对环境做功 750kJ；(2) 系统释放热量 200kJ，同时环境对系统做功 350kJ。

解： 根据热力学第一定律，

(1) $\qquad\qquad\qquad \Delta U = Q + W = 600 + (-750) = -150 \text{ (kJ)}$

(2) $\qquad\qquad\qquad \Delta U = Q + W = (-200) + 350 = 150 \text{ (kJ)}$

2.1.3　化学反应的热效应

化学反应系统与环境进行能量交换的主要形式是热，所谓化学反应的热效应，是指始态（反应物）和终态（生成物）具有相同的温度、且只做体积功的过程中化学反应系统所吸收或放出的热量。由于各种物质蕴含的内能不同，当化学反应发生后，生成物和反应物的内能不一定相等，即化学反应前后存在内能的变化；这种内能变化在反应过程中就以热或功的形式表现出来，这就是化学反应热效应产生的原因。

化学反应的热效应又简称为热效应或反应热。按化学反应条件的不同，反应热又可分为恒容反应热和恒压反应热。

2.1.3.1　恒容反应热

化学反应系统在变化过程中，如果体积始终保持不变，则系统不做体积功，即 $W = 0$；化学反应在恒容过程的反应热记为 Q_V，那么，根据热力学第一定律可以得出：

$$Q_V = \Delta U - W = \Delta U \qquad 即：Q_V = \Delta U \qquad (2-5)$$

式 (2-5) 表明：恒容反应热等于系统的内能变。化学反应系统在恒容过程中吸收的热量全部用于增加系统的内能，系统内能的变化量通过恒容反应热的形式体现出来。

2.1.3.2　恒压反应热

化学反应系统如果在变化过程中保持压力不变，该过程的反应热叫做恒压反应热，记为 Q_p。大多数化学反应都是在恒压条件下发生的，要保持压力不变，许多化学反应将发生体积变化而做功。若系统只做体积功，即 $W = -p\Delta V$，根据热力学第一定律可得：

$$Q_p = \Delta U - W$$

$$= \Delta U + p\Delta V$$
$$= (U_2 - U_1) + p(V_2 - V_1)$$
$$= (U_2 + pV_2) - (U_1 + pV_1)$$

式中，U_1 和 V_1 表示始态的内能和体积；U_2 和 V_2 表示终态的内能和体积。由于压力保持不变，所以始态的压力等于终态的压力，即 $p_1 = p_2 = p$。因此上式可以写成：

$$Q_p = (U_2 + pV_2) - (U_1 + pV_1)$$
$$= (U_2 + p_2 V_2) - (U_1 + p_1 V_1) \tag{2-6}$$

由于 U、p、V 都是状态函数，它们的组合 $(U + pV)$ 也应是系统的状态函数。热力学中将这一新的状态函数叫做焓，用符号 H 表示，即：

$$H = U + pV \tag{2-7}$$

根据焓的定义式 (2-7)，式 (2-6) 就可以写为：

$$Q_p = H_2 - H_1 = \Delta H \tag{2-8}$$

式中，H_2、H_1 表示始态和终态的焓，ΔH 表示焓的变化量，叫做焓变。式 (2-8) 表明：恒压反应热等于系统的焓变。化学反应系统在恒压过程中吸收的热量全部用于增加系统的焓，而系统的焓变通过恒压反应热的形式体现出来。

2.1.3.3　焓的性质

绝大多数变化都是在大气这样一个恒压环境下发生的，所以焓是一个极其重要的物理量，但它的意义不如 U、T、p 这些物理量那么直观，因此需要对焓的性质做进一步的讨论。

焓是状态函数，焓变只与系统的始态和终态有关，而与变化的途径没有关系。焓是系统的一个广度性质，它的量值大小与系统中物质的数量有关，具有加和性。焓代表了恒压条件下系统所包含的与热有关的能量，单位为 J 或 kJ。

由焓的定义式 (2-7) 可以看出，由于内能的绝对值不清楚，所以焓的绝对值也无法确定。在热力学中，可以不需要知道焓的绝对值，只需要知道焓的变化量 ΔH 就可以了，即 $\Delta H = Q_p$。物质由低温升到高温是一个吸热过程，所以物质的高温焓大于低温焓；物质由固态变成液态或由液态变成气态都需要吸热，所以物质的气态焓大于液态焓、液态焓又大于固态焓。

对于化学反应系统而言，如果在恒压条件下发生反应，其反应热就等于系统的焓变。如果焓变小于零（$\Delta H < 0$），表示恒压下化学反应是放热反应；如果焓变大于零（$\Delta H > 0$），表示恒压下化学反应是吸热反应。对于可逆反应来说，正、逆反应的焓变互为相反数。

焓变 ΔH 和内能变 ΔU 都是系统发生状态变化时的能量变化，它们之间具有什么样的关系呢？由焓的定义式 $H = U + pV$ 可以看出，在恒压过程中，系统的 ΔH 和 ΔU 之间的关系为：

$$\Delta H = \Delta U + p\Delta V \tag{2-9}$$

式 (2-9) 表明，在恒压过程中，系统的 ΔH 和 ΔU 之间相差 $p\Delta V$。对于化学反应而言，当反应物和生成物都处于固态或液态时，反应前后系统的体积变化 ΔV 很小，$p\Delta V$ 可以忽略不计，因而 ΔH 和 ΔU 近似相等，即 $\Delta H \approx \Delta U$。

当有气体参与化学反应时，反应前后系统的体积变化 ΔV 可能较大。应用理想气体的状态方程式可以得出：

$$p\Delta V = p(V_2 - V_1) = pV_2 - pV_1 = n_2 RT - n_1 RT = (n_2 - n_1)RT = (\Delta n)RT \tag{2-10}$$

式中，n_1 为反应前气体的物质的量之和；n_2 为反应后气体的物质的量之和；$\Delta n = n_2 - n_1$。将式 (2-10) 代入到式 (2-9) 中，得出：

$$\Delta H = \Delta U + (\Delta n)RT \tag{2-11}$$

【例 2-3】 在 298K、100kPa 下，1mol 乙烯与氢气反应生成乙烷：$C_2H_4+H_2=C_2H_6$ 放出了 136.4kJ 的热量，求 1mol 乙烯发生反应的焓变和内能变。

解： 该反应在恒压下进行，所以：$\Delta H=Q_p=-136.4$（kJ）

由于 $\Delta H=\Delta U+(\Delta n)RT$，因此：

$$\Delta U=\Delta H-(\Delta n)RT=(-136.4)-\frac{(1-2)\times8.314\times298}{1000}=-133.9\text{（kJ）}$$

由［例题 2-3］的计算结果可以看出，化学反应的 ΔH 和 ΔU 虽然数值不同，但差别不大，通常在 10kJ 以内。

2.1.3.4 热化学方程式

（1）标准摩尔反应焓变 很多化学反应都是在恒压下进行的（压力等于大气压），此时化学反应的反应热就等于反应的焓变。而化学反应的焓变随反应条件的不同会有所改变，与反应温度、压力或浓度以及物质的聚集态等有关。为了比较不同化学反应的反应热，在化学热力学中规定了标准状态，简称为标准态，有关标准状态的主要内容有：

① 标准压力规定为 100kPa，表示成 $p^\ominus=100\text{kPa}$；标准浓度规定为 1mol·dm^{-3}，表示为 $c^\ominus=1\text{mol·dm}^{-3}$。

② 气体物质的标准状态是指：压力为标准压力、具有理想气体性质的纯气体。

③ 固体和液体物质的标准状态是指：在标准压力下的纯固体和纯液体。

④ 溶液中溶质的标准状态是指：在标准压力下，浓度等于标准浓度的理想溶液。

当参与化学反应的物质（包括反应物和生成物）都处于标准态时，就说化学反应处于标准态；化学反应如果在一定温度的标准态下发生，此时反应的焓变通常用标准摩尔反应焓变（简称为标准焓变）来表示，标准摩尔反应焓变标记为 $\Delta_r H_m^\ominus(T)$，其单位常用 kJ·mol^{-1}。在符号 $\Delta_r H_m^\ominus(T)$ 中，$\ominus$ 表示化学反应处于标准态；m 是 molar（摩尔）的首字母，表示发生了 1mol 反应；r 是 reaction 的首字母，表示一个反应过程；T 表示反应发生的热力学温度，由于标准态没有规定温度，因此要标明温度。但由于许多热力学数据大都在 298K（常温 25℃）时测得，所以，为了简化书写，如没有标明温度，则表示温度为 298K。

在定义了标准摩尔反应焓变以后，通常用标准摩尔反应焓变 $\Delta_r H_m^\ominus(T)$ 来表示化学反应的反应热。如果化学反应不在标准态，而是在任意状态下进行，那么化学反应的焓变或反应热就用符号 $\Delta_r H_m(T)$ 来表示，符号 $\Delta_r H_m(T)$ 读作摩尔反应焓变。

（2）热化学方程式 表示化学反应与反应热之间关系的反应方程式叫做热化学方程式，如在 298K、100kPa 下：

$$2H_2(g)+O_2(g)\Longrightarrow 2H_2O(l)，\Delta_r H_m^\ominus(298K)=-571.66\text{kJ·mol}^{-1}$$

$$2H_2(g)+O_2(g)\Longrightarrow 2H_2O(g)，\Delta_r H_m^\ominus(298K)=-483.64\text{kJ·mol}^{-1}$$

$$H_2(g)+\frac{1}{2}O_2(g)\Longrightarrow H_2O(l)，\Delta_r H_m^\ominus(298K)=-285.83\text{kJ·mol}^{-1}$$

$$CO(s)+\frac{1}{2}O_2(g)\Longrightarrow CO_2(g)，\Delta_r H_m^\ominus(298K)=-283.0\text{kJ·mol}^{-1}$$

$$Zn(s)+Cu^{2+}(aq)\Longrightarrow Zn^{2+}(aq)+Cu(s)，\Delta_r H_m^\ominus(298K)=-218.66\text{kJ·mol}^{-1}$$

在使用热化学方程式时，要注意以下几点：

① 要指明反应发生的温度、压力等条件。

② 要表明物质的聚集状态。固态物质用 s 表示，液态物质用 l 表示，气态物质用 g 表示，溶液中的溶质用 aq 表示。

③ 要注明物质化学式前的计量系数，计量系数可以用整数，也可以用分数。

④ 要注明反应热。反应热通常用焓变来表示，焓变与方程式之间通常用逗号隔开。

2.1.4 反应热的计算

2.1.4.1 盖斯定律

1840 年，盖斯（G. H. Hess，俄）分析了大量有关反应热的实验结果，总结出一条重要的经验规律：任何一个化学反应，无论是一步完成，或是分几步完成，其反应热完全相同。这个经验规律称为盖斯定律。

从热力学的角度看，盖斯定律是热力学第一定律的必然结果，是状态函数特性的体现。因为 $Q_p=\Delta H$、$Q_v=\Delta U$，而焓与内能都是状态函数，只要化学反应的始态（反应物）和终态（生成物）相同，则焓变和内能变就是定值，至于通过什么途径来完成这一反应则是无关紧要的。因此可以说：化学反应的反应热（恒压热或恒容热）只与系统的始态和终态有关，而与变化的途径无关。这是盖斯定律的又一种表述方式。

盖斯定律有着广泛的应用，应用这个定律可以计算化学反应的反应热，特别是一些不能或难以用实验方法直接测定的反应热。例如在煤气生产中有一个很重要的反应：

$$C(s)+\frac{1}{2}O_2(g)=\!\!=\!\!= CO(g)$$

工厂设计时需要该反应的反应热数据，而实验却难以测定。C 和 O_2 直接化合难以生成纯净的 CO，因为反应过程中不可避免地会有一些 CO_2 生成。但是 C 和 O_2 化合生成 CO_2、CO 与 O_2 化合生成 CO_2 这两个反应的反应热是容易直接测定的，因此可以利用盖斯定律计算生成 CO 反应的反应热。

在 298K、100kPa 下，已知的反应热为：

$$R_1:C(s)+O_2(g)=\!\!=\!\!= CO_2(g) \qquad \Delta_r H_{m,1}^{\ominus}(298K)=-393.5 kJ\cdot mol^{-1}$$

$$R_2:CO(s)+\frac{1}{2}O_2(g)=\!\!=\!\!= CO_2(g) \qquad \Delta_r H_{m,2}^{\ominus}(298K)=-283.0 kJ\cdot mol^{-1}$$

应用盖斯定律，就可以求得反应 $R_3:C(s)+\frac{1}{2}O_2(g)=\!\!=\!\!= CO(g)$ 的反应热 $\Delta_r H_{m,3}^{\ominus}(298K)$。

$$\Delta_r H_{m,3}^{\ominus}(298K)=\Delta_r H_{m,1}^{\ominus}(298K)-\Delta_r H_{m,2}^{\ominus}(298K)$$
$$=(-393.5)-(-283.0)=-110.5 \ (kJ\cdot mol^{-1})$$

上面三个反应方程式间的数学关系为：$R_1=R_2+R_3$，其反应热的关系为：$\Delta_r H_{m,1}^{\ominus}(298K)=\Delta_r H_{m,2}^{\ominus}(298K)+\Delta_r H_{m,3}^{\ominus}(298K)$。应用盖斯定律，可以推导得出反应热的联系与反应方程式的数学关系之间的规则，即：

如果 $R=R_1+R_2$，那么 $\Delta_r H_m^{\ominus}(T)=\Delta_r H_{m,1}^{\ominus}(T)+\Delta_r H_{m,2}^{\ominus}(T)$

如果 $R_1=nR_2$，那么 $\Delta_r H_{m,1}^{\ominus}(T)=n\Delta_r H_{m,2}^{\ominus}(T)$

如果 $R_1=-R_2$，那么 $\Delta_r H_{m,1}^{\ominus}(T)=-\Delta_r H_{m,2}^{\ominus}(T)$

如果 $R=R_1-R_2$，那么 $\Delta_r H_m^{\ominus}(T)=\Delta_r H_{m,1}^{\ominus}(T)-\Delta_r H_{m,2}^{\ominus}(T)$

这个规则不仅适用于化学反应的标准焓变 $\Delta_r H_m^{\ominus}(T)$，而且适用于后面要涉及的化学反应的标准熵变 $\Delta_r S_m^{\ominus}(T)$ 和标准吉布斯函数变 $\Delta_r G_m^{\ominus}(T)$，但都要求各个有关联的化学反应在同样的温度、压力等条件下发生。

应用盖斯定律，从已知的反应热计算其他反应的反应热是很方便的。人们从多种反应中找出某些类型的反应作为基本反应，知道了这些基本反应的反应热数据，应用盖斯定律就可以计算其他反应的反应热。常用的基本反应热数据是标准摩尔生成焓。

2.1.4.2　标准摩尔生成焓

在一定温度的标准态下，由最稳定的单质生成 1mol 纯物质时反应的焓变，称为该物质的标准摩尔生成焓，用符号 $\Delta_f H^{\ominus}_{m,i}(T)$ 表示，单位为 $kJ \cdot mol^{-1}$。在符号 $\Delta_f H^{\ominus}_{m,i}(T)$ 中，f 为 formation（生成）的首字母，i 表示物质的化学式及聚集状态，m 为 molar（摩尔）的首字母，表示物质 i 的物质的量为 1mol，T 为热力学温度，常用温度为 298K。

例如，298K 时下列反应的标准摩尔反应焓变为：

$$H_2(g) + \frac{1}{2}O_2(g) === H_2O(l) \qquad \Delta_r H^{\ominus}_m(298K) = -285.83 kJ \cdot mol^{-1}$$

$$C(石墨) + 2H_2(g) === CH_4(g) \qquad \Delta_r H^{\ominus}_m(298K) = -74.85 kJ \cdot mol^{-1}$$

由于 C（石墨）、$H_2(g)$、$O_2(g)$ 都是 298K 时标准态下最稳定的单质，以上两个反应的标准摩尔反应焓变就是 $H_2O(l)$ 和 $CH_4(g)$ 的标准摩尔生成焓，表示为：

$$\Delta_f H^{\ominus}_{m,H_2O(l)}(298K) = -285.83 kJ \cdot mol^{-1}$$

$$\Delta_f H^{\ominus}_{m,CH_4(g)}(298K) = -74.85 kJ \cdot mol^{-1}$$

根据标准摩尔生成焓的定义可知，最稳定单质的标准摩尔生成焓为零，如 $\Delta_f H^{\ominus}_{m,O_2(g)}(298K) = 0$、$\Delta_f H^{\ominus}_{m,Br_2(l)}(298K) = 0$、$\Delta_f H^{\ominus}_{m,C(石墨)}(298K) = 0$ 等。物质在 298K 时的标准摩尔生成焓是基本的热力学数据，可从本书附录 3 或其他化学手册中查阅。物质的标准摩尔生成焓除了根据定义进行实验测定而得出外，还可以间接计算得出，这对科研和生产具有实际的意义。

【例 2-4】 已知下列反应在 298K 下的 $\Delta_r H^{\ominus}_m(298K)$

R_1：$C(石墨) + O_2(g) === CO_2(g)$ 　　　　　　$\Delta_r H^{\ominus}_{m,1}(298K) = -393.5 kJ \cdot mol^{-1}$

R_2：$2H_2(g) + O_2(g) === 2H_2O(l)$ 　　　　　　$\Delta_r H^{\ominus}_{m,2}(298K) = -571.6 kJ \cdot mol^{-1}$

R_3：$C_3H_8(g) + 5O_2(g) === 3CO_2(g) + 4H_2O(l)$ 　$\Delta_r H^{\ominus}_{m,3}(298K) = -2220.0 kJ \cdot mol^{-1}$

求丙烷 $C_3H_8(g)$ 在 298K 时的标准摩尔生成焓。

解：根据物质的标准摩尔生成焓的定义，要求丙烷 $C_3H_8(g)$ 在 298K 时的标准摩尔生成焓，就是计算以下反应在 298K 时的标准摩尔反应焓变 $\Delta_r H^{\ominus}_{m,4}(298K)$。

$$R_4：3C(石墨) + 4H_2(g) === C_3H_8(g)$$

观察四个反应方程式 R_1、R_2、R_3、R_4，发现它们之间的关系：$R_4 = 3R_1 + 2R_2 - R_3$。所以：

$$\Delta_f H^{\ominus}_{m,C_3H_8(g)}(298K) = \Delta_r H^{\ominus}_{m,4}(298K)$$
$$= 3 \times \Delta_r H^{\ominus}_{m,1}(298K) + 2 \times \Delta_r H^{\ominus}_{m,2}(298K) - \Delta_r H^{\ominus}_{m,3}(298K)$$
$$= 3 \times (-393.5) + 2 \times (-571.6) - (-2220.0) = -103.7 (kJ \cdot mol^{-1})$$

2.1.4.3　由 $\Delta_f H^{\ominus}_{m,i}(T)$ 计算 $\Delta_r H^{\ominus}_m(T)$

利用物质的标准摩尔生成焓 $\Delta_f H^{\ominus}_{m,i}(T)$ 可以计算化学反应的标准摩尔反应焓变 $\Delta_r H^{\ominus}_m(T)$。假设某一反应为：MN + XY === MX + NY，其中 M、N、X、Y 分别为形成化合物 MN、XY、MX、NY 的最稳定单质。首先将该反应分解为以下几个变化过程：

$$R：MN + XY === MX + NY \qquad \Delta_r H^{\ominus}_m(T)$$

$$R_1：MN === M + N \qquad \Delta_r H^{\ominus}_{m,1}(T)$$

$$R_2：XY === X + Y \qquad \Delta_r H^{\ominus}_{m,2}(T)$$

$$R_3 : M+X \Longrightarrow MX \qquad\qquad \Delta_r H_{m,3}^{\ominus}(T)$$

$$R_4 : N+Y \Longrightarrow NY \qquad\qquad \Delta_r H_{m,4}^{\ominus}(T)$$

由于 $R=R_1+R_2+R_3+R_4$，因此根据盖斯定律可以得出：

$$\Delta_r H_m^{\ominus}(T)=\Delta_r H_{m,1}^{\ominus}(T)+\Delta_r H_{m,2}^{\ominus}(T)+\Delta_r H_{m,3}^{\ominus}(T)+\Delta_r H_{m,4}^{\ominus}(T)$$

$$=[\Delta_r H_{m,3}^{\ominus}(T)+\Delta_r H_{m,4}^{\ominus}(T)]+[\Delta_r H_{m,1}^{\ominus}(T)+\Delta_r H_{m,2}^{\ominus}(T)]$$

$$=[\Delta_f H_{m,MX}^{\ominus}(T)+\Delta_f H_{m,NY}^{\ominus}(T)]-[\Delta_f H_{m,MN}^{\ominus}(T)+\Delta_f H_{m,XY}^{\ominus}(T)]$$

对于任一化学反应：

$$aA+bB \Longrightarrow dD+eE \qquad 或 \qquad 0=\sum_i (\nu_i \times i)$$

$$\Delta_r H_m^{\ominus}(T)=[d\Delta_f H_{m,D}^{\ominus}(T)+e\Delta_f H_{m,E}^{\ominus}(T)]-[a\Delta_f H_{m,A}^{\ominus}(T)+b\Delta_f H_{m,B}^{\ominus}(T)]$$

$$=\sum_i [\nu_i \times \Delta_f H_{m,i}^{\ominus}(T)] \tag{2-12}$$

由此可见，化学反应的标准摩尔反应焓变等于生成物的标准摩尔生成焓的总和减去反应物的标准摩尔生成焓的总和。这是利用物质的标准摩尔生成焓计算化学反应热的一般公式，由于查表得到的标准摩尔生成焓通常是 298K 下的数据，因此，利用式（2-12）来计算化学反应在 298K 时的标准摩尔反应焓变是非常方便的。即：

$$\Delta_r H_m^{\ominus}(298K)=[d\Delta_f H_{m,D}^{\ominus}(298K)+e\Delta_f H_{m,E}^{\ominus}(298K)]$$

$$-[a\Delta_f H_{m,A}^{\ominus}(298K)+b\Delta_f H_{m,B}^{\ominus}(298K)]$$

$$=\sum_i [\nu_i \times \Delta_f H_{m,i}^{\ominus}(298K)] \tag{2-13}$$

在使用式（2-12）时要注意以下几点：

① 要注意反应方程式中物质的聚集状态。聚集状态不同，物质的标准摩尔生成焓就会不同。

② 要注意乘上各物质的化学计量数。反应物的化学计量数为负值，生成物的化学计量数为正值。

③ 化学反应的焓变虽然与温度有关，但随温度的变化较小。因为反应物和生成物的焓都随温度的升高而增大，结果基本相互抵消，所以化学反应焓变受温度的影响不大。在温度变化不大时可以近似认为与温度无关，即：

$$\Delta_r H_m^{\ominus}(T)\approx \Delta_r H_m^{\ominus}(298K)=\sum_i [\nu_i \times \Delta_f H_{m,i}^{\ominus}(298K)] \tag{2-14}$$

【例 2-5】 下列反应为火箭高能燃料中液态肼（N_2H_4）和硝酸（HNO_3）之间的反应，计算该反应在 298K 下的标准摩尔反应焓变 $\Delta_r H_m^{\ominus}(298K)$。

$$5N_2H_4(l)+4HNO_3(l) \Longrightarrow 7N_2(g)+12H_2O(g)$$

解：查表得出各物质的标准摩尔生成焓，

$$5N_2H_4(l)+4HNO_3(l) \Longrightarrow 7N_2(g)+12H_2O(g)$$

$\Delta_f H_{m,i}^{\ominus}(298K)/kJ \cdot mol^{-1}$　　　50.6　　　　　-173.2　　　　　0　　　　　-241.8

$$\Delta_r H_m^{\ominus}(298K)=[12\times \Delta_f H_{m,H_2O(g)}^{\ominus}(298K)+7\times \Delta_f H_{m,N_2(g)}^{\ominus}(298K)]$$

$$-[5\times \Delta_f H_{m,N_2H_4(l)}^{\ominus}(298K)+4\times \Delta_f H_{m,HNO_3(l)}^{\ominus}(298K)]$$

$$=[12\times(-241.8)+7\times 0]-[5\times 50.6+4\times(-173.2)]=-2461.8(kJ \cdot mol^{-1})$$

2.2　化学反应的方向

前面讨论了化学反应过程中的能量转化问题，一切化学变化中的能量转化都遵循热力学第一定律。但热力学第一定律只探讨了能量转化的数量问题，而没有涉及能量转化的方向问题。本节就将讨论能量转化的方向，即化学反应进行的方向问题；这是第一定律不能回答的，需要用热力学第二定律来解决。

2.2.1　化学反应的自发性

2.2.1.1　自发过程

在千变万化的自然界，无论是物理变化还是化学变化都有一定的方向，一直达到变化的极限（即平衡）为止。例如，热总是自动地由高温物体传递给低温物体，直到两物体温度相等达到平衡为止；水总是自发地由高处流向低处；气体总是自发地由高压处向低压处扩散等。对于化学反应来说，自动发生的反应也很多。如铁在潮湿的空气中会自动生锈；一定浓度的氯化钠和硝酸银溶液混合会自动析出氯化银沉淀等。在热力学中，将这些在一定条件下不需外力作用就能自动进行的过程或变化，称为自发过程或自发反应。

上面列举的自发过程具有明显的方向性，一切自发过程都是不可逆过程，自发过程总是单方向趋于平衡，其逆过程不能自发进行，称为非自发过程。过程自发进行的方向就是在一定条件下不需借助外力做功而能自动发生的方向。

化学反应在给定的条件下能否自发进行？进行到什么程度？这是科研和生产实践中一个十分重要的问题。例如，对于下面的反应：

$$CO(g) + NO(g) = CO_2(g) + \frac{1}{2}N_2(g)$$

如果能确定此反应在给定条件下可以自发地向右进行，而且进行的程度又较大，那么就可以集中力量研究和开发对此反应有利的催化剂或采用其他手段以促使该反应的实现，因为利用此反应可以消除汽车尾气中的 CO 和 NO 这两种污染物质。如果从理论上能证明该反应在任何温度和压力下都不能实现，显然就没有必要去研究它了。

在实际工作中，如果能够预测一个过程或反应自发进行的方向，无疑是十分有益的。热的传递在于温度差，气体膨胀在于压力差，因此温度差、压力差等物理量可以作为热传导、气体膨胀等过程是否自发进行的判断依据（即判据）。对于化学反应，使之能自发进行的推动力是什么？用什么热力学性质（状态函数）可以判断化学反应的方向？这是化学热力学中一个必须解决的十分重要的问题。

那么根据什么来判断化学反应的自发性呢？人们研究了大量的物理、化学过程，发现自发过程通常会遵循以下规律：

① 从过程的能量变化来看，物质系统倾向于取得最低能量状态；

② 从系统中组成微粒（原子、分子或离子）的分布和运动状态来看，物质系统倾向于取得最大混乱度；

③ 自发过程借助于一定的装置可以对外做有用功。如水力发电就是利用水位差通过发电机来做电功的。

2.2.1.2　焓变与反应的方向

既然物质系统倾向于取得最低能量状态，曾经有人试图用化学反应的焓变来作为化学反应方向的判据，认为 $\Delta H < 0$ 的放热反应是可以自发进行的。实际上，在恒温恒压和只做体积功的条件下，大多数自发反应是放热反应，如：

$$2H_2(g) + O_2(g) = 2H_2O(l) \qquad \Delta_r H_m^{\ominus}(298K) = -285.84 kJ \cdot mol^{-1}$$

$$Na(s) + H_2O(l) = NaOH(aq) + \frac{1}{2}H_2(g) \qquad \Delta_r H_m^{\ominus}(298K) = -180.00 kJ \cdot mol^{-1}$$

但并非一切放热反应在任何条件下都能自发进行。如在 298K 的标准状态下，液态水变成冰是放热反应但却不能自发进行；相反，其逆过程冰变为水的吸热反应却能自发进行。再如下列吸热反应也都可以自发进行：

$$N_2O_5(s) == 2NO_2(g) + \frac{1}{2}O_2(g) \qquad \Delta_rH_m^{\ominus}(298K) = 109.50 kJ \cdot mol^{-1}$$

$$NaCl(s) == Na^+(aq) + Cl^-(aq) \qquad \Delta_rH_m^{\ominus}(298K) = 3.88 kJ \cdot mol^{-1}$$

有的吸热反应在常温下是非自发的，但温度升高后却能自发进行。例如：

$$CaCO_3(s) == CaO(s) + CO_2(g) \qquad \Delta_rH_m^{\ominus}(298K) = 177.9 kJ \cdot mol^{-1}$$

该反应在常温下不能自发进行，但在温度高于 1000K 时却能自发进行，而此时该反应的 $\Delta_rH_m^{\ominus}(T)$ 值为 178.33 kJ·mol^{-1}，并没有发生符号的改变。

由上面的讨论可知，焓变与反应的自发性有关，但不能作为反应方向的可靠判据。要确定一个化学反应在给定条件下能否自发进行，除焓变以外，还需要引入一些新的热力学状态函数。

2.2.2 混乱度与熵

2.2.2.1 混乱度

物质系统不但力图使能量降低，而且倾向于混乱（程）度增大。在讨论了焓变对化学反应自发性的影响后，再来看看系统的混乱度对反应自发性的影响。

什么是混乱度呢？混乱度是有序度的反义词，即组成物质的微粒（原子、分子或离子）在一个指定的空间区域内排列和运动的无序程度。有序度高，混乱度就小；有序度差，其混乱度就大。

现在先从物质的固、液、气三态的转变来说明混乱度的不同。组成固体的微粒排列得很有规则，它们受分子间引力等的作用而束缚在一起，并固定在晶格的平衡位置附近做振动，因此可以认为固体物质的混乱度很低。如果把固体加热，由于微粒的热运动加剧，原来有规则的微粒排列次序受到破坏，混乱度就增大；继续加热，当固体熔化为液体时，微粒可以在液体所占体积范围内比较自由的运动，混乱度再增大。再继续加热，当微粒的能量足够大而变成气体时，进入了漫无秩序的状态，混乱度就更大。

在变化过程中，系统通常是向着混乱度增大的状态转化。例如，将墨汁滴入一杯清水中，水会很快自动变黑成为墨水；将盛有空气和 NO_2 气体的两个瓶子相连通，两个瓶子中的气体会自动地渐渐变成程度相同的红棕色。而相反，要使墨水自动恢复为墨汁和清水或使已经混合的空气与 NO_2 气体自动分开，显然是不可能的。这说明有序能自发地变成无序，而无序却不能自发地变为有序，就是说系统通常向着混乱度增大的方向进行。

系统内微观粒子自发地向着混乱度增大的方向进行的例子也很多。例如：在 298K、100kPa 下，冰自发地融化为液态水，是由于液态水的混乱度比固态冰的混乱度大；NaCl 固体能自动地溶解在水中，是由于 Na^+、Cl^- 脱离有序的晶体而逐渐扩散于水中直至形成均匀的溶液，混乱度比溶解前也增大了；N_2O_5 固体的分解，也是由分子排列整齐有序的晶体分解为可以在整个容器内自由运动的气体，混乱度增大得非常多。虽然上述反应都是吸热反应，从能量的角度看，它们不能自发进行；可实际上它们却可以自动发生，其原因就是反应后混乱度增大了。可见，混乱度与反应的自发性有很大的关系，那么怎样来确定系统混乱度的大小呢？

2.2.2.2 熵

在前面的讨论中可以知道，热不是状态函数，它与过程的具体途径有关。但是，1850年克劳修斯（Rudolph Clausius，德）在研究理想热机做功的基础上得到一个重要结论：在系统的始态和终态之间进行的任何恒温可逆过程中，系统所吸收的热量 Q_r 与其绝对温度 T

的比值 Q_r/T（叫做热温商）是一个定值。由这个结论可以看出，热温商 Q_r/T 只取决于系统的始态和终态，而与变化的途径没有关系。因此，克劳修斯推想系统必定存在一个状态函数，这个状态函数在终态的值减去始态的值必定等于可逆过程的热温商 Q_r/T。于是克劳修斯把这个状态函数叫做熵，用符号 S 来表示，单位为 $J \cdot K^{-1}$。当系统经历一恒温可逆过程，由始态变化到终态的熵变为：

$$\Delta S = S_2 - S_1 = \frac{Q_r}{T}$$

熵与内能、焓一样是系统的一种性质，是状态函数。那么状态函数熵具有什么样的意义呢？在热力学中，熵是衡量系统混乱度大小的状态函数，即熵是系统内部微粒混乱或无序度的量度。熵具有以下性质：

① 熵是状态函数，状态一定，就有确定的熵值；状态变化，熵值也发生变化。

② 熵具有加和性，熵值与系统中物质的量成正比。

③ 对同一种物质而言，就其固、液、气三态进行比较，固态时熵值最小，气态时熵值最大，即 $S_g > S_l > S_s$。

④ 对同一物质同一聚集态而言，温度越高，微粒运动越剧烈，系统的混乱度就越大，即高温熵大于低温熵：$S_{ht} > S_{lt}$。

⑤ 不同物质的熵值不同，与其分子的组成和结构有关。一般而言，分子越大，结构越复杂，其运动情况也越复杂，混乱度就越大，熵值也越大。例如同一类型的不同物质在相同条件下熵的大小变化为：

$$S_{HF} < S_{HCl} < S_{HBr} < S_{HI}$$

对于组成元素相同、聚集状态也相同物质来说，组成原子越多熵值就越大。例如：

$$S_{FeO} < S_{Fe_2O_3} < S_{Fe_3O_4}$$

⑥ 混合物的熵值大于纯物质的熵值之和，即 $S_{混合物} > \sum S_{纯物质}$。

【例 2-6】　不用查表，指出下列过程的熵变 ΔS 的符号。

(1) $HCOOH(l) \Longrightarrow CO(g) + H_2O(l)$　　(2) $NH_3(g) + HCl(g) \Longrightarrow NH_4Cl(s)$

(3) $Ag^+(aq) + Cl^-(aq) \Longrightarrow AgCl(s)$　　(4) 氧气溶解于水中

解：利用熵的性质进行判断

(1) $\Delta S > 0$　　(2) $\Delta S < 0$　　(3) $\Delta S < 0$　　(4) $\Delta S < 0$

2.2.2.3　标准摩尔熵与标准摩尔熵变

熵与内能、焓一样，都是状态函数，内能和焓的绝对值是不可求得的，但物质的熵值却可以定量地确定。由于物质的熵值将随温度的降低而减小，当物质处于热力学温度 0K 时，纯物质的完整晶体只有一种可能的微观状态，此时，每一个组成物质的微粒（原子、分子或离子）必须整齐而有规律地排列在晶格结点上。这是一种混乱度最小的状态，与这个状态相对应的熵应该取最小值。热力学第三定律指出：在热力学温度 0K 时，任何纯净的完整晶体物质的熵值为零，即 $S_0 = 0$。

如果从热力学温度 0K 起把纯净晶体物质加热到任一温度 T，则该过程的熵变 ΔS 必为终态与始态熵值之差。即：

$$\Delta S = S_T - S_0$$

因为　　　　　　　　　　　　$S_0 = 0$

所以　　　　　　　　　　　　$S_T = \Delta S$

而 ΔS 就等于恒温可逆过程的热温商 Q_r/T，因此，任何纯物质在温度为 T 时的绝对熵都可以求得。

　　在温度为 T 的标准状态下，1mol 纯物质的绝对熵称为该物质的标准摩尔熵，简称标准熵，用符号 $S_{m,i}^{\ominus}(T)$ 表示，单位为 $J \cdot K^{-1} \cdot mol^{-1}$。在符号 $S_{m,i}^{\ominus}(T)$ 中，i 表示某种物质的化学式，m 表示该物质的量为 1mol，T 表示物质的温度。因此符号 $S_{m,i}^{\ominus}(T)$ 读作物质 i 在温度为 T 时的标准摩尔熵。

　　一些物质在 298K 时的标准摩尔熵 $S_{m,i}^{\ominus}(298K)$ 列于本书附录 3 中。值得注意的是，虽然最稳定单质的标准摩尔生成焓等于零，但单质的标准摩尔熵却不等于零，不同的单质有不同的标准摩尔熵。同一种物质在不同的聚集状态时，标准摩尔熵也不一样；因此，在标准摩尔熵的表示符号 $S_{m,i}^{\ominus}(T)$ 中，有时还要表示出物质 i 的聚集状态。

　　有了物质在 298K 下的标准摩尔熵 $S_{m,i}^{\ominus}(298K)$，就可以很方便地计算化学反应在 298K 时的标准摩尔熵变 $\Delta_r S_m^{\ominus}(298K)$。由于熵也是状态函数，因此与化学反应的标准摩尔焓变计算相似，化学反应的标准摩尔熵变等于生成物的标准摩尔熵之和减去反应物的标准摩尔熵之和。

　　对于化学反应：

$$aA + bB = dD + eE$$

$$\Delta_r S_m^{\ominus}(298K) = \sum_i \left[\nu_i \times S_{m,i}^{\ominus}(298K) \right]$$

$$= \left[dS_{m,D}^{\ominus}(298K) + eS_{m,E}^{\ominus}(298K) \right] - \left[aS_{m,A}^{\ominus}(298K) + bS_{m,B}^{\ominus}(298K) \right]$$

$$(2\text{-}15)$$

　　当化学反应在其他温度条件下发生时，虽然每一物质的熵都随温度的升高而增加，但只要温度的升高没有引起物质聚集状态的改变，对于一个化学反应来说，由于生成物与反应物的熵都随温度的升高而增加，所以反应的标准摩尔熵变 $\Delta_r S_m^{\ominus}(T)$ 受温度的影响不大。在近似计算中，可用化学反应在 298K 时的标准摩尔熵变 $\Delta_r S_m^{\ominus}(298K)$ 来代替其他温度下的标准摩尔熵变 $\Delta_r S_m^{\ominus}(T)$。即：

$$\Delta_r S_m^{\ominus}(T) \approx \Delta_r S_m^{\ominus}(298K)$$

$$(2\text{-}16)$$

　　【例 2-7】　计算下列反应在 298K 时的标准熵变 $\Delta_r S_m^{\ominus}(298K)$。

$$2H_2S(g) + 3O_2(g) = 2SO_2(g) + 2H_2O(l)$$

　　解：从本书附录 3 查表得出各反应物和生成物的标准摩尔熵：

$$2H_2S(g) + 3O_2(g) = 2SO_2(g) + 2H_2O(l)$$

$S_{m,i}^{\ominus}(298K)/J \cdot K^{-1} \cdot mol^{-1}$　　　205.7　　　205.0　　　248.1　　　69.9

$$\Delta_r S_m^{\ominus}(298K) = \sum_i \left[\nu_i \times S_{m,i}^{\ominus}(298K) \right]$$

$$= \left[2S_{m,SO_2(g)}^{\ominus}(298K) + 2S_{m,H_2O(l)}^{\ominus}(298K) \right] - \left[2S_{m,H_2S(g)}^{\ominus}(298K) + 3S_{m,O_2(g)}^{\ominus}(298K) \right]$$

$$= (2 \times 248.1 + 2 \times 69.9) - (2 \times 205.7 + 3 \times 205.0)$$

$$= -390.4 \ (J \cdot K^{-1} \cdot mol^{-1})$$

2.2.2.4　熵变与反应的方向

　　在孤立系统中，变化总是向着混乱度增大的方向进行。即：在孤立系统中自发过程向着熵增大的方向进行，这一结论叫做熵增加原理，它也是热力学第二定律的一种表达形式。可见，用熵变判断反应自发性的标准为：对于孤立系统

$$\Delta S_{孤} > 0 \qquad 自发过程$$

$$\Delta S_{孤} = 0 \qquad 平衡状态$$

$$\Delta S_{孤} < 0 \qquad 非自发过程$$

　　因此，状态函数熵是孤立系统中反应自发性的判据。如果系统不是孤立系统，则自发反应向着 $(\Delta S_{系统} + \Delta S_{环境}) > 0$ 的方向进行。事实上，一般的化学反应都不是在孤立系统中进行的，

通常是在恒温、恒压且与环境有能量交换的情况下进行。若要用熵变判断化学反应的方向就需要同时计算系统和环境的熵变，而计算环境的熵变往往是非常复杂的，因此需要引入一个使用起来更方便的判断化学反应自发性的判据，这个判据就是下面要讨论的吉布斯函数变。

2.2.3　吉布斯函数变

2.2.3.1　吉布斯函数

如前所述，自发反应总是力图使系统的能量降低或混乱度增大，也就是说化学反应的自发性受能量和混乱度两个因素的制约。要判断一个化学反应是否能够自发进行，必须把这两个因素综合起来考虑。1876 年吉布斯（J. W. Gibbs，美）综合这两个因素提出了另一个热力学函数——吉布斯函数，用符号 G 表示。吉布斯函数的定义式为：

$$G = H - TS \tag{2-17}$$

从定义式可以看出，吉布斯函数是系统的一种性质，由于 H、T、S 都是状态函数，所以吉布斯函数 G 也是系统的状态函数。系统的吉布斯函数是一种特殊的能量，它可以用来衡量恒温、恒压下化学反应做有用功（除体积功以外的所有功，如电功等）的能力，因而吉布斯函数有时也称为吉布斯自由能，吉布斯函数的单位用能量单位 J 或 kJ。

由始态过渡到终态，系统吉布斯函数的变化量叫做吉布斯函数变，用 ΔG 表示。在只做体积功的恒温条件下，系统的吉布斯函数变 ΔG 可以表示为：

$$
\begin{aligned}
\Delta G &= G_2 - G_1 \\
&= (H_2 - T_2 S_2) - (H_1 - T_1 S_1) \\
&= (H_2 - TS_2) - (H_1 - TS_1) \quad （由于恒温，所以 T_2 = T_1 = T） \\
&= (H_2 - H_1) - T(S_2 - S_1) \\
&= \Delta H - T\Delta S
\end{aligned}
$$

即：
$$\Delta G = \Delta H - T\Delta S \tag{2-18}$$

该公式的导出是由吉布斯和亥姆霍兹（Hermann von Helmholtz，德）两人各自独立完成的，因而称为吉布斯-亥姆霍兹（Gibbs-Helmholtz）公式。从此式可以看出，系统在温度为 T 时的吉布斯函数变 ΔG 包含了焓变 ΔH 和熵变 ΔS 两个部分，因而吉布斯-亥姆霍兹公式体现了焓变 ΔH 和熵变 ΔS 的对立和统一，也体现了温度对 ΔG 的影响。

如将吉布斯-亥姆霍兹公式改写为：$\Delta H = \Delta G + T\Delta S$，此式表示系统的焓变 ΔH 包括两部分，一部分是 $T\Delta S$ 项，用于维持系统内部温度和增加系统的混乱度上的能量变化，是无法利用的；另一部分则是系统的吉布斯函数变 ΔG，是系统能够用来做有用功的能量变化。在恒温恒压下，系统的吉布斯函数越大，就表示它对外做有用功的能力越大，如在变化过程中对系统的吉布斯函数变加以利用，就能转变为有用功。从热力学可以导出，系统吉布斯函数的减少等于系统在恒温恒压下对环境可能做的最大有用功。即：

$$\Delta G = W'_{max} \tag{2-19}$$

2.2.3.2　吉布斯函数变与反应方向

由于吉布斯函数变 ΔG 体现了焓变和熵变两种因素的对立和统一，因此在恒温恒压只做体积功的条件下，可用吉布斯函数变 ΔG 来判断化学反应的方向。从热力学可以导出：对封闭系统来说，在恒温恒压只做体积功的条件下，反应总是向着吉布斯函数减小的方向进行。即：

$$\Delta G < 0 \qquad 反应正向自发进行$$
$$\Delta G = 0 \qquad 反应处于平衡状态$$
$$\Delta G > 0 \qquad 反应正向非自发、逆向自发进行$$

这个关系式可以作为恒温恒压只做体积功条件下判断化学反应自发性的统一标准，即化学反应自发性的判据。按照吉布斯——亥姆霍兹公式 $\Delta G = \Delta H - T\Delta S$，反应的吉布斯函数变 ΔG 是由焓变 ΔH 和熵变 ΔS 两项决定的，因此要判断反应自发进行的方向，必须综合考虑焓变和熵变两个因素，有时还要考虑温度的影响。现将 ΔH、ΔS 和 T 对 ΔG 的影响情况归纳如表 2-1 所示。

表 2-1　恒压下 ΔH、ΔS 和 T 对反应自发性的影响

过程	ΔH	ΔS	$\Delta G = \Delta H - T\Delta S$	反应的自发性	实例
熵增的放热反应	−	+	−	任何温度下都自发进行	$H_2(g) + F_2(g) == 2HF(g)$
熵减的吸热反应	+	−	+	任何温度下都非自发	$CO(g) == C(s) + \frac{1}{2}O_2(g)$
熵减的放热反应	−	−	低温− 高温+	低温自发 高温非自发	$HCl(g) + NH_3(g) == NH_4Cl(s)$
熵增的吸热反应	+	+	低温+ 高温−	低温非自发 高温自发	$CaCO_3(s) == CaO(s) + CO_2(g)$

2.2.3.3　标准摩尔吉布斯函数变的计算

为了计算化学反应的吉布斯函数变，特定义在温度为 T 的标准状态下，每发生 1mol 反应的吉布斯函数变叫做该反应的标准摩尔吉布斯函数变，简称为标准吉布斯函数变，用符号 $\Delta_r G_m^{\ominus}(T)$ 表示，$\Delta_r G_m^{\ominus}(T)$ 的常用单位是 $kJ \cdot mol^{-1}$。当温度为 298K 时，化学反应的标准摩尔吉布斯函数变则以 $\Delta_r G_m^{\ominus}(298K)$ 表示。下面重点讨论化学反应的标准摩尔吉布斯函数变 $\Delta_r G_m^{\ominus}(T)$ 的计算方法。

（1）用吉布斯-亥姆霍兹公式计算　在温度为 T 的标准态下，化学反应系统的吉布斯-亥姆霍兹公式可表示为：

$$\Delta_r G_m^{\ominus}(T) = \Delta_r H_m^{\ominus}(T) - T\Delta_r S_m^{\ominus}(T)$$

式中，T 表示反应的温度，当 $T = 298K$ 时，则上式为：

$$\Delta_r G_m^{\ominus}(298K) = \Delta_r H_m^{\ominus}(298K) - 298 \times \Delta_r S_m^{\ominus}(298K) \tag{2-20}$$

上式中 $\Delta_r H_m^{\ominus}(298K)$ 和 $\Delta_r S_m^{\ominus}(298K)$ 可由化学反应系统中参与反应物质的 $\Delta_f H_{m,i}^{\ominus}(298K)$ 和 $S_{m,i}^{\ominus}(298K)$ 来计算。

由吉布斯-亥姆霍兹公式可以看出，$\Delta_r G_m^{\ominus}(T)$ 会随着温度的变化而变化。那么其他温度下反应的 $\Delta_r G_m^{\ominus}(T)$ 又如何求得呢？由于反应温度对 $\Delta_r H_m^{\ominus}(T)$、$\Delta_r S_m^{\ominus}(T)$ 的影响不大，所以在近似计算中，可用 $\Delta_r H_m^{\ominus}(298K)$ 和 $\Delta_r S_m^{\ominus}(298K)$ 代替 $\Delta_r H_m^{\ominus}(T)$ 和 $\Delta_r S_m^{\ominus}(T)$。因此，其他温度下化学反应的 $\Delta_r G_m^{\ominus}(T)$ 近似计算公式为：

$$\Delta_r G_m^{\ominus}(T) = \Delta_r H_m^{\ominus}(298K) - T\Delta_r S_m^{\ominus}(298K) \tag{2-21}$$

在用吉布斯-亥姆霍兹公式计算 $\Delta_r G_m^{\ominus}(T)$ 时要注意单位的换算，因为 $\Delta_r H_m^{\ominus}(T)$ 的常用单位是 $kJ \cdot mol^{-1}$，而 $\Delta_r S_m^{\ominus}(T)$ 的常用单位为 $J \cdot K^{-1} \cdot mol^{-1}$。

（2）由标准生成吉布斯函数计算　热力学中规定，在温度为 T 的标准状态下，由最稳定单质生成 1mol 某纯物质时反应的标准摩尔吉布斯函数变，称为该物质在温度为 T 时的标准摩尔生成吉布斯函数，简称标准生成吉布斯函数，用 $\Delta_f G_{m,i}^{\ominus}(T)$ 表示，单位为 $kJ \cdot mol^{-1}$，当温度为 298K 时，则表示为 $\Delta_f G_{m,i}^{\ominus}(298K)$。符号 $\Delta_f G_{m,i}^{\ominus}(T)$ 读作物质 i 在温度 T 时的标准摩尔生成吉布斯函数。

例如，对于下列反应：

$$C(石墨) + O_2(g) == CO_2(g)$$

在 298K 时的标准摩尔吉布斯函数变为：$\Delta_r G_m^{\ominus}(298K) = -394.38kJ \cdot mol^{-1}$。对于该反应而言，在 298K 的标准状态下，反应物石墨和氧气都是最稳定的单质，并且只生成了 1mol

二氧化碳气体，因此，该反应的在 298K 时的 $\Delta_r G_m^{\ominus}(298K)$ 就是二氧化碳气体在 298K 下的标准摩尔生成吉布斯函数，即：

$$\Delta_f G_{m,CO_2(g)}^{\ominus}(298K) = -394.38 \text{kJ} \cdot \text{mol}^{-1}$$

根据标准生成吉布斯函数的定义，298K 时最稳定单质的标准生成吉布斯函数应为零。一些物质在 298K 时的标准生成吉布斯函数 $\Delta_f G_{m,i}^{\ominus}(298K)$ 列于本书附录 3 中。

有了物质的标准生成吉布斯函数，就可以很方便地计算化学反应的标准摩尔吉布斯函数变。与标准摩尔反应焓变和标准摩尔反应熵变的计算相似，化学反应的标准摩尔吉布斯函数变等于生成物的标准生成吉布斯函数之和减去反应物的标准生成吉布斯函数之和。

对于化学反应：

$$aA + bB \Longrightarrow dD + eE$$

$$
\begin{aligned}
\Delta_r G_m^{\ominus}(298K) &= \sum_i [\nu_i \times \Delta_f G_{m,i}^{\ominus}(298K)] \\
&= [d\Delta_f G_{m,D}^{\ominus}(298K) + e\Delta_f G_{m,E}^{\ominus}(298K)] - [a\Delta_f G_{m,A}^{\ominus}(298K) + b\Delta_f G_{m,B}^{\ominus}(298K)]
\end{aligned}
$$

$$(2\text{-}22)$$

由于只知道物质在 298K 时的标准生成吉布斯函数，因此，使用这种方法只能计算化学反应在 298K 下的标准摩尔吉布斯函数变。化学反应在其他温度下的标准摩尔吉布斯函数变的计算要利用前面讲到的吉布斯-亥姆霍兹公式。

【例 2-8】 下列反应为黄铁矿的氧化反应，试用两种方法计算该反应在 298K 时的标准吉布斯函数变 $\Delta_r G_m^{\ominus}(298K)$。

$$4FeS_2(s) + 11O_2(g) \Longrightarrow 2Fe_2O_3(s) + 8SO_2(g)$$

解： 从本书附录 3 中查表得出各物质的热力学数据，

$$4FeS_2(s) + 11 O_2(g) \Longrightarrow 2 Fe_2O_3(s) + 8SO_2(g)$$

$\Delta_f H_{m,i}^{\ominus}(298K)/\text{kJ}\cdot\text{mol}^{-1}$	-178.2	0	-824.2	-296.8
$S_{m,i}^{\ominus}(298K)/\text{J}\cdot\text{K}^{-1}\cdot\text{mol}^{-1}$	52.9	205.0	87.4	248.1
$\Delta_f G_{m,i}^{\ominus}(298K)/\text{kJ}\cdot\text{mol}^{-1}$	-166.9	0	-742.2	-300.2

第一种方法： 利用物质的标准生成吉布斯函数 $\Delta_f G_{m,i}^{\ominus}(298K)$ 计算该反应的 $\Delta_r G_m^{\ominus}(298K)$。

$$
\begin{aligned}
\Delta_r G_m^{\ominus}(298K) &= \sum_i [\nu_i \times \Delta_f G_{m,i}^{\ominus}(298K)] \\
&= [2\Delta_f G_{m,Fe_2O_3(s)}^{\ominus}(298K) + 8\Delta_f G_{m,SO_2(g)}^{\ominus}(298K)] \\
&\quad - [4\Delta_f G_{m,FeS_2(s)}^{\ominus}(298K) + 11\Delta_f G_{m,O_2(g)}^{\ominus}(298K)] \\
&= [2 \times (-742.2) + 8 \times (-300.2)] - [4 \times (-166.9) + 11 \times 0] = -3218.4 \ (\text{kJ} \cdot \text{mol}^{-1})
\end{aligned}
$$

第二种方法： 利用吉布斯-亥姆霍兹公式计算该反应的 $\Delta_r G_m^{\ominus}(298K)$。

$$
\begin{aligned}
\Delta_r H_m^{\ominus}(298K) &= \sum_i [\nu_i \times \Delta_f H_{m,i}^{\ominus}(298K)] \\
&= [2\Delta_f H_{m,Fe_2O_3(s)}^{\ominus}(298K) + 8\Delta_f H_{m,SO_2(g)}^{\ominus}(298K)] \\
&\quad - [4\Delta_f H_{m,FeS_2(s)}^{\ominus}(298K) + 11\Delta_f H_{m,O_2(g)}^{\ominus}(298K)] \\
&= [2 \times (-824.2) + 8 \times (-296.8)] - [4 \times (-178.2) + 11 \times 0] = -3310.0 (\text{kJ} \cdot \text{mol}^{-1})
\end{aligned}
$$

$$
\begin{aligned}
\Delta_r S_m^{\ominus}(298K) &= \sum_i [\nu_i \times S_{m,i}^{\ominus}(298K)] \\
&= [2S_{m,Fe_2O_3(s)}^{\ominus}(298K) + 8S_{m,SO_2(g)}^{\ominus}(298K)] - [4S_{m,FeS_2(s)}^{\ominus}(298K) + 11S_{m,O_2(g)}^{\ominus}(298K)] \\
&= (2 \times 87.4 + 8 \times 248.1) - (4 \times 52.9 + 11 \times 205.0) = -307.0 (\text{J} \cdot \text{K}^{-1} \cdot \text{mol}^{-1})
\end{aligned}
$$

根据吉布斯-亥姆霍兹公式，得出：

$$\Delta_r G_m^{\ominus}(298K) = \Delta_r H_m^{\ominus}(298K) - 298 \times \Delta_r S_m^{\ominus}(298K)$$

$$= (-3310.0) - 298 \times \frac{-307.0}{1000} = -3218.5 \ (kJ \cdot mol^{-1})$$

2.2.3.4　任意状态下吉布斯函数变的计算

前面介绍的都是标准摩尔吉布斯函数变的计算。实际上，化学反应系统常常并不处于标准状态，那么在任意状态下，反应的吉布斯函数变 $\Delta_r G_m(T)$ 又该怎样来计算呢？显然，化学反应在任意状态下的吉布斯函数变 $\Delta_r G_m(T)$ 将随着系统中反应物和生成物的浓度的变化而改变。$\Delta_r G_m(T)$ 与 $\Delta_r G_m^{\ominus}(T)$ 之间的关系可由化学热力学推导得出，对于任意化学反应：

$$a A + b B \Longrightarrow d D + e E$$

在恒温恒压下，$\Delta_r G_m(T)$ 与 $\Delta_r G_m^{\ominus}(T)$ 之间的关系可表示为：

$$\Delta_r G_m(T) = \Delta_r G_m^{\ominus}(T) + 2.303RT \lg Q \tag{2-23}$$

这个表达式叫做化学反应的等温方程式，在等温方程式中，Q 称为化学反应的反应商；化学反应在任意状态下，生成物浓度的幂（以反应方程式中生成物前的系数为指数）之积与反应物浓度的幂（以反应方程式中反应物前的系数为指数）之积的比值就是化学反应的反应商。在反应商的表达式中，当物质的聚集状态不同时，其浓度的表达形式是不同的。

对于气体物质，其浓度形式用相对分压 $p_i/p^{\ominus}$ 来表示，p_i 为物质 i 在反应系统中的分压，$p^{\ominus}$ 为热力学中规定的标准压力，$p^{\ominus} = 100kPa$。如气相反应：

$$a A(g) + b B(g) = d D(g) + e E(g)$$

其反应商的表达式为：

$$Q = \frac{(p_D/p^{\ominus})^d (p_E/p^{\ominus})^e}{(p_A/p^{\ominus})^a (p_B/p^{\ominus})^b} = \prod_i (p_i/p^{\ominus})^{\nu_i}$$

该气相反应的等温方程式为：

$$\Delta_r G_m(T) = \Delta_r G_m^{\ominus}(T) + 2.303RT \lg \prod_i (p_i/p^{\ominus})^{\nu_i}$$

对于溶液中的溶质，其浓度形式用相对浓度 $c_i/c^{\ominus}$ 来表示，c_i 为物质 i 在反应系统中的浓度，$c^{\ominus}$ 为热力学中规定的标准浓度，$c^{\ominus} = 1mol \cdot dm^{-3}$。如溶液中的反应：

$$a A(aq) + b B(aq) = d D(aq) + e E(aq)$$

其反应商的表达式为：

$$Q = \frac{(c_D/c^{\ominus})^d (c_E/c^{\ominus})^e}{(c_A/c^{\ominus})^a (c_B/c^{\ominus})^b} = \prod_i (c_i/c^{\ominus})^{\nu_i}$$

该溶液反应的等温方程式为：

$$\Delta_r G_m(T) = \Delta_r G_m^{\ominus}(T) + 2.303RT \lg \prod_i (c_i/c^{\ominus})^{\nu_i}$$

对于参与反应的纯固体物质、纯液体物质和溶剂来说，它们的浓度在反应过程中保持不变，因为在反应商的表达式中，这些物质的浓度用 1 来代替，有时可以不写出来。如多相反应：

$$CaCO_3(s) + 2H^+(aq) \Longrightarrow Ca^{2+}(aq) + CO_2(g) + H_2O(l)$$

其反应商的表达式为：

$$Q = \frac{(c_{Ca^{2+}}/c^{\ominus})(p_{CO_2}/p^{\ominus})}{(c_{H^+}/c^{\ominus})^2}$$

该多相反应的等温方程式为：

$$\Delta_r G_m(T) = \Delta_r G_m^{\ominus}(T) + 2.303 RT \lg \frac{(c_{Ca^{2+}}/c^{\ominus})(p_{CO_2}/p^{\ominus})}{(c_{H^+}/c^{\ominus})^2}$$

对于化学反应系统，知道了反应系统中各物质（包括反应物和生成物）的浓度或分压力，就可以利用化学反应的等温方程式来计算任意状态下的吉布斯函数变。

2.2.4　吉布斯函数变的应用

吉布斯函数变不仅可以用来判断化学反应的方向和限度、判断物质的稳定性等，而且可以用来估计反应进行的温度。分别举例讨论如下。

2.2.4.1　判断反应的方向

对于化学反应系统在恒温恒压只做体积功的条件下，可以根据 $\Delta_r G_m(T)$ 的符号来判断反应的方向：

$$\Delta_r G_m(T) < 0 \qquad 正向自发$$
$$\Delta_r G_m(T) = 0 \qquad 达到化学平衡$$
$$\Delta_r G_m(T) > 0 \qquad 正向非自发、逆向自发$$

即：化学反应总是向着吉布斯函数变 $\Delta_r G_m(T)$ 减小的方向进行。

按照化学反应等温方程式，要计算化学反应的 $\Delta_r G_m(T)$ 就必须确切知道反应物和生成物的浓度或分压。对于化学反应系统来说，往往只知道系统中反应物的浓度或分压，而生成物的浓度或分压并不明确，而且通常较少，这样要计算系统的 $\Delta_r G_m(T)$ 就比较困难。但根据等温方程式可以知道：$\Delta_r G_m(T)$ 与 $\Delta_r G_m^{\ominus}(T)$ 有关，而且二者的差距并不大。因此，虽然化学反应系统常常处于非标准状态的条件下，$\Delta_r G_m^{\ominus}(T)$ 不一定能准确地作为反应是否自发进行的判据；但由于 $\Delta_r G_m^{\ominus}(T)$ 的计算较为方便，实际利用中常常使用 $\Delta_r G_m^{\ominus}(T)$ 来大体判断反应的方向。

化学反应在恒温恒压只做体积功的条件下，人们总结出如下的规则：

$$\Delta_r G_m^{\ominus}(T) < 0 \qquad 正向通常能够自发进行$$
$$0 < \Delta_r G_m^{\ominus}(T) < 40 kJ \cdot mol^{-1} \qquad 需要具体计算相应的 \Delta_r G_m(T) 后再进行判断$$
$$\Delta_r G_m^{\ominus}(T) > 40 kJ \cdot mol^{-1} \qquad 正向难以自发进行，逆向能够自发进行$$

【例 2-9】　计算反应 $CO(g) = C(石墨) + \frac{1}{2}O_2(g)$ 的 $\Delta_r G_m^{\ominus}(298K)$，说明环境保护中能否通过热分解的方法来消除汽车尾气中的污染物 CO 气体？

解： 由反应方程式可以看出，该化学反应在 298K 下的 $\Delta_r G_m^{\ominus}(298K)$ 就是 $CO(g)$ 的标准摩尔生成吉布斯函数 $\Delta_f G_{m,CO(g)}^{\ominus}(298K)$ 的相反数，即：

$$\Delta_r G_m^{\ominus}(298K) = -\Delta_f G_{m,CO(g)}^{\ominus}(298K) = 137.15 \ (kJ \cdot mol^{-1})$$

可以看出，由于 $\Delta_r G_m^{\ominus}(298K) = 137.15 kJ \cdot mol^{-1} > 40 kJ \cdot mol^{-1}$，因而反应不能自发进行，所以不能使用热分解的方法来消除 CO 的污染。

2.2.4.2　估计反应进行的温度

对于 $\Delta_r H_m^{\ominus} > 0$、$\Delta_r S_m^{\ominus} > 0$ 的熵增吸热反应，在低温下难以自发进行，但在高温下可以自发进行，通过计算可以估计反应自发进行的温度条件。

根据吉布斯-亥姆霍兹公式：

$$\Delta_r G_m^{\ominus}(T) = \Delta_r H_m^{\ominus}(T) - T\Delta_r S_m^{\ominus}(T)$$
$$= \Delta_r H_m^{\ominus}(298K) - T\Delta_r S_m^{\ominus}(298K)$$

要使反应有可能自发进行，必须满足：$\Delta_r G_m^{\ominus}(T) < 0$，即是：

$$\Delta_r H_m^{\ominus}(298K) - T\Delta_r S_m^{\ominus}(298K) < 0$$

也就是：

$$T > \frac{\Delta_r H_m(298K)}{\Delta_r S_m(298K)} \tag{2-24}$$

【例 2-10】 确定反应 C（石墨）＋CO_2(g) ══ 2CO(g)

(1) 在 298K 的标准状态下能否自发进行？

(2) 欲使反应在标准状态下能自发进行，对温度有何要求？

(3) 若 $T = 298K$、$p_{CO} = 0.99kPa$，$p_{CO_2} = 99kPa$ 时，反应能否自发进行？

解：(1)　　　　　　　　　　C（石墨）　＋　CO_2(g) ══ 2CO(g)

$\Delta_f H_{m,i}^\ominus(298K)/kJ \cdot mol^{-1}$　　　　0　　　　　　－393.5　　　－110.5

$S_{m,i}^\ominus(298K)/J \cdot K^{-1} \cdot mol^{-1}$　　　5.7　　　　　213.6　　　197.6

$\Delta_r H_m^\ominus(298K) = 2 \times (-110.5) - (-393.5) = 172.5 \ (kJ \cdot mol^{-1})$

$\Delta_r S_m^\ominus(298K) = 2 \times 197.6 - (5.7 + 213.6) = 175.9 \ (J \cdot K^{-1} \cdot mol^{-1})$

根据吉布斯-亥姆霍兹公式得出：

$$\Delta_r G_m^\ominus(298K) = \Delta_r H_m^\ominus(298K) - 298 \times \Delta_r S_m^\ominus(298K)$$

$$= 172.5 - 298 \times \frac{175.9}{1000} = 120.1 \ (kJ \cdot mol^{-1})$$

由于 $\Delta_r G_m^\ominus(298K) > 0$，所以，在 298K 的标准状态下反应不能自发进行。

(2) 要使该反应在标准状态下自发进行，必须满足 $\Delta_r G_m^\ominus(T) < 0$，即：

$$\Delta_r H_m^\ominus(298K) - T\Delta_r S_m^\ominus(298K) < 0$$

$$T > \frac{\Delta_r H_m^\ominus(298K)}{\Delta_r S_m^\ominus(298K)} = \frac{172.5 \times 1000}{175.9} = 980.7 (K)$$

因此，当反应温度升高到 980.7K 以上时，该反应在标准状态下可以自发进行。

(3) 显然，化学反应在该条件下并不处于标准状态。根据化学反应的等温方程式得出：

$$\Delta_r G_m(298K) = \Delta_r G_m^\ominus(298K) + 2.303RT \lg \frac{(p_{CO}/p^\ominus)^2}{(p_{CO_2}/p^\ominus)}$$

$$= 120.1 + \left[2.303 \times 8.314 \times 298 \times \lg \frac{(0.99/100)^2}{(99/100)} \right] \div 1000 = 97.3 \ (kJ \cdot mol^{-1})$$

因为 $\Delta_r G_m(298K) > 0$，所以化学反应在该条件下依然不能自发进行。

2.2.4.3　判断物质的稳定性

在恒温恒压下，封闭系统中自发反应的倾向总是使系统的吉布斯函数减小；因此，吉布斯函数越大的系统应该越不稳定。简单化合物的稳定性可以直接利用它们的 $\Delta_f G_{m,i}^\ominus(298K)$ 值判断：$\Delta_f G_{m,i}^\ominus(298K)$ 的值越负，由稳定单质生成该化合物的倾向就越大，该化合物就越不容易分解，因而就越稳定；相反，$\Delta_f G_{m,i}^\ominus(298K)$ 的值越正，化合物就越不稳定。

【例 2-11】 比较 HF(g)、HCl(g)、HBr(g)、HI(g) 的稳定性。

解：　　　　　　　　　HF (g)　　　HCl (g)　　　HBr (g)　　　HI (g)

$\Delta_f G_{m,i}^\ominus(298K)/kJ \cdot mol^{-1}$　　　－273.0　　　－95.3　　　-53.4　　　1.7

可以看出：HF(g)、HCl(g)、HBr(g)、HI(g) 的 $\Delta_f G_{m,i}^\ominus(298K)$ 依次增大，因而它们的稳定性也依次降低。

对于复杂化合物来说，要判断它们的稳定性高低，需要分别算出它们分解为简单化合物时分解反应的 $\Delta_r G_m^\ominus(T)$，然后根据计算出的 $\Delta_r G_m^\ominus(T)$ 的大小来判断。例如，要比较 $CaCO_3$(s) 和 $ZnCO_3$(s) 的稳定性，就需要分别计算下面两个分解反应的 $\Delta_r G_m^\ominus(298K)$ 后再进行判断。

$$CaCO_3(s) \Longrightarrow CaO(s) + CO_2(g) \qquad ZnCO_3(s) \Longrightarrow ZnO(s) + CO_2(g)$$

2.3　化学平衡

对于化学反应，仅仅知道在一定条件下自发进行的方向是不够的，还需要知道在该条件下反应可以进行到什么程度，所得的产物最多有多少，如要进一步提高产率应该采取哪些措施等，这些都是科学研究和工程实际中所关注的问题。这些问题可以通过化学平衡理论来解决，化学平衡理论是化学的重要理论之一。

2.3.1　可逆反应与化学平衡

有的化学反应只能按照反应式从左向右进行，这种反应物几乎全部转化为生成物的反应称为不可逆反应。例如：

$$2KClO_3 \Longrightarrow 2KCl + 3O_2$$

但是绝大多数化学反应在一定条件下，既能按反应式由左向右进行，又能由右向左进行，这种性质称为化学反应的可逆性，此类反应称为可逆反应。例如：

$$CO_2(g) + H_2(g) \Longrightarrow CO(g) + H_2O(g)$$

对于可逆反应，按照化学反应方程式，常把从左向右进行的反应称为正反应，而把从右向左进行的反应称为逆反应。

实践证明，可逆性是化学反应的普遍特征，几乎所有的反应都具有可逆性，可逆反应在密闭容器中不能进行彻底。例如，把 CO_2 和 H_2 放进密闭容器中加热到高温，它们开始反应生成 CO 和 H_2O，随着反应的进行，CO_2 和 H_2 的浓度逐渐减小，而 CO 和 H_2O 的浓度却在逐渐增加。当反应进行到一定程度时，正逆反应同时发生，并且正反应速率与逆反应速率相等，此时密闭容器内反应物和生成物的浓度不再发生变化，化学反应达到了最深程度——化学反应的限度。这种在一定条件下，当可逆反应的正逆反应速率相等、反应系统中各物质的浓度保持不变的状态称为化学平衡。

从上面的叙述可以看出，化学平衡具有以下基本特征：

① 达到化学平衡时，化学反应的吉布斯函数变等于零，即 $\Delta_r G_m(T) = 0$。如果化学反应的吉布斯函数变小于零或者大于零，不是正反应自发进行就是逆反应自发进行，化学反应就不可能正逆反应同时发生而达到化学平衡。

② 达到化学平衡时，化学反应的正逆反应速率相等，即 $v_正 = v_逆$。可逆反应达到平衡后，只要外界条件不变，反应体系中各物质的浓度将不随时间而变。

③ 化学平衡为动态平衡。从表面上看反应似乎停止了，但实际上正逆反应仍在不停地进行，只是由于正逆反应速率相等，单位时间内各物质的生成量和消耗量相等。所以，总的结果是各物质的浓度都保持不变。

④ 化学平衡是有条件的平衡。化学平衡只能在一定条件下才能保持，当外界条件改变，平衡就会遭到破坏，并在新的条件下建立新的平衡。

2.3.2　标准平衡常数

平衡常数表示反应达到化学平衡时各物质之间的浓度关系，它的数值大小标志着在一定条件下化学反应所能达到的最大限度。化学反应的平衡常数越大，表明正反应的趋势越强，产物在平衡系统中所占的比例越大。

在一定温度下，化学反应达到平衡时，生成物浓度的幂之积与反应物浓度的幂之积的比值为一常数，这个常数叫做该反应的标准平衡常数，用 $K^{\ominus}$ 表示。假定任意反应：

$$aA(s)+bB(aq) \Longrightarrow dD(aq)+eE(g)+fF(l)$$

当该反应达到化学平衡时，其标准平衡常数的表达式为：

$$K^{\ominus}=\frac{(c_D/c^{\ominus})^d(p_E/p^{\ominus})^e}{(c_B/c^{\ominus})^b}$$

有关标准平衡常数的使用，必须注意以下几点。

① 在标准平衡常数表达式中，溶液中溶质的浓度以相对浓度 $c_i/c^{\ominus}$ 表示，标准浓度 $c^{\ominus}=1mol \cdot dm^{-3}$；气态物质的浓度用相对压力 $p_i/p^{\ominus}$ 表示，标准压力 $p^{\ominus}=100kPa$；纯固体、纯液体和溶剂的浓度用 1 表示，有时可以不表示在平衡常数表达式中。这里 p_i 是指达到化学平衡时气态物质的分压力、c_i 是指达到化学平衡时溶液中溶质的浓度。相对浓度或相对压力项的指数就是化学反应方程式中物质化学式前的系数。对于不同的化学反应，标准平衡常数的表达式如下。

反应物和生成物都是气体的气相反应：

$$aA(g)+bB(g) \Longrightarrow dD(g)+eE(g)$$

$$K^{\ominus}=\frac{(p_D/p^{\ominus})^d(p_E/p^{\ominus})^e}{(p_A/p^{\ominus})^a(p_B/p^{\ominus})^b}=\prod_i(p_i/p^{\ominus})^{\nu_i}$$

反应物和生成物都是溶质的溶液反应：

$$aA(aq)+bB(aq) \Longrightarrow dD(aq)+eE(aq)$$

$$K^{\ominus}=\frac{(c_D/c^{\ominus})^d(c_E/c^{\ominus})^e}{(c_A/c^{\ominus})^a(c_B/c^{\ominus})^b}=\prod_i(c_i/c^{\ominus})^{\nu_i}$$

有固体、液体、气体和溶液中溶质参加的多相反应：

$$CaCO_3(s)+2H^+(aq) \Longrightarrow Ca^{2+}(aq)+CO_2(g)+H_2O(l) \quad K^{\ominus}=\frac{(c_{Ca^{2+}}/c^{\ominus})(p_{CO_2}/p^{\ominus})}{(c_{H^+}/c^{\ominus})^2}$$

$$NH_3(g)+HCl(g) \Longrightarrow NH_4Cl(s) \quad K^{\ominus}=\frac{1}{(p_{NH_3}/p^{\ominus})(p_{HCl}/p^{\ominus})}$$

② 对于同一个化学反应，标准平衡常数与前面讲到的反应商在表达式上是完全相同的，但二者的含义是不同的。标准平衡常数只能表达化学反应达到化学平衡时，反应系统中各物质之间的浓度关系；而反应商则表示化学反应在任意时刻下（包括平衡状态），反应系统中各物质之间的浓度关系。也就是说，标准平衡常数就是达到化学平衡时的反应商。

③ 标准平衡常数与反应方程式的写法有关。如果反应方程式的写法不同，则平衡常数 $K^{\ominus}$ 的值也不同，因此，在表达和使用标准平衡常数时，必须注意与反应方程式相对应。请看下面与合成氨有关的几个化学反应式：

$$N_2(g)+3H_2(g) \Longrightarrow 2NH_3(g) \qquad K_1^{\ominus}=\frac{(p_{NH_3}/p^{\ominus})^2}{(p_{N_2}/p^{\ominus})(p_{H_2}/p^{\ominus})^3}$$

$$\frac{1}{2}N_2(g)+\frac{3}{2}H_2(g) \Longrightarrow NH_3(g) \qquad K_2^{\ominus}=\frac{(p_{NH_3}/p^{\ominus})}{(p_{N_2}/p^{\ominus})^{\frac{1}{2}}(p_{H_2}/p^{\ominus})^{\frac{3}{2}}}$$

$$2NH_3(g) \Longrightarrow N_2(g)+3H_2(g) \qquad K_3^{\ominus}=\frac{(p_{N_2}/p^{\ominus})(p_{H_2}/p^{\ominus})^3}{(p_{NH_3}/p^{\ominus})^2}$$

把这三个化学反应方程式分别记为 R_1、R_2、R_3，三个反应的标准平衡常数分别记为 $K_1^{\ominus}$、$K_2^{\ominus}$、$K_3^{\ominus}$；则有：

$$R_1=2R_2=-R_3 \qquad K_1^{\ominus}=(K_2^{\ominus})^2=1/K_3^{\ominus}$$

根据化学反应方程式间的关系，有时可以通过平衡常数的运算法则，利用一些已知反应的平衡常数来计算其他反应的平衡常数。平衡常数的运算法则有以下几点：

一个反应方程式乘以系数 q 时，所得反应的平衡常数是原反应平衡常数的 q 次方。如果 $R_1 = qR_2$，那么 $K_1^\ominus = (K_2^\ominus)^q$。

正逆反应的平衡常数互为倒数。如果 $R_1 = -R_2$，那么 $K_1^\ominus = 1/K_2^\ominus$。

如果一个反应方程式等于另外几个反应方程式相加或相减，则其平衡常数等于这几个反应的平衡常数之积或商。这种关系称为多重平衡规则。如果 $R = R_1 + R_2$，那么 $K^\ominus = K_1^\ominus K_2^\ominus$；如果 $R = R_1 - R_2$，那么 $K^\ominus = K_1^\ominus / K_2^\ominus$。

根据平衡常数的运算法则，如果 $R = R_1 + 3R_2 - 2R_3$，那么则有：$K^\ominus = K_1^\ominus (K_2^\ominus)^3 / (K_3^\ominus)^2$。

【例 2-12】 已知下面两个反应 R_1、R_2 在 1123K 时的标准平衡常数分别为 $K_1^\ominus$、$K_2^\ominus$，

$$R_1: \quad C(s) + CO_2(g) \Longrightarrow 2CO(g) \qquad K_1^\ominus = 1.3 \times 10^{14}$$

$$R_2: \quad CO(g) + Cl_2(g) \Longrightarrow COCl_2(g) \qquad K_2^\ominus = 6.0 \times 10^{-3}$$

求反应 R_3 在 1123K 时的标准平衡常数 $K_3^\ominus$。

$$R_3: \quad 2COCl_2(g) \Longrightarrow C(s) + CO_2(g) + 2Cl_2(g)$$

解：通过观察三个反应方程式，发现它们存在以下关系：

$$R_3 = -(R_1 + 2R_2)$$

所以：

$$K_3^\ominus = \frac{1}{K_1^\ominus (K_2^\ominus)^2} = \frac{1}{(1.3 \times 10^{14})(6.0 \times 10^{-3})^2} = 2.1 \times 10^{-10}$$

④ 使用标准平衡常数时通常要求指明温度，用符号 $K^\ominus(T)$ 表示；因为平衡常数与温度有关，随温度的改变而变化。同一化学反应在相同的温度时具有同一个平衡常数值，平衡常数与反应系统中物质的浓度无关。

⑤ 标准平衡常数不仅适用于化学可逆反应，也适用于其他可逆过程。例如：弱电解质的电离平衡、难溶电解质的沉淀溶解平衡、配位平衡以及相平衡等。

2.3.3 标准平衡常数与吉布斯函数变的关系

前面已经指出，对于化学反应在任意状态下的吉布斯函数变与标准吉布斯函数变的关系为：

$$aA + bB \Longrightarrow dD + eE$$

$$\Delta_r G_m(T) = \Delta_r G_m^\ominus(T) + 2.303RT \lg Q$$

当化学反应达到平衡时有 $\Delta_r G_m(T) = 0$，此时反应系统中各物质的浓度为平衡浓度，此时，反应商就等于标准平衡常数，即 $Q = K^\ominus(T)$，因此有：

$$0 = \Delta_r G_m^\ominus(T) + 2.303RT \lg K^\ominus(T)$$

即：

$$\Delta_r G_m^\ominus(T) = -2.303RT \lg K^\ominus(T) \tag{2-25}$$

或者：

$$\lg K^\ominus(T) = -\frac{\Delta_r G_m^\ominus(T)}{2.303RT} \tag{2-26}$$

这就是化学反应的标准平衡常数 $K^\ominus(T)$ 与标准吉布斯函数变 $\Delta_r G_m^\ominus(T)$ 的关系式。由式(2-26) 可以定性分析标准平衡常数 $K^\ominus(T)$ 与标准吉布斯函数变 $\Delta_r G_m^\ominus(T)$ 的关系：$\Delta_r G_m^\ominus(T)$ 的代数值越小，则 $K^\ominus(T)$ 值就越大，反应正方向进行的程度就越大；反之，

$\Delta_r G_m^{\ominus}(T)$ 的代数值越大，则 $K^{\ominus}(T)$ 值就越小，反应正方向进行的程度就越小。

由式(2-26)还可以定量地计算 $K^{\ominus}(T)$ 的大小：只要计算出了化学反应的 $\Delta_r G_m^{\ominus}(T)$，就可以得出该反应的平衡常数 $K^{\ominus}(T)$，这是计算化学反应标准平衡常数的方法之一。

2.3.4　标准平衡常数与温度的关系

平衡常数与反应系统中各物质的浓度无关，而是随着反应温度的变化而变化，它与温度的定量关系可由吉布斯-亥姆霍兹公式和标准吉布斯函数变与标准平衡常数的关系推导得出。对于在一定温度下发生的化学反应，有：

$$\Delta_r G_m^{\ominus}(T) = \Delta_r H_m^{\ominus}(T) - T\Delta_r S_m^{\ominus}(T)$$

$$\Delta_r G_m^{\ominus}(T) = -2.303RT\lg K^{\ominus}(T)$$

在相同的温度下，上面两式相等。即：

$$\Delta_r H_m^{\ominus}(T) - T\Delta_r S_m^{\ominus}(T) = -2.303RT\lg K^{\ominus}(T)$$

$$\lg K^{\ominus}(T) = -\frac{\Delta_r H_m^{\ominus}(T)}{2.303RT} + \frac{\Delta_r S_m^{\ominus}(T)}{2.303R} \tag{2-27}$$

对于给定的化学反应，在温度变化不大的情况下，标准焓变和标准熵变可以近似地看作常数，因此上式中实际上只有两个变量 $K^{\ominus}$ 和 T，即表示了标准平衡常数与温度的定量关系。

根据式(2-27)可以定性地判断温度对平衡常数的影响：对于吸热反应，$\Delta_r H_m^{\ominus}(T) > 0$，温度升高则 $K^{\ominus}(T)$ 增大，反之，温度降低则 $K^{\ominus}(T)$ 减小；对于放热反应，$\Delta_r H_m^{\ominus}(T) < 0$，温度升高则 $K^{\ominus}(T)$ 减小，反之，温度降低则 $K^{\ominus}(T)$ 增大。

在温度变化不大的情况下，可以用298K时的标准焓变和标准熵变来代替其他温度下的标准焓变和标准熵变，因此，平衡常数与温度的定量关系式又可以表示成：

$$\lg K^{\ominus}(T) = -\frac{\Delta_r H_m^{\ominus}(298K)}{2.303RT} + \frac{\Delta_r S_m^{\ominus}(298K)}{2.303R} \tag{2-28}$$

利用该公式就可以估算化学反应在不同温度下的平衡常数。

根据平衡常数与温度的关系式，对于同一化学反应在温度为 T_1 和 T_2 时的标准平衡常数分别为 $K^{\ominus}(T_1)$ 和 $K^{\ominus}(T_2)$，那么：

$$\lg K^{\ominus}(T_1) = -\frac{\Delta_r H_m^{\ominus}(298K)}{2.303RT_1} + \frac{\Delta_r S_m^{\ominus}(298K)}{2.303R}$$

$$\lg K^{\ominus}(T_2) = -\frac{\Delta_r H_m^{\ominus}(298K)}{2.303RT_2} + \frac{\Delta_r S_m^{\ominus}(298K)}{2.303R}$$

以上两式相减，则有：

$$\lg \frac{K^{\ominus}(T_2)}{K^{\ominus}(T_1)} = \frac{\Delta_r H_m^{\ominus}(298K)}{2.303R}\left(\frac{T_2 - T_1}{T_1 T_2}\right) \tag{2-29}$$

根据这个公式也可以定性分析温度对平衡常数的影响，还可以由一个温度下的平衡常数求另一个温度下的平衡常数。

【例2-13】 已知反应 $CaCO_3(s) \rightleftharpoons CaO(s) + CO_2(g)$ 在298K时的标准焓变和标准熵变分别为 $178.3kJ \cdot mol^{-1}$、$160.6J \cdot K^{-1} \cdot mol^{-1}$，求该反应在1173K时的标准平衡常数。

解： 根据吉布斯-亥姆霍兹公式：

$$\Delta_r G_m^{\ominus}(1173K) = \Delta_r H_m^{\ominus}(298K) - 1173 \times \Delta_r S_m^{\ominus}(298K)$$

$$= 178.3 \times 10^3 - 1173 \times 160.6 = -1.0 \times 10^4 (J \cdot mol^{-1})$$

$$\lg K^{\ominus}(1173K) = -\frac{\Delta_r G_m^{\ominus}(1173K)}{2.303RT} = -\frac{-1.0 \times 10^4}{2.303 \times 8.314 \times 1173} = 0.45$$

所以：
$$K^{\ominus}(1173K)=10^{0.45}=2.82$$

另外，此题也可以直接利用式（2-28）进行计算。

2.3.5　化学平衡的移动

化学平衡是在一定条件下的动态平衡，它是相对的、暂时的。当反应条件改变时，系统原来的平衡就被破坏，反应物与生成物又会相互转化，直到与新条件相适应时系统又达到新的平衡。

因外界条件的改变而使可逆反应从旧平衡状态向新平衡状态转化的过程叫做化学平衡的移动。当系统由旧平衡状态到达新平衡状态后，若生成物的浓度或分压比平衡被破坏时增大了，规定为平衡正向移动（向右移动）；若反应物浓度或分压比平衡破坏时增大了，规定为平衡逆向移动（向左移动）。

在生产实践中，人们常常通过控制影响反应平衡的一些因素来使需要的化学反应进行得更加完全，其实这就是一个化学平衡移动的问题。那么影响化学平衡的因素又有哪些呢？这里重点讨论物质的浓度或分压、总压以及温度对化学平衡的影响。

2.3.5.1　化学平衡移动的理论基础

从质的变化角度来说，化学平衡状态是正、逆反应速率相等的状态。如果增加反应系统中正反应的速率或减小逆反应的速率，化学平衡将正向移动；相反，如果减小正反应的速率或增大逆反应的速率，化学平衡则逆向移动。有关化学反应速率问题将在下一节中详细讨论。

从能量变化角度看，可逆反应达到平衡时 $\Delta_r G_m(T)=0$，因此，一切能导致 $\Delta_r G_m(T)$ 值发生变化的外界条件都会使化学平衡发生移动。本节着重从这个角度来讨论化学平衡的移动。

对于气相反应 $a A(g)+b B(g)\Longrightarrow d D(g)+e E(g)$，根据化学反应等温方程式：

$$\Delta_r G_m(T)=\Delta_r G_m^{\ominus}(T)+2.303RT\lg\prod_i (p_i/p^{\ominus})^{\nu_i}$$

因为：

$$\Delta_r G_m^{\ominus}(T)=-2.303RT\lg K^{\ominus}(T) \quad Q=\frac{(p_D/p^{\ominus})^d (p_E/p^{\ominus})^e}{(p_A/p^{\ominus})^a (p_B/p^{\ominus})^b}=\prod_i (p_i/p^{\ominus})^{\nu_i}$$

所以：

$$\Delta_r G_m(T)=-2.303RT\lg K^{\ominus}+2.303RT\lg Q$$

$$\Delta_r G_m(T)=2.303RT\lg\frac{Q}{K^{\ominus}}$$

该式为化学反应等温方程式的另外一种表达形式，从等温方程式的这种表达形式可以看出：任何影响反应商 Q 和标准平衡常数 $K^{\ominus}$ 的因素都对化学反应的吉布斯函数变 $\Delta_r G_m(T)$ 产生影响，进而可能造成化学平衡的移动。因此等温方程式的这种形式可以用来判断化学反应的方向或平衡移动的方向。根据 Q 和 $K^{\ominus}$ 的相对大小，可以得出化学平衡移动的一般规则：

$$Q<K^{\ominus} \qquad \Delta_r G_m(T)<0 \qquad 正向自发、平衡正向移动$$
$$Q=K^{\ominus} \qquad \Delta_r G_m(T)=0 \qquad 平衡状态、平衡不会移动$$
$$Q>K^{\ominus} \qquad \Delta_r G_m(T)>0 \qquad 逆向自发、平衡逆向移动$$

有了化学平衡移动的一般规则以后，下面要讨论影响平衡移动的因素就简单多了。

2.3.5.2　浓度或分压对化学平衡的影响

对于一定的化学反应，在一定的温度下，标准平衡常数具有确定的值，它不受系统中各组分浓度或分压的影响。对于已经达到平衡的反应系统，如果增加反应物的浓度（或分压）或者减小生成物的浓度（或分压），则使 $Q<K^{\ominus}$，平衡正向移动；移动的结果使得 Q 值增大，当 Q 增大到等于 $K^{\ominus}$ 时系统又达到新的平衡。反之，如果减小反应物的浓度（或分压）或者增加生成物的浓度（或分压），则使 $Q>K^{\ominus}$，平衡逆向移动，移动的结果使得 Q 值减小，当 Q 减小到等于 $K^{\ominus}$ 时系统又建立起新的平衡。

2.3.5.3 总压对化学平衡的影响

对于有气体参加的化学反应，达到平衡时，若改变系统的总压力势必引起各组分气体分压同等程度的改变，这时，化学平衡的移动就要由反应系统本身的特点来决定了。

在一定温度下，如果可逆反应 $a\mathrm{A(g)}+b\mathrm{B(g)}\Longrightarrow d\mathrm{D(g)}+e\mathrm{E(g)}$ 在密闭容器中达到化学平衡，其标准平衡常数为：

$$K^{\ominus}=\frac{(p_{\mathrm{D}}/p^{\ominus})^d(p_{\mathrm{E}}/p^{\ominus})^e}{(p_{\mathrm{A}}/p^{\ominus})^a(p_{\mathrm{B}}/p^{\ominus})^b}$$

若维持温度不变，将反应容器的体积缩小到原来的 $1/x(x>1)$，那么反应系统的总压力变为原来的 x 倍。这时，反应系统中各组分气体的分压力也要增加到原来的 x 倍，反应商为：

$$Q=\frac{(xp_{\mathrm{D}}/p^{\ominus})^d(xp_{\mathrm{E}}/p^{\ominus})^e}{(xp_{\mathrm{A}}/p^{\ominus})^a(xp_{\mathrm{B}}/p^{\ominus})^b}=x^{(d+e)-(a+b)}\frac{(p_{\mathrm{D}}/p^{\ominus})^d(p_{\mathrm{E}}/p^{\ominus})^e}{(p_{\mathrm{A}}/p^{\ominus})^a(p_{\mathrm{B}}/p^{\ominus})^b}=x^{(d+e)-(a+b)}K^{\ominus}$$

由该反应商的表达式可以看出：

① 当生成物的气体分子数小于反应物的气体分子数，即当 $d+e<a+b$ 时，$Q<K^{\ominus}$，化学平衡正向移动。也就是说，对于气体分子数减小的反应［如 $\mathrm{N_2(g)}+3\mathrm{H_2(g)}\Longrightarrow 2\mathrm{NH_3}$ (g)］来说，增加反应系统的总压力，平衡正向移动。那么，降低反应系统的总压力，平衡则会逆向移动。

② 当生成物的气体分子数大于反应物的气体分子数，即当 $d+e>a+b$ 时，$Q>K^{\ominus}$，化学平衡逆向移动。也就是说，对于气体分子数增加的反应［如 $\mathrm{C(s)}+\mathrm{CO_2(g)}\Longrightarrow 2\mathrm{CO(g)}$］来说，增加反应系统的总压力，平衡逆向移动。同样地，如果降低反应系统的总压力，平衡则会正向移动。

③ 当生成物的气体分子数等于反应物的气体分子数，即当 $d+e=a+b$ 时，$Q=K^{\ominus}$，化学反应依然处于平衡状态，化学平衡不会发生移动。也就是说，对于反应前后气体分子数相等的反应［如 $\mathrm{CO(g)}+\mathrm{H_2O(g)}\Longrightarrow \mathrm{CO_2(g)}+\mathrm{H_2(g)}$］来说，无论增加或减小反应系统的总压力，平衡都不会发生移动。

根据上面的讨论，可以得出这样的结论：在温度保持不变的条件下，对于反应前后气体分子数相等的反应，改变反应系统的总压力，平衡不会发生移动。对于反应前后气体分子数不相等的反应，增加反应系统的总压力，平衡向气体分子数减小的方向移动；降低反应系统的总压力，平衡向气体分子数增加的方向移动。

需要指出的是，当向反应系统中引入不参与反应的无关气体（如稀有气体）时，对化学平衡是否有影响要根据具体反应情况而定。如在恒温恒容条件下引入无关气体，由于温度和体积都不变，各组分气体的分压则保持不变，所以对化学平衡无影响。如在恒温恒压条件下引入无关气体，要保持温度和压力不变，引入无关气体后反应系统的体积必然增大，造成各组分气体分压减小，化学平衡将向气体分子数增加的方向移动。

以上讨论了有气体参加的化学反应，总压力的改变对化学平衡的影响。如果反应系统中没有气体物质参加，对于只有固体或液体物质参与的化学反应来说，由于总压力的改变对物质浓度的影响非常小，因此，压力变化对固相或液相反应的平衡几乎没有影响。

【例 2-14】　在 1000℃、总压力为 3000kPa 下，反应 $C(s)+CO_2(g)\Longrightarrow 2CO(g)$ 达到平衡时，气体混合物中 CO_2 的摩尔分数为 0.17。当维持反应温度不变，总压力减至 2000kPa 时，求达到平衡时，CO_2 的摩尔分数为多少？

解： 反应在 3000kPa 下达到平衡时，系统中 CO_2 和 CO 的分压力为：

$$p_{CO_2}=3000\times0.17=510(kPa) \qquad p_{CO}=3000\times(1-0.17)=2490(kPa)$$

将 CO_2 和 CO 的分压力代入平衡常数表达式中

$$K^{\ominus}=\frac{(p_{CO}/p^{\ominus})^2}{(p_{CO_2}/p^{\ominus})}=\frac{(2490/100)^2}{(510/100)}=122$$

反应在 2000kPa 下达到平衡时，设 CO_2 的摩尔分数为 x，那么系统中 CO_2 和 CO 的分压力为：

$$p_{CO_2}=2000x(kPa) \qquad p_{CO}=2000\times(1-x)(kPa)$$

因为温度维持不变，所以平衡常数保持不变，于是：

$$K^{\ominus}=\frac{(p_{CO}/p^{\ominus})^2}{(p_{CO_2}/p^{\ominus})}=\frac{[2000\times(1-x)/100]^2}{(2000x/100)}=122$$

解之得出：
$$x=0.13$$

总压力降低，CO_2 的摩尔分数减小了，说明反应正向移动。也就是说，降低反应系统的总压力，平衡向气体分子数增加的方向移动。

2.3.5.4　温度对化学平衡的影响

前面讲的浓度或压力对化学平衡的影响是通过改变反应商而引起的，而温度是通过改变标准平衡常数引起化学平衡的移动。

若反应为放热反应，当温度升高时，平衡常数随温度的升高而减小，使得 $Q>K^{\ominus}$，因此平衡逆向移动，即升温向吸热方向移动；当温度降低时，平衡常数随温度的降低而增大，使得 $Q<K^{\ominus}$，因此平衡正向移动，即降温向放热方向移动。

若反应为吸热反应，当温度升高时，平衡常数随温度的升高而增加，使得 $Q<K^{\ominus}$，因此平衡正向移动，即升温向吸热方向移动；当温度降低时，平衡常数随温度的降低而减小，使得 $Q>K^{\ominus}$，使得平衡逆向移动，即降温向放热方向移动。

通过上面的分析，可以得出温度对化学平衡的影响为：升高温度，化学平衡向吸热方向移动；降低温度，化学平衡向放热方向移动。

2.3.5.5　吕·查德里原理

以上讨论了浓度或分压、总压和温度对化学平衡的影响。在分析了这些影响因素的基础上，1884 年，吕·查德里（Le Chatelier，法）总结出关于平衡移动方向的普遍规律：**如果改变平衡系统的条件**（浓度、压力、温度等）**之一，平衡就向削弱这种改变的方向移动。** 此规则称为平衡移动原理，即著名的吕·查德里原理。

例如，增加平衡系统中反应物的浓度，平衡向消耗反应物方向即正反应方向移动；增加平衡系统的总压力，平衡向着气体分子数减少即降低压力的方向移动；升高温度，平衡向吸热即降低温度的方向移动等。值得注意的是，吕·查德里原理不仅适用于化学平衡系统，也适用于物理平衡系统，即适用于所有的动态平衡系统，但不适用于非平衡系统。

2.3.6　有关化学平衡的计算

在实际工作中，常用平衡转化率 α 来表示可逆反应进行的程度。化学反应达到平衡时，某反应物的变化量占该反应物的起始量的百分比就叫做该反应物的转化率，即：

$$\alpha = \frac{\text{反应物的变化量}}{\text{反应物的起始量}} \times 100\%$$

$$= \frac{\text{反应物的起始量} - \text{反应物的平衡量}}{\text{反应物的起始量}} \times 100\%$$

若反应系统的体积保持不变，反应物的量可以用浓度来表示，即：

$$\alpha = \frac{\text{反应物的变化浓度}}{\text{反应物的起始浓度}} \times 100\%$$

$$= \frac{\text{反应物的起始浓度} - \text{反应物的平衡浓度}}{\text{反应物的起始浓度}} \times 100\%$$

反应物的转化率越大，表示反应进行的程度就越深。从实验测得的转化率可以计算反应的平衡常数。反之，由平衡常数也可以计算各反应物的转化率。平衡常数和转化率虽然都可以表示反应进行的程度，但两者是有差别的。平衡常数与反应物的起始状态无关，只与温度有关；转化率除与温度有关外，还与反应物的起始状态有关，并必须指明是哪种反应物的转化率，选取的反应物不同，转化率的数值往往不同。

【例 2-15】 化学反应 $CO(g) + H_2O(g) \Longrightarrow CO_2(g) + H_2(g)$ 在 797K 时的平衡常数 $K^\ominus = 0.5$。在该温度下，使 2.0mol $CO(g)$ 与 3.0mol $H_2O(g)$ 在 0.5dm³ 的容器中反应，计算在此条件下 $CO(g)$ 的最大转化率和达到平衡时各组分气体的分压力。

解：$CO(g)$ 的最大转化率就是它的平衡转化率。假设达到化学平衡时，$CO(g)$ 转化了 x mol，那么：

$$CO(g) + H_2O(g) \Longrightarrow CO_2(g) + H_2(g)$$

各物质的起始量/mol   2.0   3.0   0   0

各物质的变化量/mol $-x$ $-x$ x x

各物质的平衡量/mol $2.0-x$ $3.0-x$ x x

各物质的平衡量总和/mol $n = (2.0-x) + (3.0-x) + x + x = 5.0$

设平衡时反应系统的总压力为 p，那么：

$$p_{CO_2} = p_{H_2} = \frac{x}{5.0}p$$

$$p_{CO} = \frac{2.0-x}{5.0}p$$

$$p_{H_2O} = \frac{3.0-x}{5.0}p$$

将各气体的平衡分压力代入 $K^\ominus$ 表达式：

$$K^\ominus = \frac{(p_{CO_2}/p^\ominus)(p_{H_2}/p^\ominus)}{(p_{CO}/p^\ominus)(p_{H_2O}/p^\ominus)} = \frac{\left(\dfrac{x}{5.0}p\right) \times \left(\dfrac{x}{5.0}p\right)}{\left(\dfrac{2.0-x}{5.0}p\right) \times \left(\dfrac{3.0-x}{5.0}p\right)} = \frac{x^2}{(2.0-x)(3.0-x)} = 0.5$$

解得 $x = 1.0$，即 $CO(g)$ 转化了 1.0mol，那么 $CO(g)$ 的最大转化率为：

$$\alpha_{CO} = \frac{x}{2.0} \times 100\% = \frac{1.0}{2.0} \times 100\% = 50\%$$

根据理想气体的状态方程式，平衡时反应系统的总压力为：

$$p = \frac{nRT}{V} = \frac{5.0 \times 8.314 \times 797}{500 \times 10^{-3}} = 66.3 \text{ (kPa)}$$

所以，平衡时各组分气体的分压力为

$$p_{CO_2} = p_{H_2} = \frac{x}{5.0}p = \frac{1.0}{5.0} \times 66.3 = 13.3 \text{ (kPa)}$$

$$p_{CO} = \frac{2.0-x}{5.0}p = \frac{2.0-1.0}{5.0} \times 66.3 = 13.3 \text{ (kPa)}$$

$$p_{H_2O} = \frac{3.0-x}{5.0}p = \frac{3.0-1.0}{5.0} \times 66.3 = 26.5 \text{ (kPa)}$$

【例 2-16】　298K 时，$AgNO_3$ 和 $Fe(NO_3)_2$ 溶液发生如下离子反应：

$$Fe^{2+}(aq) + Ag^+(aq) \Longrightarrow Fe^{3+}(aq) + Ag(s)$$

若 Fe^{2+} 和 Ag^+ 的起始浓度都为 0.100mol·dm^{-3}，达到平衡时 Fe^{2+} 的转化率为 19.4%。求：

(1) 298K 时该离子反应的标准平衡常数；

(2) 维持反应温度不变，如再向平衡系统中加入一定量的 Fe^{2+}，使增加的 Fe^{2+} 的浓度为 0.100mol·dm^{-3}。那么，再次达到平衡时，Ag^+ 的总转化率是多少？

解：(1)

	$Fe^{2+}(aq)$	+	$Ag^+(aq)$	$\Longrightarrow$	$Fe^{3+}(aq)$	+	$Ag(s)$
起始浓度/mol·dm⁻³	0.100		0.100		0		
变化浓度/mol·dm⁻³	-0.1×0.194		-0.1×0.194		0.1×0.194		
	$=-0.0194$		$=-0.0194$		$=0.0194$		
平衡浓度/mol·dm⁻³	$0.1-0.0194$		$0.1-0.0194$		0.0194		
	$=0.0806$		$=0.0806$				

所以：

$$K^\ominus = \frac{c_{Fe^{3+}}/c^\ominus}{(c_{Fe^{2+}}/c^\ominus)(c_{Ag^+}/c^\ominus)} = \frac{0.0194}{(0.0806)^2} = 2.99$$

(2) 设再次达到平衡时，Ag^+ 的浓度又减小了 $x \text{mol·dm}^{-3}$，那么：

	$Fe^{2+}(aq)$	+	$Ag^+(aq)$	$\Longrightarrow$	$Fe^{3+}(aq)$	+	$Ag(s)$
起始浓度/mol·dm⁻³	0.1806		0.0806		0.0194		
变化浓度/mol·dm⁻³	$-x$		$-x$		x		
平衡浓度/mol·dm⁻³	$0.1806-x$		$0.0806-x$		$0.0194+x$		

将以上各离子的平衡浓度代入 $K^\ominus$ 表达式：

$$K^\ominus = \frac{c_{Fe^{3+}}/c^\ominus}{(c_{Fe^{2+}}/c^\ominus)(c_{Ag^+}/c^\ominus)} = \frac{0.0194+x}{(0.1806-x)(0.0806-x)} = 2.99$$

解之得出：$x = 0.0139 (\text{mol·dm}^{-3})$，因而，再次达到平衡时，$Ag^+$ 的总转化率是：

$$\alpha_{Ag^+} = \frac{0.100-(0.0806-x)}{0.100} \times 100\% = \frac{0.0333}{0.100} \times 100\% = 33.3\%$$

由此可见，再次加入 Fe^{2+} 后，由于化学平衡正向移动，使得 Ag^+ 的转化率由原来的 19.4% 提高到了 33.3%。

2.4　化学反应的速率

前面讨论了化学反应的能量关系以及反应的方向，这些属于化学热力学的内容。化学热力学告诉了反应的可能性，对于一个可能发生的化学反应，怎样才能实现和利用呢？这就是化学反应可行性或现实性问题，化学反应的现实性问题要通过化学平衡和化学反应速率来解决。

对于各种各样的化学反应来说，有的进行得很快，几乎瞬间完成，例如爆炸反应、照相胶片的感光、酸碱中和反应、沉淀反应等。而有些反应则进行得很慢，例如常温下氢气和氧气化合生成水的反应，从宏观上水几乎觉察不出来；金属的腐蚀、塑料和橡胶的老化、水泥的硬化过程长达数月甚至数年。煤和石油在地壳内的形成则更慢，需要几万年甚至几十万年。即使是同一反应，在不同条件下反应的快慢也不一样，例如钢铁在室温下氧化慢，而在高温下氧化快。在生产实践中常常需要采取措施来加快某些反应以便缩短生产时间，同时也需要设法抑制某些反应的发生，例如金属的腐蚀等。化学反应的快慢可以用化学反应速率来表示，所以必须掌握化学反应速率的变化规律。

2.4.1 化学反应速率的表示方法

2.4.1.1 生成速率和消耗速率

化学反应速率是用于定量描述化学反应快慢的物理量，用 v 表示。在反应过程中，反应物的量随着反应的进行不断减小，生成物的量则不断增加；常用单位时间内物质浓度的变化量来表示反应速率。

$$\bar{v}_i = \pm \frac{\Delta c_i}{\Delta t} \tag{2-30}$$

显然，这是表示物质 i 在 Δt 时间内浓度的平均变化率，即平均速率（$\bar{v}$）。由于速率不能是负值，因此在上面的表达式中，对反应物取负号，表示反应物的消耗速率；对生成物取正号，表示生成物的生成速率。浓度的单位常用 $mol \cdot dm^{-3}$，时间单位常用 s，有时也用 min 或 h 表示，因此反应速率的单位常用 $mol \cdot dm^{-3} \cdot s^{-1}$ 表示。

例如，合成氨反应在 2s 内物质浓度变化如下：

	N_2	$+$	$3H_2$	$=\!=\!=$	$2NH_3$
起始浓度/$mol \cdot dm^{-3}$	2.0		3.0		0
2s 末浓度/$mol \cdot dm^{-3}$	1.8		2.4		0.4
浓度变化量/$mol \cdot dm^{-3}$	-0.2		-0.6		$+0.4$
物质的平均速率/$mol \cdot dm^{-3} \cdot s^{-1}$	0.1		0.3		0.2

上面的计算表明，同一反应的反应速率，当以不同物质的浓度变化来表示时，其数值可能会有所不同。但这些不同的数值之间具有一定的关系，即它们之间的比值恰好等于化学方程式中各物质化学式前的系数之比。

$$\bar{v}_{N_2} : \bar{v}_{H_2} : \bar{v}_{NH_3} = 1 : 3 : 2$$

对于任意化学反应 $aA + bB =\!=\!= dD + eE$ 都存在这样的比例关系，即：

$$\bar{v}_A : \bar{v}_B : \bar{v}_D : \bar{v}_E = a : b : d : e$$

该比例关系还可以表示成：

$$\frac{1}{a}\bar{v}_A = \frac{1}{b}\bar{v}_B = \frac{1}{d}\bar{v}_D = \frac{1}{e}\bar{v}_E$$

显然，由于各物质在反应方程式中的系数不尽相同，因此其速率值也不完全相同，所以在使用时必须注明是哪一种物质的速率，这就给使用带来了不便。另外，随着化学反应的进行，反应物的浓度在减小而生成物的浓度在增加，所以反应速率也必然会随着反应时间的增加瞬间都在变化，所以平均速率难以准确表示化学反应的快慢，只有瞬时速率才能真正反应化学反应的快慢，瞬时速率就是浓度随着时间的变化率。

对于化学反应：

$$0 = \sum_i (v_i i)$$

其瞬时消耗速率或生成速率可以表示为：

$$v_i = \lim_{\Delta t \to 0} \left(\pm \frac{\Delta c_B}{\Delta t} \right) = \pm \frac{dc_B}{dt}$$

对于任意化学反应 $aA + bB =\!=\!= dD + eE$，其瞬时消耗速率或生成速率依然存在如下的比例关系：

$$\frac{1}{a}v_A = \frac{1}{b}v_B = \frac{1}{d}v_D = \frac{1}{e}v_E$$

当采用这样的方式表达速率时，与选用何种物质无关。显然，这个速率就应该是化学反应的速率。

2.4.1.2 化学反应速率

对于化学反应：

$$0 = \sum_i (v_i i)$$

以浓度为基础来定义化学反应速率，其反应速率为：

$$v = \frac{1}{v_i} \times \frac{dc_i}{dt} \tag{2-31}$$

显然，这个速率为瞬时速率。以合成氨反应为例，如以 $N_2(g) + 3H_2(g) \Longrightarrow 2NH_3(g)$ 作为化学反应的基本单元，则其化学反应的速率为：

$$v = -\frac{dc_{N_2}}{dt} = -\frac{1}{3} \times \frac{dc_{H_2}}{dt} = \frac{1}{2} \times \frac{dc_{NH_3}}{dt}$$

若以 $\frac{1}{2}N_2(g) + \frac{3}{2}H_2(g) \Longrightarrow NH_3(g)$ 作为化学反应的基本单元，则其化学反应速率为：

$$v' = -2\frac{dc_{N_2}}{dt} = -\frac{2}{3} \times \frac{dc_{H_2}}{dt} = \frac{dc_{NH_3}}{dt}$$

在实际工作中，要知道化学反应的瞬时速率是比较困难的，因此常用平均速率来近似表示化学反应速率。对于化学反应：

$$0 = \sum_i (v_i i)$$

其化学反应平均速率为：

$$\bar{v} = \frac{1}{v_i} \times \frac{\Delta c_i}{\Delta t}$$

由此可见，对于同一反应来说，以浓度为基础的化学反应速率的数值，不管用瞬时速率还是用平均速率表示，与选用何种物质无关，只与化学反应计量方程式有关。严格来说，化学反应速率是指瞬时速率，但在工程实际中，通常使用化学反应的平均速率。

2.4.2 化学反应速率理论

化学反应速率的大小首先取决于反应物的本性；此外，反应速率还与反应物的浓度、温度和催化剂等外界条件有关。为了说明这些因素对反应速率的影响，需要介绍反应速率理论与活化能的概念。

2.4.2.1 碰撞理论

物质之间发生化学反应的必要条件是反应物分子（原子、离子或原子团）之间必须相互碰撞。是否反应物分子之间的每一次碰撞都能发生反应呢？事实表明反应物分子间的绝大多数碰撞并不发生反应，这种碰撞是无效的，称为无效碰撞。在反应物分子间的无数次碰撞中，只有极少的一部分碰撞能够引起反应，这种能发生反应的碰撞叫做有效碰撞。显然，有效碰撞的次数越多，化学反应速率就越快。

为什么只有少数分子间的碰撞才是能发生反应的有效碰撞呢？能发生有效碰撞的分子与普通分子的主要区别就是它们具有的能量不同，只有那些能量足够高的分子才有可能发生有效碰撞进而引起化学反应。这种具有较高能量、能发生有效碰撞的分子叫做活化分子。只有这些活化分子在反应中才能够克服碰撞分子间电子云的斥力，使原子重排，发生有效碰撞，从而引起化学反应产生新物质。把活化分子的平均能量与反应物分子的平均能量之差叫做活化能，用 E_a 表示。即：

$$E_a = \overline{E}_活 - \overline{E}_反$$

活化能的大小与反应速率的关系很大。在一定温度下，反应的活化能越大，则活化分子的百分数（活化分子数占反应物分子总数的百分比）就越小，有效碰撞次数就越少，因而反应速率就越慢；反之，如果反应的活化能越小，则活化分子的百分数就越大，有效碰撞次数就越多，反应速率就越快。

每一个化学反应都有其特定的活化能，活化能的大小可以通过实验测定。实验表明一般化学反应的活化能约为 $60 \sim 250 \text{kJ·mol}^{-1}$；活化能小于 40 kJ·mol^{-1} 的反应，活化分子百分数大，有效碰撞次数多，反应速率很大，可瞬间完成，如酸碱中和反应等；活化能大于 400 kJ·mol^{-1} 的反应，其反应速率就非常小。由此可见，化学反应的活化能是决定化学反应速率的重要因素。

化学反应不是通过反应物分子之间的简单碰撞就能完成的；只有活化分子间采取适当取向的碰撞才能发生反应。例如反应：

$$NO_2(g) + CO(g) === NO(g) + CO_2(g)$$

如图 2-2 所示：只有 CO 中的碳原子碰撞到了 NO_2 中的氧原子，才是有效碰撞，才能发生反应；如果 CO 中的碳原子与 NO_2 中的氮原子相碰撞，则不会产生反应。由此可见，具有足够能量的反应物分子必须采取适当取向的碰撞才能发生反应。

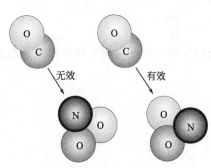

图 2-2 分子碰撞的取向

综上所述，碰撞理论比较直观明了地解释了有效碰撞与活化能的概念，但由于该理论将分子当作刚性球体而忽略了其内部结构，因而对结构复杂的反应不能解释，也不能说明反应过程及其能量变化。为了克服碰撞理论的这些缺陷，人们又提出了过渡状态理论。

2.4.2.2 过渡状态理论

在有效碰撞理论的基础上，随着人们对分子内部结构认识的深入，于 20 世纪 30 年代提出了反应速率的过渡状态理论。

过渡状态理论认为，化学反应不是通过反应物分子间的简单碰撞就能一步到达生成物的，而在碰撞后先经过一个中间过渡状态，即首先形成一种"活化配合物"。"活化配合物"中的价键结构处于原有化学键被削弱、新的化学键正在形成的状态，也就是说，"活化配合物"是一种"旧键似断非断，新键似成非成"的中间过渡状态，这种中间过渡状态的位能很高，极不稳定，容易分解成产物。整个反应过程可以表示如下：

$$A + BC \longrightarrow A\cdots B\cdots C \longrightarrow AB + C$$
反应物　　活化配合物　　产物
（始态）　　（过渡态）　　（终态）

中间过渡状态的位能既高于始态的位能也高于终态的位能，由此形成了一个能垒。整个反应过程的能量关系如图 2-3 所示。按照过渡状态理论，过渡态与始态的位能差就是化学反应的活化能 E_a，如果正反应的活化能用 $E_{a(正)}$ 表示，逆反应的活化能用 $E_{a(逆)}$ 表示，由图 2-3 可以看出，化学反应的焓变就等于正、逆反应活化能之差，即：

$$\Delta_r H_m = E_{a(正)} - E_{a(逆)} \qquad (2\text{-}32)$$

如果 $E_{a(正)} > E_{a(逆)}$，化学反应为吸热反应，如果 $E_{a(正)} < E_{a(逆)}$，化学反应为放热反应。

2.4.3　影响反应速率的因素

在相同的条件下，对于不同的化学反应，由于反应物的本性不同，化学反应速率当然也不同。例如，钠和镁与水反应放出氢气的速率不同，铁和钛的腐蚀速率不同，这都是由反应物的本性决定的。

化学反应的速率除与反应物的本性有关外，也与外界条件有关。对于某一确定的化学反应，当外界条件

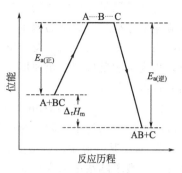

图 2-3　反应过程的能量变化

（浓度、温度、催化剂等）改变时，反应速率也将随之改变。那么，这些外界条件（浓度、温度、催化剂等）又是怎样影响化学反应速率的呢？下面就逐一进行分析讨论。

2.4.3.1　浓度对反应速率的影响

大量实验表明，在一定的温度下，增加反应物的浓度可以加快反应速率。按照反应速率理论，根据活化分子的概念可以解释浓度对反应速率的影响：在一定温度下，对某一化学反应而言，反应物中活化分子的百分数是一定的；单位体积内反应物的活化分子数与反应物的分子总数成正比，即活化分子数与反应物的浓度成正比；当反应物的浓度增加，单位体积内的分子总数增加，活化分子数也相应增多，从而增加了单位体积内有效碰撞的次数，导致反应速率加快。

这是浓度影响化学反应速率的定性解释，那么，化学反应速率和浓度之间有什么样的定量关系呢？这就是下面要讨论的问题。

（1）基元反应　化学反应实际经历的具体途径或微观进行的过程称为反应机理或反应历程。根据反应历程的不同，化学反应可以分为两类：反应物分子只经过一步变化就形成生成物的反应叫做基元反应；反应物分子经过多步变化才能形成生成物的反应叫做非基元反应。非基元反应是由两个或两个以上基元反应构成的，因此非基元反应又叫复杂反应。

实验表明，只有少数的化学反应属于基元反应。例如：

$$NO_2(g) + CO(g) == NO(g) + CO_2(g)$$
$$2NO(g) + O_2(g) == 2NO_2(g)$$
$$C_2H_5Cl(g) == C_2H_4(g) + HCl(g)$$

大多数化学反应都属于非基元反应。例如：

$$H_2(g) + I_2(g) == 2HI(g) \qquad 2NO + 2H_2 == 2H_2O + N_2$$

一般认为，这两个反应都是分两步完成的：

第一步　　$I_2(g) == 2I(g)$　　　　　　$2NO + H_2 == H_2O_2 + N_2$

第二步　　$2I(g) + H_2(g) == 2HI(g)$　　$H_2O_2 + H_2 == 2H_2O$

非基元反应中的每一步反应均为　个基元反应。

（2）质量作用定律　反应速率与反应物浓度的关系可由质量作用定律来说明。1863 年两位挪威科学家古德贝克（C. M. Guldberg）和瓦格（P. Waage）由实验得出：在一定温度下，基元反应的反应速率与反应物浓度的幂（以化学方程式中各反应物前面的系数为指数）的乘积成正比，这个结论叫做质量作用定律。例如，如果 $aA + bB == dD + eE$ 为基元反应，那么就有：

$$v = k c_A^a c_B^b \qquad (2\text{-}33)$$

　　这就是质量作用定律的表达式，这种把反应速率与反应物的浓度联系起来的关系式叫做反应速率方程式，简称为速率方程式。在速率方程式中：v 表示反应的瞬时速率，单位常为 $mol \cdot dm^{-3} \cdot s^{-1}$；$c_A$、$c_B$ 表示反应物 A、B 的浓度，单位常为 $mol \cdot dm^{-3}$；k 是一个比例常数，称为化学反应在一定温度下的反应速率常数，简称速率常数，要正确理解速率常数 k 必须注意以下几点。

　　① 当 $c_A = c_B = 1 mol \cdot dm^{-3}$ 时，按照速率方程则有 $v = k$；即速率常数的物理意义就是当反应物的浓度均为单位浓度时的反应速率。

　　② 对于某一确定的反应来说，速率常数与温度、催化剂等因素有关，而与浓度无关。即速率常数不随浓度的变化而改变。对于不同的反应，其速率常数一般不同；对于同一类型的反应，在相同温度和浓度条件下，速率常数越大其反应速率就越大。

　　③ 速率常数的单位为 $(mol \cdot dm^{-3})^{1-(a+b)} \cdot s^{-1}$，速率常数的单位与 $a+b$ 的取值有关。对于不同的反应来说，$a+b$ 的取值相同则速率常数的单位相同，$a+b$ 的取值不同，则速率常数的单位则不同。

　　a、b 为速率方程式中反应物 A、B 浓度项指数，a、b 分别叫做反应物 A、B 的分反应级数，对反应物 A 来说，是 a 级反应，对反应物 B 来说，是 b 级反应，若对整个反应来说，是 $a+b$ 级反应，$a+b$ 叫做总反应级数，如不指明，通常说的反应级数就是总反应级数，而不是某个反应物的分反应级数。一般来说，反应级数越大，浓度对反应速率的影响就越大，因此反应级数是衡量浓度对反应速率影响大小的物理量。例如：

反应方程式	速率方程式	反应级数
$C_2H_5Cl(g) \Longrightarrow C_2H_4(g) + HCl(g)$	$v = kc_{C_2H_5Cl}$	1
$NO_2(g) + CO(g) \Longrightarrow NO(g) + CO_2(g)$	$v = kc_{NO_2}c_{CO}$	2
$2NO(g) + 2H_2(g) \Longrightarrow N_2(g) + 2H_2O(g)$	$v = kc_{NO}^2 c_{H_2}$	3
$H_2(g) + Br_2(g) \Longrightarrow 2HBr(g)$	$v = kc_{H_2} c_{Br_2}^{\frac{1}{2}}$	1.5
$N_2O(g) \xrightarrow{Au} N_2(g) + \frac{1}{2}O_2(g)$	$v = kc_{N_2O}^0 = k$	0

　　由上面的例子可以看出，化学反应的反应级数可以是整数级、零级，也可以是分数级。任何一个化学反应的级数具体是多少要由实验来确定。

　　在书写化学反应的速率方程时，一定要注意以下两个问题。

　　① 对于反应物中的固体、纯液体和溶剂在速率方程式中不必列出。因为固体和纯液体的浓度可以认为就是其密度，而其密度在反应过程中保持不变，为一常数；溶剂若参与反应，在反应前后的变化量很小，其浓度也可以认为是常数。因此，这些常数都可以合并到速率常数中去。例如：

$$C(s) + O_2(g) \Longrightarrow CO_2(g) \qquad v = kc_{O_2}$$

$$Na(s) + H_2O(l) \Longrightarrow NaOH(aq) + \frac{1}{2}H_2(g) \qquad v = k$$

$$C_{12}H_{22}O_{11}(aq) + H_2O(l) \Longrightarrow C_6H_{12}O_6(aq) + C_6H_{12}O_6(aq) \qquad v = kc_{C_{12}H_{22}O_{11}}$$

　　② 质量作用定律仅适用于基元反应。对于基元反应，可以根据反应方程式直接写出速率方程；对于复杂反应来说，不能根据总反应方程式直接书写速率方程。因为总反应式只表示反应前后物质之间质和量的关系，没有表达出反应所经历的具体步骤。因此，如果知道了复杂反应的反应历程，由于反应历程中的每一个步骤都是基元反应，就可以根据反应历程来

确定复杂反应的速率方程；如果不能知道一个复杂反应的反应历程，就只能根据实验来确定速率方程了，这也是确定许多化学反应速率方程的主要途径。

【例 2-17】 乙醛的分解反应 $CH_3CHO(g) \Longrightarrow CH_4(g) + CO(g)$，实验测得不同浓度时初始分解速率如下：

乙醛浓度/mol·dm⁻³	0.10	0.20	0.30	0.40
分解速率/mol·dm⁻³·s⁻¹	0.020	0.081	0.182	0.318

根据以上实验数据，求：(1) 此反应为几级反应；(2) 该反应的速率常数；(3) 乙醛浓度为 0.15 mol·dm⁻³ 时的反应速率。

解：(1) 设该反应的速率方程式为：$v = kc_{CH_3CHO}^x$，根据该速率方程式，结合实验数据可得：

$$0.020 = k \times 0.10^x, \quad 0.081 = k \times 0.20^x，比较两式得出 x = 2。$$

同样地，代入任意两组实验数据，都可以得到同样的结果。因此该反应的速率方程式为：$v = kc_{CH_3CHO}^2$，该反应为 2 级反应。

(2) 将第一组数据代入速率方程式中：$0.020 = k \times 0.10^2$，由此式得出速率常数为：

$$k = 0.020/0.10^2 = 2.0 \ (mol^{-1} \cdot dm^3 \cdot s^{-1})$$

(3) $$v = kc_{CH_3CHO}^2 = 2.0 \times 0.15^2 = 0.045 \ (mol \cdot dm^3 \cdot s^{-1})$$

2.4.3.2 温度对反应速率的影响

众所周知，温度是影响化学反应速率的重要因素之一。例如氢气与氧气化合生成水的反应，在常温下反应速率非常小，几乎觉察不到反应的进行；但当温度升高到 873K 以上时，反应迅速进行甚至可能发生爆炸。

由此可见，温度对化学反应速率有显著的影响，大多数化学反应的速率随温度的升高而增大。升高温度，分子运动速率增大，分子平均能量增大；单位时间内分子间的碰撞次数增加，更重要的是由于更多的分子获得了能量而成为活化分子，增加了活化分子百分数，从而大大地加快了反应速率。

当反应物的浓度保持不变，如果升高温度，化学反应速率会增加。从化学反应的速率方程式可以看出，温度对反应速率的影响，表现在反应速率常数 k 上，也就是说温度是通过影响反应速率常数进而对反应速率发生影响的。那么温度与反应速率常数 k 有怎样的关系呢？这就是下面要讨论的问题。

(1) 范特霍夫公式 1884 年，范特霍夫（J. H. Vant Hoff，荷兰）根据实验结果归纳出一条经验规律：在反应物浓度相同的情况下，温度每升高 10K，反应速率常数或反应速率就增加为原来的 2~4 倍。即：

$$\frac{k_{T+10K}}{k_T} = \frac{v_{T+10K}}{v_T} = 2 \sim 4 \tag{2-34}$$

这里 2~4 为反应的温度系数。例如，N_2O_5 分解为 NO_2 和 O_2 的反应，308K 时的反应速率为 298K 时的 3.81 倍。

范特霍夫经验规则是比较粗略的，适用的温度范围也不大，但可以用它来大致估计温度对反应速率的影响。

(2) 阿仑尼乌斯公式 1889 年，阿仑尼乌斯（S. A. Arrhenius，瑞典）根据实验结果，提出了反应速率常数与反应温度之间的定量关系式，即阿仑尼乌斯公式：

$$k = Ae^{\frac{-E_a}{RT}} \tag{2-35}$$

写成对数式为：

$$\lg k = -\frac{E_a}{2.303RT} + \lg A \tag{2-36}$$

阿仑尼乌斯公式表达了各物理量间的定量关系。在上面的表达式中，T 为热力学温度，单位 K；R 为理想气体常数，其值为 8.314J·K^{-1}·mol^{-1}；E_a 为化学反应的活化能，单位常为 kJ·mol^{-1} 或 J·mol^{-1}；A 为给定反应的特征常数，称为指前因子或频率因子，单位与速率常数 k 的单位相同，它的大小与反应物分子的碰撞频率、反应物分子定向碰撞的空间因素等有关。对于给定的化学反应而言，在一般温度范围内，E_a 和 A 可视为常数。

根据阿仑尼乌斯公式可以定性地分析反应速率常数与温度和活化能的关系：反应速率常数与热力学温度成指数关系，若温度升高，速率常数会显著增大。反应速率常数还与活化能大小有关，若活化能降低，反应速率常数会增大。

根据阿仑尼乌斯公式，可以求出反应的活化能 E_a 和频率因子 A。设 k_1 和 k_2 分别表示某反应在温度为 T_1、T_2 时的速率常数，那么，按照阿仑尼乌斯公式可得出：

$$\lg k_1 = -\frac{E_a}{2.303RT_1} + \lg A$$

$$\lg k_2 = -\frac{E_a}{2.303RT_2} + \lg A$$

两式相减则有：

$$\lg \frac{k_2}{k_1} = \frac{E_a}{2.303R}\left(\frac{T_2 - T_1}{T_1 T_2}\right) \tag{2-37}$$

应用这个关系式，可以从两个温度下的速率常数求出反应的活化能 E_a；或已知反应的活化能及某一温度下的速率常数，可以算出其他温度下的速率常数。

2.4.3.3 催化剂对反应速率的影响

虽然提高温度能加快反应速率，但在实际生产中往往带来能源消耗多、对高温设备有特殊要求等问题。而应用催化剂可在不提高温度的情况下极大地提高反应速率。因此，对于催化作用的研究，不仅在理论上很有意义，在工业生产中也非常重要，催化作用是一个用得很多、发展迅速的研究领域。

催化剂是指能显著改变反应速率而其本身的组成、质量和化学性质在反应前后都不发生变化的物质，催化剂能改变反应速率的作用叫催化作用。能提高反应速率的催化剂叫正催化剂，如氢气与氮气合成氨时使用的铁、乙烯加氢时使用的镍等；能延缓反应速率的催化剂叫负催化剂，如减慢金属腐蚀、防止塑料和橡胶老化、维持过氧化氢的稳定等都需要负催化剂。通常情况下所说的催化剂是指正催化剂，负催化剂又叫抑制剂。

催化作用不仅在化学工业和石油工业上应用，也应用于国防工业、环境保护和生命科学等领域。在硫酸生产中，少量的 NO 可以催化 SO_2 氧化为 SO_3；实验室里以 MnO_2 为催化剂使 $KClO_3$ 分解来制取氧气；人的生命活动本身就是一系列生物化学过程，这些过程中存在着大量的催化剂，如淀粉酶、蛋白酶和脂肪酶等；工业废气和汽车尾气中含大量有害气体，如 CO、NO、NO_2 等，它们转化为无公害的 CO_2、N_2、H_2O 的速率非常慢，常用 Pt、CuO 等作为催化剂加速这些有害气体的转化，以净化空气、保护环境。催化作用主要包括化学催化、生物催化（如酶催化）和物理催化（如光、电催化）等，这里主要讨论化学催化对反应速率的影响。

催化剂之所以能显著地增大化学反应的速率，是由于催化剂的加入，在反应过程中与反应物之间形成了一种势能较低的活化配合物，改变了反应途径。与无催化作用的途径相比较，活化能显著降低，从而使得活化分子百分数和有效碰撞次数增多，导致反应速率明显增大。例如，800K 时氨分解反应在无催化剂时的活化能为 $376.5kJ \cdot mol^{-1}$，反应速率很慢；当用铁作催化剂，反应的活化能降为 $163.17 \ kJ \cdot mol^{-1}$，使氨的分解速率在 800K 时提高了 8.5×10^{13} 倍。

化学催化分为单相催化和多相催化两种，无论那种催化作用，催化剂都具有如下特性：

① 催化剂只能通过改变反应途径来改变反应速率，但不能改变反应的焓变、方向和限度。

② 催化剂对反应速率的影响体现在速率常数 k 中；对特定的反应而言，在反应温度相同时，采用不同的催化剂，一般有不同的 k 值。

③ 对可逆反应而言，催化剂将同等程度地改变正、逆反应的活化能，从而同等程度地改变正、逆方向的速率。

催化剂性能的评价通常包括活性、选择性、稳定性和再生性等几个方面。催化剂的活性是指催化剂改变反应速率的程度，这可以通过反应速率常数的变化体现出来，催化剂改变反应速率的程度越大，活性就越高。

选择性是催化剂的重要特性，几乎所有催化剂都具有特殊的选择性。某一催化剂对某一类反应有催化作用，但对其他反应可能无催化作用；对同一反应，不同催化剂也具有不同的催化作用，这就是催化剂的选择性。例如，乙醇可以脱水生成乙烯，也可以脱氢生成乙醛，如果使用氧化铝作为催化剂则主要得到乙烯，如果使用铜作催化剂则主要得到乙醛。在化工生产中，化学反应系统非常复杂，常常同时存在许多反应，可以使用催化剂的高选择性来提高所需反应的速率。

催化剂的稳定性是指发生催化活性的使用范围。催化剂总是在一定的温度范围内起作用，而反应器内短暂的局部高温在所难免，因而要考虑催化剂的稳定性。催化剂中毒是催化剂使用过程中碰到的一个重要问题，由于杂质的存在使得催化剂活性降低或丧失，这种现象就叫做催化剂中毒。例如，极少量的 PH_3 存在，就能使 SO_2 转化成 SO_3 的铂催化剂的活性显著降低，为了避免催化剂中毒，就需要对反应混合气体进行一系列的净化。

在化学反应发生前后，虽然催化剂的质量和组成几乎没有变化，但催化剂还是参与了反应的过程。催化剂在使用了一段时间后，尽管活性中心会被逐渐破坏，但其整体结构并未变化，只要经过适当的处理，其催化活性便可以恢复，这个过程叫做催化剂的再生。实验室研制成功的催化剂能否应用到工业生产中，必须考虑催化剂的稳定性和再生性。

2.4.3.4　影响多相反应速率的因素

化学反应系统可以是单相系统，也可以是多相系统，在不均匀系统中的多相反应过程比单相反应要复杂得多。在单相系统中，所有反应物分子都可能发生碰撞并发生化学反应；在多相系统中，只有在相的界面上反应物分子才有可能接触碰撞并进而发生化学反应，反应产物如果不能及时离开相的界面，还会阻碍反应的继续进行。因此，对于多相反应来说，除反应物浓度、反应温度和催化作用等因素影响反应速率外，相的接触面积和扩散作用对反应速率也有较大的影响。

气体（或液体）与固体发生的反应就是多相反应，可以认为至少要经过以下几个步骤才能完成反应：气体分子向固体表面扩散；气体分子被吸附在固体表面；气体分子与固体分子在固体表面发生反应，生成产物；产物分子从固体表面解吸附；产物分子经扩散作用而远离固体表面。这些步骤中任何一步的快慢都会影响整个反应的速率。在实际生产中常常采用振荡、搅拌、鼓风等措施就是为了加强扩散作用；而粉碎固体反应物或将液体反应物喷成雾状则是为了增加两相间的接触面积。对于多相反应来说，相与相之间的接触面积越大、扩散作用越强，反应速率就越快。

煤的燃烧反应就是一个多相反应。为了使该反应能够快速进行，新鲜的氧气要尽快地靠近煤的表面，生成的二氧化碳气体必须不断地从煤的表面逸去，这就要求氧气和二氧化碳气体具有较强的扩散能力。此外，煤燃烧的快慢还与煤的粉碎程度有关，煤粉碎得越细，其与氧气接触的表面积就越大，燃烧就越快。对于微细分散的可燃物质，如面粉厂、纺织厂、煤矿中的"粉尘"等，当在空气中的含量超过安全指标时，遇火星会快速氧化燃烧，甚至引起爆炸事故。

工程技术中碰到的许多化学反应如固体燃料的燃烧、钢的渗氮、金属的腐蚀、用酸浸提矿石、石灰和水泥的制造等都属于多相反应。

2.5 化学平衡与反应速率的综合应用

在生产实际中，化学平衡与反应速率是两个不可忽视的重要问题，必须综合考虑。在化工生产中，要求采取有利的工艺条件，充分利用原料，提高产量，尽可能地缩短生产周期，以达到较高的经济效应。在选择化学反应条件时，如何应用吕·查德里原理并充分考虑影响反应速率的因素呢？通常应从以下几方面着手。

① 使一种价廉易得的反应物过量，以提高另一种原料的转化率。但原料比例也不能失当，否则会将其他反应原料稀释进而影响反应速率。对于一些特殊的气相反应，如果原料比例进入爆炸范围，将会出现安全问题。

② 对于吸热反应来说，升高温度不仅能增加反应速率，而且还可以提高原料的转化率。但要考虑节能的问题，反应温度过高，就会造成较高的能耗，有时在高温下原料还会分解引起副反应的增多。在选择反应温度时还应当考虑催化剂，反应温度不能超过催化剂的使用温度。对于化学反应来说，较适宜的反应温度与反应物的组成、反应系统的压力以及催化剂的活性高低等都有关系。

③ 对于气体分子数减少的反应，增加反应系统的压力会提高反应速率和原料的转化率。但反应压力增加，对反应设备的材质要求也会提高。对于合成氨反应来说，在约 $1.0 \times 10^5 kPa$ 的高压下，不用催化剂就可以达到较高的反应速率和转化率；但需要使用价格昂贵的耐高压设备。因此，目前大多数工厂仍然采用中压法（$2.0 \times 10^4 kPa$）来合成氨。

④ 选用催化剂时，要综合考虑催化剂的催化性能、活化温度、价格等，对容易中毒的催化剂还要注意原料的纯化。

下面以 SO_2 氧化生成 SO_3 为例，简述如何选择最佳工艺条件。

$$2SO_2(g) + O_2(g) \Longrightarrow 2SO_3(g) \qquad \Delta_r H_m^{\ominus}(298K) = -197.7 kJ \cdot mol^{-1}$$

SO_2 氧化生成 SO_3 为气体分子数减小的放热反应，工业生产中为使 SO_2 达到较高的转化率，一般采取以下措施。

① 提高反应系统中 O_2 的配比。由于 SO_2 的价格较贵，因而以 O_2（来自空气）过量来提高 SO_2 的转化率。但 O_2 应过量多少呢？这是一个必须解决的问题。通过实验数据的分析发现，当 $SO_2 : O_2 = 7\% : 11\%$（剩余部分为 N_2，约占 82%）时为原料气的适当配比，此时 SO_2 的转化率约为 93.5%。

② 控制适当的温度。温度较高，会使 SO_2 的转化率降低；但温度偏低，又会使反应速率显著减小。在生产中通常采用多段催化氧化，并且在每一段都要采取热交换措施，使反应温度始终维持在 $420 \sim 450 \text{℃}$。这样既保证了较高的转化率，又能充分利用热量。

③ 压力的选择。反应系统的压力越大，SO_2 的转化率就越高。实验研究发现，当反应

温度为 $400 \sim 500 \, ^\circ\!C$ 时，在常压下 SO_2 的转化率就达到 95% 以上，这样的转化率已经很高了。因而选择常压即可，实际生产中正是如此。

④ 催化剂的使用。对于 SO_2 氧化生成 SO_3 这一反应来说，Pt、V_2O_5、Cr_2O_3、Fe_2O_3、CuO 都具有较高的催化性能。但是 Pt 的价格昂贵且容易中毒，其余四种金属氧化物中，V_2O_5 的效果最好，因而现在被普遍采用，该催化剂的最佳使用温度为 $420 \sim 500 \, ^\circ\!C$。

⑤ 二次转化和吸收。在转化炉内 SO_2 的转化率可以达到 90% 以上，当反应混合气由转化炉进入吸收塔后，其中的 SO_3 被吸收，余下的气体再次返回转化炉。由于 SO_3 不断从反应系统中取走，有利于 SO_2 继续转化，总转化率可以达到 99% 以上。

思考题与习题

一、判断题

1. 热的物体比冷的物体含有更多的热量。

2. $\Delta G > 0$ 的反应是不可能发生的。

3. $298K$ 的标准状态下，最稳定单质的标准摩尔生成焓（$\Delta_f H_m^{\ominus}$）和标准摩尔熵（$S_m^{\ominus}$）都等于零。

4. 升高温度，反应的标准平衡常数（$K^{\ominus}$）增大；那么，该反应一定是吸热反应。

5. 在 $273K$、$101.325kPa$ 下，水凝结成冰；该过程的 $\Delta S < 0$、$\Delta G = 0$。

6. 升高温度，可以提高放热反应的转化率。

7. 活化能越大，化学反应的速率就越快。

8. 可逆反应达到平衡时，其正、逆反应的速率都为零。

9. 反应级数取决于反应方程式中反应物的计量系数。

10. 在一定温度下，随着化学反应的进行，反应速率逐渐变慢，但反应速率常数保持不变。

二、选择题

1. 反应 $2H_2(g) + O_2(g) \!\!=\!\!\!= 2H_2O(g)$ 在绝热钢瓶中进行，那么该反应的（　　）。

A. $\Delta H = 0$　　　　B. $\Delta U = 0$　　　　C. $\Delta S = 0$　　　　D. $\Delta G = 0$

2. 化学反应在恒温恒压下发生，该反应的热效应等于（　　）。

A. ΔU　　　　B. ΔH　　　　C. ΔS　　　　D. ΔG

3. 下列有关熵的叙述，正确的是（　　）。

A. 系统的有序度越大，熵值就越大　　　　B. 物质的熵与温度无关

C. $298K$ 时物质的熵值大于零　　　　D. 熵变大于零的反应可以自发进行

4. 反应 $2Na(s) + Cl_2(g) \!\!=\!\!\!= 2NaCl(s)$ 的 $\Delta_r S_m^{\ominus}(298K)$（　　）。

A. 大于零　　　　B. 小于零　　　　C. 等于零　　　　D. 难以确定

5. 某反应在高温时能够自发进行，而低温时难以自发进行，那么该反应满足的条件是（　　）。

A. $\Delta H > 0$，$\Delta S < 0$　　B. $\Delta H > 0$，$\Delta S > 0$　　　C. $\Delta H < 0$，$\Delta S > 0$　　D. $\Delta H < 0$，$\Delta S < 0$

6. 一定温度下，可逆反应 $N_2O_4(g) \!\!=\!\!\!= 2NO_2(g)$ 在恒容容器中达到化学平衡时，如果 N_2O_4 的分解率为 25%，那么反应系统的总压力是 N_2O_4 未分解前的（　　）倍。

A. 0.25　　　　B. 1.25　　　　C. 1.5　　　　D. 1.75

7. 可逆反应 $A(g) + B(g) \!\!=\!\!\!= C(g)$ 为放热反应，欲提高 $A(g)$ 的转化率可采取的措施为（　　）。

A. 升高反应温度　　B. 加入催化剂　　C. 增加 $A(g)$ 的浓度　　D. 增加 $B(g)$ 的浓度

8. 下列叙述中，正确的叙述是（　　）。

A. 速率常数的单位为 $mol \cdot dm^{-3} \cdot s^{-1}$　　　　B. 能够发生碰撞的分子是活化分子

C. 活化能越大，反应速率越快　　　　D. 催化剂可以降低反应的活化能

9. 对于两个化学反应 A 和 B 来说，在反应物浓度保持不变的条件下，$25\,^\circ\!C$ 时 B 的反应速率快，而 $45\,^\circ\!C$ 时 A 的反应速率快，那么（　　）。

A. A 反应的活化能较大　　　　　　　　B. B 反应的活化能较大

　　C. A、B 两反应活化能的大小相等　　　　　　　D. A、B 两反应活化能的大小难以确定

10. 对于一个可逆反应,下列各项中受温度影响较小的是(　　　)。

A. $\Delta_r G_m^{\ominus}$ 和 $\Delta_r H_m^{\ominus}$　　　　　　　　　　　　B. $\Delta_r G_m^{\ominus}$ 和 $\Delta_r S_m^{\ominus}$

C. $\Delta_r S_m^{\ominus}$ 和 $\Delta_r H_m^{\ominus}$　　　　　　　　　　　　D. $\Delta_r H_m^{\ominus}$ 和 $K^{\ominus}$

三、填空题

1. 在 U、Q、W、S、H、G 中,属于状态函数的是＿＿＿＿＿＿,在这些状态函数中,可以确定其数值大小的函数是＿＿＿＿＿。

2. 封闭系统热力学第一定律的数学表达式为＿＿＿＿＿＿。焓的定义式为＿＿＿＿＿＿。吉布斯函数的定义式为＿＿＿＿＿＿。

3. 化学热力学中规定了标准状态,标准压力为＿＿＿＿＿,标准浓度为＿＿＿＿＿。

4. 影响多相反应速率的因素除了浓度、温度和催化剂外,还有＿＿＿＿＿和＿＿＿＿＿。

5. 根据阿仑尼乌斯公式,当反应温度升高,则反应速率常数会＿＿＿＿＿；当由于使用催化剂而使得活化能降低,则反应速率常数会＿＿＿＿＿。

6. 若系统对环境做功 160J,同时从环境吸收了 200J 的热,那么系统的内能变化为＿＿＿＿＿。

7. 两个反应 $Cu(s)+Cl_2(g)$ === $CuCl_2(s)$ 和 $CuCl_2(s)+Cu(s)$ === $2CuCl(s)$ 的标准摩尔反应焓变分别为 $170kJ\cdot mol^{-1}$、$-260kJ\cdot mol^{-1}$；那么,$CuCl(s)$ 的标准摩尔生成焓为＿＿＿＿＿。

8. 298K 下,$Na(s)$、$NaCl(s)$、$Na_2CO_3(s)$、$CO_2(g)$ 的标准摩尔熵由大到小的顺序为＿＿＿＿＿。

9. 一定温度下,分解反应 $NH_4Cl(s)$ === $NH_3(g)+HCl(g)$ 达到平衡时,测得此平衡系统的总压力为 80kPa；那么,该反应的平衡常数为＿＿＿＿＿。

10. 反应 $CaCO_3(s)$ === $CaO(s)+CO_2(g)$ 的 $\Delta_r H_m^{\ominus}(298K)=179.2kJ\cdot mol^{-1}$、$\Delta_r S_m^{\ominus}(298K)=160.2J\cdot K^{-1}\cdot mol^{-1}$。那么 $CaCO_3(s)$ 分解的最低温度约为＿＿＿＿＿。

11. 基元反应 $2NO(g)+Cl_2(g)$ === $2NOCl(g)$ 的速率方程式为＿＿＿＿＿。若将反应物 $NO(g)$ 的浓度增加到原来的 3 倍,则反应速率变为原来的＿＿＿＿＿倍；若将反应容器的体积增加到原来的 2 倍,则反应速率变为原来的＿＿＿＿＿倍。

12. 在一定条件下,某反应的转化率为 73.6%；加入催化剂后,该反应的转化率为＿＿＿＿＿。

四、简答题

1. 什么是状态函数? 它具有哪些性质?

2. 盖斯定律有何应用? 为什么说盖斯定律是状态函数性质的体现?

3. 化学热力学中规定了标准状态,有关标准状态的含义是什么?

4. 简述焓变(ΔH)、熵变(ΔS)、吉布斯函数变(ΔG)与化学反应自发性的关系。

5. 标准平衡常数改变,化学平衡是否移动? 化学平衡发生了移动,标准平衡常数是否改变?

6. 用碰撞理论解释浓度、温度和催化剂对化学反应速率的影响。

五、计算题

1. 在体积为 $1.2dm^3$ 的容器中装入某气体,在 973kPa 下,气体从环境吸热 800J 后,容器的体积膨胀到 $1.5dm^3$,计算此过程中气体内能的变化。

2. 辛烷是汽油的主要成分,其燃烧反应方程式为:

$$C_8H_{18}(l)+\frac{25}{2}O_2(g) === 8CO_2(g)+9H_2O(l)$$

试计算 298K 时,100g 辛烷燃烧放出的热量。已知 $\Delta_f H_{m,C_8H_{18}(l)}^{\ominus}=-208kJ\cdot mol^{-1}$。

3. 铝粉与 Fe_2O_3 组成的铝热剂发生的铝热反应为:$2Al(s)+Fe_2O_3(s)$ === $Al_2O_3(s)+2Fe(s)$。计算 5.0g 铝粉完全发生铝热反应可放出多少热量?

4. 根据下列热化学方程式:

(1)　　　　$Fe_2O_3(s)+3CO(g)$ === $2Fe(s)+3CO_2(g)$,　　$\Delta_r H_{m,1}(T)=-27.6kJ\cdot mol^{-1}$

(2)　　　　$3Fe_2O_3(s)+CO(g)$ === $2Fe_3O_4(s)+CO_2(g)$,　　$\Delta_r H_{m,2}(T)=-58.6kJ\cdot mol^{-1}$

(3)　　　　$Fe_3O_4(s)+CO(g)$ === $3FeO(s)+CO_2(g)$,　　$\Delta_r H_{m,3}(T)=38.1kJ\cdot mol^{-1}$

不用查表,计算反应 $FeO(s)+CO(g)$ === $Fe(s)+CO_2(g)$ 的 $\Delta_r H_m(T)$。

5. 已知 $HCl(g)$、$NH_3(g)$ 和 $NH_4Cl(s)$ 的 $\Delta_f H_m^{\ominus}$ 分别为 $-92.3kJ \cdot mol^{-1}$、$-46.1kJ \cdot mol^{-1}$ 和 $-314.4kJ \cdot mol^{-1}$，且有：

$$HCl(g) \Longrightarrow HCl(aq) \qquad\qquad \Delta_r H_{m,1}^{\ominus} = -73.2kJ \cdot mol^{-1}$$

$$NH_3(g) \Longrightarrow NH_3(aq) \qquad\qquad \Delta_r H_{m,2}^{\ominus} = -35.2kJ \cdot mol^{-1}$$

$$HCl(aq) + NH_3(aq) \Longrightarrow NH_4Cl(aq) \qquad \Delta_r H_{m,3}^{\ominus} = -60.2kJ \cdot mol^{-1}$$

求：(1) $2.0molHCl(g)$ 和 $2.0molNH_3(g)$ 反应生成 $2.0molNH_4Cl(s)$ 放出的热量；(2) $1.0molHCl(g)$ 和 $1.0molNH_3(g)$ 同时溶于水中的热效应；(3) $NH_4Cl(aq)$ 的标准摩尔生成焓；(4) $1.0mol$ 的 $NH_4Cl(s)$ 溶解于水中生成 $NH_4Cl(aq)$ 的热效应，并说明该过程为吸热还是放热。

6. 在 $101.325kPa$、$338K$(甲醇的沸点) 时，将 $1mol$ 的甲醇蒸发变成气体，吸收了 $35.2kJ$ 的热量，求此变化过程中的 Q、W、ΔU、ΔH 和 ΔG。

7. 计算下列反应的 $\Delta_r S_m^{\ominus}(298K)$。

$$(1) 2H_2S(g) + 3O_2(g) \Longrightarrow 2SO_2(g) + 2H_2O(l)$$

$$(2) CaO(s) + H_2O(l) \Longrightarrow Ca^{2+}(aq) + 2OH^-(aq)$$

8. 计算下列可逆反应的 $\Delta_r G_m^{\ominus}(298K)$ 和 $K^{\ominus}(298K)$。

$$(1) N_2(g) + 3H_2(g) \Longrightarrow 2NH_3(g)$$

$$(2) \frac{1}{2}N_2(g) + \frac{3}{2}H_2(g) \Longrightarrow NH_3(g)$$

$$(3) 2NH_3(g) \Longrightarrow N_2(g) + 3H_2(g)$$

9. 已知反应 $2SO_2(g) + O_2(g) \Longrightarrow 2SO_3(g)$ 的 $\Delta_r H_m^{\ominus}(298K) = -198.2kJ \cdot mol^{-1}$、$\Delta_r S_m^{\ominus}(298K) = -190.1J \cdot K^{-1} \cdot mol^{-1}$。求：(1) 该反应在 $298K$ 时的 $\Delta_r G_m^{\ominus}(298K)$；(2) 该反应在 $500K$ 时的 $\Delta_r G_m^{\ominus}(500K)$ 和 $K^{\ominus}(500K)$。

10. 已知 $298K$ 时，$Br_2(g)$ 的 $\Delta_f G_m^{\ominus} = 3.1kJ \cdot mol^{-1}$；那么，$298K$ 时 $Br_2(l)$ 的蒸气压为多少？

11. 用两种方法计算下列反应在 $298K$ 时的 $\Delta_r G_m^{\ominus}(298K)$，并判断反应在 $298K$ 的标准状态下能否自发进行。

$$2NO(g) + 2CO(g) \Longrightarrow N_2(g) + 2CO_2(g)$$

12. 用碳还原 Fe_2O_3 制铁的反应方程式为：$3C(s) + Fe_2O_3(s) \Longrightarrow 2Fe(s) + 3CO(g)$。判断该反应在 $298K$ 的标准状态下能否自发进行？若不能自发进行，请指出该反应发生的温度条件。

13. 煤里总存在一些含硫杂质，因此在燃烧时会产生 SO_3 气体。请问能否用 CaO 固体来吸收 SO_3 气体以减少烟道气体对空气的污染？若能，请估计该方法适用的温度条件。涉及的化学反应方程式为：

$$CaO(s) + SO_3(g) \Longrightarrow CaSO_4(s)。$$

14. 密闭容器中发生可逆反应 $CO(g) + H_2O(g) \Longrightarrow CO_2(g) + H_2(g)$，在 $749K$ 时的标准平衡常数为 2.6。求：(1) 当反应物的压力比 $p_{H_2O} : p_{CO} = 1 : 1$ 时，CO 的转化率为多少？(2) 当反应物的压力比 $p_{H_2O} : p_{CO} = 3 : 1$ 时，CO 的转化率为多少？

15. 一定温度条件下，可逆反应 $H_2(g) + I_2(g) \Longrightarrow 2HI(g)$ 在密闭容器中达到平衡时，$H_2(g)$、$I_2(g)$ 和 $HI(g)$ 的浓度分别为 $0.5mol \cdot dm^{-3}$、$0.5mol \cdot dm^{-3}$、$1.23mol \cdot dm^{-3}$；此时，若从容器中迅速抽出 $HI(g)$，使得容器中 $HI(g)$ 的浓度变为 $0.63mol \cdot dm^{-3}$。那么，该化学平衡会怎样移动？再次达到平衡时各物质的浓度又为多少？

16. 光合成反应 $6CO_2(g) + 6H_2O(l) \Longrightarrow C_6H_{12}O_6(s) + 6O_2(g)$ 的 $\Delta_r H_m^{\ominus} = 669.62kJ \cdot mol^{-1}$，试问平衡建立后，当改变下列条件时，平衡将怎样移动？

(1) 增加 CO_2 的浓度；(2) 提高 O_2 的分压力；(3) 取走一半 $C_6H_{12}O_6$；(4) 提高总压力；(5) 升高温度；(6) 加入催化剂。

17. 在一定温度下，于反应容器中 Br_2 和 Cl_2 在 CCl_4 溶剂中发生反应 $Br_2 + Cl_2 \Longrightarrow 2BrCl$；当平衡建立时，$Br_2$ 和 Cl_2 的浓度都为 $0.0043mol \cdot dm^3$，$BrCl$ 的浓度为 $0.0114mol \cdot dm^3$。试求：(1) 反应的标准平衡常数；(2) 如果再加入 $0.01mol \cdot dm^3$ 的 Br_2 至系统中，当再次达到平衡时，计算系统中各组分的浓度。

18. 在 $800℃$ 时，对于反应 $2NO + 2H_2 \Longrightarrow N_2 + 2H_2O$ 进行了实验测定，有关数据如下：

起 始 浓 度		起 始 反 应 速 率
$c_{NO}/mol·dm^{-3}$	$c_{H_2}/mol·dm^{-3}$	$v/mol·dm^{-3}·s^{-1}$
$6.0×10^{-3}$	$1.0×10^{-3}$	2.88
$6.0×10^{-3}$	$2.0×10^{-3}$	5.76
$1.0×10^{-3}$	$6.0×10^{-3}$	0.48
$2.0×10^{-3}$	$6.0×10^{-3}$	1.92

(1) 写出该反应的速率方程式并确定反应级数； (2) 计算该反应在 800℃ 时的反应速率常数；
(3) 800℃时，当 $c_{NO}=4.0×10^{-3}mol·dm^{-3}$、$c_{H_2}=5.0×10^{-3}mol·dm^{-3}$时，该反应的速率为多少？

19. 碳与二氧化碳在高温时的反应为：$C(s)+CO_2(g) \rlap{=}{=} 2CO(g)$，该反应的活化能为 167.2kJ·$mol^{-1}$。当反应温度由 900K 升高到 1000K 时，估算反应速率的变化。

20. 某一化学反应，在反应物浓度保持不变的情况下，当温度由 300K 升高到 310K 时，其反应速率增加了一倍，求该化学反应的活化能。

21. 在 301K 时，鲜牛奶大约在 4h 后变酸；但在 278K 时，鲜牛奶要在 48h 后才变酸。假定反应速率与牛奶变酸时间成反比，求牛奶变酸反应的活化能。

22. 300K 时，反应 $H_2O_2(aq) \rlap{=}{=} H_2O(l)+\frac{1}{2}O_2(g)$ 的活化能为 75.3kJ·mol^{-1}。若该反应用 I^- 催化，则活化能降为 56.5kJ·mol^{-1}；若用酶催化，则活化能降为 25.1kJ·mol^{-1}。计算在相同温度下，用 I^- 催化和酶催化时，其反应速率分别为无催化剂时的多少倍？

第3章 溶液中的离子平衡

在工农业生产和科学实验中,许多化学反应是在溶液中进行的,物质的许多性质也是在溶液中呈现的。在溶液中参与化学反应的物质主要是酸、碱和盐,它们都是电解质。本章运用化学平衡的原理讨论溶液中的离子平衡,包括弱电解质的电离平衡、难溶电解质溶液中的多相离子平衡以及配离子的配位离解平衡。

根据物质在水溶液中或熔融状态下是否导电,可将物质分为电解质与非电解质。又根据电解质溶液导电能力的强弱把可溶电解质相对地分为强电解质和弱电解质两类。

电解质溶液之所以能够导电,是由于溶液中存在能够自由移动的离子,溶液导电性的强弱又与单位体积溶液中能自由移动的离子数有关。从结构的观点来看,强电解质包括离子化合物和强极性的共价化合物,它们在水溶液中受极性水分子的作用,全部电离成离子,如强酸、强碱和大部分盐类都是强电解质。强电解质在水中应是全部电离的,它们的电离度应该是100%,但从溶液导电性实验所得到的电离度却小于100%。这是由于在强电解质溶液中离子浓度大、离子间的距离短,因此离子间有较强的静电作用。由于静电引力的存在,离子的运动受到其他离子的牵制而不能完全自由,好像在单位体积溶液中含有的离子数目比实际有的减少了一样,表现出似乎没有完全电离,使实际测得的电离度小于100%。由实验测得的强电解质电离度叫表观电离度,溶液越浓、离子所带电荷越多,强电解质的表观电离度越小。

有些极性共价化合物如醋酸、氨水等,极性较弱,溶于水时只有少数溶质分子发生电离,大部分溶质仍以分子形式存在,因此其溶液导电能力很弱,称为弱电解质。弱电解质在溶液中已电离产生一部分正负离子又能相互吸引重新结合成分子,因此,弱电解质在水溶液中的电离过程是可逆的。可逆的电离过程和可逆的化学反应一样,最终也将达到平衡。例如:

$$HAc \Longrightarrow H^+ + Ac^-$$

$$NH_3 \cdot H_2O \Longrightarrow NH_4^+ + OH^-$$

在相同条件、相同浓度下,这类电解质溶液中离子浓度较少,导电性较差,是一类弱电解质。

3.1 弱电解质溶液中的电离平衡

弱电解质在水溶液中只有少数溶质分子发生电离,大多数溶质仍然以分子的形式存在。当分子电离产生正、负离子的速率与正、负离子结合成分子的速率相等时,则电离达到平衡状态。这种未电离的分子与电离形成的离子之间的动态平衡称为电离平衡。

3.1.1 一元弱酸弱碱的电离平衡

3.1.1.1 标准电离常数

电离平衡也是一种化学平衡,它服从化学平衡关系式;当弱电解质在水溶液中达到电离平衡时也存在平衡常数,这种平衡常数称为电离常数或离解常数。例如一元弱酸 HAc 水溶液中存在着如下的平衡:

$$HAc \Longrightarrow H^+ + Ac^-$$

根据化学平衡原理,其标准电离常数表达式为:

$$K_a^\ominus = \frac{(c_{H^+}/c^\ominus)(c_{Ac^-}/c^\ominus)}{c_{HAc}/c^\ominus}$$

式中，各离子 i 浓度用 c_i 表示，此时各个离子的浓度为平衡时的浓度。对于弱酸记为 $K_a^\ominus$，对于弱碱记为 $K_b^\ominus$。如对于：

$$NH_3 \cdot H_2O \rightleftharpoons NH_4^+ + OH^-$$

$$K_b^\ominus = \frac{(c_{NH_4^+}/c^\ominus)(c_{OH^-}/c^\ominus)}{c_{NH_3 \cdot H_2O}/c^\ominus}$$

式中，$c^\ominus$ 是标准浓度，$c^\ominus = 1.0\, mol \cdot dm^{-3}$。

$K_a^\ominus$、$K_b^\ominus$ 与平衡常数 $K^\ominus$ 一样，其值越大，表明平衡时离子的浓度越大，即电解质电离的程度越大，它是表示弱电解质电离程度的特征常数。标准电离常数的数值在一定温度下不因离子或分子浓度的改变而改变，但受温度的影响。由于电离过程的热效应很低，因此温度对其值的影响也很小，通常在室温范围内可忽略温度对 $K_a^\ominus$、$K_b^\ominus$ 的影响。本书附录 4 列出了一些常见弱酸、弱碱在水溶液中的标准电离常数，其中 $pK^\ominus$ 表示电离常数的负对数值。

3.1.1.2 电离度和稀释定律

为了定量地表示电解质在溶液中的电离程度的大小，引入电离度这个概念。电离度（用 α 表示）是电解质在溶液中电离达平衡后，已电离的电解质分子数和电解质分子总数之比，一般用百分数表示。

$$\alpha = \frac{已电离的分子数}{分子总数} \times 100\%$$

电离度（α）是表征电解质电离程度的特征常数，在温度、浓度相同的条件下，α 越小，电解质越弱。

电离度与电离常数都可以衡量弱电解质的电离程度，二者之间存在一定的关系。设一元弱酸如 HAc 的浓度为 c_a，电离度为 α，则有如下关系：

$$HAc \rightleftharpoons H^+ + Ac^-$$

起始浓度/$mol \cdot dm^{-3}$ c_a 0   0

平衡浓度/$mol \cdot dm^{-3}$ $c_a - c_a\alpha$ $c_a\alpha$ $c_a\alpha$

$$K_a^\ominus = \frac{(c_{H^+}/c^\ominus)(c_{Ac^-}/c^\ominus)}{c_{HAc}/c^\ominus} = \frac{(c_a\alpha)^2}{c_a - c_a\alpha}(c^\ominus)^{-1} = \frac{c_a\alpha^2}{1-\alpha}(c^\ominus)^{-1}$$

由于弱电解质 α 很小，所以 $1 - \alpha \approx 1$，则有

$$K_a^\ominus = c_a\alpha^2(c^\ominus)^{-1} \quad 或 \quad \alpha = \sqrt{\frac{K_a^\ominus}{c_a}c^\ominus} \tag{3-1}$$

对于一元弱碱同理可得

$$\alpha = \sqrt{\frac{K_b^\ominus}{c_b}c^\ominus} \tag{3-2}$$

式中，c_b 表示一元弱碱的浓度。

式(3-1)、式(3-2)表明在一定温度下，弱电解质溶液的电离度与其浓度的平方根成反比，即浓度越稀，电离度越大，这个关系式叫做稀释定律。由于 α 随 c_a（c_b）而变，而 $K_a^\ominus$（$K_b^\ominus$）不随 c_a（c_b）而变，因此 $K_a^\ominus$（$K_b^\ominus$）能更本质地反映弱电解质的电离特性。

根据式(3-1)，可以得到计算一元弱酸溶液中的 H^+ 浓度的近似公式

$$c_{H^+} = c_a\alpha = \sqrt{c_a K_a^\ominus} \tag{3-3}$$

同理根据式(3-2)，可以得到计算一元弱碱溶液中的 OH^- 浓度的近似公式

$$c_{[OH^-]} = c_b\alpha = \sqrt{c_b K_b^\ominus} \tag{3-4}$$

上述计算公式，只适用于电离度很小的弱酸弱碱溶液。一般以 $\alpha < 5\%$，即以 $c/K^\ominus >$ 500（误差在 5% 以内）为使用近似计算公式的必要条件。

【例 3-1】　298K 时，醋酸的电离常数 $K_a^\ominus = 1.8 \times 10^{-5}$，试计算 $0.10\,\text{mol·dm}^{-3}$ HAc 溶液中的 c_{H^+}、pH 值及 HAc 溶液的电离度 α。

解： $\text{HAc} \rightleftharpoons \text{H}^+ + \text{Ac}^-$

$$c_{H^+} = \sqrt{c_a K_a^\ominus} = \sqrt{1.8 \times 10^{-5} \times 0.10} = 1.3 \times 10^{-3}\ (\text{mol·dm}^{-3})$$

$$\text{pH} = -\lg(c_{H^+}/c^\ominus) = -\lg 1.3 \times 10^{-3} = 2.9$$

$$\alpha = \sqrt{\frac{K_a^\ominus}{c_a} c^\ominus} = \sqrt{\frac{1.8 \times 10^{-5}}{0.10}} = 1.3 \times 10^{-2} = 1.3\%$$

3.1.2　多元弱酸的电离平衡

多元弱酸的电离平衡比一元弱酸的电离平衡要复杂一些。多元弱酸在水溶液中的电离是分级（步）进行的，平衡时每一步都有一个相应的电离平衡常数。例如二元弱酸 H_2S 在水溶液中就是程度不同地分两步电离：

一级电离　　　　　　　　　　　$\text{H}_2\text{S} \rightleftharpoons \text{H}^+ + \text{HS}^-$

$$K_{a1}^\ominus = \frac{(c_{H^+}/c^\ominus)(c_{HS^-}/c^\ominus)}{c_{H_2S}/c^\ominus} = 9.1 \times 10^{-8}$$

二级电离　　　　　　　　　　　$\text{HS}^- \rightleftharpoons \text{H}^+ + \text{S}^{2-}$

$$K_{a2}^\ominus = \frac{(c_{H^+}/c^\ominus)(c_{S^{2-}}/c^\ominus)}{c_{HS^-}/c^\ominus} = 1.1 \times 10^{-12}$$

显然电离常数逐级减小，$K_{a2}^\ominus \ll K_{a1}^\ominus$，说明二级电离比一级电离困难得多。这是因为带两个单位负电荷的 S^{2-} 对 H^+ 的吸引比带一个单位负电荷的 HS^- 对 H^+ 的吸引要强得多，同时一级电离出来的 H^+ 对二级电离产生同离子效应，抑制二级电离的进行。因此，多元弱酸的强弱主要取决于 $K_{a1}^\ominus$ 的大小，多元弱酸溶液中的 H^+ 浓度主要由第一级电离决定，计算时可按照一元弱酸来处理。当 $c/K_{a1}^\ominus > 500$ 时，c_{H^+} 也可作近似计算。

【例 3-2】　已知 H_2S 的 $K_{a1}^\ominus = 9.1 \times 10^{-8}$，$K_{a2}^\ominus = 1.1 \times 10^{-12}$，计算在 $0.10\,\text{mol·dm}^{-3}$ H_2S 溶液中的 H^+、OH^-、HS^-、S^{2-} 离子的浓度及溶液的 pH 值。

解： 先计算溶液中的 c_{H^+}、c_{OH^-}、c_{HS^-} 和 pH 值。

$$\text{H}_2\text{S} \rightleftharpoons \text{H}^+ + \text{HS}^- \qquad\qquad K_{a1}^\ominus = 9.1 \times 10^{-8}$$

$$\text{HS}^- \rightleftharpoons \text{H}^+ + \text{S}^{2-} \qquad\qquad K_{a2}^\ominus = 1.1 \times 10^{-12}$$

由于 $K_{a2}^\ominus \ll K_{a1}^\ominus$，$c_{H^+}$ 可根据第一级电离平衡来计算：

$$c_{H^+} = c_{HS^-} = \sqrt{c_{H_2S} K_{a1}^\ominus} = \sqrt{9.1 \times 10^{-8} \times 0.10} = 9.5 \times 10^{-5}\,\text{mol·dm}^{-3}$$

$$c_{OH^-} = \frac{K_w^\ominus}{c_{H^+}} - \frac{1.0 \times 10^{-14}}{9.5 \times 10^{-5}} = 1.05 \times 10^{-10}\,\text{mol·dm}^{-3}$$

$$\text{pH} = -\lg c_{H^+} = -\lg 9.5 \times 10^{-5} = 4.0$$

再计算溶液中的 $c_{S^{2-}}$，可由第二级电离平衡计算：

$$K_{a2}^\ominus = \frac{(c_{H^+}/c^\ominus)(c_{S^{2-}}/c^\ominus)}{c_{HS^-}/c^\ominus} = 1.1 \times 10^{-12}$$

$$c_{H^+} \approx c_{HS^-}$$

所以 $c_{S^{2-}} \approx K_{a2}^\ominus = 1.1 \times 10^{-12}\,\text{mol·dm}^{-3}$

计算表明，二元弱酸 $K_{a2}^{\ominus} \ll K_{a1}^{\ominus}$ 时，酸根离子的浓度在数值上等于其 $K_{a2}^{\ominus}$，与酸的浓度无关。必须指出，在 H_2S 溶液中，c_{H^+} 并不等于 $c_{S^{2-}}$ 的二倍。

3.1.3 同离子效应和缓冲溶液

弱酸、弱碱的电离平衡和其他化学平衡一样，是一种暂时的、相对的动态平衡。当维持平衡体系的外界条件改变时，会引起电离平衡的移动。其移动规律同样符合吕·查德里原理。离子浓度的变化是影响电离平衡的重要因素。

3.1.3.1 同离子效应

在 HAc 溶液中，若加入与 HAc 含有相同离子（如 Ac^-）的易溶强电解质 NaAc，由于溶液中 Ac^- 浓度增大，会导致 HAc 的电离平衡向左移动，从而降低了 HAc 的电离度。

$$HAc \rightleftharpoons H^+ + \boxed{Ac^-}$$
$$\text{平衡移动方向}$$
$$NaAc \longrightarrow Na^+ + \boxed{Ac^-}$$

同理，若在 $NH_3 \cdot H_2O$ 溶液中加入 NH_4Cl，也会使 $NH_3 \cdot H_2O$ 的电离度降低。这种在弱电解质溶液中，加入含有相同离子的易溶强电解质，使弱电解质的电离度降低的现象叫做同离子效应（实质上是电离平衡的移动）。

【例 3-3】 在 $0.10 \mathrm{mol \cdot dm^{-3}}$ HAc 溶液中，加入固体 NaAc 使其浓度为 $0.10 \mathrm{mol \cdot dm^{-3}}$，求此混合溶液中的 c_{H^+} 和醋酸的电离度。

解：设溶液中的 $c_{H^+} = x \mathrm{mol \cdot dm^{-3}}$，则可建立如下关系

$$HAc \rightleftharpoons H^+ + Ac^-$$

平衡浓度/$\mathrm{mol \cdot dm^{-3}}$ $0.10-x$ x $0.10+x$

代入电离平衡常数表达式：

$$K_a^{\ominus} = 1.8 \times 10^{-5} = \frac{(c_{H^+}/c^{\ominus})(c_{Ac^-}/c^{\ominus})}{(c_{HAc}/c^{\ominus})} = \frac{x(0.10+x)}{0.10-x}$$

因为 $c/K_a^{\ominus} > 500$，再加上同离子效应使 HAc 的电离度更小，所以 $0.10 \pm x \approx 0.10$，解得 $x = 1.8 \times 10^{-5}$

即

$$c_{H^+} = x \mathrm{mol \cdot dm^{-3}} = 1.8 \times 10^{-5} \mathrm{mol \cdot dm^{-3}}$$

$$\alpha = \frac{c_{H^+}/c^{\ominus}}{c_{HAc}/c^{\ominus}} \times 100\% = 1.8 \times 10^{-2}\%$$

而未加固体 NaAc 时，在 $0.10 \mathrm{mol \cdot dm^{-3}}$ HAc 溶液中（见 [例 3-1]）：

$$c_{H^+} = 1.3 \times 10^{-3} \mathrm{mol \cdot dm^{-3}}$$

$$\alpha = 1.3\%$$

计算表明，由于同离子效应，c_{H^+} 和 HAc 的电离度都大大降低，本例中，加入相同离子的强电解质后的电离度大约只有原来的百分之一。

3.1.3.2 缓冲溶液

在一般水溶液中，若加入少量强酸、强碱或用水稀释，其 pH 值会发生明显变化。但在 HAc 和 NaAc 组成的混合溶液中加入少量 HCl 或 NaOH 溶液，或加水稀释时，溶液的 pH 值几乎不变。这种能抵抗外来少量强酸、强碱或稀释而保持体系 pH 值基本不变的作用，称为缓冲作用。具有缓冲作用的溶液称为缓冲溶液。

缓冲溶液一般由弱酸及其盐（如 HAc-NaAc 等）、多元弱酸的酸式盐及其次级盐（如 $NaHCO_3$-Na_2CO_3，NaH_2PO_4-Na_2HPO_4 等）、弱碱及其盐（如 $NH_3 \cdot H_2O$-NH_4Cl 等）组成。常用缓冲溶液的 pH 范围可从分析化学手册中查到。

　　为什么缓冲溶液具有缓冲作用呢？现以醋酸缓冲体系（HAc-NaAc）为例来说明缓冲作用原理。

　　在 HAc-NaAc 溶液中，存在着如下的电离平衡：

$$HAc \rightleftharpoons H^+ + Ac^-$$

$$NaAc \longrightarrow Na^+ + Ac^-$$

　　由于存在大量的 Ac^-，同离子效应使得 HAc 的电离度大大降低，HAc 主要以分子形式存在。因此缓冲溶液中存在着大量未电离的 HAc 和 Ac^-。当向溶液中加入少量强酸时，其 H^+ 便与体系中的 Ac^- 结合成电离度很小的 HAc，电离平衡向左移动，结果使溶液中的 c_{H^+} 几乎没有升高。在这里，Ac^- 成为缓冲溶液中的抗酸成分。若向溶液中加入少量强碱，则 OH^- 立即与体系中的 H^+ 结合生成水，消耗的 H^+ 由 HAc 电离来补充，平衡向右移动，直到达到新的平衡，体系中的 c_{H^+} 仍无明显变化。在这里，HAc 成为缓冲溶液中的抗碱成分。所以在一定条件下，缓冲溶液具有抗酸、抗碱作用。

　　将缓冲溶液加水稀释，原有的 c_{H^+} 降低了，但 c_{Ac^-} 也降低了，同离子效应减弱，促使 HAc 电离度增加，所产生的 H^+ 可维持溶液 pH 基本不变。

　　其他类型缓冲溶液的作用原理，与上述缓冲溶液的作用原理相同。

　　缓冲溶液中由于存在同离子效应，因此 c_{H^+}、c_{OH^-} 和溶液 pH 值的计算和同离子效应的计算相同。

　　现以 HAc-NaAc 缓冲溶液为例，推导出弱酸及其盐缓冲体系的 pH 计算公式。设 HAc 的浓度为 $c_{酸}$，NaAc 的浓度为 $c_{盐}$，溶液中 c_{H^+} 为 x，则：

$$HAc \rightleftharpoons H^+ + Ac^-$$

平衡浓度/$mol \cdot dm^{-3}$ 　　$c_{酸}-x$　　x　　$c_{盐}+x$

$$K_a^\ominus = \frac{(c_{H^+}/c^\ominus)(c_{Ac^-}/c^\ominus)}{c_{HAc}/c^\ominus} = \frac{x(c_{盐}+x)}{c_{酸}-x}$$

　　由于 HAc 的电离度很小，再加上同离子效应，使 HAc 的电离度更小，所以 $c_{盐}+x \approx c_{盐}$，$c_{酸}-x \approx c_{酸}$，代入上式得：

$$K_a^\ominus = \frac{xc_{盐}}{c_{酸}}$$

所以
$$c_{H^+} = x = K_a^\ominus \frac{c_{酸}}{c_{盐}} \qquad (3\text{-}5)$$

$$pH = pK_a^\ominus - \lg \frac{c_{酸}}{c_{盐}} \qquad (3\text{-}6)$$

　　同理，可以推出弱碱及其盐所组成的缓冲体系的类似计算公式：

$$c_{OH^-} = K_b^\ominus \frac{c_{碱}}{c_{盐}} \qquad (3\text{-}7)$$

$$pOH = pK_b^\ominus - \lg \frac{c_{碱}}{c_{盐}} \qquad (3\text{-}8)$$

$$pH = 14 - pK_b^\ominus + \lg \frac{c_{碱}}{c_{盐}} \qquad (3\text{-}9)$$

　　下面通过计算说明缓冲溶液的缓冲作用。

　　【例 3-4】　现有 90cm³ 的 HAc-NaAc 缓冲溶液（其中 HAc 和 NaAc 的浓度均为 0.10mol·dm⁻³）。①计算该缓冲溶液的 pH 值；②若往此缓冲溶液中加入 10cm³ 0.01 mol·dm⁻³ HCl 溶液，计算溶液的 pH 值。

解：① 已知 $c_{HAc}=c_{酸}=0.10mol\cdot dm^{-3}$；$c_{Ac^-}=c_{盐}=0.10mol\cdot dm^{-3}$；$K_a^{\ominus}=1.8\times10^{-5}$。根据式(3-6)

$$pH=pK_a^{\ominus}-lg\frac{c_{酸}}{c_{盐}}=-lg(1.8\times10^{-5})-lg\frac{0.10}{0.10}=4.74$$

② 缓冲溶液中加入盐酸后，溶液体积增大了，使 HAc 和 NaAc 的浓度减小了，另外 HCl 电离生成的 H^+ 假设与 Ac^- 完全结合生成 HAc 分子，然后再电离，其结果为：

$$c_{HAc}=c_{酸}=\frac{0.10\times90+0.01\times10}{90+10}=0.091mol\cdot dm^{-3}$$

$$c_{Ac^-}=c_{盐}=\frac{0.10\times90-0.01\times10}{90+10}=0.089mol\cdot dm^{-3}$$

$$pH=pK_a^{\ominus}-lg\frac{c_{酸}}{c_{盐}}=-lg(1.8\times10^{-5})-lg\frac{0.091}{0.089}=4.73$$

从计算结果可以看出缓冲溶液的缓冲作用。当向上述缓冲溶液中加入 $10cm^3$ $0.01mol\cdot dm^{-3}$ HCl 溶液后，溶液的 pH 只改变了 0.01 个单位，基本不变。

必须注意，缓冲溶液的缓冲作用是有一定限度的。只有加入的强酸、强碱的量与缓冲溶液中的弱酸（弱碱）及盐的量相比是比较小的情况下，缓冲溶液的 pH 值才会基本不变。若在缓冲溶液中加入大量的强酸或者强碱，使缓冲组分一方浓度发生显著变化，甚至消失，这时溶液也就失去了缓冲作用。

缓冲溶液在工农业、生物、科研等方面都有很重要的意义。在工业生产中，为了使某些反应在一定 pH 值范围内进行，常使用缓冲溶液。在农业上，土壤中由于含有 $NaHCO_3$-Na_2CO_3 和 NaH_2PO_4-Na_2HPO_4 以及其他有机酸及其盐类组成的复杂的缓冲体系，所以能使土壤维持一定的 pH 值范围，从而保证了植物的正常生长。人体血液的 pH 值维持在 7.35～7.45，因为这一 pH 值范围最适合细胞代谢及整个机体的生存，如果 pH 值改变超过 0.5，就可能导致生命危险。血液的缓冲作用主要是靠 H_2CO_3-HCO_3^- 体系完成的。在制革、印染、冶金、电镀等工业生产中也都广泛使用缓冲溶液。

3.1.4 pH 值的测定

在科学实验和工农业生产中，常常需要测定溶液的 pH 值。测定 pH 值最简单、最方便的方法是使用 pH 试纸。pH 试纸是用滤纸浸渍某种混合指示剂制成的。市售的国产 pH 试纸有"广泛 pH 试纸"和"精密 pH 试纸"两类。"广泛 pH 试纸"可用来粗略判断溶液的 pH 值；"精密 pH 试纸"在 pH 值变化较小时就有颜色的变化，它可用来较精密地检验溶液的 pH 值。每类 pH 试纸，从测量范围和变色间隔，又有很多种，可视具体需要任意选用。

比较精确地测定 pH 值的方法是使用 pH 计。pH 计是测量溶液酸度的基本仪器，不但化学实验室里经常用到，工业实验室和医学实验室使用也很频繁。用 pH 计测定溶液的 pH 值时，必须首先使用已知 pH 值的标准缓冲溶液做基准来定位。表 3-1 列出了最常用的几种标准缓冲溶液，它们的 pH 值是经过准确的实验测得的，是目前国际上规定作为测定溶液 pH 值时的标准参照溶液。

表 3-1 pH 标准缓冲溶液

pH 标准缓冲溶液	pH 标准值(25℃)
$0.034mol\cdot dm^{-3}$ 饱和酒石酸氢钾	3.56
$0.050mol\cdot dm^{-3}$ 邻苯二甲酸氢钾	4.01
$0.025mol\cdot dm^{-3}$ KH_2PO_4-$0.025mol\cdot dm^{-3}$ Na_2HPO_4	6.86
$0.010mol\cdot dm^{-3}$ 硼砂	9.18

3.2　难溶电解质的沉淀溶解平衡

在水中，绝对不溶的物质是不存在的，任何"难溶"的电解质总是或多或少地溶解于水。在难溶电解质的饱和溶液中存在着固态电解质（即沉淀）和其溶解进入溶液的离子之间的平衡。这种建立于固-液两相之间的动态平衡，叫做沉淀溶解平衡，也称多相离子平衡。

3.2.1　溶度积和溶解度
3.2.1.1　标准溶度积（$K_{sp}^{\ominus}$）

在一定温度下，把 AgCl 晶体放入水中，部分束缚于晶体中的 Ag^+ 和 Cl^- 受到水分子的作用，会离开晶体表面而溶入到水中，这是溶解过程；同时，随着溶液中的 Ag^+ 和 Cl^- 浓度逐渐增加，它们又受到晶体表面的正负离子吸引，重新返回晶体表面，这是沉淀过程。当溶解和沉淀速率相等时就达到 AgCl 沉淀溶解平衡，所得溶液即为该温度下 AgCl 的饱和溶液。此过程可以表示如下：

$$AgCl(s) \rightleftharpoons Ag^+(aq) + Cl^-(aq)$$

根据有固体参加的标准平衡常数表达式的书写规则，此过程的标准平衡常数表达式为：

$$K_{sp}^{\ominus} = (c_{Ag^+}/c^{\ominus})(c_{Cl^-}/c^{\ominus})$$

若难溶电解质的化学式为 A_mB_n，则

$$A_mB_n(s) \rightleftharpoons mA^{n+}(aq) + nB^{m-}(aq)$$

$$K_{sp}^{\ominus} = (c_{A^{n+}}/c^{\ominus})^m (c_{B^{m-}}/c^{\ominus})^n \tag{3-10}$$

式(3-10)表明，在一定温度下，在难溶电解质饱和溶液中，各离子浓度（以平衡式中离子的系数为指数）的乘积是一个常数，这个常数称为标准溶度积常数，简称溶度积，以符号 $K_{sp}^{\ominus}$ 表示。本书附录 5 中列出了一些物质的溶度积。

根据式(3-10)，对于 $CaCO_3$（AB 型）、PbI_2（AB_2 型）、$Ca_3(PO_4)_2$（A_3B_2 型）难溶电解质，它们的溶度积可分别表示成如下形式：

$$K_{sp}^{\ominus}(CaCO_3) = (c_{Ca^{2+}}/c^{\ominus})(c_{CO_3^{2-}}/c^{\ominus})$$

$$K_{sp}^{\ominus}(PbI_2) = (c_{Pb^{2+}}/c^{\ominus})(c_{I^-}/c^{\ominus})^2$$

$$K_{sp}^{\ominus}[Ca_3(PO_4)_2] = (c_{Ca^{2+}}/c^{\ominus})^3 (c_{PO_4^{3-}}/c^{\ominus})^2$$

3.2.1.2　溶度积与溶解度的关系

溶度积常数的数值是直接与电解质的溶解度有关的，因此可以说溶度积数值的大小反映了物质的溶解能力。对于同类型的难溶电解质，可以用溶度积来比较溶解度的大小；对于不同结构类型的难溶电解质却不能直接进行这样的比较，须通过计算确定。

溶解度和溶度积可以相互换算。换算时应注意所采用的单位，由于进行溶度积计算时，A^{n+}、B^{m-} 浓度采用 $mol \cdot dm^{-3}$ 为单位，因此换算而得溶解度的单位也应是 $mol \cdot dm^{-3}$。

【例 3-5】　298K 时，氯化银的溶解度为 $1.92 \times 10^{-3} g \cdot dm^{-3}$。求该温度下氯化银的溶度积。

解：按题意，298K 时 AgCl 饱和溶液的浓度是：

$$c_{AgCl} = \frac{1.92 \times 10^{-3} g \cdot dm^{-3}}{143.4 g \cdot mol^{-1}} = 1.34 \times 10^{-5} mol \cdot dm^{-3}$$

AgCl 的多相离子平衡式为：$AgCl(s) \rightleftharpoons Ag^+(aq) + Cl^-(aq)$

所以溶液中的 $c_{Ag^+} = c_{Cl^-} = 1.34 \times 10^{-5} mol \cdot dm^{-3}$

则 AgCl 的溶度积常数为：

$$K_{sp}^{\ominus}(AgCl) = (c_{Ag^+}/c^{\ominus})(c_{Cl^-}/c^{\ominus})$$
$$= (1.34 \times 10^{-5})^2$$
$$= 1.8 \times 10^{-10}$$

即 298K 时 AgCl 的溶度积为 1.8×10^{-10}。

【例 3-6】 已知在室温下 AgBr 和 Ag_2CrO_4 的溶度积分别为 5.0×10^{-13} 和 2.0×10^{-12}，求它们的溶解度 S。

解：(1) $$AgBr(s) \rightleftharpoons Ag^+(aq) + Br^-(aq)$$

平衡时有 $$S(AgBr) = c_{Ag^+} = c_{Br^-}$$

$$K_{sp}^{\ominus}(AgBr) = (c_{Ag^+}/c^{\ominus})(c_{Br^-}/c^{\ominus}) = S \cdot S = 5.0 \times 10^{-13}$$

$$S = \sqrt{5.0 \times 10^{-13}} = 7.1 \times 10^{-7} \quad (mol \cdot dm^{-3})$$

(2) $$Ag_2CrO_4(s) \rightleftharpoons 2Ag^+(aq) + CrO_4^{2-}(aq)$$

平衡时有 $$S(Ag_2CrO_4) = c_{CrO_4^{2-}} = \frac{1}{2}c_{Ag^+}$$

$$K_{sp}^{\ominus}(Ag_2CrO_4) = (c_{Ag^+}/c^{\ominus})^2(c_{CrO_4^{2-}}/c^{\ominus}) = (2S)^2 \cdot S = 2.0 \times 10^{-12}$$

$$S = \sqrt[3]{\frac{2.0 \times 10^{-12}}{4}} = 7.9 \times 10^{-5} \, mol \cdot dm^{-3}$$

由上述计算可知：对于同类型化合物（如 AgCl、AgBr）而言，溶度积越大，溶解度也越大；对于不同类型的化合物（如 AgCl、Ag_2CrO_4），则不能根据溶度积来直接比较溶解度的大小。同时，应该注意，溶度积与溶解度进行相互换算是有条件的。只有在难溶电解质的离子在溶液中不发生水解、聚合、配位等反应，并且难溶电解质要一步完全电离的条件下，溶度积与溶解度才存在以上简单的数学关系。

3.2.2 溶度积规则及其应用

3.2.2.1 溶度积规则

在一定条件下，某一难溶电解质的沉淀能否生成或者溶解，可根据溶度积的概念来判断。

难溶电解质溶液中，组分离子浓度幂的乘积为离子积，用 $Q^{\ominus}$ 表示。对于 A_mB_n 型难溶电解质，则 $Q^{\ominus} = (c_{A^{n+}}/c^{\ominus})^m \cdot (c_{B^{m-}}/c^{\ominus})^n$。可见离子积与溶度积的表达式相同，但是二者的概念是不同的。$K_{sp}^{\ominus}$ 是表示难溶电解质溶液中的离子与其固相达到平衡（饱和溶液）时，离子浓度与其标准浓度之比的幂的乘积。对某一难溶电解质，在某一温度，$K_{sp}^{\ominus}$ 为一常数。而 $Q^{\ominus}$ 表示任何情况下离子浓度幂的乘积，其数值可从零到某一数值。

在任何给定的溶液中，可根据 $Q^{\ominus}$ 和 $K_{sp}^{\ominus}$ 的关系来判断沉淀的生成和溶解。

(1) $Q^{\ominus} < K_{sp}^{\ominus}$，为不饱和溶液，无沉淀析出，如原来有沉淀则沉淀溶解，直至溶液饱和；

(2) $Q^{\ominus} = K_{sp}^{\ominus}$，为饱和溶液，沉淀和溶解处于平衡状态，无沉淀析出；

(3) $Q^{\ominus} > K_{sp}^{\ominus}$，为过饱和溶液，有沉淀析出直至建立新的平衡。

上述三条规律叫做溶度积规则，可以据此判断沉淀的生产或溶解。

【例 3-7】 已知在 298K 时，PbI_2 的标准溶度积为 7.1×10^{-8}。如向 $0.01 mol \cdot dm^{-3}$ $Pb(NO_3)_2$ 溶液中加入等体积的 $0.02 mol \cdot dm^{-3}$ KI 溶液，问是否有 PbI_2 沉淀产生？

解：两种溶液等体积混合，溶液体积增大一倍，离子浓度变为原来的一半，即 $c_{Pb^{2+}} = 0.01 \times \frac{1}{2} = 0.005 mol \cdot dm^{-3}$；$c_{I^-} = 0.02 \times \frac{1}{2} = 0.01 mol \cdot dm^{-3}$。

于是溶液中的标准离子积 $Q^{\ominus} = (c_{Pb^{2+}}/c^{\ominus})(c_{I^-}/c^{\ominus})^2 = 0.005 \times (0.01)^2 = 5 \times 10^{-7}$

因为 $Q^{\ominus} > K_{sp}^{\ominus}(7.1 \times 10^{-8})$，所以有 PbI_2 沉淀产生。

3.2.2.2　同离子效应

如果在难溶电解质饱和溶液中加入含有相同离子的易溶盐，则难溶电解质的多相离子平衡将发生移动。例如，在 $CaCO_3$ 饱和溶液中，加入 Na_2CO_3 溶液后，则使 $CaCO_3$ 的多相离子平衡向左移动

$$CaCO_3(s) \rightleftharpoons Ca^{2+}(aq) + CO_3^{2-}(aq)$$
$$Na_2CO_3 \longrightarrow 2Na^+ + CO_3^{2-}$$

结果降低了 $CaCO_3$ 的溶解度。这与浓度对化学平衡的影响是一致的。这种因加入含有相同离子的电解质，而使难溶电解质的溶解度降低的现象，也叫做同离子效应。

【例 3-8】　求在 $0.10 mol \cdot dm^{-3} NaCl$ 溶液中 $AgCl$ 的溶解度。

解：设所求溶解度为 $x mol \cdot dm^{-3}$，则 $c_{Ag^+} = x mol \cdot dm^{-3}$，$c_{Cl^-} = (x + 0.10) mol \cdot dm^{-3}$

$$AgCl(s) \rightleftharpoons Ag^+(aq) + Cl^-(aq)$$

平衡浓度/$mol \cdot dm^{-3}$　　　　　　　x　　　　　$0.10 + x$

则有 $K_{sp}^{\ominus}(AgCl) = (c_{Ag^+}/c^{\ominus})(c_{Cl^-}/c^{\ominus}) = x(0.10 + x) = 1.8 \times 10^{-10}$

由于 x 的数值很小，所以 $0.10 + x \approx 0.10$，于是上式可解得

$$x = 1.8 \times 10^{-9} mol \cdot dm^{-3}$$

与［例 3-5］比较，$AgCl$ 的溶解度由纯水中的 $1.34 \times 10^{-5} mol \cdot dm^{-3}$ 降到 $1.8 \times 10^{-9} mol \cdot dm^{-3}$，可见同离子效应的影响是较大的。

同离子效应具有重要的实际意义。例如：在工业生产中，制造氧化铝的工艺在制取 $Al(OH)_3$ 的过程中，加入适当过量的沉淀剂 $Ca(OH)_2$，可使溶液中的 Al^{3+} 离子更加完全地沉淀为 $Al(OH)_3$。在钻井过程中，当钻机钻到盐层、石膏层时，采用盐水泥浆可减小井壁的垮塌。

3.2.2.3　沉淀的转化

向盛有白色 $PbCl_2$ 沉淀的试管中，加入 KI 溶液并搅拌之，则白色沉淀溶解，同时有黄色的 PbI_2 沉淀生成。这种由一种沉淀转化为另一种沉淀的过程称为沉淀的转化。此过程可用下列反应表示：

$$PbCl_2(s) + 2I^- \rightleftharpoons PbI_2(s) + 2Cl^-$$

此反应之所以能进行，是由于 PbI_2 的 $K_{sp}^{\ominus}(7.1 \times 10^{-9})$ 比 $PbCl_2$ 的 $K_{sp}^{\ominus}(1.6 \times 10^{-5})$ 小得多。沉淀转化反应是向着生成更难溶的物质的方向进行。

又如，锅炉中的锅垢的主要成分是 $CaSO_4$，它不溶于酸，很难清除。如果加入 Na_2CO_3，将 $CaSO_4$ 转化为可溶于酸的 $CaCO_3$，则很容易清除。

总反应　$CaSO_4(s) + CO_3^{2-}(aq) \rightleftharpoons CaCO_3(s) + SO_4^{2-}(aq)$

$K_{sp}^{\ominus}$　9.1×10^{-6}　　　　　　　　　2.9×10^{-9}

沉淀转化的程度可用反应的标准平衡常数值来表达：

$$K^{\ominus} = \frac{c_{SO_4^{2-}}/c^{\ominus}}{c_{CO_3^{2-}}/c^{\ominus}} = \frac{(c_{SO_4^{2-}}/c^{\ominus})(c_{Ca^{2+}}/c^{\ominus})}{(c^{\ominus}/c^{\ominus})(c_{Ca^{2+}}/c^{\ominus})} = \frac{K_{sp}^{\ominus}(CaSO_4)}{K_{sp}^{\ominus}(CaCO_3)} = \frac{9.1 \times 10^{-6}}{2.9 \times 10^{-9}} = 3.1 \times 10^3$$

上述计算表明：两种难溶电解质溶度积相差越大，转化反应的平衡常数值也越大，转化反应进行得越完全。

近年来，沉淀转化的原理被用于废水处理。在重金属离子污染的废水治理中，用 FeS 可以有效地除去废水中有害的重金属离子，反应式可表示如下：

$$Cu^{2+}(aq)+FeS(s) \Longleftrightarrow CuS(s)+Fe^{2+}(aq)$$

$$Pb^{2+}(aq)+FeS(s) \Longleftrightarrow PbS(s)+Fe^{2+}(aq)$$

$$Hg^{2+}(aq)+FeS(s) \Longleftrightarrow HgS(s)+Fe^{2+}(aq)$$

上述三个反应式中,方程式两端的两种难溶电解质溶度积相差很大,其转化反应的平衡常数值极大,反应进行得十分完全。因此,用 FeS 治理重金属废水是一种十分有效的方法。

3.2.2.4 分步沉淀和沉淀分离

根据溶度积规则,在难溶电解质溶液中,如果离子积大于该物质的溶度积,就会有该物质的沉淀生成。在实际情况下,溶液中往往同时含有几种离子,当加入某一种沉淀剂时,可能有一些离子都能与沉淀剂发生沉淀反应,生成难溶电解质。在这种情况下,离子的沉淀按什么顺序进行呢?根据溶度积规则可得出:离子积首先大于溶度积的难溶电解质先沉淀。

例如,向含有相同浓度的 I^- 和 Cl^- 的溶液中逐滴加入稀硝酸银溶液,刚开始仅析出溶度积较小的黄色 AgI 沉淀,随着 $AgNO_3$ 溶液的继续加入,才会析出溶度积较大的白色 AgCl 沉淀。在化学分析中,溶液中残留的离子的浓度不超过 $10^{-5}\ mol \cdot dm^{-3}$ 时可认为沉淀完全。若第一种离子沉淀完全,第二种离子才开始沉淀,这种离子发生先后沉淀的现象叫做分步沉淀,或叫分级沉淀。

【例 3-9】 在含有 $0.01\ mol \cdot dm^{-3}\ Cl^-$ 和 $0.0005\ mol \cdot dm^{-3}\ CrO_4^{2-}$ 的溶液中,逐渐加入 $AgNO_3$ 溶液,问先析出什么沉淀?当第二种离子沉淀时第一种离子的浓度是多少?两种离子是否能分离完全?

解: 查表知 $K_{sp}^{\ominus}(AgCl)=1.8 \times 10^{-10}$; $K_{sp}^{\ominus}(Ag_2CrO_4)=2.0 \times 10^{-12}$

根据溶度积原理,可分别计算产生 AgCl 和 Ag_2CrO_4 沉淀所需 Ag^+ 的最低浓度(加入 $AgNO_3$ 溶液所引起的溶液体积的变化忽略不计):

生成 AgCl 沉淀时,$c_{Ag^+ min}=\dfrac{K_{sp}^{\ominus}(AgCl)}{c_{Cl^-}/c^{\ominus}}=\dfrac{1.8 \times 10^{-10}}{0.01}=1.8 \times 10^{-8}\ (mol \cdot dm^{-3})$

生成 Ag_2CrO_4 沉淀时,$c_{Ag^+ min}=\sqrt{\dfrac{K_{sp}^{\ominus}(Ag_2CrO_4)}{c_{CrO_4^{2-}}/c^{\ominus}}}=\sqrt{\dfrac{2.0 \times 10^{-12}}{0.0005}}=6.3 \times 10^{-5}\ (mol \cdot dm^{-3})$

由计算结果可知:沉淀 Cl^- 所需的 Ag^+ 浓度比沉淀 CrO_4^{2-} 所需的 Ag^+ 浓度小得多,所以逐滴加入 $AgNO_3$ 溶液时,先产生白色的 AgCl 沉淀。

随着 $AgNO_3$ 的不断加入,c_{Ag^+} 在不断增加,当 Ag_2CrO_4 沉淀刚要析出时,溶液中的 c_{Cl^-} 为:

$$c_{Cl^-}=\dfrac{K_{sp}^{\ominus}(AgCl)}{c_{Ag^+}/c^{\ominus}}=\dfrac{1.8 \times 10^{-10}}{6.3 \times 10^{-5}}=2.9 \times 10^{-6}\ (mol \cdot dm^{-3})$$

即:当 CrO_4^{2-} 沉淀时,溶液中的 Cl^- 浓度为 $2.9 \times 10^{-6}\ mol \cdot dm^{-3}$,这就是说,$Ag_2CrO_4$ 开始沉淀时,Cl^- 已经沉淀完全了,所以两种离子能分离完全。

利用分步沉淀的原理,可以使两种或几种离子分离。而且两种沉淀的溶解度相差越大,分离得越完全。当然,沉淀的先后次序除了与溶度积有关外,还与溶液中被沉淀离子的起始浓度有关。

3.3 配位平衡

配位化合物简称配合物,是组成复杂、应用广泛的一类化合物,大约 75% 左右的无机化合物属于配位化合物。配合物的应用,几乎遍及工农业生产和科研的各个领域,它在化学分析、催化合成、电镀工艺、金属防腐、环境保护、生物、医学等方面都有着重要的应用。本节将对配位化合物的组成和命名、配离子的离解平衡及其移动等作一简单的介绍。

3.3.1 配位化合物的基本概念

3.3.1.1 配合物的组成

配位化合物在组成上的特点是由一个或几个正离子（或中性原子）作为中心，由若干个负离子或中性分子按一定的空间位置排列在中心离子（或原子）的周围，以配位键与其结合而形成的一类复杂的新型化合物。例如配位化合物 $[Cu(NH_3)_4]SO_4$、$K_3[Fe(CN)_6]$、$Ni(CO)_4$ 等。由一个简单正离子（或中性原子）和几个中性分子或负离子通过配位反应形成的复杂离子称配离子。带正电荷的配离子叫配正离子，如 $[Cu(NH_3)_4]^{2+}$；带负电荷的配离子叫配负离子，如 $[Fe(CN)_6]^{3-}$。多数配合物都存在配离子，但有的配合物本身就是一个电中性配位分子，如 $Ni(CO)_4$。通常对这两类配合物并不作严格的区分，有时把配离子也称配合物。所以配合物包括含有配离子的化合物和电中性的配合物。

配合物由内界和外界两部分组成。内界是带正电荷的中心离子（或中性原子）及与它直接配位的中性分子或负离子组成的配离子。外界是不在内界的其他离子，距中心离子较远。通常在写配合物的化学式时，把配离子（即内界）写在方括号内，外界的离子写在方括号外。例如：$[Cu(NH_3)_4]SO_4$，$K_3[Fe(CN)_6]$。

为了更好地认识配合物（特别是配合物的内界）的组成，下面对有关概念和术语分别加以介绍。

(1) 中心离子或中心原子 中心离子或中心原子又称配合物的形成体，它位于配离子的中心，是配合物的核心部分。中心离子一般多是带正电荷的金属离子，其中过渡元素的金属离子是最常见的配合物形成体。如 $[Cu(NH_3)_4]^{2+}$ 中的 Cu^{2+}，$[Co(NH_3)_6]Cl_3$ 中的 Co^{3+}。中性原子也可以作为配合物的形成体，如 $Ni(CO)_4$ 中的 Ni 原子。另外，一些具有高氧化态的非金属元素也是较常见的配合物形成体，如 $[SiF_6]^{2-}$ 中的 Si(IV) 等。

(2) 配位体与配位原子 配合物中与中心离子（或原子）结合的中性分子或负离子称为配位体，简称配体。如 NH_3、H_2O、CN^-、OH^-、X^-（卤素离子）是常见的配位体。配位体围绕着中心离子按一定的空间构型与中心离子以配位键结合。

配位体中直接与中心离子以配位键结合的原子称为配位原子。如 $[Co(NH_3)_3(H_2O)_3]^{3+}$ 中的 NH_3 和 H_2O 是配体，而 NH_3 中的 N 原子、H_2O 中的 O 原子则是配位原子。常见的配位原子是电负性较大的原子如 C、N、O、P、S、X（卤素原子）等。

根据一个配位体所提供的配位原子的数目，可将配位体分为单基（齿）配位体和多基（齿）配位体。只以一个配位原子和中心离子（或原子）配位的配位体称单基配体，如 CO、NH_3、H_2O、CN^-、OH^-、X^- 等。由两个或两个以上的配位原子同时与一个中心离子（或原子）配位的配位体称多基配体，如乙二胺 NH_2—CH_2—CH_2—NH_2（常用 en 表示），

草酸根离子 $\overset{..}{\underset{..}{O}}-\overset{\overset{O}{\|}}{C}-\overset{\overset{O}{\|}}{C}-\overset{..}{\underset{..}{O}}$（常用 ox 表示），乙二胺四乙酸 $\underset{HOOCH_2C}{\overset{HOOCH_2C}{>}}\ddot{N}-CH_2-CH_2-\ddot{N}\underset{CH_2COOH}{\overset{CH_2COOH}{<}}$

（简称 EDTA，用 H_4Y 表示）。由多基配体与同一中心离子形成的环状配合物又称螯合物。如 Cu^{2+} 与乙二胺配合时，形成环状结构的螯合离子：

$$\left[\begin{matrix} H_2C-NH_2 & & NH_2-CH_2 \\ & \diagdown Cu \diagup & \\ H_2C-NH_2 & & NH_2-CH_2 \end{matrix} \right]^{2+}$$

(3) 配位数和配位体数 在配合物中，与中心离子（或原子）直接以配位键结合的配位

原子的数目叫中心离子（或原子）的配位数。若中心离子（或原子）与单基配体结合时，其配位数就等于配位体数。但当中心离子（或原子）与多基配体结合时，其配位数等于配位体数与配位体齿数的乘积。如 $[Cu(en)_2]^{2+}$ 中 Cu^{2+} 的配位数为 2（配位体数）×2（齿数）＝4，而不等于配位体数 2。

（4）配离子的电荷　配离子的电荷等于中心离子的电荷与配位体总电荷的代数和。例如：$[Co(NH_3)_2Cl]Cl_2$，其中心离子的电荷为＋3，配位体 NH_3 为中性分子、Cl^- 的电荷为－1，所以配离子的电荷为＋3＋（－1）＝＋2。由于配合物必须是电中性的，因此也可以从外界离子的电荷来决定配离子的电荷。如 $K_3[Fe(CN)_6]$，外界有 3 个 K^+，所以配离子的电荷一定是－3，并且可推知中心离子的电荷是＋3。

3.3.1.2　配合物的命名

配合物的系统命名与无机盐命名规则有相似之处，即阴离子名称在前，阳离子名称在后。若为配位阳离子配合物，先叫外界名，若外界为简单阴离子，则称"某化某"，若外界为复杂阴离子，则称"某酸某"；若为配位阴离子配合物，先叫内界名，配位阴离子与外界离子间用"酸"字连结。比较复杂的是内界的命名，对于配合物内界的命名方法，通常可按如下顺序：配位体数（以数字一、二、三、四等表示，"一"常省略）—配位体名称（不同配位体之间用中圆点"·"隔开）—合—中心离子名称—中心离子氧化数（括号内用罗马数字表示）。如果内界含有两个以上不同配体，则配位体名称列出的顺序主要遵循以下规定：

无机配位体在前，有机配位体在后；

阴离子配位体在前，中性分子配位体在后；

同类配位体的名称，可按配位原子的元素符号的英文字母顺序排列，如 H_2O 和 NH_3 同为配位体时，NH_3 排列在前，H_2O 排列在后。

下面举一些实例来说明。

（1）阴离子配合物

$K_3[Fe(CN)_6]$　　　　　　　　　　六氰合铁（Ⅲ）酸钾

$H_2[PtCl_6]$　　　　　　　　　　　六氯合铂（Ⅳ）酸

$K[PtCl_5(NH_3)]$　　　　　　　　五氯·氨合铂（Ⅳ）酸钾

$K_3[CoCl_3(NO_2)_3]$　　　　　　三氯·三硝基合钴（Ⅲ）酸钾

（2）阳离子配合物

$[Co(NH_3)_6]Cl_3$　　　　　　　　三氯化六氨合钴（Ⅲ）

$[Cu(NH_3)_4]SO_4$　　　　　　　硫酸四氨合铜（Ⅱ）

$[Fe(en)_3]Cl_3$　　　　　　　　　三氯化三（乙二胺）合铁（Ⅲ）

$[CoCl_2(NH_3)_3H_2O]Cl$　　　　一氯化二氯·三氨·一水合钴（Ⅲ）

$[Co(NH_3)_2(en)_2](NO_3)_3$　　硝酸二氨·二（乙二胺）合钴（Ⅲ）

（3）中性分子配合物

$Ni(CO)_4$　　　　　　　　　　　　四羰基合镍

$[PtCl_4(NH_3)_2]$　　　　　　　　四氯·二氨合铂（Ⅳ）

$[CoCl_3(NH_3)_3]$　　　　　　　　三氯·三氨合钴（Ⅲ）

3.3.2　配位化合物的配位离解平衡

3.3.2.1　配位离解平衡和平衡常数

一般配合物的内界与外界之间是以离子键结合的，因此在水溶液中它类似于强电解质全部离解为配离子和普通离子（外界离子）。配离子的中心离子与配位体间是以配位键结合的，在溶液中它类似于弱电解质或多或少地离解出中心离子和配位体，并存在着离解平衡。例如：

$$[Ag(NH_3)_2]^+ \rightleftharpoons Ag^+ + 2NH_3$$

$$[Fe(CN)_6]^{3-} \rightleftharpoons Fe^{3+} + 6CN^-$$

配位平衡是一种化学平衡，它具有化学平衡的一切特点，因此可用一个相应的平衡常数来表示此平衡的特征。

将配位平衡反应按配离子离解的方式书写时的平衡常数叫离解常数（$K_d^\ominus$），也叫做不稳定常数（$K_{不稳}^\ominus$）。可以用标准不稳定常数表示，例如：

$$[Ag(NH_3)_2]^+ \rightleftharpoons Ag^+ + 2NH_3$$

$$K_d^\ominus = K_{不稳}^\ominus = \frac{(c_{Ag^+}/c^\ominus)(c_{NH_3}/c^\ominus)^2}{c_{[Ag(NH_3)_2]^+}/c^\ominus}$$

$[Ag(NH_3)_2]^+$配离子在溶液中的离解与多元弱电解质的离解一样，也是分级进行的，有一级离解、二级离解，总的离解常数等于两级离解常数的乘积：$K_d^\ominus = K_{d1}^\ominus K_{d2}^\ominus$。

对相同配位数的配离子来说，$K_d^\ominus$ 值越大，配离子越易离解。即配离子越不稳定。

将配位平衡反应按中心离子和配位体生成配离子的方式书写时的平衡常数叫标准稳定常数（$K_稳^\ominus$），也叫标准配合常数（$K_{配合}^\ominus$）。例如：

$$Ag^+ + 2NH_3 \rightleftharpoons [Ag(NH_3)_2]^+$$

$$K_稳^\ominus = \frac{c_{[Ag(NH_3)_2]^+}/c^\ominus}{(c_{Ag^+}/c^\ominus)(c_{NH_3}/c^\ominus)^2}$$

显然，$K_稳^\ominus$ 和 $K_{不稳}^\ominus$ 成倒数关系：

$$K_稳^\ominus = \frac{1}{K_{不稳}^\ominus}$$

对相同配位数的配离子来说，$K_稳^\ominus$ 值越大，配离子越稳定。一些配离子的标准稳定常数和标准不稳定常数见附录 6。

利用标准稳定常数 $K_稳^\ominus$ 或标准不稳定常数 $K_{不稳}^\ominus$ 可以计算溶液中配合和离解达到平衡时的中心离子的浓度、配位体的浓度及中心离子的配合程度。

【例 3-10】 在 $40cm^3$ $0.100mol \cdot dm^{-3}$ $AgNO_3$ 溶液中，加入 $10cm^3$ $15mol \cdot dm^{-3}$ 氨水溶液。求此溶液中的（1）Ag^+ 和 NH_3 的浓度；（2）已经配合于 $[Ag(NH_3)_2]^+$ 中的 Ag^+ 占溶液中原来的 Ag^+ 离子总数的百分率。

解： $AgNO_3$ 溶液和氨水溶液混合后的体积为 $50cm^3$。在混合溶液中，配合前的 Ag^+ 离子浓度和 NH_3 浓度分别为

$$c_{Ag^+} = 0.100mol \cdot dm^{-3} \times \frac{40cm^3}{50cm^3} = 0.080mol \cdot dm^{-3}$$

$$c_{NH_3} = 15mol \cdot dm^{-3} \times \frac{10cm^3}{50cm^3} = 3.0mol \cdot dm^{-3}$$

混合后即发生配合离解反应。因 $K_稳^\ominus\{[Ag(NH_3)_2]^+\} = 1.12 \times 10^{-7}$，数值很大，且溶液中 c_{NH_3} 远远大于 c_{Ag^+}，所以可认为 Ag^+ 几乎全部与 NH_3 配合成 $[Ag(NH_3)_2]^+$，但它多少还能离解一些。设平衡时 Ag^+ 的浓度为 $x\,mol \cdot dm^{-3}$，则平衡时 NH_3 浓度为 $(3.0 - 2 \times 0.080 + 2x) = (2.84 + 2x)$，$[Ag(NH_3)_2]^+$ 的浓度为 $(0.080 - x)mol \cdot dm^{-3}$，有下述关系

$$Ag^+ \quad + \quad 2NH_3 \rightleftharpoons [Ag(NH_3)_2]^+$$

平衡浓度/mol·dm^{-3} x $2.84+2x$ $0.080-x$

根据平衡常数表达式 $K_{稳}^{\ominus}=\dfrac{c_{[Ag(NH_3)_2]^+}/c^{\ominus}}{(c_{Ag^+}/c^{\ominus})(c_{NH_3}/c^{\ominus})^2}$

代入有关数据可得：$1.12\times10^{-7}=\dfrac{0.080-x}{x(2.84+2x)^2}\approx\dfrac{0.080}{x(2.84)^2}$

$$x=\frac{0.080}{1.12\times10^7\times(2.84)^2}=8.9\times10^{-10}$$

即 $c_{Ag^+}=8.9\times10^{-10}\ mol\cdot dm^{-3}$

$$c_{NH_3}=2.84+2x\approx2.84\ mol\cdot dm^{-3}$$

$$配合百分率=\frac{[Ag(NH_3)_2]^+ 中\ Ag^+ 的物质的量}{溶液中\ Ag^+ 总的物质的量}\times100\%$$

$$=\frac{(0.080-8.9\times10^{-10})\ mol\cdot dm^{-3}\times0.050dm^3}{0.080mol\cdot dm^{-3}\times0.050dm^3}\times100\%\approx100\%$$

3.3.2.2 配位离解平衡的移动

在配离子的离解平衡中，如果改变平衡系统的条件之一，平衡就会发生移动，其规律与所有的化学平衡一样。

(1) 生成更稳定的配离子   在配位反应中，一种配离子可以转化成更稳定的配离子，即平衡向生成更难离解的配离子方向移动。对于相同配位数目的配离子，通常可根据配离子的 $K_{稳}^{\ominus}$（或 $K_{不稳}^{\ominus}$）来判断反应进行的方向。

$$[HgCl_4]^{2-}+4I^-\rightleftharpoons[HgI_4]^{2-}+4Cl^-$$

$K_{稳}^{\ominus}$ 1.17×10^{15} 6.76×10^{29}

由于 $K_{稳}^{\ominus}([HgI_4]^{2-})\gg K_{稳}^{\ominus}\{[HgCl_4]^{2-}\}$，若往含有 $[HgCl_4]^{2-}$ 的溶液中加入足量的 I^-，则 $[HgCl_4]^{2-}$ 将离解而转化成 $[HgI_4]^{2-}$。

(2)生成更难离解的物质   改变溶液的酸度，生成难电离的弱电解质，可使配离子的离解平衡发生移动。如往含有 $[Cu(NH_3)_4]^{2+}$ 的溶液中，加入足量的酸时，可使配离子的配位平衡发生移动，溶液颜色会发生变化。

$$[Cu(NH_3)_4]^{2+}\rightleftharpoons Cu^{2+}+4NH_3$$

$$\downarrow +4H^+$$

深蓝色   浅蓝色 $4NH_4^+$

(3) 生成难溶物质   对于一方面能生成难溶物质而析出沉淀，另一方面又能生成配离子而使沉淀溶解的反应系统，平衡移动或反应进行的方向需具体分析。例如：

$$AgCl(s)+2NH_3\rightleftharpoons[Ag(NH_3)_2]^++Cl^-$$

难溶电解质的溶解度可由反应的标准平衡常数 $K^{\ominus}$ 来衡量：

$$K^{\ominus}=\frac{(c_{[Ag(NH_3)_2]^+}/c^{\ominus})(c_{Cl^-}/c^{\ominus})}{(c_{NH_3}/c^{\ominus})^2}=\frac{(c_{[Ag(NH_3)_2]^+}/c^{\ominus})(c_{Cl^-}/c^{\ominus})}{(c_{NH_3}/c^{\ominus})^2}\times\frac{c_{Ag^+}/c^{\ominus}}{c_{Ag^+}/c^{\ominus}}$$

$$=\frac{K_{sp}^{\ominus}(AgCl)}{K_{不稳}^{\ominus}\{[Ag(NH_3)_2]^+\}}=K_{sp}^{\ominus}(AgCl)K_{稳}^{\ominus}\{[Ag(NH_3)_2]^+\}$$

所以配离子的 $K_{稳}^{\ominus}$ 越大，则平衡常数 $K^{\ominus}$ 越大，难溶电解质的溶解度也越大；若难溶电解质的 $K_{sp}^{\ominus}$ 越大，难溶电解质的溶解度也越大。

(4) 因氧化还原反应而使配位平衡发生移动   例如，在氰化法提炼银的过程中，先使矿粉中的银形成 $[Ag(CN)_2]^-$。

$$4Ag+8CN^-+O_2+2H_2O \Longrightarrow 4[Ag(CN)_2]^-+4OH^-$$

再向滤液中加入锌，由于 Ag^+ 与 Zn 作用，因而 $[Ag(CN)_2]^-$ 离子的离解平衡不断向离解方向移动，并得到银。

$$2[Ag(CN)_2]^-+Zn \Longrightarrow 2Ag+[Zn(CN)_4]^{2-}$$

又如：在 $FeCl_3$ 溶液中加入 KSCN，有血红色溶液生成，再向该系统中加入 $SnCl_2$ 溶液，则血红色可完全褪去。

$$Fe^{3+}+SCN^- \Longrightarrow [Fe(NCS)]^{2+}（血红色）$$
$$+ \qquad \xleftarrow{\text{平衡向左移动}}$$
$$Sn^{2+} \longrightarrow Fe^{2+}+Sn^{4+}$$

3.3.3 配位化合物的应用

化合物的应用十分广泛，几乎已渗透到人类生活的各个领域，从工农业生产、科学研究到生物、医学，都离不开配位化合物。下面从几个方面作一简单介绍。

(1) 稀有金属的分离提纯 在工业中，常利用生成配合物的反应，从矿石中提取贵重金属，特别是原子能工业和尖端科技中所需的各种高纯稀有金属的提取。如原子能工业中所需的锆 Zr 和铪 Hf，二者化学性质非常相似，在自然界中常共生在一起，很难分离。但二者生成的配合物 K_2ZrF_6 和 K_2HfF_6 在 HF 水溶液中的溶解度差异却很大，可用分级结晶法制取无铪的锆。也可用有机配合剂来与水相中的金属离子作用，再用有机溶剂将之萃取出来，实现对离子的分离。

(2) 电镀工艺 电镀是使电解液中某种金属离子在阴极上还原为金属镀层的过程。为了保证金属镀层既耐腐蚀又美观，常加入配合剂，使电镀液中的金属离子形成配合物，以降低金属离子的浓度，使得金属离子慢慢地镀在金属表面，这样就可以得到光滑、均匀、附着力强的金属镀层。用金属离子的配合物做电镀液，电镀上最常用的配体为 CN^-，因为 CN^- 与绝大部分金属离子都能形成稳定的配离子，然而含氰电镀液毒性太大，对环境污染十分严重，近年来，不用剧毒氰化物的电镀在国内外都取得了很大的进展，人们逐步找到了替代氰化物做配位剂的新型电镀液，如氨三乙酸、焦磷酸盐等，并逐步建立了"无氰电镀"新工艺。

(3) 生命科学中的应用 人们已经普遍注意到金属元素在人体及动植物内部起着重要的作用，研究表明这些有特殊功能的微量元素往往是以配合物的形态存在的，是生物分子中的关键部分。因此配位化学在生命科学研究中已起着越来越大的作用，并与生物化学交叉融合，形成生物无机化学这一门新兴边缘学科。

配合物在生命机体的正常代谢过程中起着重要的作用。例如，人体和动物体中氧的运载体是肌红蛋白和血红蛋白，它们都是含有血红素基团，而血红素是铁的配合物。植物叶中的叶绿素是镁的配合物，它是进行光合作用的基础。生物体内的大多数反应都是在酶的催化下进行的，而许多酶的分子含有以配合形态存在的金属。这些金属往往起着活性中心的作用。如铁酶、锌酶、铜酶和钼酶。酶作为催化剂，其催化效率比一般非生物催化剂高一千万倍至十万亿倍。根据近年的研究，具有固氮活力的固氮酶，是由一个含铁的铁蛋白和另一个含铁、钼的铁钼蛋白所组成。通过固氮酶的催化活性能够在常温常压下将空气中的氮气转变成氨。目前地球上植物生长所需的氮肥，估计 88% 是由自然界固氮酶的作用而生成。生物金属酶的研究，对现代化学工业和粮食生产都有重要意义。此外，硼、铜、钼、锰等微量元素对植物的生理机能也起着十分重要的作用。由于一些微量元素在土壤中易于沉淀，例如，土壤中的磷常与 Fe^{3+}、Al^{3+} 形成难溶磷酸盐而不被植物吸收，如果使它们成为水溶性螯合物就能被植物吸收。由此可见，配合物与生物学各个领域的关系是十分密切的。

(4) 医药　金属配合物抗癌功能的研究也受到很大重视，顺式二氯二氨合铂（Ⅱ）[Pt(NH₃)Cl₂]简称顺铂，能有选择地接合于脱氧核糖核酸（DNA），阻碍细胞分裂，表现出良好的抗癌活性，已广泛用于临床。配位剂能与细菌生存所需的金属离子结合成稳定的配合物，使细菌不能繁殖和生存。肾上腺素、维生素 C 等药物，在有微量金属离子存在时容易变质，可用氨羧配位剂除去这些微量金属。二巯基丙醇是一种很好的解毒药，因它可和砷、汞以及一些重金属形成稳定配合物而解毒。D 青霉胺毒性小，它有 O、N、S 三种配位原子，是 Hg、Pb 和重金属的有效解毒剂。医学上也曾用 [Ca(EDTA)]²⁺ 治疗职业性铅中毒，因 [Pb(EDTA)]²⁺ 比 [Ca(EDTA)]²⁺ 更稳定，故在 Ca²⁺ 被 Pb²⁺ 取代成为无毒的可溶性配合物后，可经肾脏排出体外。治疗血吸虫病的酒石酸锑钾、治疗糖尿病的锌的配合物胰岛素等药物都是配合物。此外，人们发现镉在体内的积聚是患肾性高血压的重要原因；体内缺铬和缺铜与患动脉粥样硬化有关。所以合成高效配合药物将是治疗高血压、心血管症等常见病、多发病的有效途径之一。

在工业上，如染料、颜料、湿法冶金、金属防腐、金属分析和分离等方面；在农业上，如化肥、农药等方面都涉及配合物的应用。尤其是在国防工业和尖端科学技术等方面的需要，使配合物的应用范围日益扩大。总之，配合物化学是一门生机勃勃的新兴学科，随着人们对配合物的认识的不断深化，其应用将会更加广泛。

思考题与习题

一、选择题

1. 将 $0.1 mol \cdot dm^{-3}$ 的 HAc 溶液加水稀释至原体积的二倍时，c_{H^+} 和 pH 的变化趋势各为（　　）。
A. 增大和减小　　B. 减小和增大　　C. 为原来的一半和增大　　D. 减小和减小

2. 在 0.05 的 HCN 溶液中，若有 0.01% 的 HCN 电离了，则 HCN 的标准电离常数为（　　）。
A. 5×10^{-10}　　B. 5×10^{-8}　　C. 5×10^{-6}　　D. 2.5×10^{-7}

3. 已知氢硫酸的 $K_{a1}^{\ominus} = 9.1 \times 10^{-8}$ 及 $K_{a2}^{\ominus} = 1.1 \times 10^{-12}$，则 $0.1 mol \cdot dm^{-3}$ 的 H_2S 水溶液的 pH 为（　　）。
A. 4.0　　B. 0.7　　C. 6.3　　D. 5.2

4. 往 $1 dm^3$ $0.1 mol \cdot dm^{-3}$ 的氨水溶液中，加入一些 NH_4Cl 晶体，会使（　　）。
A. $K_b^{\ominus}$ 增大　　B. $K_b^{\ominus}$ 减小　　C. 溶液的 pH 增大　　D. 溶液的 pH 减小

5. 下列各对溶液中，能够用于配置缓冲溶液的是（　　）。
A. HCl 和 NH_4Cl　　B. $NaHSO_4$ 和 Na_2SO_4　　C. HF 和 NaOH　　D. NaOH 和 NaCl

6. 已知 298K 时 PbI_2 的 $K_{sp}^{\ominus}$ 为 7.1×10^{-9}，则其饱和溶液中 I^- 浓度为（　　）$mol \cdot dm^{-3}$。
A. 1.2×10^{-3}　　B. 2.4×10^{-3}　　C. 3.0×10^{-3}　　D. 1.9×10^{-3}

7. 在饱和的 $BaSO_4$ 溶液中，加入适量的 NaCl，则 $BaSO_4$ 的溶解度（　　）。
A. 增大　　B. 不变　　C. 减小　　D. 无法确定

8. 指出下列配离子的中心离子的配位数：
$[Zn(NH_3)_4]^{2+}$（　　）　　　　$[Fe(CN)_6]^{3-}$（　　）
$[Ag(S_2O_3)_2]^{3-}$（　　）　　　$[Cu(en)_2]^{2+}$（　　）
A. 1　　B. 2　　C. 4　　D. 6

9. $[Co(NH_3)_5H_2O]Cl_3$ 的正确命名是（　　）。
A. 三氯化五氨·一水合钴　　　　B. 三氯化一水·五氨合钴（Ⅲ）
C. 三氯化五氨·一水合钴（Ⅲ）　　D. 三氯化水氨合钴（Ⅲ）

10. 下列说法正确的是（　　）。
A. 配合物的内界和外界之间主要是以共价键结合的

B. 内界中有配位键，也可能有共价键

C. 含有配位键的化合物就是配合物

D. 在螯合物中没有离子键

二、计算题和简答题

1. 在室温下，测得 $0.02 \text{mol} \cdot \text{dm}^{-3}$ 的某弱酸 HA 的 pH 值为 3.70，计算该温度下 HA 的电离度和标准电离常数 $K_a^\ominus$。

2. 求 $0.01 \text{mol} \cdot \text{dm}^{-3}$ H_2CO_3 溶液中的 c_{H^+}、pH 值、$c_{HCO_3^-}$ 和 $c_{CO_3^{2-}}$。

3. 某一元弱碱的相对分子质量为 125，在 298K 时取 0.50g 该弱碱溶于 50.0cm^3 水中，所得溶液 pH 值为 11.30，计算该弱碱的标准电离常数 $K_b^\ominus$。

4. 取 50.0cm^3 $0.100 \text{mol} \cdot \text{dm}^{-3}$ 某一元弱酸溶液，与 20.0cm^3 $0.100 \text{mol} \cdot \text{dm}^{-3}$ KOH 溶液混合，将混合溶液稀释至 100cm^3，测得此溶液的 pH 值为 5.25，求此一元弱酸的标准电离常数 $K_a^\ominus$。

5. 在 20.0cm^3 $0.25 \text{mol} \cdot \text{dm}^{-3}$ 氨水中加入 5.0cm^3 $0.50 \text{mol} \cdot \text{dm}^{-3}$ 的 NH_4Cl 溶液，求溶液的 pH 值。

6. $CaCO_3$ 和 PbI_2 在 298K 时的溶解度分别为 $6.5 \times 10^{-4} \text{mol} \cdot \text{dm}^{-3}$ 和 $1.7 \times 10^{-3} \text{mol} \cdot \text{dm}^{-3}$，分别计算它们的标准溶度积 $K_{sp}^\ominus$。

7. 根据 PbI_2 的标准溶度积 $K_{sp}^\ominus = 7.1 \times 10^{-9}$，计算：（1）$PbI_2$ 在水中的溶解度（$\text{mol} \cdot \text{dm}^{-3}$）；（2）$PbI_2$ 饱和溶液中 Pb^{2+} 和 I^- 的浓度；（3）PbI_2 在 $0.10 \text{mol} \cdot \text{dm}^{-3}$ KI 饱和溶液中 Pb^{2+} 的浓度；（4）PbI_2 在 $0.010 \text{mol} \cdot \text{dm}^{-3}$ $Pb(NO_3)_2$ 溶液中的溶解度（$\text{mol} \cdot \text{dm}^{-3}$）。

8. 将下列各组溶液等体积混合，问哪些可以生成沉淀？哪些不能？

（1）$0.10 \text{mol} \cdot \text{dm}^{-3}$ $AgNO_3$ 和 $1.0 \times 10^{-3} \text{mol} \cdot \text{dm}^{-3}$ NaCl 的溶液混合；

（2）$1.5 \times 10^{-5} \text{mol} \cdot \text{dm}^{-3}$ $AgNO_3$ 和 $1.0 \times 10^{-6} \text{mol} \cdot \text{dm}^{-3}$ NaCl 的溶液混合；

（3）$0.10 \text{mol} \cdot \text{dm}^{-3}$ $AgNO_3$ 和 $0.50 \text{mol} \cdot \text{dm}^{-3}$ NaCl 的溶液混合。

9. 计算：（1）往 10.0cm^3 $0.0015 \text{mol} \cdot \text{dm}^{-3}$ $MnSO_4$ 溶液中加 5.0cm^3 $0.15 \text{mol} \cdot \text{dm}^{-3}$ 氨水溶液，能否生成 $Mn(OH)_2$ 沉淀？（2）若在上述 10.0cm^3 $0.0015 \text{mol} \cdot \text{dm}^{-3}$ $MnSO_4$ 溶液中，先加入 0.495g $(NH_4)_2SO_4$ 固体，然后再加入 5.0cm^3 $0.15 \text{mol} \cdot \text{dm}^{-3}$ 氨水溶液，能否生成 $Mn(OH)_2$ 沉淀？（设加入固体后，溶液的体积不变）

10. 在一种含有 $0.10 \text{mol} \cdot \text{dm}^{-3}$ Cl^- 和 $0.001 \text{mol} \cdot \text{dm}^{-3}$ I^- 的溶液中，逐滴加入 $AgNO_3$ 溶液，试用计算说明 AgCl 和 AgI 何者先沉淀？在第二种离子沉淀时，第一种离子的浓度是多少？

11. 命名下列配合物，并指出配离子的电荷数，中心离子的配位数和配位原子。

$[Cu(NH_3)_4]SO_4$ 　　　　　　　$K_2[PtCl_6]$ 　　　　　　　$[CrCl_2(H_2O)_4]Cl$

$Fe_3[Fe(CN)_6]_2$ 　　　　　　　$Fe_4[Fe(CN)_6]_3$ 　　　　　　$[CoCl(NH_3)_5]Cl_2$

$Na_2[SiF_6]$ 　　　　　　　　　$Co_2(CO)_8$ 　　　　　　　　$[Ag(NH_3)_2](OH)$

12. 计算下列反应的标准平衡常数，判断一般情况下反应进行的方向。

(1) $[Cu(NH_3)_2]^+ + 2CN^- \rightleftharpoons [Cu(CN)_2]^- + 2NH_3$

(2) $[Cu(NH_3)_4]^{2+} + Zn^{2+} \rightleftharpoons [Zn(NH_3)_4]^{2+} + Cu^{2+}$

(3) $Fe[F_6]^{3-} + 6CN^- \rightleftharpoons [Fe(CN)_6]^{3-} + 6F^-$

(4) $CuS + 4NH_3 \rightleftharpoons [Cu(NH_3)_4]^{2+} + S^{2-}$

13. Ag^+ 与 PY（吡啶）形成配离子的反应为

$$Ag^+ + 2PY \rightleftharpoons [Ag(PY)_2]^+$$

如果溶液起始时 Ag^+ 的浓度为 $0.10 \text{mol} \cdot \text{dm}^{-3}$，吡啶为 $1.0 \text{mol} \cdot \text{dm}^{-3}$，计算：（1）平衡时 Ag^+、PY 及配离子的浓度；（2）已经配合在 $[Ag(PY)_2]^+$ 中的 Ag^+ 占 Ag^+ 总数的百分率。

14. 试通过计算说明下列现象：（1）在 100cm^3 $0.15 \text{mol} \cdot \text{dm}^{-3}$ $K[Ag(CN)_2]$ 溶液中加入 50cm^3 $0.10 \text{mol} \cdot \text{dm}^{-3}$ 的 KI 溶液，是否有 AgI 沉淀产生？（2）在上述混合溶液中，再加入 50cm^3 $0.20 \text{mol} \cdot \text{dm}^{-3}$ KCN 溶液，是否有 AgI 沉淀产生？

第4章　电化学基础

电化学是研究化学能和电能相互转变的一门科学。根据作用原理，可将电化学反应分为两类。一类是反应过程中系统的吉布斯函数减少（$\Delta G < 0$）的反应，这类反应可以自动发生，将化学能转变为电能，利用化学反应产生电流。另一类是在反应过程中系统的吉布斯函数增加（$\Delta G > 0$）的反应，这类反应不能自动发生，须使用外加电流而使反应发生，即将电能转变为化学能。前者如原电池，各种化学电源，后者如电解、电镀、电解加工等。电化学是化学与电学之间的边缘学科，电化学的研究对工业生产和科学研究起着重要的作用。

本章着重讨论电极电势及其应用。利用化学平衡的原理，联系反应的吉布斯函数变，讨论氧化还原反应的方向、程度，化学能与电能相互转换的基本原理，并根据这些原理，讨论金属材料的腐蚀和防护。

4.1　氧化还原反应

4.1.1　氧化与还原

在化学反应过程中，反应物直接发生了电子的转移，这类反应称为氧化还原反应。或者说，参加反应的物质有电子得失而引起元素化合价改变的反应，叫氧化还原反应。在反应过程中失去电子使元素化合价升高的反应称为氧化反应；得到电子使元素化合价降低的反应称为还原反应。失去电子，化合价升高的物质叫还原剂；得到电子，化合价降低的物质叫氧化剂。如反应：

$$\overset{\displaystyle 2e^-}{\overbrace{}}$$

$$\underset{\substack{\text{化合价升高}\\ \text{还原剂}\\ \text{被氧化}}}{Fe} \quad + \quad \underset{\substack{\text{化合价降低}\\ \text{氧化剂}\\ \text{被还原}}}{2H^+} \longrightarrow 2Fe^{2+} + H_2$$

从上例中可以看出，氧化剂从还原剂中获得电子，使自身的化合价降低，这个过程叫做还原；相应地，还原剂则由于给出电子而使自身的化合价升高，这个过程叫做氧化。因此，上述反应是由两个"半反应"构成的，即：

氧化反应：$Zn - 2e^- \rightleftharpoons Zn^{2+}$

还原反应：$Cn^{2+} + 2e^- \rightleftharpoons Cu$

由此可以看出，氧化与还原总是相伴发生，氧化剂与还原剂也总是同时存在，它们是既互相对立又互相依存的两个过程，共处于同一个氧化还原反应中。

4.1.2　氧化数

随着人们对物质结构认识的深入，发现有些氧化还原反应中并无电子得失，而是通过电子或原子的偏移来实现的。因此用化合价概念来讨论这些氧化还原反应是困难的，为了定义氧化还原反应，1970年国际纯粹与应用化学联合会提出了氧化数（又称氧化值）的概念。

氧化数的定义：当分子中原子之间的共享电子对被指定属于电负性较大的原子后，各原子所带的形式电荷分别称为它们的氧化数。氧化数是元素的一个原子在纯物种（分子或离子等）中的特定"形式电荷"数，是一种人为规定的数值，与物质结构并无关联。为了应用方便，确定氧化数的规则如下。

① 在单质中，元素原子的氧化数为零。

② 在化合物中，氢的氧化数常为 $+1$，氧的氧化数常为 -2。但在少数化合物中有例外。如金属氢化合物（NaH、CaH_2）中氢的氧化数为 -1，在过氧化合物（如 H_2O_2、Na_2O_2）中氧的氧化数为 -1，在氧的氟化物如 OF_2 和 O_2F_2 中氧的氧化数分别为 $+2$ 和 $+1$。

③ 在离子化合物中，单原子离子中元素的氧化数等于离子所带电荷数。例如，在 $CaCl_2$ 中，钙的氧化数为 $+2$，氯的氧化数为 -1。在多原子离子中，各元素氧化数的代数和等于该离子所带的电荷数。

④ 在中性分子中，各元素氧化数的代数和等于零。

按照上述规则，很容易计算各种元素的不同氧化数，特别是结果不易确定的分子或离子中元素的氧化数。例如，Fe_3O_4 是一个结构复杂的化合物，其中铁的化合价很难确定，但可以确定其氧化数为 $+\dfrac{8}{3}$。

【例 4-1】　计算 $S_4O_6^{2-}$（连四硫酸根）中硫元素的氧化数。

解：设 $S_4O_6^{2-}$ 中硫元素的氧化数为 x，则

$$4x+(-2)\times 6=-2$$
$$x=+\frac{5}{2}$$

即 $S_4O_6^{2-}$ 中硫元素的氧化数为 $+\dfrac{5}{2}$。

根据氧化数的概念，氧化还原反应则是元素氧化数发生变化的反应。在反应中，元素的氧化数升高，表明有电子给出或偏离，此即氧化过程；在反应中，元素的氧化数降低，表明有电子得到或偏近，此即还原过程。

4.1.3　氧化还原反应方程式的配平

氧化还原反应通常较复杂，其反应方程式一般用观察法难以配平，常用的配平方法有氧化数法和离子-电子法等，下面着重介绍离子-电子法。

配平总原则：① 反应前后各元素的原子个数相等，即方程式两边各种元素的原子总数各自相等；②氧化剂和还原剂得失电子数相等，即两个半反应式中得失电子数相等；③反应前后离子电荷总数相等。

配平步骤：①将主要反应物和生成物以离子的形式列出，并分成两个半反应式；②配平半反应式，根据反应条件使每个半反应式等号两边的各元素原子数和电荷数均相等；③按最小公倍数使得失数相等，然后将两半反应式相加，消去电子，即得总反应方程式。

【例 4-2】　配平氧化还原反应
$$KMnO_4+K_2SO_3+H_2SO_4\longrightarrow MnSO_4+K_2SO_4+H_2O$$

解：（1）按写离子方程式的写法写出反应物和生成物，并分成氧化半反应和还原半反应。
$$MnO_4^-+SO_3^{2-}\longrightarrow Mn^{2+}+SO_4^{2-}$$
$$MnO_4^-\longrightarrow Mn^{2-}\quad（还原反应）$$
$$SO_3^{2-}\longrightarrow SO_4^{2-}\quad（氧化反应）$$

（2）配平半反应式　由于反应是在酸性介质中进行的，在第一个半反应式中，产物的氧原子数比反应物少时，应在左侧加 H^+，使所有的氧原子都化合而成 H_2O，并分别使氧原子数和电荷数相等，即：
$$MnO_4^-+8H^++5e^-=\!=\!=Mn^{2+}+4H_2O$$

在另一个半反应的左侧加 H_2O 使两侧氧原子数和电荷数相等，即：

$$SO_3^{2-} + H_2O \Longrightarrow SO_4^{2-} + 2H^+ + 2e^-$$

（3）半反应式分别乘以适当的系数后相加　（1）×2+（2）×5 得：

$$2MnO_4^- + 16H^+ + 5SO_3^{2-} + 5H_2O \Longrightarrow 2Mn^{2+} + 8H_2O + 5SO_4^{2-} + 10H^+$$

即：$2MnO_4^- + 5SO_3^{2-} + 6H^+ \Longrightarrow 2Mn^{2+} + 5SO_4^{2-} + 3H_2O$

反应方程式：$2KMnO_4 + 5K_2SO_3 + 3H_2SO_4 \Longrightarrow 2MnSO_4 + 6K_2SO_4 + 3H_2O$

从上例可看出，氧化还原反应方程式的配平关键是氧化和还原两个半反应的配平，使两端的原子数、电荷数相等。难点是配平半反应式中的氢和氧的原子数。

在不同介质中，有关氢原子的配平规律是：

① 在酸性介质中，少氢的一端加上 H^+，如 $H_2O_2 \longrightarrow O_2$，则配平

$$H_2O_2 \Longrightarrow O_2 + 2H^+ + 2e^-$$

② 在碱性介质中，少氢的一端加上 H_2O，多氢的一端加上 OH^-。例如 $O_2 \rightarrow OH^-$，可配平为

$$\frac{1}{2}O_2(g) + H_2O + 2e^- \Longrightarrow 2OH^-$$

在不同介质中，反应物脱氧或添氧的方法也各不相同，归纳在表 4-1 中。

表 4-1　反应物脱氧和添氧规律

介质	反应物脱氧	反应物添氧
酸性	加 H^+，两个 H^+ 结合一个 O 生成一分子 H_2O	加 H_2O，一分子 H_2O 给出一个 O 生成两个 H^+
碱性	加 H_2O，一分子 H_2O 结合一个 O 生产 2 个 OH^-	加 H_2O，两个 OH^- 给出一个 O 生成一分子 H_2O
中性	加 H_2O，一分子 H_2O 结合一个 O 生成 2 个 OH^-	加 H_2O，一分子 H_2O 给出一个 O 生成两个 H^+

4.2 原电池及原电池的电动势

4.2.1 原电池

电化学中利用氧化还原反应将化学能直接转变为电能的装置，叫做原电池。以锌片与硫酸铜溶液反应为例，它们直接反应时锌溶解而铜析出，反应的焓变仅仅表现为热量的散发，没有电能产生。如果设计成一定的装置，将氧化反应与还原反应分开进行，就能实现将化学能转变为电能的目的。

4.2.1.1 原电池的组成和工作原理

原电池一般由两个电极、电解质溶液和盐桥组成。以 Cu-Zn 原电池为例，在图 4-1 中，将 Cu 片和 Zn 片分别插入 $CuSO_4$ 和 $ZnSO_4$ 溶液中，用导线将 Zn 片和 Cu 片相连接，两烧杯间以盐桥（一个装满含 KCl 饱和溶液的凝胶的倒置 U 形管）相连。因 Zn 比 Cu 活泼而容易放出电子，电子即从 Zn 片经导线流向 Cu 片，电流表指针发生偏转，表明有电流通过，此时反应的吉布斯函数的降低转变为电能。

随着反应的进行，Zn 原子失去电子变成 Zn^{2+} 而进入 $ZnSO_4$ 溶液，从而使 $ZnSO_4$ 溶液带正电荷；同时，由于 Cu^{2+} 得到电子变成 Cu 原子而沉积在 Cu 片上，从而使 $CuSO_4$ 溶液带负电荷。这两种电荷的存在会阻碍原电池反

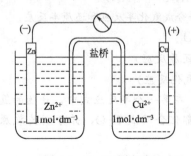

图 4-1　Cu-Zn 原电池

应的继续进行，以致实际上不能产生电流，当有盐桥存在时，盐桥中的 Cl^- 移向 $ZnSO_4$ 溶液，K^+ 移向 $CuSO_4$ 溶液，从而使两杯溶液保持电中性，电流就能继续产生。

所以，原电池由两个半电池和盐桥组成。每个电池又称为一个电极（由导体和相应的溶液组成的单元叫做一个电极）。

4.2.1.2　原电池的电极反应和电池反应

在原电池两个半电池中发生的氧化或还原反应，叫做半电池反应，又称为电极反应。通常规定：发生氧化反应的电极，即电子流出的一极叫负极；发生还原反应的电极，即接受电子的一极叫正极。

以上述 Cu-Zn 原电池为例：

电极反应：　负极　$Zn \Longrightarrow Zn^{2+} + 2e^-$　　氧化反应

　　　　　　正极　$Cu^{2+} + 2e^- \Longrightarrow Cu$　　还原反应

两个电极反应相加，可得电池反应式为：$Zn + Cu^{2+} \Longrightarrow Zn^{2+} + Cu$

又如 Ag-Cu 原电池，其电极反应为：

负极　　　$Cu \Longrightarrow Cu^{2+} + 2e^-$　　　氧化反应

正极　　　$2Ag^+ + 2e^- \Longrightarrow 2Ag$　　　还原反应

电池反应　$Cu + 2Ag^+ \Longrightarrow Cu^{2+} + 2Ag$

从以上两个原电池中可以看出，铜电极的两个半反应式可以写成：

$$Cu^{2+} + 2e^- \underset{\text{氧化}}{\overset{\text{还原}}{\rightleftharpoons}} Cu$$

半电池中，可以作为氧化剂的物质叫做氧化态物质（相对来说是高价态物质），如上述的 Zn^{2+}、Cu^{2+}；另一个可以作为还原剂的物质叫还原态物质（相对来说是低价态物质），如上式中的 Zn、Cu。

通常，电极反应可用下列通式表示：

$$\text{氧化态} + ne^- \Longrightarrow \text{还原态}$$

氧化态物质和相应的还原态物质构成氧化还原电对，并用符号"氧化态/还原态"表示。如 Zn^{2+}/Zn，Cu^{2+}/Cu，Fe^{3+}/Fe^{2+}，MnO_4^-/Mn^{2+} 等。

4.2.1.3　电极种类和原电池符号

原电池的电极主要有以下四种类型。

（1）金属电极　由金属及金属离子组成的电极，符号记为 $Zn^{2+}|Zn$、$Cu^{2+}|Cu$、$Ag^+|Ag$ 等。其中"|"表示电极与电解质溶液的相界面。

（2）氧化还原电极　又叫离子型电极，由同一种金属不同价态的离子组成的电极，它由惰性材料与两种价态离子的溶液组成。符号记为 $Fe^{3+},Fe^{2+}|Pt$、$Sn^{4+},Sn^{2+}|Pt$、MnO_4^-，$Mn^{2+}|Pt$ 等。

（3）非金属电极　由非金属单质及非金属离子组成的电极，因多是气体单质与其离子组成的电极，所以又称气体电极。通常选择对气体吸附性较强而化学性质稳定的导电材料（如石墨、Pt 等）做电极。符号记为 $H^+|H_2(Pt)$、$OH^-|O_2(Pt)$、$Cl^-|Cl_2(Pt)$ 等。

（4）金属难溶盐电极　由金属-金属难溶盐-难溶盐离子组成的电极，常用的有甘汞电极，符号记为 $Cl^-|Hg_2Cl_2(s)|Hg$。甘汞电极的电极反应式为：

$$Hg_2Cl_2(s) + 2e^- \Longrightarrow 2Hg(l) + 2Cl^-$$

又如银-氯化银电极，符号记为 $Cl^-|AgCl(s)|Ag$，电极反应为：

$$AgCl(s) + e^- \Longrightarrow Ag(s) + Cl^-$$

原电池的装置可按一定的规则用符号表示。将两个半电池以"‖"加以连接，正极表示在右边，负极表示在左边，"‖"表示盐桥。由于溶液浓度对原电池的电动势有影响，通常在电解质溶液后面以符号（c）表示溶液浓度。例如铜锌原电池可表示为：

$$(-)Zn \mid ZnSO_4(c_1) \parallel CuSO_4(c_2) \mid Cu(+)$$

或

$$(-)Zn \mid Zn^{2+}(c_1) \parallel Cu^{2+}(c_2) \mid Cu(+)$$

若电极产物中有气体存在，还应标明气体的分压，例如：

$$(-)Zn \mid Zn^{2+}(c_1) \parallel H^+(c_2) \mid H_2(p), Pt(+)$$

又如由 $FeCl_3$ 溶液和 $SnCl_2$ 溶液所组成的原电池（假定各离子浓度为 $1mol \cdot dm^{-3}$，其浓度符号 c 可省略）可表示为：

$$(-)Pt \mid Sn^{2+}, Sn^{4+} \parallel Fe^{3+}, Fe^{2+} \mid Pt(+)$$

4.2.2 原电池的电动势与吉布斯函数变

原电池可以产生电能，电能可以做电功。在恒温、恒压下，系统所做的最大有用功等于原电池反应的吉布斯函数变（ΔG）。而电功等于电量 Q 与电动势 E 的乘积。即：

$$\Delta G = W'_{max} = QE$$

当原电池的两极在氧化还原反应中有 $1mol$ 电子发生转移时，就产生 $96485C$ 的电量；如果氧化还原反应中表示电子得失的计量系数为 n，则产生 $n \times 96458C$ 的电量，因此 $Q = nF$。式中 F 叫法拉第常数，其值为 $96485C \cdot mol^{-1}$，从而可得到 $\Delta_r G_m = W'_{max} = -nEF$，式中负号表示系统向环境做功。

如果当原电池处于标准态时，原电池的电动势为 $E^\ominus$，而此时的 $\Delta_r G_m$ 为 $\Delta_r G_m^\ominus$，于是上式可写成

$$\Delta_r G_m^\ominus = -nFE^\ominus \tag{4-1}$$

式中，$E^\ominus$（或 E）以伏特（V）为单位；$\Delta_r G_m^\ominus$（或 $\Delta_r G_m$）以 $J \cdot mol^{-1}$ 为单位；F 以 $J \cdot V^{-1} \cdot mol^{-1}$ 为单位。

式(4-1)把热力学和电化学联系起来。由原电池的电动势 $E^\ominus$ 可以求出电池反应的 $\Delta_r G_m^\ominus$。反之，已知某氧化还原反应的 $\Delta_r G_m^\ominus$，就可以求得由该反应所组成的原电池的电动势 $E^\ominus$。这种关系只适用于可逆电池。

【例 4-3】 已知 Cu-Zn 原电池的标准电动势 $E^\ominus = 1.10V$，试计算其工作时的标准吉布斯函数变。

解：在 Cu-Zn 原电池中，电池反应为：$Zn + Cu^{2+} \Longrightarrow Zn^{2+} + Cu$

已知：$E^\ominus = 1.10V$ 由 $\Delta_r G_m^\ominus(298K) = -nFE^\ominus$

得：$\Delta_r G_m^\ominus(298K) = -2 \times 96485 \times 1.10 = -212000J \cdot mol^{-1} = -212kJ \cdot mol^{-1}$

【例 4-4】 已知在 298K 时，Cu-Ag 原电池反应为：

$$Cu + 2Ag^+ \Longrightarrow Cu^{2+} + 2Ag \qquad \Delta_r G_m^\ominus(298K) = -88.73kJ \cdot mol^{-1}$$

试求该原电池的标准电动势。

解：由 $\Delta_r G_m^\ominus(298K) = -nFE^\ominus$ 得：

$$E^\ominus = \frac{-\Delta_r G_m^\ominus(298)}{nF} = \frac{-(-88.73 \times 1000)}{2 \times 96485} = 0.46 \text{ (V)}$$

4.3 电极电势及其应用

原电池能产生电流，说明了正、负极之间存在着电势差。电极的电势是如何形成的呢？它与哪些因素有关？电极电势如何测定？这是本节要讨论的主要问题。

4.3.1　双电层理论

1889 年德国科学家能斯特（Nernst）提出了双电层理论，用来说明产生电极电势的原因和原电池产生电流的机理。

以金属电极为例，当金属片浸入其盐溶液中时，由于极性很大的水分子对金属正离子的吸引，使金属正离子有离开金属表面进入溶液的倾向，而电子仍留在金属表面上。金属愈活泼，溶液中的金属离子浓度愈小，这样溶解的倾向就愈大。与此同时，在溶液中的金属离子因受到金属表面自由电子的吸引有沉积到金属表面的倾向。金属愈不活泼，溶液中的离子浓度愈大，这种沉积的倾向就愈大。当金属的溶解和金属离子的沉积这两种相反的过程速率相等时，在金属表面与附近溶液间将会建立起如下的平衡：

$$M(s) \underset{沉积}{\overset{溶解}{\rightleftharpoons}} M^{n+}(aq) + ne^-$$

当溶解与沉积达到动态平衡时，如果金属溶解的倾向大于沉积的倾向，则溶入溶液的金属正离子与残留在金属表面上的电子相互吸引，形成了如图 4.2(a) 所示的电极带负电、溶液带正电的双电层结构。如果金属离子沉积的倾向大于金属溶解的倾向，则金属表面带正电，吸引溶液中负离子形成了如图 4-2(b) 所示的电极带正电、溶液带负电的双电层结构。

由于离子存在着热运动，带有相反电荷的粒子，并不完全集中在金属表面，与金属连接得较紧密的一层，称为紧密层，其余扩散到溶液中去的，称为扩散层。整个双电层由紧密层和扩散层构成，如图 4-3 所示。双电层的厚度与溶液的浓度、金属表面的电荷及温度等因素有关，其变化范围通常在 $10^{-10} \sim 10^{-6}$ m 之间。

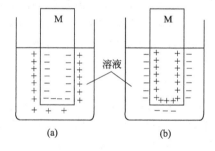

图 4-2　双电层的结构示意图

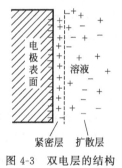

图 4-3　双电层的结构

4.3.2　电极电势 （E）

电极与溶液形成双电层达到动态平衡时产生的电势差称为电极电势，以符号 $E(M^{n+}/M)$ 表示。因为电极处于平衡状态又称平衡电势。由于金属的活泼性不同，各种金属的电极电势数值也不相同。原电池的电动势就是不接负载时，组成该电池的两个电极的电极电势之差。即

$$E = E(正极) - E(负极) \qquad\qquad (4-2)$$

电极电势的绝对数值无法测定。因为任何测量仪器的金属导线如果与溶液接触后，又形成了另一个电极或半电池，其结果，测得值仍为两个电极所组成的电池的电动势，而不是该电极电势的绝对数值。通常，解决的办法是选择一个已知电极电势的电极作为参比电极，然后把待测电极与参比电极组成原电池，测定该原电池的电动势 E，根据式（4-2）计算出待测电极的电极电势。

（1）标准氢电极　通常选用标准氢电极作为标准参比电极，将其电极电势值规定为零（通常温度为 298.15K）。标准氢电极是将镀有一层疏松铂黑的铂片插入氢离子浓度（严格来说，应是活度，即有效浓度）为 1mol·dm^{-3} 的硫酸溶液中。在 298K 时，不断地通入压力为

100kPa 纯氢气流，铂黑吸附了氢并达到饱和。在铂片上饱和的氢气与酸溶液中的 H^+（aq）组成的电极 H^+/H_2 称为标准氢电极。在 E 右上角加 "$\ominus$" 以示 "标准"，则标准氢电极的电极电势可表示为 $E^{\ominus}(H^+/H_2)=0V$。因此，某电对的电极电势是指其对标准氢电极电势的相对值。

(2) 甘汞电极　在实际测定电极电势的工作中，由于氢电极的制备和纯化比较复杂，而且十分敏感，外界因素影响很大，以致使用时很不方便，因此常采用其他电极作为参比电极。

常用的参比电极是甘汞电极，甘汞电极稳定性好，使用方便。若甘汞电极中使用的电解质溶液 KCl 浓度不同，电极电势也不同。表 4-2 列举了三种甘汞电极的电极电势数值，供使用参考。同时甘汞电极的电极电势随温度的改变而略有改变，在使用时须予以注意。

表 4-2　甘汞电极的电极电势

电极名称	电极组成	电极电势/V
饱和甘汞电极	$Hg \mid Hg_2Cl_2(s) \mid KCl$（饱和）	+0.2415
$1mol \cdot dm^{-3}$ 甘汞电极	$Hg \mid Hg_2Cl(s) \mid KCl$（$1mol \cdot dm^{-3}$）	+0.2800
$0.1mol \cdot dm^{-3}$ 甘汞电极	$Hg \mid Hg_2Cl(s) \mid KCl$（$0.1mol \cdot dm^{-3}$）	+0.3337

(3) 标准电极电势　由氢电极与待测电极所组成的原电池的电动势，便可求出待测电极的电极电势。为了便于比较，必须确定一个电极的标准状态，所谓电极的标准状态是指组成电极的有关离子浓度为 $1.0mol \cdot dm^{-3}$，气体的压力为 100kPa，固体和液体是纯的。温度通常为 298K，电极处于标准状态时的电极电势称为标准电极电势，以符号 $E^{\ominus}(M^{n+}/M)$ 表示。若组成原电池的两个半电池均处于标准状态，测定的电动势称为标准电动势，以符号 $E^{\ominus}$ 表示。即

$$E^{\ominus}=E^{\ominus}(正极)-E^{\ominus}(负极) \tag{4-3}$$

用标准氢电极来测定标准电极电势的方法是将未知标准电极和标准氢电极组成标准原电池，测得其电动势，再根据式（4-3）求得未知标准电极的标准电极电势值。例如欲测锌电极的标准电极电势，可用标准氢电极和标准锌电极组成原电池，测得其电动势为 0.7618V。从指示电表上指针的偏转方向可确定锌电极为负极，氢电极为正极，根据式（4-3）

$$E^{\ominus}=E^{\ominus}(H^+/H_2)-E^{\ominus}(Zn^{2+}/Zn)=0.7618V$$
$$0.000V-E^{\ominus}(Zn^{2+}/Zn)=0.7618V$$
$$E^{\ominus}(Zn^{2+}/Zn)=-0.7618V$$

【例 4-5】　以标准铜电极与饱和甘汞电极组成原电池，标准铜电极为正极，饱和甘汞电极为负极，测得原电池的电动势为 +0.0987V，求标准铜电极的标准电极电势。

解：该原电池的电池符号为：

$$(-)Hg \mid Hg_2Cl_2(s) \mid KCl(饱和) \parallel Cu^{2+}(1.0mol \cdot dm^{-3}) \mid Cu(+)$$
$$E=E_正-E_负=E^{\ominus}(Cu^{2+}/Cu)-0.2415=0.0987 (V)$$

所以　　　　$E^{\ominus}(Cu^{2+}/Cu)=0.0987+0.2415=0.3402 (V)$

以标准氢电极或甘汞电极为参比电极，可测得各种电极的标准电极电势。本书附录 7 列出了一些常用电对的标准电极电势。该表列出的一些电极的标准电极电势数据，其测定温度为 298K，因此该表不适用于高温下的反应。它们是按 $E^{\ominus}$（电极）值由小到大的顺序排列，氢以上为负，氢以下为正。该表只适用于在标准状态下的水溶液，不适用于非水系统的反应。使用时，要注意以下几个问题。

① 表中电极反应，是按还原反应书写的，即：氧化态$+ne^-\rightleftharpoons$还原态，因此，标准电极电势的数值表示了氧化态得电子能力的强弱。例如

$$Zn^{2+}+2e^-\rightleftharpoons Zn(作正极)\quad E^\ominus(Zn^{2+}/Zn)=-0.7618V$$

$E^\ominus$（电极）代数值越大，其氧化态越易得电子，氧化性越强；$E^\ominus$（电极）代数值越小，其还原态越易失电子，还原性越强。在查阅电极电势表时必须注意，无论电极反应写成氧化反应（即作负极）形式还是还原反应（作正极）的形式，电对的电极电势值和符号不变，如

$$Zn\rightleftharpoons Zn^{2+}+2e^-\quad E^\ominus(Zn^{2+}/Zn)=-0.7618V$$

② 表中电极电势 $E^\ominus$（电极）值的符号及大小，反映了电极与氢电极相比较的氧化还原能力或倾向。在表中从上到下，氧化态物质得电子倾向增加，而还原态物质失电子倾向减弱。表中最强的氧化剂是氟，最强的还原剂是锂。标准电极电势表定量地说明了物质在水溶液中相对的活泼程度，有利于氧化剂、还原剂的选择。

③ 标准电极电势数据取决于氧化还原电对的本性，而发生电极反应的物质的量只影响电池的电量，不影响电池中电极的电极电势。无论半反应式的系数乘或除任何实数，标准电极电势数值仍不变。如：

$$O_2(g)+2H_2O+4e^-\rightleftharpoons 4OH^-\quad E^\ominus(O_2/OH^-)=+0.40V$$

$$\frac{1}{2}O_2(g)+H_2O+2e^-\rightleftharpoons 2OH^-\quad E^\ominus(O_2/OH^-)=+0.40V$$

4.3.3 浓度对电极电势的影响——能斯特方程式

标准电极电势的代数值是在标准状态下测得的。当电极处于非标准态时，电极电势将随温度、浓度或压力等因素而变化。由于电极反应一般是在室温下进行的，所以浓度（或压力）是影响电极电势的重要因素。

对于给定的电极，其反应式可表示为：

$$a\text{ 氧化态}+ne^-\rightleftharpoons b\text{ 还原态}$$

电极电势与浓度（或压力）、温度的关系，可用能斯特（Nernst）方程式表示：

$$E(\text{电极})=E^\ominus(\text{电极})+\frac{RT}{nF}\ln\frac{[c(\text{氧化态})/c^\ominus]^a}{[c(\text{还原态})/c^\ominus]^b}$$

式中，n 为电极反应中得失电子的物质的量（mol）；$R=8.314\text{J·K}^{-1}\text{·mol}^{-1}$；$F$ 为法拉第常数（$96485\text{J·V}^{-1}\text{·mol}^{-1}$）；$c$（氧化态）、$c$（还原态）表示电极反应中氧化态及还原态物质的浓度，并以电极反应中对应物质的系数 a、b 为指数。如有气体参加反应，则用气体物质的分压 p 进行计算。为了运算和书写方便起见，式中的 $c^\ominus$ 可不写出，将 R、F、T(298K)的数值带入上式，并将对数换底，上式写为：

$$E(\text{电极})=E^\ominus(\text{电极})+\frac{2.303\times 8.314\times 298}{n\times 96485}\lg\frac{c^a(\text{氧化态})}{c^b(\text{还原态})} \tag{4-4}$$

$$E(\text{电极})=E^\ominus(\text{电极})+\frac{0.059}{n}\lg\frac{c^a(\text{氧化态})}{c^b(\text{还原态})} \tag{4-5}$$

【例 4-6】 以能斯特方程式表示下列电极反应的电极电势。

(1) $Zn^{2+}+2e^-\rightleftharpoons Zn$

(2) $O_2+2H_2O+4e^-\rightleftharpoons 4OH^-$

(3) $MnO_4^-+8H^++5e^-\rightleftharpoons Mn^{2+}+4H_2O$

解：(1) $E(Zn^{2+}/Zn)=E^\ominus(Zn^{2+}/Zn)+\dfrac{0.059}{2}\lg[c(Zn^{2+})/c^\ominus]$

(2) $E(O_2/OH^-)=E^\ominus(O_2/OH^-)+\dfrac{0.059}{4}\lg\dfrac{p_{O_2}/p^\ominus}{[c(OH^-)/c^\ominus]^4}$

$$(3)E(MnO_4^-/Mn^{2+})=E^\ominus(MnO_4^-/Mn^{2+})+\frac{0.059}{5}lg\frac{[c(MnO_4^-)/c^\ominus][c(H^+)/c^\ominus]^8}{[c(Mn^{2+})/c^\ominus]}$$

【例 4-7】 计算当 pH=5，$c(Cr_2O_7^{2-})=0.01mol\cdot dm^{-3}$，$c(Cr^{3+})=10^{-6}mol\cdot dm^{-3}$ 时，重铬酸钾的电极电势。

解：电极反应

$$Cr_2O_7^{2-}+14H^++6e^-\Longleftrightarrow 2Cr^{3+}+7H_2O \quad E^\ominus(Cr_2O_7^{2-}/Cr^{3+})=1.232V$$

$$E(Cr_2O_7^{2-}/Cr^{3+})=E^\ominus(Cr_2O_7^{2-}/Cr^{3+})+\frac{0.059}{6}lg\frac{[c(Cr_2O_7^{2-})/c^\ominus][c(H^+)/c^\ominus]^{14}}{[c(Cr^{3+})/c^\ominus]^2}$$

$$=1.232+\frac{0.059}{6}lg\frac{(0.01)\times(10^{-5})^{14}}{(10^{-6})^2}$$

$$=0.642\ (V)$$

从上例可看出，介质的酸碱性对氧化还原电对的电极电势影响是比较大的，一般说来，含氧酸盐在酸性介质中表现出较强的氧化性。

4.3.4 电极电势的应用

电极电势是反映物质性质的一个重要数据，它与氧化还原反应之间的关系极为密切，在电化学中的应用也十分广泛。下面具体介绍几方面的应用。

(1) 判断原电池的正、负极和计算电动势 在原电池中，正极发生还原反应，负极发生氧化反应。因此，电极电势代数值较大的电极是正极，电极电势代数值较小的电极是负极。正极电势与负极电势之差即为此原电池的电动势。

【例 4-8】 判断下述二电极所组成的原电池的正、负极，并计算此电池的电动势（在 298K 时）。

(1) $Zn|Zn^{2+}$ （$0.001mol\cdot dm^{-3}$） 　　(2) $Zn|Zn^{2+}$ （$0.10mol\cdot dm^{-3}$）

解：根据能斯特方程式计算出电极的电极电势

$$(1)E(Zn^{2+}/Zn)=E^\ominus(Zn^{2+}/Zn)+\frac{0.059}{2}lg[c(Zn^{2+})/c^\ominus]$$

$$=-0.76+\frac{0.059}{2}lg0.001=-0.85\ (V)$$

$$(2)E(Zn^{2+}/Zn)=-0.76+\frac{0.059}{2}lg0.10=-0.79\ (V)$$

由于(1)的 $E^\ominus(Zn^{2+}/Zn)=-0.85V<$(2)的 $E^\ominus(Zn^{2+}/Zn)=-0.79V$，所以电极(1)为负极而电极(2)为正极。此电池是

$$(-)Zn|Zn^{2+}(0.001mol\cdot dm^{-3})\|Zn^{2+}(0.10mol\cdot dm^{-3})|Zn\ (+)$$

其电动势　$E=E(正极)-E(负极)=-0.79V-(-0.85V)=0.06V$

这种由相同电极组成，仅由于离子浓度的不同而产生电流的电池称为浓差电池。浓差电池的电动势甚小，不能做电源使用，但在电解和金属腐蚀中产生一定的影响。

(2) 比较氧化剂和还原剂的相对强弱 电极电势代数值的大小，反映了电对中氧化态与还原态物质得失电子的倾向，即它们氧化还原能力的强弱。电极电势代数值大的氧化态物质相对于电极电势代数值小的氧化态物质来说是更强的氧化剂；电极电势代数值小的还原态物质相对于电极电势代数值大的还原态物质来说是更强的还原剂。

【例 4-9】 有下列五个电对，其标准电极电势为：$E^\ominus(MnO_4^-/Mn^{2+})=1.51V$，$E^\ominus(Fe^{3+}/Fe^{2+})=0.77V$，$E^\ominus(Sn^{4+}/Sn^{2+})=0.15V$，$E^\ominus(Cl_2/Cl^-)=1.36V$，$E^\ominus(I_2/I^-)=0.54V$。

比较这五个电对的氧化还原能力。

解：从它们的标准电极电势可以看出，在标准状态的条件下，MnO_4^- 是其中最强的氧化剂，Sn^{2+} 是其中最强的还原剂。

各氧化态物质的氧化能力：$KMnO_4 > Cl_2 > FeCl_3 > I_2 > SnCl_4$

各还原态物质的还原能力：$SnCl_2 > KI > FeCl_2 > HCl > MnSO_4$

如果各物质不是处于标准状态的条件下，应运用能斯特方程式计算出实际的电极电势值后，再比较氧化剂或还原剂的相对强弱。

（3）判断氧化还原反应的方向　化学反应自发进行的条件是在恒温恒压下 $\Delta_r G_m < 0$，如果将氧化还原反应设计成原电池，因 $\Delta_r G_m = -nFE$，则 $E > 0$ 时，$\Delta_r G_m < 0$。也就是说，判断某氧化还原反应在特定条件下能否自发，可直接用该反应有关的电动势即可。

当：　　　　　　$E = E(正极) - E(负极) > 0$　　　　反应正向自发

　　　　　　　　$E = E(正极) - E(负极) < 0$　　　　反应正向非自发、逆向自发

在原电池中，氧化剂电对作正极，还原剂电对作负极，因此，判断条件可改写为：

　　　　　　　　$E = E(氧化剂) - E(还原剂) > 0$　　　　反应正向自发

　　　　　　　　$E = E(氧化剂) - E(还原剂) < 0$　　　　反应正向非自发、逆向自发

如果反应中各物质均处在标准状态时，则可用标准电极电势及标准电动势来判断。

【**例 4-10**】　在 298K 时，判断下列反应在下列两种情况下反应进行的方向？

$$Pb^{2+} + Sn(s) \rightleftharpoons Pb(s) + Sn^{2+}$$

（1）溶液中 $c(Pb^{2+}) = 0.50\ mol \cdot dm^{-3}$，$c(Sn^{2+}) = 0.01\ mol \cdot dm^{-3}$。

（2）溶液中 $c(Pb^{2+}) = 0.01\ mol \cdot dm^{-3}$，$c(Sn^{2+}) = 0.50\ mol \cdot dm^{-3}$。

解：将上述反应装配成原电池的符号为：

$$(-)Sn \mid Sn^{2+} \parallel Pb^{2+} \mid Pb(+)$$

查表得　$E^{\ominus}(Sn^{2+}/Sn) = -0.1375V$　$E^{\ominus}(Pb^{2+}/Pb) = -0.1262V$

则　$E = E^{\ominus}(Pb^{2+}/Pb) - E^{\ominus}(Sn^{2+}/Sn)$

$$= [E^{\ominus}(Pb^{2+}/Pb) + \frac{0.059}{2}\lg c(Pb^{2+})] - [E^{\ominus}(Sn^{2+}/Sn) + \frac{0.059}{2}\lg c(Sn^{2+})]$$

$$= E^{\ominus} + \frac{0.059}{2}\lg \frac{c(Pb^{2+})}{c(Sn^{2+})}$$

$$E^{\ominus} = E^{\ominus}(Pb^{2+}/Pb) - E^{\ominus}(Sn^{2+}/Sn) = -0.1262V - (-0.1375V) = +0.0113V$$

（1）$E = 0.0113V + \dfrac{0.059V}{2}\lg \dfrac{0.5}{0.01} = 0.0614V > 0$

电动势为正值，反应自发，即在此条件下，金属 Sn 可以还原 Pb^{2+}。

（2）$E = 0.0113V + \dfrac{0.059V}{2}\lg \dfrac{0.01}{0.5} = -0.0389V < 0$

电动势为负值，反应非自发，即在此条件下，金属 Sn 不能还原 Pb^{2+}，而反应逆向可以进行，Pb 可将 Sn^{2+} 还原为 Sn。

（4）判断氧化还原反应进行的程度　氧化还原反应进行的程度可用它的标准平衡常数大小来衡量。$K^{\ominus}$ 值越大，反应进行越完全，反之亦反。氧化还原反应的平衡常数 $K^{\ominus}$ 可由组成原电池的标准电动势求得。

已知　$\Delta_r G_m^{\ominus} = -nFE^{\ominus}$　　$\Delta_r G_m^{\ominus} = -2.303RT \lg K^{\ominus}$

所以　　　　　　　　　　　　$\lg K^{\ominus} = \dfrac{nFE^{\ominus}}{2.303RT}$

当 $T = 298K$，$F = 96485\ J \cdot V^{-1} \cdot mol^{-1}$，$R = 8.314\ J \cdot K^{-1} \cdot mol^{-1}$ 时

$$\lg K^{\ominus} = \frac{nE^{\ominus}}{0.059} = \frac{n(E_{正}^{\ominus} - E_{负}^{\ominus})}{0.059} \qquad (4-6)$$

由式(4-6)可知，氧化还原反应的平衡常数 $K^{\ominus}$ 与物质的起始浓度和分压无关，而与标准电动势 $E^{\ominus}$ 有关。因此，只要知道由氧化还原反应所组成的原电池的 $E^{\ominus}$，就可以计算出氧化还原反应进行的程度。

【例 4-11】 试判断下列氧化还原反应进行的程度。

(1) $Zn(s) + Cu^{2+}(aq) = Zn^{2+}(aq) + Cu(s)$

(2) $Sn(s) + Pb^{2+}(aq) = Sn^{2+}(aq) + Pb(s)$

解：(1) 已知 $E^{\ominus}(Zn^{2+}/Zn) = -0.76V$，$E^{\ominus}(Cu^{2+}/Cu) = 0.34V$，$n = 2$

则

$$\lg K^{\ominus} = \frac{n(E_{正}^{\ominus} - E_{负}^{\ominus})}{0.059} = \frac{2 \times (0.34 + 0.76)}{0.059} = 37.29$$

$$K^{\ominus} = \frac{c(Zn^{2+})}{c(Cu^{2+})} = 1.9 \times 10^{37}$$

$K^{\ominus}$ 的数值很大，说明该反应是进行得极其彻底的。

(2) 已知 $E^{\ominus}(Sn^{2+}/Sn) = -0.1375V$　$E^{\ominus}(Pb^{2+}/Pb) = -0.1262V$　$n = 2$

则

$$\lg K^{\ominus} = \frac{nE^{\ominus}}{0.059} = \frac{n(E_{正}^{\ominus} - E_{负}^{\ominus})}{0.059} = \frac{2 \times [(-0.1262) - (-0.1375)]}{0.059} = 0.383$$

$$K^{\ominus} = \frac{c(Sn^{2+})}{c(Pb^{2+})} = 2.4 \quad 即 \quad c(Sn^{2+}) = 2.4c(Pb^{2+})$$

当溶液中 $c(Sn^{2+})$ 等于 $c(Pb^{2+})$ 的 2.4 倍时，反应便达到平衡，反应进行得不完全，有约 1/3 未反应。

必须指出，标准平衡常数 $K^{\ominus}$ 值的大小，只能表示达到平衡时反应完成的程度，不能说明反应进行的速率。对于一具体氧化还原反应的可行性，还需要同时考虑反应速率的大小。

4.4 电解

一个自发进行的氧化还原反应可以组成原电池产生电流，从而实现化学能到电能的转变。相反地，也可以用电流促使一个非自发进行的氧化还原反应（$\Delta_r G_m > 0$）得以进行，完成电能到化学能的转变。实现这种转变的过程就是电解。

4.4.1 电解池与电解原理

电解是直流电通过电解液（电解质的溶液或熔融液）而在电极上发生氧化还原反应的化学变化。借助于电流引起化学变化的装置，也就是将电能转变为化学能的装置，叫电解池（或电解槽）。

电解池中和直流电源的负极相连接的极叫阴极，和电源的正极相连接的极叫阳极。电源好比一个"电子泵"，通电时，电子从阴极进入电解池，从阳极离开而回到电源。在电解池内由离子导电，并无电子流过。在阴极上电子过剩，在阳极上电子缺少。因此在通电时，电解池阴阳极之间形成了一个电场，在电场作用下，电解液中的正离子移向阴极，在阴极上和电子结合进行还原反应而放电；负离子移向阳极，在阳极上给出电子进行氧化反应而放电（在电解中，得失电子的过程都叫做放电）。这样，就发生了电解现象。

电解过程是人们掌握的最强有力的氧化还原方法。

例如，用铂作电极，电解 $0.10mol \cdot dm^{-3}$ NaOH 溶液（图 4-4）时，H^+ 移向阴极，在阴极上和电子结合进行还原反应而放电生成氢气；OH^- 移向阳极，在阳极上给出电子进行氧

化反应而放电生成氧气。因此在电解 NaOH 溶液时，其电解反应可表示为

$$阴极 \quad 4H^+ + 4e^- = 2H_2 \uparrow$$

$$或 \quad 4H_2O + 4e^- = 2H_2 \uparrow + 4OH^-$$

$$阳极 \quad 4OH^- = 2H_2O + O_2 \uparrow + 4e^-$$

$$或 \quad 2H_2O = O_2 \uparrow + 4H^+ + 4e^-$$

$$总反应方程式 \quad 2H_2O = 2H_2 \uparrow + O_2 \uparrow$$

通过上述电解现象，必然会想到，产物氢气与氧气的物质的量与用电量的关系如何？1834 年英国科学家法拉第（M Faraday）通过大量实验后发现：在电解过程中，电极上所析出或溶解的物质的量与通过电解池的电量成正比。通过 1F 电量能得到相当于由 1mol 电子在电极上所引起氧化或还原反应的物质的量，这就是法拉第定律。

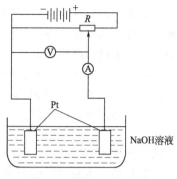

图 4-4　电解 NaOH 溶液

在上述电解现象中，实际须要外加电场的电压是多少伏？阴极产物为什么是氢而不是钠？是否是先由 Na^+ 放电生成 Na，然后再与水作用而放出氢？下面将讨论这些问题。

4.4.2　分解电压与超电势

电解时要消耗电能，电能所做的功是以电量和电压相乘的积来度量的。所以要了解电解过程中消耗的电能，除考虑电量外，还应考虑电压。

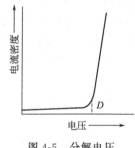

图 4-5　分解电压

当电解给定的电解质溶液时，如逐渐增加电解池的外加电压，最初电压增加，电流增加大不；直到电压增加到一定数值，电流才剧烈地增加（图 4-5），从而使电解得以顺利进行。使电解能顺利进行所必需的最小电压叫做实际分解电压，简称为分解电压（图 4-5 中的 D）。现仍以铂作电极，电解 $0.10\text{mol} \cdot \text{dm}^{-3}$ NaOH 溶液为例来说明分解电压产生的原因。

电解时，在阴极析出氢，在阳极析出氧，而有部分的氢和氧分别吸附在两个铂电极表面，使两个铂电极变成了氢电极和氧电极，从而形成了一个氢氧原电池

$$(-)(Pt)H_2 | NaOH(0.1\text{mol} \cdot \text{dm}^{-3}) | O_2 (Pt) (+)$$

它的电动势是正极（氧电极）和负极（氢电极）电极电势之差，其数值可以计算如下：

在 $0.10\text{mol} \cdot \text{dm}^{-3}$ NaOH 溶液中，$c(OH^-) = 0.10\text{mol} \cdot \text{dm}^{-3}$，$c(H^+) = 1.0 \times 10^{-13}$ $\text{mol} \cdot \text{dm}^{-3}$，假设 $p(O_2) = p(H_2) = 100\text{kPa}$，已知 $E^{\ominus}(O_2/OH^-) = 0.40\text{V}$

$$正极反应 \quad H_2O + \frac{1}{2}O_2 + 2e^- = 2OH^-$$

$$E(O_2/OH^-) = E^{\ominus}(O_2/OH^-) + \frac{0.059}{n}\lg\frac{[p(O_2)/p^{\ominus}]^{\frac{1}{2}}}{c^2(OH^-)}$$

$$= 0.40 + \frac{0.059}{2}\lg\frac{1}{(0.10)^2} = 0.46 \ (V)$$

$$负极反应 \quad H_2 = 2H^+ + 2e^-$$

$$E(H^+/H_2) = E^{\ominus}(H^+/H_2) + \frac{0.059}{n}\lg\frac{c^2(H^+)}{p(H_2)/p^{\ominus}}$$

$$= 0 + \frac{0.059}{2}\lg(10^{-13})^2 = -0.77 \ (V)$$

此氢氧原电池的电动势为

$$E = E_{(正极)} - E_{(负极)} = E(O_2/OH^-) - E(H^+/H_2)$$
$$= -0.46 - (-0.77) = 1.23 \text{ (V)}$$

因为 $E > 0$，所以有电流产生，其方向恰与外加电源输入的电流方向相反，从而阻止了电解的进行。从理论上讲，外加电压稍微大于此电动势时，电解似乎应进行。可以看出，分解电压是由于电解产物在电极上形成原电池，产生反向电动势而引起的。此电动势也叫做理论分解电压。但实际上，所需外加电压总是较大的，如电解 $0.10 \text{mol} \cdot \text{dm}^{-3}$ NaOH 溶液，外加电压必须加大到 1.70V 左右（视为实际分解电压），才能使电解顺利进行。

通常，实际分解电压总是大于理论分解电压，这二者的差值就称为超电势 (η)。即

$$\eta = E_{(实)} - E_{(理)}$$

如上例中的超电势为：$\eta = 1.70 - 1.23 = 0.47$ (V)

超电势的产生是由电解质溶液内阻、浓差极化和电极极化等因素引起的，这里不详细讨论。

4.4.3 电解的产物

电解熔融盐时，电解产物的判断比较简单，但大量的电解都是在水溶液中进行的。在电解质溶液中，除了电解质的正、负离子外，还有由水解离出来的 H^+ 和 OH^-。因此，在阴极上可能放电的正离子有两种，通常是金属离子和 H^+；在阳极上可能放电的负离子也有两种，通常是酸根离子和 OH^-。究竟哪一种离子先放电，应由它们的标准电极电势、溶液中的离子浓度和所用的电极材料（即超电势）等因素进行综合考虑后才能确定。在电解时，阳极上进行的是氧化反应，先放电的必定是容易给出电子的物质；在阴极上进行的是还原反应，先放电的必定是容易接受电子的物质。不难理解，判断电极产物的依据是：在阳极放电的是电极电势代数值较小的还原态物质，在阴极放电的是电极电势代数值较大的氧化态物质。

虽然影响电解产物的因素很多，而且相当复杂，有时产物只能由实验确定，但通常还是可以得出下面几条规律。

① 用石墨或铂做电极，电解卤化物、硫化物溶液时，在阳极上一般得到卤素、硫；电解在电动序中位于氢后面的金属的盐溶液时，在阴极上一般得到相应的金属。如电解 $CuCl_2$ 溶液，阳极上析出的是 Cl_2，而阴极上析出的是 Cu。

② 用石墨或铂做电极，电解含氧酸或含氧酸盐溶液时，在阳极上一般得到氧（OH^- 放电）；电解很活泼的金属的盐溶液时，在阴极上一般得到氢。如电解 Na_2SO_4 溶液就是如此。

③ 电解在电动序中位于氢前面而离氢又不太远的金属（如锌、镍、铅等）的盐溶液时，在阴极上一般总是得到相应的金属，而用一般金属做阳极进行电解时，一般是阳极溶解。

4.4.4 电解的应用

电解的应用很广泛，在机械工业和电子工业中广泛应用电解进行机械加工和表面处理，而最常用的表面处理方法是电镀。此外还有电解抛光、阳极氧化、电解加工、电刷镀等，它们都是电解在机械加工上的应用。下面简单介绍电镀、电解抛光的原理。

4.4.4.1 电镀

电镀是电解原理的实际应用，是用电解的方法将一种或多种金属镀到另一种金属表面上的过程。电镀时，是把被镀的零件作为阴极材料，用镀层金属作为阳极材料，以含镀层金属离子的溶液作为电解液。下面以电镀锌为例来说明电镀的原理。

在电镀锌时，是将被镀的零件作为阴极材料，用金属锌作为阳极材料，并在锌盐溶液中

进行电解。在适当的电压下，阳极上的锌失去电子而变为 Zn^{2+} 进入溶液中，而溶液中的 Zn^{2+} 在阴极上得到电子转变为锌而沉积在镀件的表面，形成了镀层。一般电镀层是靠镀层金属在基体金属上结晶并与基体金属结合形成的。

电镀液的选择直接影响着电镀的质量。如上述镀锌工艺中，如果用硫酸锌作电镀液，由于锌离子浓度较大，锌在镀件上析出的速度快，结果使镀层粗糙、厚薄不均匀、镀层与基体金属的结合力差。但如果采用碱性锌酸盐电镀液，如 $Na_2[Zn(OH)_4]$ 溶液，由于 $[Zn(OH)_4]^{2-}$ 的解离度很小，所以溶液中 Zn^{2+} 的浓度很低，而且在电镀过程中能保持 Zn^{2+} 浓度基本稳定不变，因此，这种电镀液就能得到结晶细致的光滑镀层。

4.4.4.2　电解抛光

电解抛光的一般原理是：在电解过程中，利用金属表面上凸出部分的溶解速率大于金属表面凹入部分的溶解速率这一特点，使金属表面达到平滑光亮的目的。因此，电解抛光是金属表面精加工的方法之一。

以钢铁工件的电解抛光为例，具体过程一般认为是：以钢铁工件作阳极，铅板作阴极，含磷酸、硫酸和铬酐（CrO_3）的溶液为电解液（称为抛光液）。电解时两极上发生下列反应

阳极
$$Fe \Longrightarrow Fe^{2+} + 2e^-$$
$$6Fe^{2+} + Cr_2O_7^{2-} + 14H^+ \Longrightarrow 6Fe^{3+} + 2Cr^{3+} + 7H_2O$$

阴极
$$2H^+ + 2e^- \Longrightarrow H_2 \uparrow$$
$$Cr_2O_7^{2-} + 14H^+ + 6e^- \Longrightarrow 2Cr^{3+} + 7H_2O$$

在阳极附近，工件铁溶解生成的 Fe^{2+} 被 $Cr_2O_7^{2-}$ 氧化成 Fe^{3+}，Fe^{3+} 进一步与溶液中的 HPO_4^{2-}、SO_4^{2-} 形成 $Fe_2(HPO_4)_3$，$Fe_2(SO_4)_3$ 等盐，因此，阳极附近盐的浓度不断增加，在金属表面形成一种黏性薄膜。由于离子间引力过大而影响扩散，使阳极发生极化，阳极实际析出电势代数值增大；同时在金属凹凸不平的表面上黏性薄膜厚度分布不均匀，凸出部分较薄，凹入部分较厚，因而阳极钢铁工件表面各处的极化电势有所不同。凸出部分极化电势较小，实际析出电势也较小，因此先溶解，于是使钢铁工件粗糙表面变得平整。

4.5　金属的腐蚀与防护

4.5.1　金属腐蚀问题的重要意义

当金属和周围的介质接触时，由于发生化学作用或电化学作用而引起的破坏叫做金属的腐蚀。

从热力学的观点来看，金属腐蚀是一种自发的趋势。如钢铁在潮湿的空气中会"生锈"，铝锅用来装盐会穿孔，轮船外壳在海水中会锈蚀。又如地下金属管道的穿孔，热力发电厂中锅炉的损坏，化工厂中各种金属容器的损坏，轧钢及金属热处理时氧化层的形成等，都是自发进行的金属腐蚀的例子。

金属腐蚀问题遍及国民经济和国防建设的各个部门，大量的金属构件和装备因腐蚀而报废，据统计世界上每年由于腐蚀而报废的金属设备和材料，相当于金属产量的 $20\% \sim 30\%$，全世界每年因腐蚀而损耗的金属达 $1 \times 10^8 t$ 以上。腐蚀的危害不仅在于金属本身受损失，更重要的是金属结构遭受破坏。金属结构的价值比起金属本身来说要大得多，例如在制造汽车、飞机及精密仪器时，制造费用远远超过金属本身的价值。

此外，由于金属受腐蚀还会引起停工减产，产品质量下降，大量有用物质（例如地下管道输送的油、气、水等）的渗漏，以至造成中毒或爆炸等事故。在石油工业中，由于设备腐

蚀损坏，发生跑、冒、滴、漏等现象也较普遍，有时甚至造成火灾、爆炸等事故，其损失也是非常惊人的。

在石油与天然气的勘探、开发、储运以及加工等过程中，水分、无机盐、硫化氢、二氧化碳、盐酸、氧和细菌等给生产设备造成的腐蚀也是很严重的。腐蚀不但使设备报废，如处理不及时，还会造成严重的生产事故，而且腐蚀产物还可能堵塞管线甚至地层，使产量降低。表4-3列举了一些常见的油田腐蚀。为了防止腐蚀，人们不得不采取一系列措施，投入大量的人力物力。这些充分说明了金属腐蚀问题对国民经济有着重大的影响。

表4-3 一些常见的油田腐蚀

油田领域	腐蚀情况	油田领域	腐蚀情况
钻井	钻井液腐蚀钻杆	采油	含水原油腐蚀油管、泵、抽油杆及井口设备
固井	固井水泥对油管、套管的腐蚀	采气	气田水、凝析水腐蚀油管及井口设备
完井	水基完井液对油管、套管的腐蚀	集输	大气、土壤腐蚀管线
酸化	盐酸腐蚀井筒管柱	水处理	各种水对管线、阀门、泵等的腐蚀

4.5.2 金属腐蚀的原因

根据金属腐蚀过程的不同特点，金属腐蚀可以分为化学腐蚀和电化学腐蚀两大类。

4.5.2.1 化学腐蚀

化学腐蚀是指金属表面和干燥气体或非电解质发生化学作用而引起的腐蚀。这种单纯由化学作用而引起的腐蚀叫做化学腐蚀。例如，金属和干燥气体（如 O_2、H_2S、SO_2、Cl_2 等）接触时，在金属表面上生成相应的化合物（如氧化物、硫化物、氯化物等）。化学腐蚀在常温、常压下不易发生，同时这类腐蚀往往只发生在金属表面，危害性一般来说比电化学腐蚀小一些。温度对化学腐蚀的影响很大，温度越高，腐蚀速率越快。例如，钢铁在常温和干燥的空气里并不易腐蚀，但在高温下显著氧化，生成一层由 FeO、Fe_2O_3 和 Fe_3O_4 组成的氧化层，同时还会发生脱碳现象。所谓脱碳是指钢铁中重要成分之一的渗碳体（Fe_3C）和某些气体发生氧化还原反应而失碳的一种现象。例如

$$Fe_3C + O_2 == 3Fe + CO_2$$

$$Fe_3C + CO_2 == 3Fe + 2CO$$

$$Fe_3C + H_2O == 3Fe + CO + H_2$$

发生脱碳现象后，钢铁表面除有氧化层外，还有含碳量很低的脱碳层，脱碳层的形成使钢铁表面的硬度减小，疲劳极限降低。

除气体化学腐蚀外，还有溶液化学腐蚀，它是指金属在非电解质溶液（如无水乙醇、苯、汽油、原油等）中发生的化学腐蚀。如在原油中含有多种形式的有机硫化物，它们对输油管和储油罐也会发生化学腐蚀。

4.5.2.2 电化学腐蚀

当金属与电解质溶液接触时，由于发生电化学作用（即产生原电池）而引起的腐蚀叫做电化学腐蚀。这种金属腐蚀过程中形成的原电池称为腐蚀电池。在腐蚀电池中，把发生氧化反应的电极称为阳极（习惯上腐蚀电池的负极称为阳极），发生还原反应的电极称为阴极（即腐蚀电池的正极称为阴极）。

在电化学腐蚀中，由于阴极反应不同，又分为析氢腐蚀和吸氧腐蚀两大类。

（1）析氢腐蚀 析氢腐蚀常常发生在酸性介质中。在含有较多 CO_2、SO_2 等酸性气体的潮湿空气中，或酸洗、压裂酸化中，若介质中 H^+ 浓度较大，就可能发生析氢腐蚀。在这种腐蚀电池中，金属铁成为阳极；钢铁中含有的硅、石墨、Fe_3C 等杂质电极电势大，在介

质中成为阴极，它们构成了腐蚀电池，其反应如下

阳极　　　　　　　$Fe \longrightarrow Fe^{2+} + 2e^-$　　铁被腐蚀

阴极　　　　　　　$2H^+ + 2e^- \longrightarrow H_2 \uparrow$

总反应式　　　　　$Fe + 2H^+ \longrightarrow Fe^{2+} + H_2 \uparrow$

或　　　　　　　　$Fe + 2H_2O \longrightarrow Fe(OH)_2 + H_2 \uparrow$

由于这类腐蚀过程中有氢气放出，故称为析氢腐蚀。上面生成的 $Fe(OH)_2$ 将进一步被空气中的氧氧化成 $Fe(OH)_3$，$Fe(OH)_3$ 脱水生成 Fe_2O_3。Fe_2O_3 及 $Fe(OH)_3$ 是红褐色铁锈的主要成分。

（2）吸氧腐蚀　一般工业生产中，钢铁在大气中的腐蚀主要是吸氧腐蚀。在通常情况下，钢铁表面吸附的水膜酸性很弱或是中性溶液，析氢腐蚀难以发生。这是由于空气中的氧气不断溶解于水膜并扩散到阴极，形成的 O_2/OH^- 电对的电极电势大于形成的 H^+/H_2 电对的电极电势，即 O_2 比 H^+ 更容易得到电子，氧化能力更强，致使吸氧腐蚀是主要的。形成的腐蚀微电池反应如下

阳极　　　　　　　　$Fe \longrightarrow Fe^{2+} + 2e^-$　　铁被腐蚀

阴极　　　　　　　　$\dfrac{1}{2}O_2 + H_2O + 2e^- \longrightarrow 2OH^-$　　溶于水膜中的氧被还原

总反应式　　　　　　$Fe + \dfrac{1}{2}O_2 + H_2O \longrightarrow Fe(OH)_2$

这类腐蚀因过程中消耗掉氧，故称为吸氧腐蚀。生成的 $Fe(OH)_2$，再被空气中的氧氧化成 $Fe(OH)_3$，脱水后形成铁锈。吸氧腐蚀是钢铁生锈的主要原因。

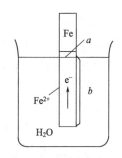

图 4-6　差异充气腐蚀

差异充气腐蚀是吸氧腐蚀中的一种。金属表面常因氧气分布不均匀而引起的腐蚀叫做差异充气腐蚀（又叫氧浓差腐蚀、充气不均匀腐蚀）。例如铁板插在水中，铁板上的 Fe^{2+} 受到水分子的作用有极微量的溶解，剩余的电子均匀地分布在铁板上而使铁板带负电。由于水中溶解的氧气分布得不均匀，如图 4-6 所示，水面下 a 处空气较充足，氧气的浓度较大，容易取得电子；水的内部 b 处空气不充足，氧气的浓度较小，不易取得电子。从电极反应

$$O_2 + 2H_2O + 4e^- \Longrightarrow 4OH^-$$

可以写出

$$E(O_2/OH^-) = E^{\ominus}(O_2/OH^-) + \frac{0.059}{4}\lg \frac{p(O_2)/p^{\ominus}}{c^4(OH^-)}$$

由此看出，$p(O_2)$ 越大，相应的电极电势越高，因此就相当于氧气浓度不同的一个浓差电池。其中，电极电势低的 b 处作为阳极而遭到腐蚀

$$Fe \longrightarrow Fe^{2+} + 2e^-$$

电极电势高的 a 处为阴极

$$\frac{1}{2}O_2 + H_2O + 2e^- \longrightarrow 2OH^-$$

差异充气腐蚀在生产上常常遇到，如金属部件的各种裂缝深处或死角的腐蚀、筛网交叉处的腐蚀、水封式储气罐的腐蚀等。生产上最普遍存在的所谓水线腐蚀，其原因与此类似。

总结上面所讨论的内容，可以把电化学腐蚀过程看做由下列三个环节组成。

① 阳极上，金属溶解变成离子转入溶液中。即

$$M(s) \longrightarrow M^{n+}(aq) + ne^-$$

② 电子从阳极流向阴极。

③ 阴极的电子被溶液中能与电子结合的物质所接受。

在阴极附近能与电子结合的物质是很多的，但大多数情况下是溶液中的 H^+ 和溶解 O_2。在电化学腐蚀中，把阴极上进行 $2H^+(aq) + 2e^- \Longrightarrow H_2(g)$ 反应的腐蚀称为析氢腐蚀，把阴极上进行 $\frac{1}{2}O_2(g) + H_2O + 2e^- \Longrightarrow 2OH^-$ 反应的腐蚀称为吸氧腐蚀，前者往往在酸性溶液中发生，而后者在弱酸性、中性或碱性溶液中发生。

工业上使用的金属常常含有杂质，如在钢铁中，除铁以外还含有石墨、Fe_3C 等电极电势较高的杂质。当钢铁制件暴露在潮湿空气中，便形成了电极数目很多面积又很小的微电池。微电池是指两极肉眼不可见，并且两极密接的腐蚀电池。Fe 为阳极，杂质为阴极，使 Fe 很快地遭到腐蚀。上述腐蚀又叫做微电池性腐蚀。

有些腐蚀电池的两极可以明显地观察到，即肉眼可见，称为宏电池，如铝板上铆一铜钉。金属构件表面有一层水膜，由于两种金属的电极电势不同，形成的电池腐蚀，叫宏电池性腐蚀。在此宏电池中，电极反应如下

阳极　　　　　　$Al \Longrightarrow Al^{3+} + 3e^-$

阴极　　　　　　$\frac{1}{2}O_2 + H_2O + 2e^- \Longrightarrow 2OH^-$

总反应式　　　　$2Al + \frac{3}{2}O_2 + 3H_2O \Longrightarrow 2Al(OH)_3 \downarrow$

实际上，金属腐蚀是一个非常复杂的过程，腐蚀的类型是多种多样的电化学腐蚀的组合。铁锈的主要成分是 $Fe(OH)_3$ 及其脱水产物 Fe_2O_3，这种铁锈疏松且导电，故铁锈生成后又会形成新的更多的微电池。锈堆把蚀孔遮住了，O_2 不易进入小孔，又形成"孔蚀"，使小孔中的腐蚀不断加深。未加防护的金属表面往往在尘土、锈堆的隐蔽之下发生着深透的腐蚀，这就是铁生锈后腐蚀现象越来越严重的主要原因。

4.5.3 金属腐蚀的速率

金属腐蚀是一个化学变化，影响腐蚀速率的基本因素与化学反应速率的相同。金属腐蚀速率主要受环境条件的影响，主要有环境的湿度、温度、空气中的污染性物质以及生产过程中的人为因素等几种，现讨论如下。

4.5.3.1 空气湿度的影响

常温下，金属在大气中的腐蚀主要是吸氧腐蚀。吸氧腐蚀的速率主要取决于构成电解质水分出现的机会。在某一相对湿度（称临界相对温度）以下，金属即使是长期暴露于大气中，仍几乎完全不生锈，但如果超过这一相对湿度时，金属就会很快腐蚀。临界相对湿度随金属的种类及表面状态有所不同。一般地说，钢铁生锈的临界相对湿度大约为 75%。

不同的物质或同一物质的不同表面状态对大气中水分的吸附能力是不同的。例如，一块干净的玻璃和一堆粗盐。在同一潮湿的空气中，可以看见玻璃表面没有什么变化，而粗盐却渐渐变成了一堆盐水。这是因为粗盐中的 $MgCl_2$ 晶体对空气中水分的吸附能力很强，即使空气相对湿度很低，它也能把水分子从空气中吸收进来；而玻璃对空气中水分子吸附力较小，空气湿度不到过饱和状态就看不到玻璃表面有水膜。那么，在多大湿度下物体表面才能形成水膜呢？这与物体本身的特性有关。粗盐、钢铁、玻璃能形成水膜的相对湿度依次增大。当钢铁置于相对湿度超过 75% 的环境中，就能很快在其表面形成一层水膜。

金属表面上的水膜厚度与金属的腐蚀速率大有关系。金属在水膜极薄（小于 10nm）的

情况下腐蚀速率很小。因为这种情况下电解质溶液不充分，影响金属的溶解；而水膜在10～10^3nm 时的腐蚀速率最大，因为这种情况相当于空气相对湿度较大时形成的水膜，此时，氧分子十分容易地透过水膜到达金属表面，氧的阴极电势增大，得电子容易，（金属）阳极失电子也快，因此腐蚀速率很快；如果水膜过厚（超过 10^6nm），氧分子通过水膜达到金属表面的过程变得缓慢，这使阴极得电子变得困难，腐蚀速率也就降低了。

如果金属表面有吸湿物质（砂灰尘、水溶性盐类等）污染，或其表面形状粗糙而多孔时，则临界相对湿度值就会大幅度下降。

4.5.3.2　环境温度的影响

环境温度和温度变化也是影响金属腐蚀的重要因素。因为它影响着空气的相对湿度，影响着金属表面水气的凝聚，影响着凝聚水膜中腐蚀性气体和盐类的溶解，影响着水膜的电阻以及腐蚀电池中阴、阳极反应过程的快慢。

温度的影响一般要和湿度条件综合起来考虑。当湿度低于金属的临界相对湿度时，温度对腐蚀的影响很小，此时无论气温多高，金属也几乎不腐蚀，而当相对湿度在临界相对湿度以上时，温度的影响就会相应地增大。此时温度每升高 10℃，锈蚀速率提高约 2 倍。所以在雨季或湿热带，温度越高，生锈越严重。

温度的变化，还表现在凝露现象上。例如在大陆性气候地区，白天炎热，空气相对湿度虽低，但并不是没有水分，相反，可能绝对湿度相当高。一到晚上，温度就剧烈下降，空气的相对湿度大大升高，这时空气中的水分就会在金属表面凝露，为生锈创造良好的条件，进而导致腐蚀加速。某些有时有暖气而有时暖气关掉的库房或车间，也会出现凝露现象。冬天将工件从室外搬到室内，由于室内温度较高，冰冷的钢铁表面会凝露一层水珠。在潮湿的环境中用汽油洗涤零件时，洗后由于汽油迅速挥发，而使零件变冷，表面会马上凝结一层水膜，所有这些都会引起金属生锈。所以，在金属制品的生产中，应尽量避免温度的剧烈变化。在北方高寒地区和昼夜温差较大的地区，应设法控制室内温度。

4.5.3.3　污染物质的影响

SO_2、CO_2、Cl^-、灰尘等污染性物质，在工业城市中是大量存在的。例如一个十万千瓦火力发电站，每昼夜从烟囱中排放出的 SO_2 就有 10t 之多。上海地区 SO_2 污染较严重，有人测定为 $0.02～0.04mg/m^2$。

SO_2、CO_2 等都是酸性气体，它溶于水膜，不仅增加了作为电解质溶于水膜的导电性，而且析氢腐蚀和吸氧腐蚀同时发生，从而加快了腐蚀速率，例如

$$2SO_2 + O_2 + 2H_2O \Longrightarrow 4H^+ + 2SO_4^{2-}$$
$$Fe + 2H^+ \Longrightarrow Fe^{2+} + H_2$$
$$2Fe + 4H^+ + O_2 \Longrightarrow 2Fe^{2+} + 2H_2O$$

Fe^{2+} 进一步被氧化成 Fe^{3+}，Fe^{3+} 在 pH=3.2 时完全沉淀为 $Fe(OH)_3$：

$$2Fe^{2+} + \frac{1}{2}O_2 + H_2O + 4OH^- \Longrightarrow 2Fe(OH)_3 \downarrow$$

铁在大气中的腐蚀主要是吸氧腐蚀。锌也如此，它在大气中的吸氧腐蚀产物主要是 $Zn(OH)_2$，它与空气中的 CO_2 进行如下反应，生成碱式碳酸锌：

$$5Zn(OH)_2 + 2CO_2 \Longrightarrow Zn_5(OH)_6(CO_3)_2 + 2H_2O$$

碱式碳酸锌可形成一种致密的覆盖层，使金属表面与氧、水隔离。这就使腐蚀速率大大变慢，一般年腐蚀深度只几微米。这种情况下，腐蚀速率只取决于覆盖层按照下述反应所发生的溶解：

$$Zn_5(OH)_6(CO_3)_2 \Longrightarrow 5Zn^{2+} + 6OH^- + 2CO_3^{2-}$$

这样，如果在锌表面经常有水出现，就可能使碱式碳酸锌溶解而促使腐蚀的继续。再加上工业区大气被 SO_2 严重污染，SO_2 可以与 O_2 和 H_2O 反应生成硫酸，而 H^+ 则使碱式碳酸锌的离解平衡强烈地向右移动，促进了覆盖层的溶解，加速了锌的腐蚀：

$$Zn_5(OH)_6(CO_3)_2 \rightleftharpoons 5Zn^{2+} + 6OH^- + 2CO_3^{2-}$$

$$6OH^- + 6H^+ \rightleftharpoons 6H_2O$$

$$2CO_3^{2-} + 4H^+ \rightleftharpoons 2H_2CO_3 \rightleftharpoons 2H_2O + 2CO_2\uparrow$$

铅在大气中的腐蚀过程本质上与锌十分类似，但有一个重要差别。铅与由 SO_2 所生成的硫酸发生反应可产生硫酸铅，而硫酸铅是难溶的，起着抑制腐蚀继续进行的作用。铅在工业大气中具有较好的抗蚀性，原因就在于此。铅的腐蚀速率几乎与 SO_2 无关，仅取决于相对湿度。

Cl^- 的作用，特别在近海洋的大气中，也能促进腐蚀的发生。Cl^- 体积小，无孔不入，能穿透水膜，破坏金属表面的钝化膜，生成的 $FeCl_3$ 又易溶于水，且溶入水膜后大大提高了水膜的导电能力。钢铁材料在海滨大气及海洋运输中腐蚀速率较快的原因就是 Cl^- 的作用。

此外，在某些化工区，大气中还含有许多腐蚀性气体，如 H_2S、NH_3、Cl_2 和 HCl 等，这些气体都能不同程度地加速金属的腐蚀。

4.5.3.4 其他因素的影响

金属制品在其生产过程中，可能带来很多腐蚀性因素。例如加工冷却液，不同的金属对其要求差别很大。例如，Zn、Al、Pb、Cu 在一般的酸和碱溶液中都不稳定，因为它们都具有两性，它们的氧化物在酸、碱中均能溶解。Fe 和 Mg 由于其氢氧化物在碱中实际上不溶解，而在金属表面上生成保护膜，因而使得它们在碱溶液中的腐蚀速率比在中性和酸性溶液中要小。Ni 和 Cd 在碱性溶液中较稳定，但在酸性溶液中易腐蚀。因此加工钢铁零件的冷却液，一般要呈弱碱性（pH=8～9），但这种碱性冷却液用于 Zn、Al 等金属就不行了。

盐类的影响比较复杂，一般着重考虑它们与金属反应所生成的腐蚀产物的溶解度。例如，可溶性碳酸盐、磷酸盐分别在钢铁表面的阳极区域生成不溶的碳酸铁、磷酸铁薄膜；硫酸锌则在钢铁表面的阴极区域形成不溶的氢氧化锌，它们都会产生电阻极化，因此钢铁和这些溶液接触都会大大降低腐蚀速率。还有一些盐类，如铬酸盐、重铬酸盐等能使金属表面氧化形成保护膜。

还有很多不可避免的操作因素。例如工件的加工表面很难避免接触操作者的手，而操作者的手有时有可能出汗，人汗成分中含有较多的 Cl^-、乳酸及尿素等，这也易促进金属生锈。热处理中，残盐洗涤不干净也是常见的腐蚀因素。铸件通过喷砂，表面变得新鲜而粗糙，这样与空气接触面积大，再加上表面吸附性能和反应活性的骤然升高，也极易使铸件很快腐蚀。

除上述因素外，还有一些因时、因地的各种因素。例如金属原材料，半成品或成品，因保管不善而积满灰尘，用脏棉丝擦抹工件或用脚踏踩或不小心洒上水滴；蚁、蝇及各种小昆虫在金属表面上爬动，都会因脏物或排泄物等黏附在工件表面而引起腐蚀。

总之，腐蚀速率是研究腐蚀现象中的一个十分重要的问题。

4.5.4 金属腐蚀的防止

金属材料及金属材料制品的腐蚀会直接或间接产生巨大的经济损失。所以防止金属腐蚀具有重要作用。下面介绍几种防腐的方法。

4.5.4.1 改善金属的防腐能力

可以尽可能地除去金属中的杂质，减少形成腐蚀电池的可能性，纯金属的耐腐蚀性能一般比含有杂质或少量其他元素的金属更好。例如锆是原子能应用中非常重要的材料，一点点腐蚀都不允许，因此必须使用电弧熔炼的锆，电弧熔炼的锆比其他熔炼的更纯。相当纯的铝耐蚀性能更好，而且价格也不贵。但一般纯金属通常价格较贵，而且硬度小、强度低。这种纯金属材料一般只用在极少数特殊场合，大多数情况下使用合金材料。

为了增强金属的耐腐蚀能力，有时也在金属中加入一些能增加电极极化的成分。例如在生铁中加入硅（Si）、钼（Mo）制成硅钼铸铁，它能耐酸的腐蚀，高硅铸铁除氢氟酸外，不大受其他酸的腐蚀。在普通钢中加入 $18\%Cr$ 和 $8\%Ni$ 可制成不锈钢，其原因是增强了阳极极化性能，它在大气、水或硝酸中可耐腐蚀。在钢中加入 Cr、Al 和 Si 等元素可增加其抗氧化性，加入 Cr、Ti、V、W 等元素可防止腐蚀。又如干电池的外壳锌筒常因自放电而烂穿，若在糊状电解质中加入少许 $HgCl_2$，锌与之接触可取代汞而成汞齐，氢在汞齐上超电势很大，因而阻滞了锌筒的局部腐蚀。增加金属表面的光洁程度也能提高其防腐性能。总之，组成合金是增加金属自身抗腐蚀能力的重要方法之一。

4.5.4.2 在金属表面覆盖各种保护层

这种方法的实质是使金属与外部介质隔绝，以阻止金属表面微电池的形成。这就要求保护层具有高度的连续性和致密性，保护层本身在使用介质中必须是稳定的，保护层与被保护的金属必须结合牢固。在油田生产实际中可以根据金属制件的使用情况，合理地选择各种保护层。

保护层的分类如下

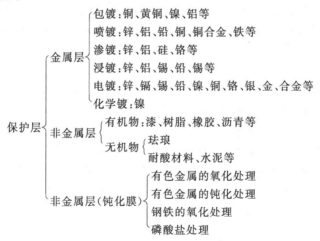

采用金属保护层的优点是能保持原金属的性质，如保持金属光泽、导电性、导热性等。采用非金属保护层成本较低，工艺也比较简单，但它埋没了金属的特性。军械上的发蓝、发黑，铝表面通过阳极氧化处理形成的氧化膜，都能起防止金属产生电化学腐蚀的作用，但机器零件经常摩擦的部分，不宜采用这种防护法。总之，采用什么防护层比较合适，要考虑金属制件使用的条件和对保护层的要求。

4.5.4.3 缓蚀剂法

在腐蚀性介质中，加入少量能减小腐蚀速率的物质来减慢金属腐蚀，这种方法称为缓蚀剂法，所加物质称为缓蚀剂。在石油工业中，对于天然气、原油中的 H_2S 气体、NaCl 溶液对管道及容器的腐蚀，酸洗液、压裂酸化液对管道及设备的腐蚀，工业用水中水质对容器、设备、锅炉的腐蚀，切削液对金属工件的腐蚀等，常采用缓蚀剂法来防止。此法近年来发展很快，应用很广，按其化学性质可分为两类。

(1) 无机缓蚀剂　无机缓蚀剂是一些无机盐类，它们常使用在中性介质或碱性介质中。根据溶液的介质条件不同，使用不同的无机盐类作缓蚀剂。常用的阳极缓蚀剂有氧化性物质，如铬酸盐、重铬酸盐、硝酸盐、亚硝酸盐等，它们能使阳极表面氧化而形成钝化膜，因而减少了金属的腐蚀速率。例如在水中加入 $0.2\% \sim 0.5\% K_2Cr_2O_7$ 溶液，可减慢介质对钢铁的腐蚀速率。阳极缓蚀剂还有非氧化性物质，如加入 $NaOH$、Na_2CO_3、Na_2SiO_3、Na_3PO_4、C_6H_5COONa、Na_2MoO_4 等也可作为缓蚀剂。阴极缓蚀剂如锌盐、碳酸氢钙、重金属盐类等，它们能与阳极溶解下来的金属离子或与阴极附近的某些离子形成难溶性化合物覆盖于阳极或阴极的表面，从而与硬水中的 Ca^{2+} 形成带正电荷的胶粒如 $(Na_5CaP_6O_{18})_n^{n+}$，向金属阴极迁移生成保护膜，从而减慢了金属的腐蚀速率。

(2) 有机缓蚀剂　在酸性介质中，通常使用有机缓蚀剂，如琼脂、糊精、动物胶、六次甲基四胺（俗名乌洛托品）和生物碱等，都能减弱金属在酸性介质中的腐蚀。

缓蚀作用的机理一般认为是缓蚀被吸附在金属表面上，阻碍了 H^+ 放电，因而减慢了腐蚀。例如胺类发生反应：

$$R_3N + H^+ \longrightarrow [R_3NH]^+$$

生成的正离子被吸附在金属表面，腐蚀受到了阻碍。

有机缓蚀剂在工业上广泛地用在酸洗钢板、酸洗锅炉以及油气田的酸化处理中。在采油采气中，为了提高采收率，常采用酸化处理、酸化压裂、加沙压裂等，有机缓蚀剂在酸化液中叫防腐剂，常用的有甲醛、苯胺、乌洛托品、丁炔二醇、若丁（二邻甲苯硫脲）等，其用量在 $0.1\% \sim 1\%$ 之间。

此外，还有一类气相缓蚀剂，常用的有亚硝酸二环己胺、碳酸环己胺、亚硝酸二异丙胺等。气相缓蚀剂给机器产品的包装技术带来重大革新，这对于武器及精密仪器的储藏和运输都带来巨大的便利。

4.5.4.4　电化学保护法

电化学保护法是将被保护的金属作为腐蚀电池或电解池的阴极，由于腐蚀电池和电解池都是阳极溶解而阴极还原，故不受腐蚀，所以又称阴极保护法，它通常以两种方式来实现，即牺牲阳极保护法和外加电流保护法。

(1) 牺牲阳极保护法　牺牲阳极保护法又叫护屏保护法，是用电极电势比被保护金属更低的金属材料做阳极固定在被保护金属上，形成腐蚀原电池而达到保护的目的。一般常用的材料有锌、铝、镁及其合金。例如，在轮船底四周镶嵌锌合金，锌作为阳极受到腐蚀，船体钢铁作为阴极得到保护，如图 4-7 所示。

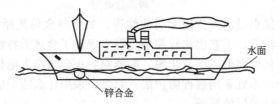

图 4-7　牺牲阳极保护法示意图

牺牲阳极保护法常用于保护海轮外壳、锅炉和海底设备，并已开始用于防止蓄油罐、水管、输油管线、输气管线等的腐蚀。作为牺牲的阳极对被保护的金属表面积应有一定的比例，通常占 $1\% \sim 5\%$，分布在被保护金属的表面。

(2) 外加电流保护法　它是将被保护金属与外电源的负极相连接，构成电解池的阴极，用一种附加电极与外电源的正极相连，构成电解池的阳极。这样就有如电解池的工作，电子由电源的负极流向被保护金属，它附近的金属离子就可取得电子，使被保护金属得到保护，如图 4-8 所示。如果附加阳极是较活泼金属，则因阳极溶解而腐蚀，因此须经常更换。若用不溶性的石墨、高硅铸铁、磁性氧化铁作为附加电极，则不发生溶解腐蚀，因此也不须经常更换。

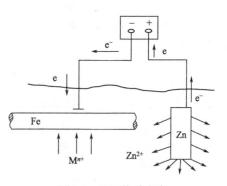

图 4-8　地下管道防腐

外加电流保护法主要用于防止土壤、海水及河水中的金属设备的腐蚀，亦能有效地防止水管、煤气管、输油管线、电缆的腐蚀。

防止腐蚀的方法很多，采用哪种方法比较合适，要根据被保护金属的特点、防蚀的要求、经济核算、使用美观等各方面的因素综合考虑、合理选择。有时也可以几种方法同时采用，取长补短。针对电化学腐蚀的原因选择合适的保护金属的方法，是每一个工程技术人员必须掌握的知识。

思考题与习题

一、选择题

1. 将反应 $Ni + Cu^{2+} \longrightarrow Ni^{2+} + Cu$ 设计为原电池。下列哪一个是正确的电池符号？（　　）。

A. $(-) Cu \mid Cu^{2+} \parallel Ni^{2+} \mid Ni (+)$　　　　　　B. $(-) Ni \mid Ni^{2+} \parallel Cu^{2+} \mid Cu (+)$

C. $(-) Cu \mid Ni^{2+} \parallel Cu^{2+} \mid Ni (+)$　　　　　　D. $(-) Ni \mid Cu^{2+} \parallel Ni^{2+} \mid Cu (+)$

2. 下列半反应式的配平系数从左至右依次为（　　）。

$$CuS + H_2O \longrightarrow SO_4^{2-} + H^+ + Cu^{2+} + e^-$$

A. 1、4、1、8、1、1　　　　　　　　　　B. 1、2、2、3、4、2

C. 1、4、1、8、1、8　　　　　　　　　　D. 2、8、2、16、2、8

3. 为了提高 $Fe_2(SO_4)_3$ 的氧化能力，可采取下列哪项措施？（　　）。

A. 增加 Fe^{3+} 浓度，降低 Fe^{2+} 浓度　　　　B. 降低 Fe^{3+} 浓度，增加 Fe^{2+} 浓度

C. 增加溶液的 pH 值　　　　　　　　　　D. 降低溶液的 pH 值

4. 在下列氧化剂中，哪些物质的氧化性随 H^+ 浓度增加而增强？（　　）。

A. Hg^{2+}　　　　　B. MnO_4^-　　　　　C. $Cr_2O_7^{2-}$　　　　　D. Cl_2

5. 由电极反应 $Cu^{2+} + 2e^- \rightleftharpoons Cu$　　$E^\ominus(Cu^{2+}/Cu) = +0.34V$
推测电极反应 $2Cu \rightleftharpoons 2Cu^{2+} + 4e^-$ 的 $E^\ominus(Cu^{2+}/Cu)$ 值为下列哪一项？（　　）。

A. $-0.68V$　　　B. $+0.68V$　　　　C. $-0.34V$　　　　D. $+0.34V$

6. 根据下列反应构成原电池，测得它的 $E^\ominus = 0.445V$，已知 $E^\ominus(I_2/I^-)$ 为 $0.535V$，则电对 $S_4O_6^{2-}/S_2O_3^{2-}$ 的 $E^\ominus(S_4O_6^{2+}/S_2O_3^{2-})$ 为（　　）。

$$2S_2O_3^{2-} + I_2 \longrightarrow S_4O_6^{2-} + 2I^-$$

A. $-0.090V$　　　B. $0.980V$　　　　C. $0.090V$　　　　D. $-0.980V$

7. 已知下列反应均按正方向进行：

$$2I^- + 2Fe^{3+} \Longrightarrow 2Fe^{2+} + I_2$$

$$Br_2 + 2Fe^{2+} \Longrightarrow 2Fe^{3+} + 2Br^-$$

由此判断下列几个氧化还原电对的电极电势代数值从大到小的排列顺序是下列哪一项？（　　）。

A. $E^\ominus(Fe^{3+}/Fe^{2+})$、$E^\ominus(I_2/I^-)$、$E^\ominus(Br_2/Br^-)$

B. $E^\ominus(I_2/I^-)$、$E^\ominus(Br_2/Br^-)$、$E^\ominus(Fe^{3+}/Fe^{2+})$

C. $E^\ominus(Br_2/Br^-)$、$E^\ominus(Fe^{3+}/Fe^{2+})$、$E^\ominus(I_2/I^-)$

D. $E^{\ominus}(Fe^{3+}/Fe^{2+})$、$E^{\ominus}(Br_2/Br^-)$、$E^{\ominus}(I_2/I^-)$

8. 已知下列反应的原电池电动势为 0.46V，且 Zn^{2+}/Zn 的 $E^{\ominus}(Zn^{2+}/Zn)=-0.76V$，则氢电极溶液中的 pH 为（　　）。

$$Zn(s)+2H^+\,(x\,mol\cdot dm^{-3}) \longrightarrow Zn^{2+}\,(1\,mol\cdot dm^{-3})+H_2\,(100kPa)$$

A. 10.2　　　　　　　B. 2.5　　　　　　　C. 3　　　　　　　D. 5.1

9. 根据公式 $\lg K=\dfrac{nE^{\ominus}}{0.059}$ 可以看出，溶液中氧化还原反应的平衡常数 $K^{\ominus}$（　　）。

A. 与温度无关　　　B. 与浓度有关　　　C. 与浓度无关　　　D. 与反应式书写无关

10. 电解 $1\,mol\cdot dm^{-3}\,CuSO_4$ 和 $1\,mol\cdot dm^{-3}\,ZnSO_4$ 的混合溶液，用铁棒作电极，在阴极上最容易放电的物质是下列哪一种？（　　）。

A. H^+　　　　　　B. Cu^{2+}　　　　　　C. Zn^{2+}　　　　　　D. Fe^{2+}

11. 下列叙述中错误的是（　　）。

A. 钢铁制件在大气中的腐蚀主要是吸氧腐蚀而不是析氢腐蚀

B. 析氢腐蚀与吸氧腐蚀的主要不同点在于阴极处的电极反应不同，析氢腐蚀时，阴极处 H^+ 放电析出 H_2；而吸氧腐蚀时，阴极处是 O_2 变成 OH^-

C. 为了保护地下管道（铁制品），可以将其与铜片相连

D. 在金属的防腐方法中，当采用外加电流法时，被保护的金属应直接与电源负极相连

二、填空题

1. 填表

氧化还原反应	电池符号	电极反应
$Zn+CdSO_4 \Longrightarrow ZnSO_4+Cd$		
$Sn^{2+}+2Ag \Longrightarrow Sn^{4+}+2Ag$		
$2Al+3Cl_2 \Longrightarrow 2AlCl_3$		
$Fe+Hg_2Cl_2 \Longrightarrow FeCl_2+2Hg$		

2. 标准电极电势表中的数值是相对于＿＿＿＿＿＿的标准电极电势。电化学测量中常用的参比电极有＿＿＿＿＿＿、＿＿＿＿＿＿。

3. 影响电极电势数值的因素有：＿＿＿＿＿＿、＿＿＿＿＿＿、＿＿＿＿＿＿。

4. 判断氧化还原反应进行方向的原则是＿＿＿＿＿＿或＿＿＿＿＿＿；判断氧化还原反应进行程度的关系式是＿＿＿＿＿＿。判断氧化剂或还原剂相对强弱的依据是＿＿＿＿＿＿。

5. 对于原电池（－）$Zn\,|\,ZnSO_4(1.0\,mol\cdot dm^{-3})\,\|\,CuSO_4(1.0\,mol\cdot dm^{-3})\,|\,Cu$（＋），若增加 $ZnSO_4$ 的浓度，则 E＿＿＿＿＿＿；增加 $CuSO_4$ 的浓度，则 E＿＿＿＿＿＿。若在 $CuSO_4$ 溶液中加入 Na_2S 则 E＿＿＿＿＿＿。电池工作半小时后，E＿＿＿＿＿＿。（空内填"增大"或"减小"）

6. 金属在＿＿＿＿＿＿条件下发生化学腐蚀，在＿＿＿＿＿＿条件下发生电化学腐蚀。发生电化学腐蚀的原因是＿＿＿＿＿＿，按＿＿＿＿＿＿极反应的类型，电化学腐蚀可分为＿＿＿＿＿＿和＿＿＿＿＿＿两类。

7. 电解盐类的水溶液时，首先在阳极放电的是＿＿＿＿＿＿较小的＿＿＿＿＿＿物质；首先在阴极放电的是＿＿＿＿＿＿较大的＿＿＿＿＿＿物质。

三、计算题

1. 写出下列方程式的氧化和还原两个半反应的反应式，并配平：

(1) $Cr_2O_7^{2-}+SO_3^{2-}+H^+ \longrightarrow SO_4^{2-}+Cr^{3+}+H_2O$

(2) $KMnO_4+H_2O_2+H_2SO_4$（稀）$\longrightarrow MnSO_4+O_2\uparrow+K_2SO_4+H_2O$

(3) $CrCl_3+H_2O_2+KOH \longrightarrow K_2CrO_4+KCl+H_2O$

2. 由标准氢电极和镍电极组成原电池。若 $c(Ni^{2+})=0.01\,mol\cdot dm^{-3}$ 时，电池的电动势为 0.309V，其中 Ni 为负极，计算镍电极的标准电极电势。

3. 试计算下列各电对在 298K 时，在给定条件下的电极电势：

(1) Fe^{3+}（$0.10\,mol\cdot dm^{-3}$）$/Fe^{2+}$（$0.5\,mol\cdot dm^{-3}$）

(2) $Cl_2 (5 \times 10^4 Pa) / Cl^- (0.01 mol \cdot dm^{-3})$

(3) $MnO_4^- (0.10 mol \cdot dm^{-3}) / H^+ (10^{-5} mol \cdot dm^{-3}) / Mn^{2+} (0.10 mol \cdot dm^{-3})$

4. 试计算 298K 时，下列原电池的电动势（未注明浓度和分压的，均为标准状态）：

(1) $(-) Zn | Zn^{2+} (0.10 mol \cdot dm^{-3}) \| Cu^{2+} | Cu (+)$

(2) $(-) Fe | Fe^{2+} (0.10 mol \cdot dm^{-3}) \| Cl^- | Cl_2 (Pt) (+)$

5. 将下列反应组成原电池。

$$Sn^{2+} + 2Fe^{3+} === Sn^{4+} + 2Fe^{2+}$$

(1) 用符号表示原电池的组成；

(2) 计算标准状态时原电池的电动势；

(3) 计算反应的标准吉布斯函数变；

(4) 若改变 Sn^{2+} 浓度，使 $c(Sn^{2+}) = 1.0 \times 10^{-3} mol \cdot dm^{-3}$ 时，计算原电池的电动势；

(5) 该原电池在使用若干时间后，电动势变大还是变小？为什么？

6. 由标准钴电极和标准氯电极组成原电池，测得其电动势为 1.63V，此时钴电极为负极。现已知氯的标准电极电势为 1.36V，试问：

(1) 此电池反应的方向如何？

(2) 标准钴电极的电极电势是多少（不查表）？

(3) 当氯的压力增大或减小时，电池的电动势将发生怎样的变化？

(4) 当 Co^{2+} 浓度降低到 $0.01 mol \cdot dm^{-3}$ 时，电池的电动势将如何变化？

(5) 若在氯电极溶液中加入一些 $AgNO_3$ 溶液，电池的电动势将如何变化？

7. 已知下列电对的标准电极电势为：

$$H_3AsO_4 + 2H^+ + 2e^- \rightleftharpoons H_3AsO_3 + H_2O \qquad E^\ominus (H_3AsO_4 / H_3AsO_3) = 0.581V$$

$$I_2 + 2e^- \rightleftharpoons 2I^- \qquad E^\ominus (I_2 / I^-) = 0.535V$$

(1) 计算标准状态下，由以上两个电对组成原电池的电动势。

（提示：原电池反应式：$H_3AsO_4 + 2I^- + 2H^+ === H_3AsO_3 + I_2 + H_2O$）

(2) 计算反应的平衡常数 $K^\ominus$。

(3) 计算反应的标准吉布斯函数变，并指出反应能否自发进行。

(4) 若溶液的 pH＝7（其他条件不变），该反应向什么方向进行，通过计算说明。

8. 已知下列反应均按正反应方向进行。

$$2FeCl_3 + SnCl_2 === SnCl_4 + 2FeCl_2$$

$$2KMnO_4 + 10FeSO_4 + 8H_2SO_4 (稀) === 2MnSO_4 + 5Fe_2(SO_4)_3 + K_2SO_4 + 8H_2O$$

指出这两个反应中，有几个氧化还原电对，并比较它们电极电势的相对大小（从大到小列出次序）。

9. 判断下列氧化还原反应进行的方向（设有关离子浓度或气体分压均处于标准状态）

(1) $Cu + 2Fe^{3+} === Cu^{2+} + 2Fe^{2+}$

(2) $Sn^{2+} + Hg^{2+} === Sn^{4+} + Hg$

(3) $2Cr^{3+} + 3I_2 + 7H_2O === Cr_2O_7^{2-} + 6I^- + 14H^+$

10. 计算 298K 时，下列反应的标准吉布斯函数变。

(1) $2Fe^{3+} + 2I^- === 2Fe^{2+} + I_2$

(2) $Cu^{2+} + H_2 === Cu + 2H^+$

11. 计算 298K 时，下列反应的标准平衡常数。

(1) $Cu + 2Fe^{3+} === Cu^{2+} + 2Fe^{2+}$

(2) $MnO_4^- + 5Fe^{2+} + 8H^+ === Mn^{2+} + 5Fe^{3+} + 4H_2O$

12. 计算 298K 时，下列反应的吉布斯函数变和平衡常数。

(1) $Zn + Cu^{2+} (0.02 mol \cdot dm^{-3}) === Zn^{2+} (0.01 mol \cdot dm^{-3}) + Cu$

(2) $Sn^{2+} (0.1 mol \cdot dm^{-3}) + Pb === Pb^{2+} (0.01 mol \cdot dm^{-3}) + Sn$

13. 将下列反应组成原电池

$$Ni + 2Ag^+ (1.0 mol \cdot dm^{-3}) === 2Ag + Ni^{2+} (0.1 mol \cdot dm^{-3})$$

(1) 用原电池符号表示该原电池；　　　　　(2) 写出两极反应；

(3) 计算原电池的电动势；　　　　　　　　(4) 计算标准平衡常数 $K^{\ominus}$ 值。

14. 20℃时某处空气中水的实际蒸气压为 $10.01\times10^2\,Pa$，求此时的相对湿度是多少？

四、简答题

1. 请简述氧化数、氧化剂和还原剂的概念。

2. 简述将化学能转变为电能必须具备的条件。

3. 比较水膜厚度为 10nm、10^5nm、3mm 时的某金属腐蚀速率的大小，并简述理由。

4. 分别简述空气中 SO_2 气体对铁、锌、铅等金属腐蚀速率的影响，并写出有关的化学方程式。

5. 写出空气中 CO_2 对铁、锌、铅等金属腐蚀速率的影响，并写出有关的化学方程式。

6. 温度对金属腐蚀有哪些影响？是怎样影响的？

7. 溶液的 pH 值对金属腐蚀有哪些影响？是怎样影响的？

8. 从防腐蚀角度考虑，选取金属材料有哪些通用规则？

9. 防腐中的保护层有什么作用？具体又有哪些保护层？

10. 常用的无机和有机缓蚀剂有哪些？简述它们的作用原理。为什么在金属酸洗工艺中常用有机缓蚀剂防腐？

11. 防止金属材料腐蚀的阴极保护法采用哪两种方法？其原理是什么？

第5章 物质结构基础

世界上的物质种类繁多，性质各异，其根本原因都与物质的组成和结构有关。为了掌握物质性质及其变化的规律，必须深入学习物质结构的知识。本章首先从研究原子运动的客观规律入手，由于在通常情况下，化学反应并不涉及原子核的变化，而只是原子核外电子运动的改变，因此，在化学中讨论原子结构是着重研究核外电子运动状态和它的运动规律，以及原子核外电子分布与元素性质之间的变化规律。然后讨论化学键、分子结构与晶体结构方面的基本理论和基础知识，这对更好地认识工程材料的性能将会大有帮助。

5.1 原子结构的近代概念

5.1.1 氢原子光谱和玻尔理论

近代研究原子结构是从解释氢原子光谱实验开始的。什么是原子光谱？有何特征？

当气体或蒸气被火焰、电弧或其他方法灼热时，能发出不同波长的光线。利用棱镜或光栅对不同波长光线的折射率不同，可以把光分成一系列按照波长长短的顺序排列的线条，叫做线状光谱。原子光谱都是线状光谱。每种元素的原子都有它自己的特征线状光谱。多数元素的原子光谱较复杂，少数较简单，而氢原子光谱则是最简单的。如图 5-1 所示为充有低压氢气的放电管所产生和氢原子的特征光谱。后来在紫外区和红外区又分别找到若干组谱线

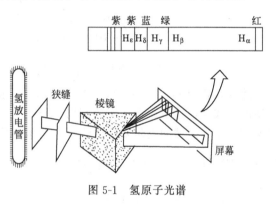

图 5-1 氢原子光谱

系。1890 年瑞典科学家里德堡（J. R. Ryderg）将原子光谱的频率归纳为统一公式：

$$\nu = 3.29 \times 10^{15} \left(\frac{1}{n_1^2} - \frac{1}{n_2^2} \right) \tag{5-1}$$

此式叫做里德堡公式。式中，n_1 和 n_2 都是正整数，且 $n_2 > n_1$。在可见光区氢原子光谱的五根谱线的 n_1 为 2，n_2 分别为 3、4、5、6、7。

1900 年德国物理学家普朗克（M. Planck），根据实验提出辐射能的放出和吸收并不是连续的，而是按一个基本量或其整数一份一份地吸收或发射。这种情况叫做能量的量子化，这个基本量的辐射能叫做量子或光子。量子的能量 E 和频率 ν 的关系是

$$E = h\nu \tag{5-2}$$

式中 h 为普朗克常数，$h = 6.626 \times 10^{-34} \text{J} \cdot \text{s}$

1913 年丹麦物理学家玻尔（N·Bohr）综合引用了卢瑟福的"天体原子模型"、普朗克量子论和爱因斯坦学说，提出了以下几点氢原子结构理论，成功地解释了氢光谱。

① 在原子中，电子不能沿着任意轨道运动，而只能沿特定的轨道运动。这些轨道叫做稳定轨道，沿此轨道运动的电子叫做处在定态的电子，它既不放出能量，也不吸收能量。

② 电子在不同轨道上旋转时可具有不同的能量。即具有许多定态。最低能量的定态叫

基态，其余的叫激发态。通常把这些具有不连续能量值的定态叫能级。

③ 电子从一个高能级（E_2）跳到另一个低能级（E_1）的过程叫电子跃迁。电子跃迁以光的形式辐射能量，其相应的频率为：

$$\nu = \frac{E_2 - E_1}{h} = \frac{\Delta E}{h} \tag{5-3}$$

根据以上假定，玻尔求出了处于定态下氢原子核外电子各个定态轨道的半径（r）和能量（E）分别为：

各轨道半径：
$$r = n^2 a_0 \tag{5-4}$$

式中，$a_0 = 0.053 \text{nm}$，a_0 称为玻尔半径。

$$E_n = -\frac{2.18 \times 10^{-18}}{n^2} \text{J} \tag{5-5}$$

负号表明在原子核的正电场作用下电子受核吸引，这里把电子在离核无穷远处作为位能的零点。这个方程式表明，只允许原子有某些能量，此能量取决于 n 的数值。原子的最低能级 $n=1$；随着 n 的增大，能量增大，而 E 值变小，当 $n=\infty$ 时，$E=0$，相应于电离了的原子。

当电子从能量较高的 E_2 轨道跃迁到能量较低的 E_1 轨道时，原子放出能量，其频率为：

$$\nu = \frac{E_2 - E_1}{h} = \frac{1}{h} \left[\left(-\frac{2.18 \times 10^{-18}}{n_2^2} \right) - \left(-\frac{2.18 \times 10^{-18}}{n_1^2} \right) \right]$$

$$= \frac{2.18 \times 10^{-18}}{6.626 \times 10^{-34}} \left(\frac{1}{n_1^2} - \frac{1}{n_2^2} \right)$$

$$= 3.29 \times 10^{15} \left(\frac{1}{n_1^2} - \frac{1}{n_2^2} \right)$$

此处，若令 $n_1 = 2$、$n_2 = 3, 4, 5, 6, 7$，则这个从理论上导出和关于氢原子五条谱线频率的公式与前述里德堡从实验测出的公式完全一致，这说明玻尔理论是很成功的。除了这五条在可见光区域的巴尔麦系谱线外，玻尔还预测了其他各系谱线和频率。

在紫外区 $\nu = 3.29 \times 10^{15} \left(\frac{1}{1^2} - \frac{1}{n_2^2} \right)$ $n_2 = 2, 3, 4, \cdots$

在红外区 $\nu = 3.29 \times 10^{15} \left(\frac{1}{3^2} - \frac{1}{n_2^2} \right)$ $n_2 = 4, 5, 6, \cdots$

            $\nu = 3.29 \times 10^{15} \left(\frac{1}{4^2} - \frac{1}{n_2^2} \right)$ $n_2 = 5, 6, 7, \cdots$

这些也与实验结果一致。

玻尔成功地解释了氢原子光谱，关指出了轨道的量子化，对后来光谱学的研究以及近代原子结构的发展均作出了一定的贡献。但玻尔理论不能说明多电子原子的光谱，也不能解释原子如何形成分子的化学键本质。玻尔理论的主要缺陷是将电子简单地理解释为经典粒子，把适用于宏观世界的经典理论搬进了微观世界。认为电子的运动与行星绕太阳的轨道运动一样，沿着原子轨道绕核运动。电子的运动具有微观粒子所特有的规律性，需用近代发展起来的量子力学才能解释。许多实验事实证明微观粒子与宏观物体不同，它具有波动的特征。

5.1.2 微观粒子的波粒二象性

对于光的本质是波动还是粒子，在物理学中曾有过长期争论。一般说来，在光和实物相互作用时所发生的现象，如光的吸收（光电效应）和发射等现象中，光突出地表现粒子性（光子具有能量和动量）；而与光的传播有关的现象，如干涉和衍射现象，只能用光的波动性（频率和波长）来解释。1924 年德布罗意（Louis de Broglie）受到光的波粒二象性启发，提出了电子、原子、分子等实物微粒也具有波粒二象性。并提出对于一个质量为 m、动量为

P、速度为 v 的微粒，其波长 λ 为：

$$\lambda=\frac{h}{p}=\frac{h}{mv} \tag{5-6}$$

此式称为德布罗意关系式。上式把波长（波动性）和动量（粒子性）通过普朗克常数 h 联系起来，定量地表明了微观粒子波动性和粒子性的关系。

微观粒子具有波动性的假设，终于在 1927 年由戴维森（C. J. Davisson）和杰尔麦（L. H. Germer）用电子衍射实验予以证实。

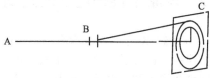

图 5-2　电子衍射实验示意图

如图 5-2 所示，当用一定速度的一束电子流（A）代替 X 射线，通过衍射光栅（或晶体 B），投射到屏幕（照相底片 C）上，观察到的不是一个黑点，而是一系列明暗交替的同心环纹，这就是电子衍射的结果——电子衍射图。电子衍射图与 X 射线衍射相类似。根据实验得到的图像计算电子波的波长，与式(5-6) 计算所得的波长相符合。既然 X 衍射是光波动性的表现，那么电子衍射也是电子具有波动性的证明。

1928 年以后，相继又发现质子、中子、α 粒子、原子、分子等微观粒子都有衍射现象，而也符合德布罗意关系式，证实了微观粒子确实具有二象性特征。这些符合德布罗意关系式的微观粒子的波后来称为德布罗意波或物质波。

5.1.3　物质波的物理意义

电子等实物微粒的波到底是一种什么波？物质波的物理意义究竟是什么？许多科学家进行了积极的探索并相继提出了解释。较为成功的是德国物理学家玻恩（M. Born），他用统计规律解释了电子等实物微粒的波动性。

先看一下毕柏曼（Л. Бнберман）等人的慢速电子衍射实验：以极弱的电子束通过金属箔使发生衍射，实验中电子几乎是一个一个地通过金属箔的。如果曝光时间较短，则底片上出现若干似乎是不规则地分布的感光点［参见图 5-3(a)］，并不形成衍射环纹，这表明电子仍有粒子性。若曝光时间较长，则大量的电子落在底片上就形成了衍射环纹

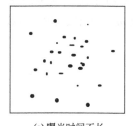
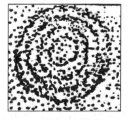

(a) 曝光时间不长　　　　(b) 曝光时间较长

图 5-3　毕柏曼等衍射实验结果示意图

［参见图 5-3(b)］，显示出电子的波动性。

玻恩的统计解释：

① 电子的波动性是微粒性的统计行为。就一个电子的行为来说，衍射强度大的地方表示电子出现的概率大；衍射强度小的地方表示电子出现的概率小。就大量电子的行为来说，衍射强度大的地方，电子出现的数目多；衍射强度小的地方，电子出现的数目少。所以电子的波动性是电子无数次行为的统计结果。

② 物质波是概率波。统计解释认为在空间任一点物质波的强度与微粒出现的概率密度成正比。因此电子等微粒的物质是具有统计性的概率波。它与由于介质振动所引起的机械波（水波、声波）以及电磁波不同，不能把电子运动所表现的波性认为像一个波那样分布于一定大小的空间区域，也不能认为电子是波浪式前进的粒子流。物质波是一种具有统计性的波，又叫概率波。

③ 具有波性的粒子服从概率分布规律。电子等实物微粒的运动无确定的运动轨道，人们不能同时准确地测定电子运动的速度和空间的位置，即不能根据经典力学的方法，用动量和坐标来描述核外电子的运动状态，而只能用统计的方法，统计电子在一个特定的位置上或

在一定的空间体积中，出现的机会（概率）是多少。对微观粒子的运动规律，只能采用统计的方法，作出概率性的判断，只具有一定的与波的强度成正比的概率密度分布规律。

综上所述，原子核外电子的运动具有**量子化、波动性、统计性**等三大特性。

5.2 氢原子核外电子的运动状态

20 世纪 20 年代发展起来的一门研究微观粒子运动的近代量子力学，是描述电子运动统计规律的，在量子力学中原子核外电子运动状态是用波函数来描述的。什么是波函数？如何用波函数描述核外电子运动状态？这是本节所要讨论的问题。

5.2.1 波函数和原子轨道

科学家告诉我们，波的波动性可以用数学函数式来描述，这种函数式叫做波函数（ψ）。光波的波函数 ψ 的平方与光子密度成正比。电子波函数又代表什么呢？

波函数 ψ 是描述微观粒子运动状态的数学函数式。一个波函数就代表一种微观运动状态并对应有一定的能量值。对于原子核外的电子，一个波函数 ψ 就表达了一种具有一定能量的在定态下的电子运动状态。想要了解原子中单个电子的运动状态，就必须找出与它相关的关系式，联系光的波动方程式，提出了描述微观粒子运动的方程叫做薛定谔波动方程：

$$\frac{\partial^2 \psi}{\partial x^2}+\frac{\partial^2 \psi}{\partial y^2}+\frac{\partial^2 \psi}{\partial z^2}+\frac{8\pi^2 m}{h^2}(E-V)\psi=0$$

式中，ψ 表示波函数，求解薛定谔方程可得波函数 $\psi(x、y、z)$ 和相应电子的能量 E。由于求解涉及较深的数学。不属于本课程的要求，这里介绍的目的是要了解它的一些重要结论。

（1）波函数和三个量子数 由它们规定单个电子的运动状态以及描述这个状态的波函数。三个量子数的符号分别为：主量子数 n，角量子数 l 和磁量子数 m。这就是说波函数 ψ 和这三个量子数 n、l、m 值有关，通常记作 n、l、m。

下南介绍一下三个量子数可取的数值。

① 主量子数：$n=1,2,3,\cdots,\infty$。

② 角量子数：$l=0,1,2,\cdots,(n-1)$，共可取 n 个数值。

③ 磁量子数：$m=0,\pm 1,\pm 2,\cdots,\pm 1$，共可取 $(2l+1)$ 个数值。

由上述三个量子数的取值可见，角量子数 l 的取值受到 n 的数值限制。例如：$n=1$，l 只可能取 0；当 $n=2$ 时，l 只可能取 0 和 1。m 的取值又受到 l 的数值限制。例如：$l=0$ 时，m 只可能取 0；$l=1$，m 只可能取 -1、0、$+1$，因此三个量子数的组合不可能是任意的，必须具有一定的规律。

例如，对于基态氢原子来说，$n=1$，l 只可取 0，m 也只有取 0 因而 n、l、m 三个量子数的组合方式只可能有一种，即（1、0、0）。基态是原子中许多定态中最低能量状态，这一定单电子波函数就记 $\psi_{1,0,0}$。同理，当 $n=2$ 时，这三个量子数的组合方式可以有四种：（2,0,0）、（2,1,0）、（2,1,1）、（2,1,$-$1），此时的波函数有四种：$\psi_{2,0,0}$，$\psi_{2,1,0}$，$\psi_{2,1,-1}$。当 $n=3$ 时，这三个量子数的组合方式可以有 9 种；$n=4$ 时可以有 16 种……；并都可以得到相应数目的波函数。

（2）波函数和原子轨道 波函数可用一套量子数 n、l、m 来描述它。在量子力学中，把三个量子数 n、l、m 都有确定值的波函数称为 1 个原子轨道。必须注意，这里原子轨道的含义不同于宏观物体的运动轨道，也不同于玻尔所说的固定轨道，它指的是电子的一种空间运动状态。因此，无论是"原子轨道"或"原子轨函"都是一种形象的比喻，简单地说，原子系统中每个波函数都叫原子轨道（借用词）。

原子轨道的名称，习惯上用光谱的符号 s，p，d，f，…等来表示这些原子轨道。在单电子波函数中，$l=0$ 的轨道叫做 s 轨道；$l=1$ 的轨道叫做 p 轨道；$l=2$ 的轨道叫做 d 轨道；$l=3$ 和轨道叫做 f 轨道。又根据 1 个角量子数可取不同磁量子数的原则，s 轨道 $m=0$，所以 s 轨道只有一种；

p 轨道，$m=-1,0,+1$，所以 p 轨道有三种；

d 轨道，$m=0,\pm1,\pm2$，所以 d 轨道有五种；

f 轨道，$m=0,\pm1,\pm2,\pm3$，所以 f 轨道有七种。

如果把轨道所属的主量子数 n 也标出来，把三个量子数 n，l，m 可能组合成的轨道名称和原子轨道数列于 5-1 中

表 5-1　n、l、m 可能组合成的轨道名称和轨道数

主量子量 n	角量子数 l	磁量子数 m	轨道名称	轨道数
1	0	0	1s	1
2	0	0	2s	1
2	1	$-1,0,+1$	2p	3
3	0	0	3s	1
3	1	$-1,0,+1$	3p	3
3	2	$-2,-1,0+1,+2$	3d	5
4	0	0	4s	1
4	1	$-1,0,+1$	4p	3
4	2	$-2,-1.0+1,+2$	4d	5
4	3	$-3,-2,-1,0,+1,+2,+3$	4f	7

（3）原子轨道的角度分布图　波函数的数学函数式也可用图形来表示，在解薛定谔方程时，需把 ψ 对电子的直角坐标（x、y、z）变换为球面坐标（γ、θ、ϕ）。为把 ψ 随 γ、θ、ϕ 的变化表示清楚，把 $\psi(\gamma、\theta、\phi)$ 写为两个函数的乘积，即

$\psi_{n,l,m}(\gamma、\theta、\phi)=R_n(r)\cdot Y_{l,m}(\theta、\phi)$ 式中，R 函数由 n 和 l 两个量子数决定，它描述波函数随电子离核远近（r）的变化情况，称为波函数的径向部分；Y 函数用 l 和 m 两个量子数决定，与 n 无关。它描述波函数随电子在核的不同方向（θ、ϕ）上的变化情况，称为波函数的角度部分。

波函数的角度部分，对整个波函数即原子轨道的图形影响较大，并且是讨论原子间结合（化学键）所需要的。因此这里着重介绍波函数角度分的图形。

s、p、d 原子轨道的角度分布图形如图 5-4 所示。由图可以看出，原子轨道角度分布图表示在同一曲面的不同方位上 ψ 的相对大小。

s 轨道的角度分布是一个球面。

p 轨道的角度分布是两个相切的球面，曲面的一瓣为正，一瓣为负，这是波函数的角度部分中三角函数在不同象限存在正、负值的缘故。

d 轨道的角度分布则是四瓣花形（Y^2_{dz} 略有不同）。

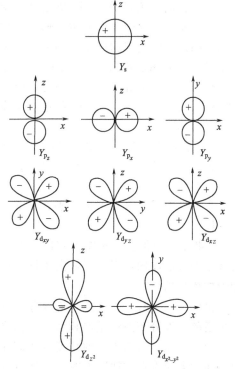

图 5-4　s,p,d 原子轨道角
度分布图（平面图）

需要强调指出，任何函数的图形只反映出函数与自变量之间的关系，正如自由落体运动的位移随时间变化的曲线不是物体下落的轨迹一样，原子轨道角度分布图并不是电子运动的具体轨迹，它只反映出波函数在空间不同方位上的变化情况。

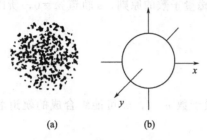

图 5-5 氢原子的 1s 电子
云（a）和界面图（b）

由于原子轨道角度分布只与量子数 l，m 有关，而与主量子数 n 无关，所以 $2p_z$、$3p_z$、$4p_z\cdots$ 的角度分布图都相同，s 轨道和 d 轨道也是这样。

5.2.2　概率密度与电子云

为了形象地说明原子轨道（$\psi_{n,l,m}$），可借助于电子云的概念。1926 年德国物理学家玻恩（M. Bom）类比光的强度，他将单个电子的波函数的绝对值平方 $|\psi|^2$ 解释为该电子在核外空间某处单位体积内出现的概率，即概率密度。如果用小黑点疏密来表示空间各点的概率密度大小，黑点密集的地方，$|\psi|^2$ 大电子在该处出现的概率密度也大，黑点稀疏的地方，$|\psi|^2$ 小，电子在该处出现的概率也小。这种图形叫做电子云（即经黑点表示概率分布的图形）。电子云就是电子在原子核外空间某处概率密度分布的形象化描述。图 5-5(a) 表示氢原子的 1s 电子云图形。必须指出，黑点的数目并不代表电子的数目，而是表示一个电子的许多可能的瞬间位置。电子云只是电子行为具有统计性的一种形象的描述。如果把电子出现概率相等的地方联接起来，作为电子云的界面，使界面内的电子出现的概率很大（例如 95% 以下），在界面外概率很小（例如 5% 以下），这种图形叫做电子云的界面图。氢原子的 1s 电子云的界面图是一个球面如图 5-5(b) 所示。

电子云的角度部分 Y^2 随角度（θ、ϕ）变化的图形叫做电子云的角度分布图形。它与电子在空间不同角度所出现的概率大小有关。因此，对于原子轨道的角度部分 $Y(\theta,\phi)$ 再求得 Y^2 值，则可得到 Y^2 值随角度（θ、ϕ）变化原图形。图 5-6 分别画出了 s、p、d 电子云的角度分布图形（平面图）。

s 电子云的角度分布图是以原点为球心的球面，说明 s 电子云是没有方向性的。p 电子云的角度分布图，在空间它们都是由交于原点的两个橄榄形曲面组成，其极大值分别在 x 轴、y 轴及 z 轴上。

d 电子云的角度分布图中有四个都是交于点的四个橄榄形曲面，仅空间取向不同，而 $Y^2_{d_{z^2}}$ 的图形较为特殊。

由图 5-6 可见，电子云的角度分布图形与原子轨道的角度分布图形基本相似，它们之间的区别主要有两点：①电子云的角度分布图比原子轨道的角度分布图形"瘦"了些，这是因为 Y 值介于 0~1 之间，Y^2 值更小；②原子轨道的角度分布图有＋、－号之分，而电子云的角度分布图中

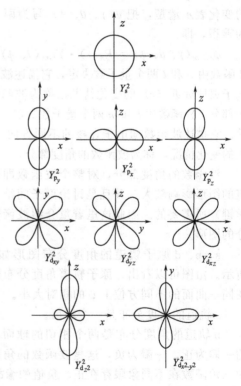

图 5-6 s，p，d 电子云角度
分布图（平面图）

没有＋、一号，这是因为 Y 经平方之后便没有"一"号了。

5.2.3　四个量子数的物理意义

要确定一个电子的运动状态需要考虑以下因素：电子运动的能量，原子轨道的形状和它在空间的取向，以及电子的自旋运动。由于 4 个量子数分别代表了上述四个因素，因此在量子力学中为了明确地指出各电子的运动状态，需要用 4 个量子数 n、l、m、m_s 来表示，下面讨论其物理意义。

（1）主量子数 n　确定原子轨道能级的主要因素，n 代表电子离核的平均距离，n 越大，电子离核的平均距离越远，能级越高。通常将 n 相同的原子轨道归并为同一电子层。例如，$n＝3$ 的 3s、3p 和 3d 轨道属于同一电子层。和主量子数取值相对应的电子层符号常采用大写英语字母表示如下：

主量子数（n）　1　2　3　4　5　6　7

电子层符号：　　K　L　M　N　O　P　Q

能级：　　　　　　低——→ 高

（2）角量子数 l　确定原子轨道或电子云角度分布图的形状。在多电子原子中的能量还与 l 有关，而氢原子的能量只与 n 有关而与 l 无关。l 代表原子轨道的形状，通常将 l 相同的原子轨道归并，叫做一个电子亚层，与角量子数相对应的亚层符号表示如下：

角量子数（l）：　1　1　2　3　……

电子亚层：　　　　s　p　d　f　……

当 n 值相同的情况下，随着 l 值增大，电子的能级越高，即 $ns＜np＜nd＜nf$。

（3）磁量子数 m　确定原子轨道或电子云角度分布图的空间取向。l 越大，m 取值越多，空间取向也越多。一种取向表示 l 个原子轨道，对一定的 l 值共有 $(2l＋1)$ 个取向，表示共道或简并轨道。等价轨道的数目叫简并度，如 d 轨道的简并度为 5。

（4）自旋量子数 m_s　确定电子的自旋方向，它代表电子的自旋运动取向。m_s 有两个值 $\left(+\dfrac{1}{2}、-\dfrac{1}{2}\right)$，通常可用向上"↑"和向"↓"的箭头来表示电子的两种所谓自旋状态。可用符号"↓↑"或"↑↓"表示自旋反平行，用符号"↑↑"或"↓↓"表示自旋平行。电子本身有自旋运动是根据光谱实验中，在强磁场存在下精密的观察，发现大多数谱线其实是由两条靠得很近的谱线组成而得出的。m_s 不是由解薛定谔方程而来的。

综上所述，在量子力学中用四个量子数表示原子中一个电子的运动状态，叫做量子态，用 ψ_{n,l,m,m_s} 来标记。一个量子态指出了电子的能级、原子轨道或电子云角度分布图的形状、原子轨道或电子云角度分布图在空间的取向和自旋方向。例如氢原子中电子的 $\psi_{2,1,0,\frac{1}{2}}$ 量子态，即原子轨道 $2p_z$，表示这个电子的运动状态处于第二主能层；2p 亚层；电子的能量 E 为：

$$E=-\frac{2.18\times10^{-18}\text{J}}{2^2}=-5.45\times10^{-19}\text{J}$$

原子轨道 p_z 角度分布图的形状是"8"字形，沿 z 轴方向伸展最大，即在 z 轴方向上角度分布函数或电子出现的概率密度最大；电子的自旋是顺时针方向或逆时针方向（旧量子论的说法，借用词）。

5.3　多电子原子结构

本节要求运用核外电子排布的原则熟练书写一般原子的电子构型和价层电子构型，并应用元素原子的价层电子构型确定元素在周期表中的位置，反之，也会根据元素在周期表中的位置判断出原子构型。学习时要注意理解元素周期表划分为若干周期和族的内在原因。

5.3.1 原子轨道的能级

原子中电子分布的顺序与原子轨道的能量高低有关，要研究原子中各个电子在轨道上的具体能量是很复杂的问题。在此，仅讨论原子中各个轨道能级的相对高低。

5.3.1.1 近似能级图

美国化学家鲍林（L. Pauling）根据原子光谱实验结果，总结出了多电子原子中原子轨道近似能级图，如图 5-7 所示。图中小方框代表原子轨道。s 亚层只有一个方框，表示该亚层中只有一个原子轨道；p 亚层中有三个方框，表示该亚层中有三个原子轨道；同理，d 亚层中有五个原子轨道，f 亚层中有七个原子轨道。这些能级由低至高为 1s、2s、2p、3s、3p、4s、3d、4p、5s、4d、5p、6s、4f、5d、6p、7s、5f、6d……出现了像 4s 能级低于 3d 能级，5s 能级低于 4d 能级，甚至 4f 能级竟然高于 6s 能级等能级交错的现象。为什么会出现能级交错的现象呢？简单来说来是由于多电子原子中存在有电子之间的相互作用所引起的。

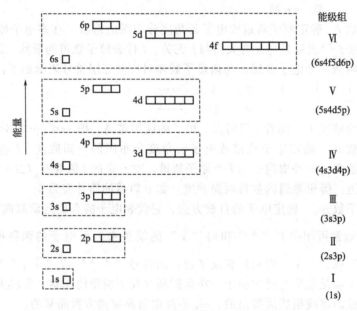

图 5-7　多电子原子的近似能级图

我国化学家北京大学教授徐光宪为了回答 n 和 l 都不相同的轨道的能量高低提出了一种新的电子能级分组法。他归纳出 $(n+0.7l)$ 规律。$(n+0.7l)$ 值愈大，则该电子能级愈高。他把 $(n+0.7l)$ 值的整数部分相同的划为同一能级组，表 5-2 所列为电子能级的分组。

表 5-2　电子能级分组

电子状态	$n+0.7l$	能级组	组内状态数	电子状态	$n+0.7l$	能级组	组内状态数
1s	1.0	Ⅰ	1	4d	5.4	Ⅴ	9
2p	2.0	Ⅱ	4	5p	5.7		
2s	2.7			6s	6.0	Ⅵ	16
3s	3.0	Ⅲ	4	4f	6.1		
3p	3.7			5d	6.4		
4s	4.0	Ⅳ	9	6p	6.7		
3d	4.4			7s	7.0	Ⅶ	……
4p	4.7			5f	7.1		
5s	5.0	Ⅴ	9	6d	7.4		

5.3.1.2 屏蔽效应和有效核电荷

在多电子的原子中，电子不仅受到原子核的引力，而且还存在着电子之间的排斥力，实际上相当于减弱了原子核对外原子的吸引力。要精确地确定其余电子对指定电子的相互排斥作用，简单地看成是抵消一部分核电荷对指定电子的作用，使核电荷数减少。这种在多电子原子中把其余电子抵消核电荷对指定电子的吸引作用叫做屏蔽效应。其抵消核电荷的多少程度即屏蔽效应的强弱，可用一个由实验归纳得到的经验常数，叫屏蔽常数（σ）来衡量。把核电荷数（z）减去屏蔽常数（σ）的总和（$\sum \sigma$）叫做有效核电荷（z^*），即

$$z^* = z - \sum \sigma \tag{5-7}$$

若被屏蔽电子是 s 电子或 p 电子，且该电子层又没有 d 或 f 电子的情况，屏蔽常数可按下面方法取值：

① 外层电子对内层电子没有屏蔽作用 $\sigma = 0$；

② 同一层之间 $\sigma = 3.5(n=1$ 时，$\sigma = 0.30)$；

③ $(n-1)$ 层电子对 n 层电子的 $\sigma = 0.85$；

④ $(n-2)$ 层及更内层电子对 n 层电子的 $\sigma = 1.00$。

【例 5-1】 试计算 Na 原子中作用在 $1s^2 2s^2 2p^6 3s^1$。

作用在 1s 电子上的 $z^* = z - \sum \sigma = 11 - 1 \times 0.30 = 10.7$

作用在 2s 电子上的 $z^* = 11 - (7 \times 0.35 + 2 \times 0.85) = 6.85$

作用在 3s 电子上的 $z^* = 11 - (8 \times 0.85 + 2 \times 1.00) = 2.20$

由此可知。在钠原子中 s 轨道的能级将随主量子数的增大而升高。

5.3.2 原子核外电子的分布

5.3.2.1 核外电子分布的规则

原子中电子的分布要遵循以下三原则。

(1) 泡利不相容原理 根据光谱实验和考虑到周期系中每一周期元素的数目，泡利提出一个原则：一个原子内不可能有四个量子数完全相同的两个电子，这叫做泡利不相容原理。作用一般规则：任何一个原子轨道最多只能容纳两个电子，且二电子自旋方向相反。

根据泡利不相容原理和四个量子数之间的关系，以四个量子数作不同的组合，可算出电子主层、亚层的轨道数和电子数的最大容量，如表 5-3 所示。

从表 5-3 可以看出。每个量子数为 n 的主能层，一共有 n 亚层；每个角量子数为 l 的亚层有 $2l+1$ 个轨道，每个轨道最多可以容纳 2 个电子。即每个主能层中的轨诮数等于 n^2，能容纳的最多电子数等于 $2n^2$，这叫做电子层最大容量原理。

(2) 最低能量原理 在不违背泡利不相容原理的情况下，电子将尽可能分布在能量最低的轨道：这就是最低能量原理。即电子按原子轨道能级由低至高分布，电子将尽可能优先占据能级较低的轨道，以使系统能量处于最低。这样的电子组合形式称为原子的基态。

例如，钾原子核外有 19 个电子，按近似能级顺序应为：$1s^2 2s^2 2p^6 3s^2 3s^6 4s^1$。

表 5-3　各电子层的轨道和电子数的最大容量

n(电子主层)		1(K)	2(L)		3(M)			4(N)			
l亚层		0	0	1	0	1	2	0	1	2	3
m(轨道空间取向)		0	0	-1	0	-1	-2	0	-1	-2	-3
				0		0	-1		0	-1	-2
				+1		+1	0		+1	0	-1
							+1			+1	0
							+2			+2	+1
											+2
											+3
应有轨道数	亚层	1	1	3	1	3	5	1	3	5	7
	主层	1	4		9			16			
自旋量子数 m_s（电子自旋方向）		$+\frac{1}{2}$	$+\frac{1}{2}$	$+\frac{1}{2}$	$+\frac{1}{2}$	$+\frac{1}{2}$	$+\frac{1}{2}$	$+\frac{1}{2}$	$+\frac{1}{2}$	$+\frac{1}{2}$	$+\frac{1}{2}$
		$+\frac{1}{2}$	$+\frac{1}{2}$	$+\frac{1}{2}$	$+\frac{1}{2}$	$+\frac{1}{2}$	$+\frac{1}{2}$	$+\frac{1}{2}$	$+\frac{1}{2}$	$+\frac{1}{2}$	$+\frac{1}{2}$
电子最大容量	亚层	2	2	6	2	6	10	2	6	10	14
	主层	2	8		18			32			

又如，锰原子（原子序数为 25）的 25 个电子的分布按近似能级顺序应为：$1s^2 2s^2 2p^6 3s^2 3p^6 4s^2 3d^5$。

而锰原子核外的电子分布式，简称为原子的电子分布式为：$1s^2 2s^2 2p^6 3s^2 3p^6 3d^5 4s^2$。

各轨道右上角的数字表示该轨道中的电子数。

又如，镉原子（原子序数为 48）的电子分布式为

$$1s^2 2s^2 2p^6 3s^2 3p^6 3d^{10} 4s^2 4p^6 4d^{10} 5s^2$$

应当注意，虽然按元素顺序逐次增加的一个电子的顺序是 ns 轨道先于 $(n-1)d$ 轨道，但书写电子分布式时要把 $(n-1)d$ 轨道放在 ns 之前，与同层的轨道连在一起。

由于各种原子在化学反应中通常只涉及外层电子的改变，所以往往不必写出完整的电子分布式，只需写出外电子分布式即可。主族元素的外层电子分布式为 ns、np，如钾原子为 $4s^1$。副族元素的外层电子分布式为 $(n-1)d$、ns，如上述的锰原子 $3d^5 4s^2$ 镉原子为 $4d^{10} 5s^2$。

（3）洪特规则　在等价轨道（主量子数、角量子数都相同的轨道）上电子的分布将尽可能占据不同的轨道而且族状态相同。例如，碳原子的电子分布式为：$1s^2 2s^2 2p^2$，2p 轨道的 2 个电子的分布应为 ↑ ↑ 而不是 ↑ ↓ 。又如，锰原子分布式为 $3d^5 4s^2$，外层 3d 轨道的 5 个电子分布应为 ↑ ↑ ↑ ↑ ↑ 。研究表明，对于能级相等或接近于相等的轨道，电子自旋状态相同比不相同（电子配成对）更有利于系统能量的降低，所以洪特规则也可认为是最低能量原理的补充。

作为洪特规则的特例，在等价轨道上，电子处于全充满（p^6、d^{10}、f^{14}）、半充满（p^3、d^5、f^7）或全空的状态时，通常也是比较稳定的，例如铬的外层电子不是 $3d^5 4s^1$ 而是 $3d^4 4s^2$；铜的外层电子是 $3d^{10} 4s^1$ 而不是 $3d^9 s^2$。

5.3.2.2　原子核外电子的分布

根据以上核外电子分布原则，可以写出大多数原子的电子分布式。元素的电子分布式代

表了元素的原子结构。其写法是：先把原子中各个可能的轨道符号如 1s、2s、2p、3s、3p、4s、3d、4p、…按 n、l 递增的顺序自左至右排列起来，然后在各轨道符号的右上角用一个小数字表示该轨道中的电子数，没有填入电子的全空轨道不必列出。

原子核外电子分布的周期性是元素周期律的基础。元素周期表是元素周期律的体现形式。根据各周期中元素的数目，可以把周期表分成一个特短周期、两个短周期、两个长周期及一个特长同期、一个不完全周期。共 7 个周期。

第一周期：元素从原子序数为 1 的 H 到原子序数为 2 的 He，H　$1s^1$；He　$1s^2$。原子的电子分布在第一能组仅有的一个 1s 轨道上，最多只能容纳 2 个电子，只有两种元素，形成特短周期。

第二周期：元素从原子序数 3～10，元素原子增加的电子依次分布在第二能级组的 2s 和 2p 轨道上。外层电子从 $2s^1$ 的 Li 依次分布到 $2s^2 2p^6$ 的 Ne。共 8 种元素，形成短周期。

第三周期：元素从原子序数 11～18，元素原子增加的电子依次分布在第三能级组 3s3p 轨道上。外层电子从 $3s^1$ 的 Na 到 $3s^2 3p^6$ 的 Ar，共 8 种元素，仍属短周期。

第四周期：元素从原子序数 19～36，元素原子新增加的电子分布在第四能级组 4s3d4p 轨道上，外层电子分布依次由 $4s^1$ 的 K 到 $4s^2 3d^{10} 4p^6$ 的 Kr，共 18 种元素；属长周期。例外情况：

Cr(原子序数 24) 外层电子分布式不是 $3d^5 4s^1$；

Cu(原子序数 29)$1s^2 2s^2 2p^6 3s^2 3p^6 3d^9 4s^2 \Rightarrow [Ar]3d^{10} 4s^1$。

把内层电子和原子核看作是一个相对稳定不变的实体，用一个与其相同电子排布的稀有气体元素的元素符号来代替，称为原子实。

第五周期：元素从原子序数 37～54，元素原子分布在第五能级组 5s4d5p 上，外层电子分布依次由 $5s^1$ 的 Rb 到 $4d^{10} 5s^2 5p^6$ 的 Xe，共 18 种元素，属长周期。根据光谱实验发现有 6 种元素的原子的电子分布规律不完全与前述分布原则符合。

41 铌 Nb$[Kr]4d^4 5s^1$

42 钼 Mo$[Kr]4d^5 5s^1$

44 钌 Ru$[Kr]4d^7 5s^1$

45 铑 Rh$[Kr]4d^8 5s^1$

46 钯 Pd$[Kr]4d^{10} 5s^0$

47 银 Au$[Kr]4d^{10} 5s^1$

这些例外情况，有的可用半充满、全充满或全空比较稳定加以解释，有的至今还没有令人满意的解释。

第六周期：元素从原子序数 55～86，元素原子新增加的电子依次分布在第六能级组 6s4f5d6p 上，外层电子分布依次由 $6s^1$ 的 Cs 到 $6s^2 4f^{14} 5d^{10} 6p^6$ 的 Rn，共 32 种元素，属于特长周期。例外情况：

57 镧 La 电子分布不是 $4f^1 5d^0 6s^2$ 而是 $[Xe]4f^0 5d^1 6s^2$

74 钨 W$[Xe]5d^4 6s^2$

78 铂 Pt$[Xe]5d^9 6s^1$

79 金 Au$[Xe]5d^{10} 6s^1$

此周期元素中由原子序数 57 的镧（La）到 71 的镥（Lu）共 15 个元素，占据周期表中一格，叫镧系元素。

第七周期：元素从原子序数 87 到已发现的原子序数为 110 的元素，新增加的电子分布在第七能级组 7s5f6d7p 上，由于该周期已发现的只有 24 个元素，少于电子的最大容量 (32) 故叫不完全周期。其中原子序数由 89 到 103，几乎全是放射性元素，叫做锕系元素。此周期电子分布例外更多，具体分布如表 5-4 中所列。

5.3.2.3　原子的电子分布与元素周期表

对于原子结构深入的研究，使人们愈来愈深刻地理解周期律和周期表微观本质。

(1) 元素在周期表的位置　元素在周期表中所处的周期号数等于该元素原子的电子层数或最外主量子数 n（钯例外）。

表 5-4　原子中电子的分布

周期数	原子序数	元素符号	电子层																	
			K	L		M			N				O				P			Q
			1s	2s	2p	3s	3p	3d	4s	4p	4d	4f	5s	5p	5d	5f	6s	6p	6d	7s
1	1	H	1																	
	2	He	2																	
2	3	Li	2	1																
	4	Be	2	2																
	5	B	2	2	1															
	6	C	2	2	2															
	7	N	2	2	3															
	8	O	2	2	4															
	9	F	2	2	5															
	10	Ne	2	2	6															
3	11	Na	2	2	6	1														
	12	Mg	2	2	6	2														
	13	Al	2	2	6	2	1													
	14	Si	2	2	6	2	2													
	15	P	2	2	6	2	3													
	16	S	2	2	6	2	4													
	17	Cl	2	2	6	2	5													
	18	Ar	2	2	6	2	6													
4	19	K	2	2	6	2	6		1											
	20	Ca	2	2	6	2	6		2											
	21	Sc	2	2	6	2	6	1	2											
	22	Ti	2	2	6	2	6	2	2											
	23	V	2	2	6	2	6	3	2											
	24	Cr	2	2	6	2	6	4	1											
	25	Mn	2	2	6	2	6	5	2											
	26	Fe	2	2	6	2	6	6	2											
	27	Co	2	2	6	2	6	7	2											
	28	Ni	2	2	6	2	6	8	2											
	29	Cu	2	2	6	2	6	10	1											
	30	Zn	2	2	6	2	6	10	2											
	31	Ga	2	2	6	2	6	10	2	1										
	32	Ge	2	2	6	2	6	10	2	2										
	33	As	2	2	6	2	6	10	2	3										
	34	Se	2	2	6	2	6	10	2	4										
	35	Br	2	2	6	2	6	10	2	5										
	36	Kr	2	2	6	2	6	10	2	6										

续表

周数	原子序数	元素符号	电子层																	
			K	L		M			N				O				P			Q
			1s	2s	2p	3s	3p	3d	4s	4p	4d	4f	5s	5p	5d	5f	6s	6p	6d	7s
5	37	Rb	2	2	6	2	6	10	2	6			1							
	38	Sr	2	2	6	2	6	10	2	6			2							
	39	Y	2	2	6	2	6	10	2	6	1		2							
	40	Zr	2	2	6	2	6	10	2	6	2		2							
	41	Nb	2	2	6	2	6	10	2	6	4		1							
	42	Mo	2	2	6	2	6	10	2	6	5		1							
	43	Tc	2	2	6	2	6	10	2	6	5		2							
	44	Ru	2	2	6	2	6	10	2	6	7		1							
	45	Rh	2	2	6	2	6	10	2	6	8		1							
	46	Pd	2	2	6	2	6	10	2	6	10									
	47	Ag	2	2	6	2	6	10	2	6	10		1							
	48	Cd	2	2	6	2	6	10	2	6	10		2							
	49	In	2	2	6	2	6	10	2	6	10		2	1						
	50	Sn	2	2	6	2	6	10	2	6	10		2	2						
	51	Sb	2	2	6	2	6	10	2	6	10		2	3						
	52	Te	2	2	6	2	6	10	2	6	10		2	4						
	53	I	2	2	6	2	6	10	2	6	10		2	5						
	54	Xe	2	2	6	2	6	10	2	6	10		2	6						
6	55	Cs	2	2	6	2	6	10	2	6	10		2	6			1			
	56	Ba	2	2	6	2	6	10	2	6	10		2	6			2			
	57	La	2	2	6	2	6	10	2	6	10		2	6	1		2			
	58	Ce	2	2	6	2	6	10	2	6	10	1	2	6	1		2			
	59	Pr	2	2	6	2	6	10	2	6	10	3	2	6			2			
	60	Nd	2	2	6	2	6	10	2	6	10	4	2	6			2			
	61	Pm	2	2	6	2	6	10	2	6	10	5	2	6			2			
	62	Sm	2	2	6	2	6	10	2	6	10	6	2	6			2			
	63	Eu	2	2	6	2	6	10	2	6	10	7	2	6			2			
	64	Gd	2	2	6	2	6	10	2	6	10	7	2	6	1		2			
	65	Td	2	2	6	2	6	10	2	6	10	9	2	6			2			
	66	Dy	2	2	6	2	6	10	2	6	10	10	2	6			2			
	67	Ho	2	2	6	2	6	10	2	6	10	11	2	6			2			
	68	Er	2	2	6	2	6	10	2	6	10	12	2	6			2			
	69	Tm	2	2	6	2	6	10	2	6	10	13	2	6			2			
	70	Yb	2	2	6	2	6	10	2	6	10	14	2	6			2			
	71	Lu	2	2	6	2	6	10	2	6	10	14	2	6	1		2			
	72	Hf	2	2	6	2	6	10	2	6	10	14	2	6	2		2			
	73	Ta	2	2	6	2	6	10	2	6	10	14	2	6	3		2			
	74	W	2	2	6	2	6	10	2	6	10	14	2	6	4		2			
	75	Re	2	2	6	2	6	10	2	6	10	14	2	6	5		2			
	76	Os	2	2	6	2	6	10	2	6	10	14	2	6	6		2			
	77	Ir	2	2	6	2	6	10	2	6	10	14	2	6	7		2			
	78	Pt	2	2	6	2	6	10	2	6	10	14	2	6	9		1			
	79	Au	2	2	6	2	6	10	2	6	10	14	2	6	10		1			
	80	Hg	2	2	6	2	6	10	2	6	10	14	2	6	10		2			

续表

周数	原子序数	元素符号	电 子 层																	
			K	L		M			N				O				P			Q
			1s	2s	2p	3s	3p	3d	4s	4p	4d	4f	5s	5p	5d	5f	6s	6p	6d	7s
6	81	Tl	2	2	6	2	6	10	2	6	10	14	2	6	10		2	1		
	82	Pb	2	2	6	2	6	10	2	6	10	14	2	6	10		2	2		
	83	Bi	2	2	6	2	6	10	2	6	10	14	2	6	10		2	3		
	84	Po	2	2	6	2	6	10	2	6	10	14	2	6	10		2	4		
	85	At	2	2	6	2	6	10	2	6	10	14	2	6	10		2	5		
	86	Rn	2	2	6	2	6	10	2	6	10	14	2	6	10		2	6		
7	87	Fr	2	2	6	2	6	10	2	6	10	14	2	6	10		2	6		1
	88	Ra	2	2	6	2	6	10	2	6	10	14	2	6	10		2	6		2
	89	Ac	2	2	6	10	2	6	2	14	10	14	2	6	10		2	6	1	2
	90	Th	2	2	6	10	2	6	2	14	10	14	2	6	10		2	6	2	2
	91	Pa	2	2	6	10	6	10	2	6	10	14	2	6	10	2	2	6	1	2
	92	U	2	2	6	10	6	10	2	6	10	14	2	6	10	3	2	6	1	2
	93	Np	2	2	6	10	6	10	2	6	10	14	2	6	10	4	2	6	1	2
	94	Pu	2	2	6	2	6	10	2	6	10	14	2	6	10	6	2	6		2
	95	Am	2	2	6	2	6	10	2	6	10	14	2	6	10	7	2	6		2
	96	Cm	2	2	6	2	6	10	2	6	10	14	2	6	10	7	2	6	1	2
	97	Bk	2	2	6	2	6	10	2	6	10	14	2	6	10	9	2	6		2
	98	Cf	2	2	6	2	6	10	2	6	10	14	2	6	10	10	2	6		2
	99	Es	2	2	6	2	6	10	2	6	10	14	2	6	10	11	2	6		2
	100	Fm	2	2	6	2	6	10	2	6	10	14	2	6	10	12	2	6		2
	101	Md	2	2	6	2	6	10	2	6	10	14	2	6	10	13	2	6		2
	102	No	2	2	6	2	6	10	2	6	10	14	2	6	10	14	2	6		2
	103	Lr	2	2	6	2	6	10	2	6	10	14	2	6	10	14	2	6	1	2
	104	Rf	2	2	6	2	6	10	2	6	10	14	2	6	10	14	2	6	2	2
	105	Db	2	2	6	2	6	10	2	6	10	14	2	6	10	14	2	6	3	2
	106	Sg	2	2	6	2	6	10	2	6	10	14	2	6	10	14	2	6	4	2
	107	Bh	2	2	6	2	6	10	2	6	10	14	2	6	10	14	2	6	5	2
	108	Hs	2	2	6	2	6	10	2	6	10	14	2	6	10	14	2	6	6	2
	109	Mt	2	2	6	2	6	10	2	6	10	14	2	6	10	14	2	6	7	2

　　元素在周期表中所处族的号数：主族及第 I 、第 II 副族元素的族号等于最外层电子数 $(ns+np)$；第 III 至第 VII 副族元素的族号等于最外层电子数与次外层 d 电子数之和 $[(n-1)d+ns]$；VIII 族元素包括三个纵行，最外层电子数与次外层 d 电子数之和为 8～10 $[(n-1)d+ns=8~10]$；零族元素最外层电子数为 8 或 2 $(n=1)$。

　　原子的外层电子分布式又称为原子的外层电子构型，通常是指对物质性质的较明显影响的电子分布式；对于主族元素即为最外层电子 $ns+np$；对于副族元素则指最外层的 s 电子和次外层的 d 电子，即 $(n-1)d+ns$；对于镧系和锕系元素还需考虑处于外数第三层的 f 电子。

　　(2) 元素在周期表的分区　根据元素原子的外层电子构型可把周期系分成五个区域（如表 5-5 所示）。

　　① s 区元素：包括 I A 和 II A 族元素，外层电子构型为 ns^1 和 ns^2 型。

　　② p 区元素：包括 III A 到零族（VIII A 族）元素，外层电子构型为 ns^2np^1 至 ns^2np^6（零族中的 He 为 $1s^2$）。

表 5-5　周期表中元素的分区

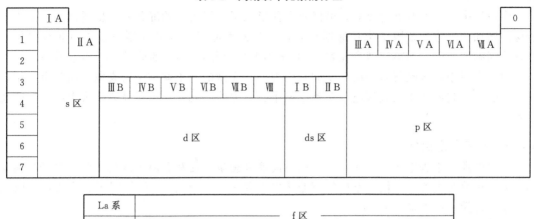

③ d 区元素：包括ⅢB 到ⅧB 族，外层电子构型一般为 $(n-1)\mathrm{d}^1 n\mathrm{s}^2$ 至 $(n-1)\mathrm{d}^8 n\mathrm{s}^2$，但有例外。

④ ds 区元素：包括ⅠB 和ⅡB 族，外层电子构型为 $(n-1)\mathrm{d}^{10} n\mathrm{s}^1$ 和 $(n-1)\mathrm{d}^{10} n\mathrm{s}^2$。

⑤ f 区元素：包括镧系和锕系元素，外层电子构型一般为 $(n-2)\mathrm{f}^1 n\mathrm{s}^2$ 至 $(n-2)\mathrm{f}^{14} n\mathrm{s}^2$，但例外情况比 d 区的更多。

5.4　元素性质与原子结构的关系

元素的一些重要性质，如原子半径、电离能、电子亲和能、电负性、金属性、非金属性以及氧化数，都与原子结构的周期性变化密切相关，它们在元素周期表中呈规律性的变化。

5.4.1　原子半径

通常所说的原子半径是指原子形成化学键或相互接触时，两个相邻原子核间距的一半，并非是单个原子的真实半径。由于原子在单质或化合物中键合形式的不同，原子半径可有共价半径、金属半径和范德华半径。同种元素的两个原子，以共价单键连接时，它们的核间距的一半，叫做原子的共价半径。如单晶硅中 Si-Si 核间距离为 334pm，所以硅的共价半径 $r=167\mathrm{pm}$。对于像 Cl_2 这类气体分子组成的单质，原子半径可以取分子内原子中心距离的一半，即共价半径为 198pm/2＝99pm；也可取相邻的不同分子中两个非成键原子核间距的一半，叫范德华半径。范德华半径＝360pm/2＝180pm。在稀有气体的晶体中，两个相邻原子核间距的一半，就是稀有气体的范德华半径。金属晶体相邻金属原子核间距的一半叫做金属半径，如铜，两原子核间距为 256pm，Cu 的金属半径为 128pm。

从元素的原子半径可以看出，元素的原子半径呈周期性变化。在同一周期中，从左向右过渡时，对周期元素来说，由于增加 1 个电子，有效核电荷增加 $\Delta z^*=1-0.35=0.65$，所以 s 区和 p 区（稀有气体除外）元素的原子半径显著递减。对长周期元素来说，前面的 s 区元素和后面的 p 区元素，与短周期同样原因，原子半径显著递减；而中间的 d 区元素由于每增加 1 个电子在次外层，有效核电荷只增加 $\Delta z^*=1-0.85=0.15$，所以原子半径从左至右递减较慢，且不规则；中间的 ds 区元素的 d 电子因已全满，故原子半径又稍有增大。f 区元素由于电子增加在 $(n-2)$ 层，所以原子每增加一个电子，有较核电荷几乎没有增加，原子半径递减就十分微小且不规则。镧系元素因原子半径随原子序数的递增而减小，导致的效应叫"镧系收缩"。

同一族中，是上至下过渡时，虽然核电荷增加了，但内层的屏蔽效应也增加了，由于电子层的增加，主族元素原子半径递增显著，副族元素原子半径的递增不显著（ⅢB除外），特别是同副族的第二和第三两个元素（如 Zr 和 Hf；Nb 和 Ta）的原子半径相差很小。

原子半径小，核电荷对外层电子的吸引力强，元素的原子就难于失去电子而与电子结合属性就强，反之原子半径大核电荷对外层电子吸引力弱，元素的原子就易于失去电子，金属性就强。

5.4.2　元素的电离能

元素的原子失去电子的难易，可以用电离能来衡量。使基态原子或离子失去电子所需要的最低能量称为电离能，使基态的气态原子失去第一个电子成 +1 价气态正离子所需吸收的最低量叫做第一电离能 I_1；

$$A(g) \longrightarrow A^+(g) + e^-$$

从 +1 价离子再失去一个电子形成 +2 价离子所需吸收的最低能量叫第二电离能 I_2；

$$A^+(g) \longrightarrow A^{2+}(g) + e^-$$

如此类推，还有第三、第四电离能 I_3、I_4 等。电离能的大小顺序是：

$$I_1 < I_2 < I_3 < I_4$$

表 5-6 列出了元素的第一电离能。

表 5-6　元素的第一电离能

ⅠA	ⅡA	ⅢB	ⅣB	ⅤB	ⅥB	ⅦB		ⅧB		ⅠB	ⅡB	ⅢA	ⅣA	ⅤA	ⅥA	ⅦA	0
H																	He
1312																	2372
Li	Be											B	C	N	O	F	Ne
520	900											801	1086	1402	1314	1681	2081
Na	Mg											Al	Si	P	S	Cl	Ar
496	738											578	787	1019	1000	1251	1521
K	Ca	Sc	Ti	V	Cr	Mn	Fe	Co	Ni	Cu	Zn	Ga	Ge	As	Se	Br	Kr
419	599	631	658	650	653	717	759	758	737	746	906	579	762	944	941	1140	1351
Rb	Sr	Y	Zr	Nb	Mo	Tc	Ru	Rh	Pd	Ag	Cd	In	Sn	Sb	Te	I	Xe
403	550	616	660	664	685	702	711	720	805	731	868	558	709	832	869	1008	1170
Cs	Ra	La	Hf	Ta	W	Re	Os	Ir	Pt	Au	Hg	Ti	Pb	Bi	Po	At	Rn
356	503	538	642	761	770	760	840	880	870	890	1007	589	716	703	812	912	1037

La	Ce	Pr	Nd	Pm	Sm	Eu	Gd	Tb	Dy	Ho	Er	Tm	Yb	Lu
538	528	523	530	536	549	547	592	564	572	581	589	597	603	524

影响电离能大小的因素有原子半径、核电荷和电子层结构。原子半径越小，有效核电荷越强，越不易失去电子，电离能就大。电子层结构表现在原子的最外层电子数越少，越易失去电子，电离能越小，反之，原子最外层电子数越多，越难失去电子，电离能就越大。所以同一周期从左至右电离能总的趋势是增大。在同一周期中元素的电离能有些曲折变化，这是由于电子层结构处于半满 [如 $N(2p^3)$]、全满 [如 $Be(2s^2)$] 结构比较稳定之故，所以它们

的电离能不是小于而是大于它们后面一个元素的电离能。稀有气体的电离能最大，因它们具稳定的结构 s^2p^6。同一主族元素由上到下，由于原子半径增大，核对外层电子的吸引力越弱，元素电离能越小，金属越活泼；元素电离能越大，元素的原子越不易失去电子，金属性越弱，非金属性越强。

5.4.3　元素的电子亲和能

元素的原子结合电子的难易，可用电子亲和能来量度。使基态气态的原子获得 1 个电子，成为 -1 价气态负离子时所放出的能量，叫做该元素的电子亲和能（即第一电子亲和能）。例如：

$$F(g) + e^- \longrightarrow F^-(g) \qquad\qquad \Delta H = -322 kJ \cdot mol^{-1}$$

它表示 1mol 气态 F 原子，得到 1mol 电子转变为 1mol 气态 F^- 离子时，放出的能量为 322kJ。

目前电子亲和能由于测定困难，数据少，且不甚可靠，但还可以看出活泼的非金属元素具有较高的电子亲和能。电子亲和能越大，该元素越容易获得电子。金属元素的电子亲和能小，说明通常情况下金属难以获得电子而成为负离子。

5.4.4　电负性

电离能和电子亲和能，各从一个方面反映原子得失电子的能力，都具有片面性。为了全面衡量分子中原子争夺电子的能力，引入了元素电负性的概念。

1932 年鲍林首先得出电负性的概念，他的定义是："电负性是指元素的原子在分子中把电子向自己一方吸引的能力"。鲍林指定氟的电负性为 4.0，锂的电负性为 1.0，并根据化学的数据和分子的键能，比较各元素原子吸引电子的能力，得到了其他元素的相对电负性；电负性愈大，表示原子在分子中吸引电子的能力越强；电负性愈小，表示原子在分子中吸引电子的能力越弱。

从表 5-7 中可见，在周期表中，同一周期从左到右，元素电负性逐渐变大。这是因为同一周期从左到右有效电荷逐渐增大，原子半径逐渐减小，原子在分子中吸引电子的能力逐渐增加之故。主族元素从左到右电负性显著增大；副族元素从左到右电负性略有增加。在周期表中同一族，主族元素从上至下随着原子半径增加电负性减小；副族元素变化不规则。

表 5-7　元素的电负性

H 2.1																	
Li 1.0	Be 1.5												B 2.0	C 2.5	N 3.0	O 3.5	F 4.0
Na 0.9	Mg 1.2												Al 1.5	Si 1.85	P 2.1	S 2.5	Cl 3.0
K 0.8	Ca 1.0	Sc 1.3	Ti 1.5	V 1.6	Cr 1.6	Mn 1.5	Fe 1.8	Co 1.9	Ni 1.9	Cu 1.9	Zn 1.6	Ga 1.6	Ge 1.8	As 2.0	Se 2.4	Br 2.8
Rb 0.3	Sr 1.0	Y 1.2	Zr 1.4	Nb 1.6	Mo 1.8	Tc 1.9	Ru 2.2	Rh 2.2	Pd 2.2	Ag 1.9	Cd 1.7	In 1.8	Sn 1.8	Sb 1.9	Te 2.1	I 2.5
Cs 0.3	Ba 0.9	La~Lu 1.0~1.2	Hf 1.3	Ta 1.5	W 1.7	Re 1.9	Os 2.2	Ir 2.2	Pt 2.2	Au 2.4	Hg 1.9	Tl 1.8	Pb 1.8	Bi 1.9	Po 2.0	At 2.2
Fr 0.7	Ra 0.9	Ac 1.1	Th 1.3	Pa 1.4	U 1.4	Np~No 1.4~1.3										

电负性的主要用途：①判断元素的金属性和非金属性，电负性大的，非金属性强；电负性小的，金属性强；一般说来，金属元素的电负性在 2.0 以下（除铂系元素和金），非金属

元素的电负性在 2.0 以上（Si 例外）；②衡量物质所属化学键类型，电负性差为零，如 Cl_2、Br_2、H_2、O_2 等，键为非极性共价键，分子为非极性分子；电负性差大于零，键为极性键，其中电负性差大于 1.7，键为极性共价键或接近离子键，分子为极性分子；③判断化合物中元素氧化数的正或负，如 H_2O、OF_2 分子中，O 在前者为 -2，O 在后者为 $+2$。

电负性是分子中原子对成键电子吸引能力相对大小的量度，是原子在分子中吸引电子能力大小的比较值，所以用于衡量金属和非金属性的强弱。

5.5 化学键、分子结构与晶体结构

在自然界除了稀有气体以单原子存在外，其他各种单质和化合物都是由原子与原子或离子与离子相互作用形成分子或晶体而存在。在分子或晶体内，原子或离子之间必然存在着相互作用。化学键是指相邻的两个（或多个）原子（或离子）之间主要的强烈的相互吸引作用。化学键可分为离子键、共价键和金属键三种基本类型。不同的化学键形成不同类型的化合物。本节将分别讨论离子键、共价键及金属键的形成和基本特征，着重讨论共价键的价键理论和杂化轨道理论，然后进一步讨论分子的极性和分子间的作用力。

5.5.1 离子键

5.5.1.1 离子键的形成与特征

1916 年德国化学家柯塞尔（W. Kossel）根据稀有气体原子的电子层结构特别稳定的事实，首先提出了离子键理论。

当两个或几个电负性相差较大（ΔX 大约 1.7 以上）的元素的原子，在一定条件下互相接近时，发生电子转移。电负性小的元素原子倾向于失去电子成为正离子，电负性大的元素原子倾向于得到电子成为负离子。正、负离子通过静电引力结合在一起的化学键叫做离子键。由离子键形成的化合物叫做离子化合物。

离子键有如下特征。

① 存在正、负离子，其电子云的分布基本上属于正或负离子。正、负离子分别为键的两极，所以离子键是具有极性的。

② 离子键的本质是静电作用力，又叫库仑引力。

③ 离子键没有饱和性，即 1 个离子在一定的外界条件下，只要空间允许，可以同时和若干个异号离子相结合。

④ 离子键没有方向性，即离子在任何方向都可以和它相反电荷的离子相互吸引。

由离子键形成的离子型分子只存在于高温的蒸气中，一般情况下主要以离子晶体的形式存在。如氯化钠蒸气的分子就是离子型分子，而固态氯化钠则是由许多 Na^+ 和 Cl^- 通过离子键交错排列成的巨型分子。由正、负离子通过静电引力结合在一起的晶体称为离子晶体。它们通常具有较高的熔点、硬度，易溶于极性溶剂（如水）中。其熔融液或水溶液都能导电。

5.5.1.2 离子的结构

离子的结构具有三个重要特征：离子电荷、离子的电子构型和离子半径。

（1）离子的电荷和离子的电子构型　正、负离子的电荷数等于相应原子失去或得到的电子数。原子得到电子形成负离子时，通常是电子进入最高能级组上，使所形成的负离子的最高能级组完全充满，完成与它邻近的稀有气体原子的结构。原子失去电子形成正离子时，在价电子层上失去电子的顺序是：

$$np \rightarrow ns \rightarrow (n-1)d \rightarrow (n-2)f$$

可用我国化学家徐光宪提出的 $(n+0.7l)$ 作判据，这些数值越大的电子，越先失去。例如，As 原子最高能级组是 $3d^{10}4s^24p^3$，则最先失去 4p 电子形成 As^{3+}，而后失去 4s 电子。又如，Fe 原子的最高能级组是 $3s^23p^63d^64s^2$，最先失去的是 4s 电子。所以 Fe^{2+} 离子的外层电子结构为：$3s^23p^63d^6$；而后是失去 3d 电子，Fe^{3+} 离子的外层电子结构为 $3s^23p^63d^5$。在离子化合物中的离子，可以有好几种不同的离子构型。就目前已发现的离子构型有下述几种类型。

① 2 电子构型：最外层为 2 个电子的离子，叫做 2 电子型。例如：Li^+ $(1s^2)$、Be^{2+} $(1s^2)$、H^+ $(1s^2)$。

② 8 电子构型：最外层为 8 个电子的离子，叫稀有气体型 (ns^2np^6)。例如：K^+ $(3s^23p^6)$、Al^{3+} $(2s^22p^6)$、Cl^- $(3s^23p^6)$、O^{2-} $(2s^22p^6)$。

③ 18 电子构型：最外层为 18 个电子的离子，叫做 18 电子型 $(ns^2np^6nd^{10})$。例如：Zn^{2+} $(3s^23p^63d^{10})$、Ag^+ $(4s^24p^64d^{10})$、Tl^{3+} $(5s^25p^65d^{10})$、Sn^{4+} $(4s^24p^64d^{10})$。

④ (18+2) 电子构型：次外层为 18 个电子，最外层为 2 个电子的离子，叫做 (18+2) 电子型 $[ns^2sp^6nd^{10}(n+1)s^2]$。例如：$Pb^{2+}$ $(5s^25p^65d^{10}6s^2)$、Sn^{2+} $(4s^24p^64d^{10}5s^2)$、Bi^{3+} $(5s^25p^65d^{10}6s^2)$、Sb^{3+} $(4s^24p^64d^{10}5s^2)$。

⑤ (9~17) 电子构型：最外层为不饱和结构的离子，即 9~17 个电子，叫做 (9~17) 电子型。例如：Cr^{3+} $(3s^23p^63d^3)$、Mn^{2+} $(3s^23p^63d^5)$、Cu^{2+} $(3s^23p^63d^9)$。

总之，外层具有 18 或 18+2 或 9~17 个电子结构的正离子也有一定程度的稳定性。过去那种认为原子相互作用使外层达到 8 个电子才是稳定结构的提法是有局限性的。

(2) 离子半径　离子半径是以离子（假定它是一带电球体）在晶体中相邻的正、负离子的核间距离作为正、负离子半径之和，由此获得的球体半径。求算离子半径常用两种方法：一种是 1926 年哥希密特（V. M. Goldschmidt）从圆球形堆积的几何关系推算离子半径的方法；另一种是 1927 年鲍林（J. Pauling）从考虑核对外层电子吸引来计算离子晶体半径的方法。较新的方法是 1968 年拉德（Lande）由电子密度图获得的离子半径数据。不同学者所推算的数据略有所不同。表 5-8 给出了离子半径数据。

表 5-8　离子半径/pm

		Li^+	Be^{2+}												Zn^{2+}	Ga^{3+}		Ge^{2+}	As^{3+}
		68	35																
O^{2-}	F^-	Na^+	Mg^{2+}	Al^{3+}															
132	133	97	66	51															
S^{2-}	Cl^-	K^+	Ca^{2+}	Sc^{3+}	Ti^{4+}	Cr^{3+}	Mn^{2+}	Fe^{2+}	Fe^{3+}	Co^{2+}	Ni^{2+}	Cu^{2+}		Zn^{2+}	Ga^{3+}		Ge^{2+}	As^{3+}
184	181	133	99	73.2	68	63	80	74	64	72	69	72		74	62		73	58
Se^{2-}	Br^-	Rb^+	Sr^{2+}									Ag^+	Cd^{2+}	In^{3+}		Sn^{2+}	Sb^{3+}
191	196	147	112									126	97	81		93	76
Te^{2-}	I^-	Cs^+	Ba^{2+}									Hg^{2+}	Tl^{3+}	Tl^+		Pb^{2+}	Bi^{3+}
211	220	167	134									110	95	147		120	96
外层 8（或 2）个电子					外层 9~17 个电子								外层 18 个电子			外层 18+2 个电子		

由表 5-8 的数据可以得出几条规律：

① 正离子的半径比该元素的原子半径小；而负离子的半径则比该元素的原子半径大；

② 同一周期电子构型相同的正离子的半径随原子序数增加而减小，例如 $Na^+ > Mg^{2+} > Al^{3+}$，$K^+ > Ca^{2+} > Ga^{3+}$；

③ 同族元素电荷相同的离子半径随电子层数的增加而逐渐增大，例如 $Li^+ < Na^+ < K^+ < Rb^+ < Cs^+$，$F^- < Cl^- < Br^- < I^-$；

④ 同一元素形成不同电荷的正离子时，其离子半径总是随着正电荷的增加而减小，例如 $Fe^{3+} < Fe^{2+}$，$Pb^{4+} < Pb^{2+}$。

5.5.2 共价键

1916 年美国化学家路易斯（G. N. Lewis）首先提出了共价键理论，对于那些电负性相差不大的元素，或电负性相同的非金属元素的原子间所形成的化学键作出了解释。但它不能说明"共享电子的"确切含意，也不能解释共价键的方向性和饱和性，更无法说明单键、三电子键、配位键等问题。1927 年海特勒（W. Heitler）和伦敦（F. London）把量子力学的成就应用于处理氢分子结构的研究，才使共价键的本质获得初步的解答，后经许多科学家相继发展了这一研究，逐步建立了现代共价键理论。本节主要介绍价键理论、杂化轨道理论。

5.5.2.1 价键理论

（1）共价键的形成的本质　用量子力学处理氢分子结构的结果指出：当两个氢原子相互靠近时，如果两个原子的电子自旋状态相同，此时两核间电子云密度稀疏。电子相互排斥，这两个氢原子不能成键，如图 5-8(a) 所示，这叫做氢分子的排斥态。如果两个原子的电子自旋状态不同，此时两个原子轨道互相重叠，两核间出现电子云密度大的区域，如图 5-8(b) 所示。形象地说，在两个原子核之间好像构成了一个负电荷的"桥"。把两个带正电荷的核吸引在一起，这叫做氢分子的基态。

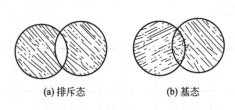

(a) 排斥态　　　　(b) 基态

图 5-8　氢分子的两种状态

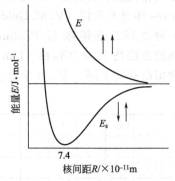

图 5-9　氢分子的能量曲线

从能量来看，图 5-9 表示两个原子的核间距离 R 改变时，能量 E 的改变。如果两个原子的电子自旋状态相同，当它们逐渐接近时（R 变小），电子互相排斥，系统能量升高，处于不稳定状态。如果两个原子的电子的自旋状态不同，当它们逐渐接近时，它们相互吸引，系统的能量逐渐下降。然而。两核之间的斥力随着原子的靠近而增大。成键的吸引作用只能使两核靠近到一定距离。当两个氢原子的核间距离达到 R_0（理论值 74pm 时），吸引与排斥平衡，系统的能量最低。在这种情况下，两个氢原子之间生成了稳定的共价键，形成了氢分子。这个最低能量 $436kJ \cdot mol^{-1}$，就是 H—H 键的键能。

总之，共价键的形成是由于原子互相靠近时，两个自旋方向相反的未成对电子的相应原子轨道相互重叠，电子云密集在两个原子核之间，使系统能量降低，系统趋于稳定。

共价键形成的核心是原子轨道发生重叠。由于原子轨道重叠，核间电子云密度浓集，一是增加了电子和原子核间的吸引力，另一是屏蔽了两核间的排斥力。如像形成一座带负电荷的"电子桥"把两个带正电荷的核紧紧地连结在一起，形成较强的结合力——共价键，使系统的能量降低。共价键虽不是纯粹的静电作用；但从本质上来看，仍然是一种电性作用力。

(2) 价键理论的要点　价键理论就是把海特勒-伦敦对氢分子处理的结果定性地推广到其他分子系统。价键理论又叫电子配对理论，简称 VB 法。这个理论的要点如下。

① 原子具有自旋相反的未成对电子，是化合成键的先决条件。原子中若无未成对电子，一般不能形成共价键。1 个原子所能形成的共价键数目受未成对电子的限制（包括激发后形成的未成对电子）。例如，H—H、Cl—Cl、H—Cl 等分子中 2 个原子各有 1 个未成对电子，可以相互配对，形成 1 个共价单键；N≡N 分子中 2 个氮原子各有 3 个未成对电子，可以相互配对形成 1 个共价叁键。在分子中某原子所能提供的未成对电子数（包括激发成键）一般就是该原子所能形成的共价（单）键的数目，称为共价数。

② 共价键有饱和性。在分子中原子的电子已经配成对，就不能再继续成键。这就是说：共价键有饱和性。因为分子中的电子都已配对"↑↓"，这种分子已无未成对电子，已配对子电子"↑↓"和其他原子中的电子"↑"或"↓"遇到自旋平行电子间的斥力，就不能再继续成键。例如，在氢分子中，H 原子的一个电子和氢原子的一个未成对电子已构成共价键，那么氯化氢分子就不能继续与第二个 H 原子或第二个 Cl 原子结合了，所以共价键有饱和性。

③ 共价键具有方向性。原子轨道相互重叠时，应符合三个条件：能量相近、对称性匹配、最大重叠原则。原子轨道重叠时，只有同号原子轨道才能实行有效重叠，这就是原子轨道对匹配条件。原子轨道重叠时总是沿着重叠最多的方向进行。重叠得越多，共价键就越稳定，这叫做最大重叠条件。根据这个条件，决定了原子轨道重叠具有一定的方向，所以共价键具有方向性。例如，当氢与氯化合生成氯化氢时，氢原子的 1s 和氯原子的 3p 轨道有四种可能重叠方式。如图 5-10 所示，其中 (a)、(b) 为同号重叠，是有效的，而 (a) 中轨道是沿着 p 轨道极大值的方向重叠的，有效重叠最大，故 HCl 分子是 (a) 方式重叠成键。(c) 为异号重叠，ψ 相减，是无效的。(d) 由于同号和异号两部分抵消，仍是无效的。又如在形成 H_2S 分子时，S 原子最外层有两个未成对的 p 电子，其轨道夹角为 90°。两个氢原子只有沿着 p 轨道大极值的方向才能实现有效的最大重叠，如图 5-11 所示，在 H_2S 分子中两个 S—H 键间的夹角（键角）近似等于 90°（实测为 92°）。

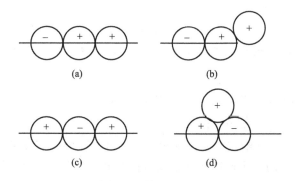
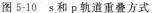
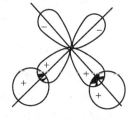

图 5-10　s 和 p 轨道重叠方式　　　　图 5-11　H_2S 分子形成示意图

(3) 共价键的类型　根据原子轨道的重叠原则，对于 s 和 p 电子，它们的原子轨道有两种不同的重叠方式，故可形成两种不同类型的共价键，σ 键和 π 键。

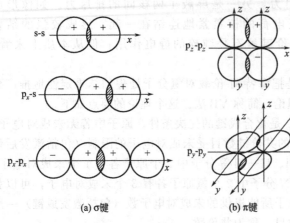

(a) σ键　　　　　　　　　　　(b) π键

图 5-12　σ键和 π键

① σ键　原子轨道沿着两核联线的方向，以"头碰头"方式发生轨道重叠。形成的键叫 δ 键。σ 键的特点：成键后电子云沿两原子核间联线，即键轴的方向呈圆柱形的对称分布。如图 5-12(a) 所示。例如，H_2 分子中的 s-s 重叠、HCl 分子中的 p_x-s 重叠、Cl_2 分子中的 p_x-p_x 重叠等。

② π键　原子轨道沿两核联线的方向，以"肩并肩"的方式发生轨道重叠，形成的键叫 π 键。π 键的特点：成键后电子云有一个通过键轴的对称节面，节面上电子云密度为零，电子云界面图好像两个椭球形的冬瓜分置在节面上下。如图 5-12(b) 所示，例如 N_2 分子中，p_x-p_x 形成一个 σ 键，而 p_y-p_y，p_z-p_z 以"肩并肩"方式重叠，形成两个互相垂直的 π 键。

所有单键都是 σ 键。实际上，所有双键都含 1 个 σ 键和 1 个 π 键，而所有叁键都含 1 个 σ 键和 2 个 π 键。通常 π 键的程度不如 σ 键大，而且原子核对于 π 键的"束缚"较小，π 电子的能量较高。因此，含双键的化合物一般容易起反应。应注意，在 N_2 分子中 π 键的强度很大，使 N_2 分子不活泼。

(4) 共价键的键能　在 298K、100kPa 下，断开气态物质 1mol 共价键使之离解成气态电中性的组成部分时的能量变化称为该键的键能。键能的数据通常是利用光谱数据与量热法测定数据计算而得的。

对于双原子分子，其键能 E 就等于 1mol 双原子分子离解成 2mol 原子的离解能（D）。例如，H_2 的键能为：

$$H_2(g) \longrightarrow 2H(g) \qquad E(H\!-\!H) = D(H\!-\!H) = 435kJ\cdot mol^{-1}$$

HCl 的键能为：

$$HCl(g) \longrightarrow H(g) + Cl(g) \qquad E(H\!-\!Cl) = D(H\!-\!Cl) = 43kJ\cdot mol^{-1}$$

对于多原子分子，情况较为复杂。如断裂 $H_2O(g)$ 中 O—H 键：

$$H_2O(g) \longrightarrow H(g) + OH(g) \qquad D_1 = 501.9kJ\cdot mol^{-1}$$

断裂 OH(g) 中的 O—H 键：

$$OH(g) \longrightarrow H(g) + O(g) \qquad D_2 = 423.4kJ\cdot mol^{-1}$$

可见，在不同分子或原子团中，同种键的离解能也是不同的。在 H_2O 分子中 O—H 键的键能就是两个等价的平均离解能。

$$E(O\!-\!H) = \frac{D_1 + D_2}{2} = (501.9 + 423.4) \div 2 = 462(kJ\cdot mol^{-1})$$

所以键能又叫平均键离解能。E 表示键能，通常为正值。

表 5-9 中列出了一些价键的键能数值。通常键能愈大，键愈牢固，由该键构成的分子也就愈稳定。键能可直接表明键的强弱、分子的稳定性以及化学反应的难易。例如 N_2 叁键能为 $946kJ\cdot mol^{-1}$，P_4 键能为 $201kJ\cdot mol^{-1}$，因此它们与 O_2 反应有不同的情况。

键能与反应的热效应：反应过程实质上是反应物化学键的破坏和生成物化学键的形成过程。因此气态物质化学反应的热效应等于化学键改组前后键能总和的变化。

$$\Delta H^{\ominus}(298) = \sum E_{反应物} - \sum E_{生成物} \qquad (5\text{-}8)$$

表 5-9　298K 时一些共价键的键能/kJ·mol^{-1}

单键			
H—H 435	C—H 413	Si—O 368	S—S 268
H—N 391	C—C 347	N—N 159	F—F 158
H—F 567	C—N 393	N—O 222	Cl—Cl 199
H—Cl 431	C—O 351	N—Cl 200	Cl—Br 218
H—Br 366	C—S 255	O—H 463	Br—Br 228
H—I 298	C—Cl 351	O—O 143	O—Cl 208
	C—Br 293	O—F 212	I—Br 175
	C—I 234	S—H 339	I—I 151
	Si—Si 226		

双键	叁键		
C=C 598			
C=O 803	N≡N 946		
O=O 498	C≡C 835		
C=S 477	C≡N 891		
N=N 418			
N=O 607			

5.5.2.2　杂化轨道理论

分子中各原子在空间的分布叫做分子的空间构型。随着近代物理实验技术的发展，确定了许多的空间结构。价键理论在解释分子的空间的构型方面遇到了一些困难，为了解释多原子分子的空间结构，科学家们相继提出了杂化轨道理论、价层电子互斥理论来阐明分子的形状。下面就鲍林（L. Pauling）和斯莱特（J. C. Slater）于 1931 年提出的杂化轨道理论作一简单介绍。

原子化合成分子的过程中，由单个中心原子由不同类型的、能量相近的轨道"混合"起来重新分配能量、重新调整空间取向而组成的一组新轨道的过程叫做杂化。这种杂化后的新轨道叫杂化轨道。

（1）杂化轨道理论的基本要点

① 在形成分子时，原子中只有那些能量相近的不同类型的原子轨道才能进行杂化，如 $(n-1)$d，ns，np；ns，np 等。

② 杂化前后原子轨道的总数没有变化。原子中有 n 个不同类型的原子轨道参与杂化，杂化后仍有 n 个杂化轨道形成。

③ 杂化轨道在成键时更有利于轨道间的重叠。因为原子轨道经杂化后，电子云分布发生改变，成键时在较大的一头重叠，可以重叠得更多，形成的共价键更加牢固，生成的分子更稳定，增强了成键能力，所以一般在成键过程中，总同时发生杂化。

④ 形成的杂化轨道之间的距离应尽可能地满足最小排斥原理。化学键间的排斥力越小，系统越稳定。为满足最小排斥原理，杂化轨道间的夹角应达到最大。

（2）杂化轨道的类型　　根据原子轨道的种类和数目的不同，可组成不同类型的杂化轨道。下面介绍 1 个 s 轨道和 $n(n=1\sim3)$ 个 p 轨道形成 sp^n 杂化轨道及其相应分子的形成过程。

① sp 杂化　　以气态 $BeCl_2$ 分子为例，实验测知 $BeCl_2$ 分子构型为直线，键角为 $180°$。在 $BeCl_2$ 分子中，Be 原子的电子层结构是：$1s^2 2s^2$，按照价键理论，1s 和 2s 轨道均是全充满电子，无未成对电子，不能形成共价键。如果设想在成键过程中，Be 原子的 $2s^2$ 上的 1 个电子激发到 2p 空轨道上成为激发态 $2s^1 2p^1$，若分别与 1 个氯原子的 3p 轨道重叠，将得到

2个性质完全一样的键,且对称地分布在 Be 原子的两边。因此对于上述 $BeCl_2$ 分子的结构,用价键理论是难以说明的。

杂化轨道理论认为:Be 原子的 $2s^2$ 上的 1 个电子激发到 2p 空轨道上成为激发态 $2s^1 2p^1$。与此同时,2s 和 2p 轨道进行杂化,形成 2 个 sp 杂化轨道,其中每 1 个 sp 杂化轨道含有 $\frac{1}{2}$s 和 $\frac{1}{2}$p 轨道成分。两个 sp 杂化轨道间夹角 180°,成键后必定形成直线型分子。Be 原子的 2 个 sp 杂化轨道分别与 2 个 Cl 原子的 3p 未成对电子轨道重叠形成 2 个 σ 键,因此,$BeCl_2$ 是直线型分子。

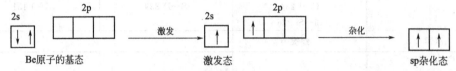

杂化轨道的实质是同一原子能量相近的原子轨道——波函数 ψ 的重叠。由于 s 轨道的波
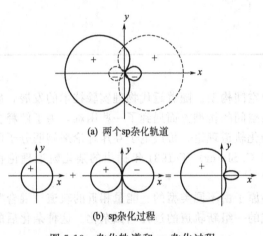

图 5-13 杂化轨道和 sp 杂化过程

函数 ψ 在全部空间是正值,p 轨道的 ψ 则一端为正、一端为负,二者重叠的结果是使轨道的一端变小,另一端变大,如图 5-13 所示,就是说,由于轨道杂化使本来平分在对称轴的两个方向上的电子云,比较集中在一个方向上,成键时在较大的一头重叠,可以重叠得更多,这样就比原来未杂化的 s 和 p 轨道的成键能力都增强了,所形成的共价键也更加牢固,因此,原子在形成共价键时力图采取杂化轨道的方式成键。除此而外,Zn、Cd、Hg 的最外层电子是 ns^2,在它们的某些化合物中,也都以 sp 杂化轨道成键。例如 $HgCl_2$、$CdCl_2$、ZnI_2、CO_2、C_2H_2 等。

② sp^2 杂化

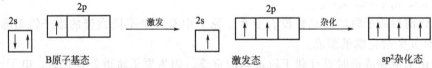

以 BF_3 分子为例,B 原子的基态外层电子分布是 $2s^2 2p^1$。在 B 与 F 原子生成 BF_3 分子的反应中,B 原子的 2s 轨道上 1 个电子激发到空的 $2p_y$ 轨道上,B 原子变成激发态 $2s^1$、$2p_x^1$、$2p_y^1$,同时,同时 1 个 2s 和 2 个 2p 轨道杂化,形成 3 个 sp^2 杂化轨道,如图 5-14 所

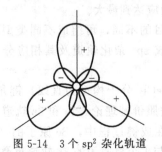

图 5-14 3 个 sp^2 杂化轨道

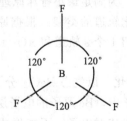

图 5-15 BF_3 分子的结构

示。其中每一个 sp^2 杂化轨道，含有 1/3s 和 2/3p 轨道成分，这三个杂化轨道位于同一平面，相互夹角成 $120°$，3 个 F 原子的 2p 轨道与 3 个 sp^2 杂化轨道成键，生成 BF_3 分子，具有平面三角形的空间构型，如图 5-15 所示。

③ sp^3 杂化

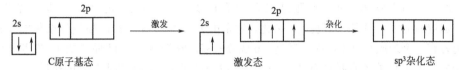

以 CH_4 分子为例，处于激发态的碳原子 C 有 4 个未成对的电子各分占一个原子轨道，即 $2s^1$、$2p_x^1$、$2p_y^1$、$2p_z^1$，这 4 个原子轨道在成键过程中"混合"起来，重新组成四个新的能量相等的杂化轨道，称为 sp^3 杂化轨道。每一个 sp^3 杂化轨道都含有 1/4s 和 3/4p 成分，在空间的伸展方向如图 5-16 所示。碳原子的 4 个 sp^3 杂化轨道分别和氢原子的 1s 轨道发生重叠，形成 4 个 C—Hσ 键。在 CH_4 分子中，碳原子位于正四面体的中心，4 个键分别指向正四面体的 4 个顶点，其键角为 $109°28'$，这与实验事实相符，如图 5-17 所示。

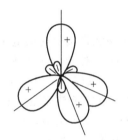

图 5-16　4 个 sp^3 杂化轨道

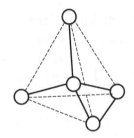

图 5-17　CH_4 分子的结构

必须指出，上述的激发过程和杂化过程，是为了便于理解而人为划分的，实质上二者是同时进行的。激发所消耗的能量，完全可以在成键时得到补偿而有余。所以形成了稳定的 CH_4 分子。

（3）等性杂化与不等性杂化　凡是由不同中类型的原子轨道混合起来，重新组成一组完全等同（能量相等、成分相同）的杂化轨道，这种杂化叫等性杂化。如上面讲的 CH_4 分子中 C 原子采取等性的 sp^3 杂化；BF_3 分子中 B 原子采取等性的 sp^2 杂化；$BeCl_2$ 分子中 Be 原子采取等性的 sp 杂化。

凡是由于杂化轨道中有不参加成键的孤对电子的存在，而造成不完全等同的杂化轨道，这种杂化叫不等性杂化。现举例说明如下。

① NH_3 分子　NH_3 分子中基态 N 原子的外层电子构型为 $2s^2$、$2p_x^1$、$2p_y^1$、$2p_z^1$。如果按照价键理论解释：N 原子 2p 轨道上的三个未成对电子分别与三个氢原子的 1s 电子配对形成三个 N—H 键，其夹角应为 $90°$。但实验测得 N—H 键间的夹角为 $107°$，显然按价键理论处理与实验事实不符。杂化轨道理论认为，成键时 N 原子中 1 个 2s 轨道和三个 2p 轨道杂化成为四个 sp^3 杂化轨道，其中 3 个分别与三个氢原子的 3s 轨道重叠形成三个 N—H 共价键，另一个有孤对电子的杂化轨道，形状更接近 s 轨道，s 轨道成分相对要多一些，其他

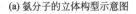

(a) 氨分子的立体构型示意图

(b) 水分子的立体构型示意图

图 5-18　氨分子和水分子的立体构型

的杂化轨道则含有更多的 p 轨道成分。由于孤对电子靠近 N 原子施加同性相斥的影响于 N—H 键，使它们之间的夹角压缩到 107°，这就成功地解释了 NH_3 分子的结构是三角锥形，如图 5-18(a) 所示。

② H_2O 分子 在 H_2O 分子中，基态 O 原子外层电子构型为 $2s^2$、$2p_x^2$、$2p_y^1$、$2p_z^1$。如果按价键理论解释，键角应是 90°。但实验测得 H_2O 分子中 O—H 键间的夹角为 104°。因此杂化轨道理论认为：成键时 O 原子采用不等性 sp^3 杂化，它是由 1 个 2s 轨道和 3 个 2p 轨道杂化成为 3 个 sp^3 杂化轨道各有一个未成对电子，能量较高，p 成分较多，它们与 2 个 H 原子的 1s 轨道重叠成键。在水分子中，由于 O 原子有两对孤对电子，因此 O—H 键在空间受到更强烈的排斥，O—H 键之间的夹角压缩到 104°40′[见图 5-18(b)]。水分子的几何形状为 V 字形。

5.5.3 分子间力和氢键

气体在一定低温和高压下，可以液化或固化，其原子或分子间并未生成化学键，这说明分子之间还存在作用力。这种作用力比化学键弱得多。电中性的原子或分子间非化学键的相互作用力，叫做分子间力，分子间力又叫范德华力。由于分子间力的大小与分子的极性有关，所以先介绍分子的极性。

5.5.3.1 分子的极性和偶极矩

(1) 分子的极性 在任何分子中存在着带正电荷的原子核和带负电荷的电子，其正、负电荷的电量相等，所以分子是电中性的。对于分子中所有电子来说，可以设想它们的负电荷集中于一点，这一点称为负电荷中心或叫负极，

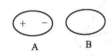

图 5-19 极性分子
与非极性分子
A—极性分子；B—非极
性分子

用符号"−"表示；同样，对分子中各个原子核来说，它们的正电荷也可设想于一点，这一点称为正电荷中心或叫正极，用符号"＋"表示。正、负极总称为偶极。如果分子中的正、负电荷中心重合，这种分子称为非极性分子如图 5-19 中的 B 所示；如果正、负电荷中心不重合，这种分子称为极性分子如图 5-19 中的 A 所示。

(2) 偶极矩 分子极性的大小，常用偶极矩来衡量。设分子中正负电荷中心所带电量为 $q(+q$ 和 $-q)$，偶极间的距离 l 叫偶极长度。

分子中正、负电荷中心所带的电量 q 与距离 l 的乘积叫做偶极矩，符号为 μ，即

$$\mu = ql \tag{5-9}$$

偶极矩的单位为拜（D），$1D = 3.334 \times 10^{-30} C \cdot m$（库·米），或直接用 $10^{-30} C \cdot m$。μ 值大于零的分子是极性分子，μ 值大、分子的极性也越大，μ 值等于零的分子则为非极性分子。μ 值可以通过实验测得。表 5-10 列出某些物质的偶极矩。偶极矩是衡量分子有无极性及极性大小的物理量。

表 5-10 某些物质的偶极矩/$\times 10^{-30} C \cdot m$

分子式	偶极矩	分子式	偶极矩	分子式	偶极矩	分子式	偶极矩
H_2	0	HBr	2.60	CS_2	0	HCN	6.24
N_2	0	HI	1.27	H_2S	3.67	NH_3	4.34
HF	6.40	CO	0.40	SO_2	5.34	$CHCl_3$	3.37
HCl	3.62	CO_2	0	H_2O	6.24	CCl_4	0

(3) 分子的极性与分子的空间构型 分子之所以表现出极性，实质是电子云在空间的不对称分布。分子的极性由键的极性决定的。键的极性由形成化学键的二原子的元素电负性来决定。同种原子形成的化学键是由于二元素的电负性相同，是非极性键；异种原子形成的化

学键由于二元素电负性不同，是极性键。如果二元素的电负性相差越大，二原子形成的化学键的极性越大。

① 双原子分子 异核双原子分子键是极性键，分子一定是极性分子；键的极性越强，分子的极性也越强。如卤化氢 H—X 键的极性按 HF→HI 顺序递减，它们的偶极矩也依次递减。同核双原子分子是由非极性键组成的分子，一定是非极性分子，如 H_2、O_2、N_2 等，$\mu=0$。

② 多原子分子 分子的极性除取决于键的极性外，还与分子的空间构型，特别是与分子的对称性有关。如果键是极性键，并且空间构型又对称的分子，为非极性分子。如 CS_2、CO_2、BCl_3、CH_4、CCl_4 等空间构型对称的分子都是非极性分子，$\mu=0$。如果分子是由极性键构成的，但空间构型不对称，则此种分子为极性分子，如：H_2O、NH_3、SO_2、HCN、$CHCl_3$ 等空间构型不对称的分子都是极性分子，$\mu>0$。极性分子本身存在的偶极，叫做固有偶极。

5.5.3.2 分子间力

分子间的相互作用力简称分子间力，又叫范德华力。分子间为什么能产生作用力，其主要原因有两点：①任何分子都有正、负电荷中心即正、负两极；②任何分子都有"变形的性能"，即在外电场作用下分子电子云发生变形。所以说分子的极性和变形性是分子间产生吸引作用的根本原因，分子间力实质上是微弱的静电力。分子间力的形成可归纳为如下三种：

（1）色散力 当非极性分子相互靠近时，虽然电子云在非极性分子中分布是均匀的，但在每一瞬间，由于非极性分子中的电子不断地运动和原子核在不停地振动着，经常发生电子云和原子核之间的瞬时相对位移，使分子的正、负电荷中心不重合，产生一种偶极。由于分子中在某一瞬间正、负电荷中心不重合所产生的这种偶极叫瞬时偶极。相邻的两个非极性分子，必然处于异极相邻的状态，虽然瞬时偶极存在的时间极短，但它们在不断地消失，也在不断地产生，分子的异极相邻的状态也在不断地重复着，使得分子间始终存在着相互作用力，由瞬时偶极与瞬时偶极间产生的相互作用力叫做色散力，如图 5-20 所示。色散力与相互作用着的分子的变形性有关，变形性越大，色散力越大。即分子量或分子半径越大，变形越大，色散力越大。

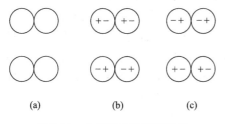

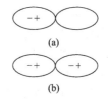

(a)　　　(b)　　　(c)

图 5-20 非极性分子相互作用

图 5-21 极性分子和非极性分子相互作用

（2）诱导力 当极性分子和非极性分子靠近时，首先两个分子都有各自的瞬时偶极，显然是存在着色散力的。此外，非极性分子受极性分子电场的作用，原来重合的正、负电荷中心分离开来产生诱导偶极。诱导偶极与极性分子固有偶极间的作用力叫做诱导力，如图 5-21 所示。另一方面，诱导偶极又反作用于极性分子，使其偶极长度增加，进一步加强了相互吸引力。分子的极性越大，诱导力越大；被诱导的分子变形性越大，诱导力越大。

（3）取向力 当极性分了相互靠近时，在它们的固有偶极间相互作用，两个分子在空间按照异极相邻的状态取

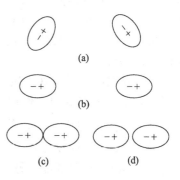

图 5-22 极性分子相互作用

向。由于固有偶极的取向而引起的分子间的力叫做取向力，如图 5-22 所示。取向后，极性分子更加靠近，相互诱导，使正、负电荷中心更加分开，产生诱导偶极，因而它们之间还有诱导力的作用。此外极性分子间也存在着色散力。

色散力在各种分子间都存在，而且一般是主要的一种，只有当分子的极性较大时才以取向力为主（如 H_2O 分子之间）；而诱导力一般较小，如表 5-11 所示。

表 5-11　分子间作用能的分配/kJ·mol^{-1}

分　子	取向力	诱导力	色散力	总能量
H_2	0	0	0.17	0.17
Ar	0	0	8.49	8.49
Xe	0	0	17.41	17.41
CO	0.003	0.008	8.74	8.75
HCl	3.30	1.1	16.82	21.22
HBr	1.09	0.71	28.54	30.34
HI	0.59	0.31	60.54	61.44
NH_3	13.30	1.55	14.73	29.58
H_2O	36.36	1.92	9.00	47.28

分子间力的特点如下。

① 分子间力是永远存在于分子或原子间的一种作用力，具有普遍性，而且一般以色散力为主。

② 分子间力是较弱的作用力，其强度比化学键的键能小 1～2 个数量级，一般是十分之几到几十千焦/摩尔（kJ·mol^{-1}）。通常不影响物质的化学性质，只对物质的物理性质产生影响。

③ 分子间力的作用范围很小，和分子间距离的 7 次方成反比。即分子间距离靠近，分子间力急剧增大；距离稍远则急剧减小。

④ 分子间力没有饱和性和方向性。分子间力就其实质是微弱的静电引力，只要分子周围的空间允许，总是尽可能多的分子相互吸引在一起。

分子间力对物质的熔点、沸点、溶解度等性质有很大的影响。当液体汽化时分子间力越大，汽化热越大，液体的沸点就越高。当固体熔化时，分子间力大，熔化热也大，于是固体的熔点就高。同族元素的单质或同类型的化合物中，随分子量的增大，色散力增大，熔、沸点升高。分子间力大的物质易被活性炭吸附，故可用活性炭分离 O_2、N_2 中的甲苯；用防毒面具滤去空气中的 Cl_2。近年来广泛使用的气相色谱仪就是利用各种不同气体分子的分子间力的不同而在仪器上吸附的程度不同，从而分离并鉴定混合气体中的各种成分。

常用的溶剂可分为水（极性分子）和有机溶剂（非极性分子）两大类。一般来说，极性分子物质易溶于极性溶剂，非极性分子物质易溶于非极性溶剂。这是由于极性分子间存在着强的取向力，相互间能互溶；而非极性分子间有着相似的分子间力（色散力）。如 I_2 难溶于水，易溶于有机溶剂（苯、CCl_4）中，因为它们都是非极性分子。NaCl、KCl 这类强电解质与极性分子 H_2O 能相互作用，最后形成正、负水合离子。

5.5.3.3　氢键

（1）氢键的形成及其本质　分子内或分子之间在氢原子和电负性较大的 O、F、N 等原子间，有一种特殊相互作用力叫做氢键。其中由分子与分子间形成的氢键（如 H_2O、HF、NH_3 等）叫做分子间氢键。由于分子间氢键的形成，许多分子形成缔合分子。缔合分子一般可以表示为（X—H ⋯ Y—H）。其中虚线表示氢键。另一种是在分子内形成的氢键（如硝酸），叫分子内氢键，如图 5-23 所示。

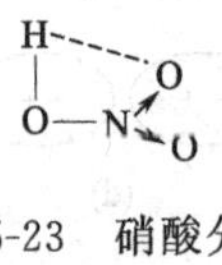

图 5-23　硝酸分子内氢键

氢键形成的本质是由于 H 原子和电负性大的 X 原子（如 F、O、N 等）以共价键结合后，共用电子对强烈地偏向 X 原子，使 H^+ 核（质子）几乎完全裸露出来，这种裸露的氢核由于体积很小，又不带内层电子，不易被其他原子的电子云所排斥，所以它还能吸引另一个分子中电负性大的 Y 原子（如 F、O、N 等，Y 可以与 X 相同或不同）的孤电子云而形成氢键。氢键的本质基本上是一种具有方向性的静电吸引作用力。

（2）氢键的特点

① 具有饱和性和方向性　由于氢原子的体积很小，它与较大的 X、Y 接触后，另一个较大的原子 Y 就难于再向它靠近，所以氢键中的配位数一般是 2，这就是氢键的饱和性。氢键中 X、H、Y 三原子一般是在一条直线上，由于 H 原子体积很小，为了减少 X 和 Y 之间的斥力，需要键角尽可能接近 $180°$，这就是氢键的方向性。

② 氢键的键能和键长　氢键的键能比化学键的键能小，它的强度与分子间力具有相同数量级，一般在 $10\sim40kJ\cdot mol^{-1}$ 范围内，因此，通常把它归入分子间力来讨论。氢键的键长较长，氢键的键长是指 X—H … Y 中 X 原子中心到 Y 原子中心的距离，它比范德华半径之和要小，但比共价键键长（共价半径之和）要大得多。表 5-12 中列出几种常见氢键的键能和键长。

表 5-12　一些氢键的键能和键长

氢键	键能/$kJ\cdot mol^{-1}$	键长/pm	代表性化合物	氢键	键能/$kJ\cdot mol^{-1}$	键长/pm	代表性化合物
F—H … F	28.8	255	HF	N—H … F	20.9	268	NH_4F
O—H … O	18.8	276	水	N—H … O	20.9	286	CH_3COONH_4
O—H … O	25.9	266	甲醇、乙醇	N—H … N	5.4	338	NH_3

（3）氢键对物质性质的影响　能够形成氢键的物质相当广泛，除前面提到的 HF、H_2O、NH_3 外，还有无机含氧酸、羧酸、醇、酚、胺、氨基酸、蛋白质、碳水化合物、氢氧化物、酸式盐、碱式盐、结晶水合物等物质中都存在有氢键。分子间氢键，使分子间产生了强的结合力，使分子形成缔合分子，因而影响到物质的性质，如熔点、沸点显著上升（见表 5-13）。要使液体汽化或使固体熔化，必须给予额外的能量以破坏氢键。水分子间形成氢键，使表面张力加大，汽化热加大，所以海洋、河湖中的水可以调节温度。H_2O 中 H 与岩石中 O 形成氢键，使离子溶于水，使岩石风化。

表 5-13　氢化物的沸点/K

IV		V		VI		VII	
CH_4	+113	NH_3	+240	H_2O	+373	HF	+293
SiH_4	+161	PH_3	+185	H_2S	+212	HCl	+188
GeH_4	+185	AsH_3	+218	H_2Se	+232	HBr	+206
SnH_4	+221	SbH_3	+225	H_2Te	+271	HI	+237

氢键的形成能使物质溶解度增大。乙醇（C_2H_5OH）、醋酸（CH_3COOH）、NH_3 等分子量较小的物质，能溶于水并与水相互混溶。这主要是由于这些物质含有氢键，并能与 H_2O 形成氢键，均能以氢键相互结合，有的甚至能相互无限混溶。过氧化氢与水能相互混溶的原因主要也在于此。

5.5.4　晶体结构

在生产实践和科学实验中，通常遇到的不是单个原子或单个分子，而是原子、离子或分子的集合体，即通常所指的气体、液体和固体等状态。本节只着重讨论在固体中占重要地位的晶体的结构问题。

晶体是由在空间排列得很有规律的微粒（原子、离子、分子等）所组成。晶体中微粒的排列按一定方式不断重复出现，这种性质称为晶体结构的周期性，晶体的特性与其微粒排列的规律性密切相关。把晶体内部的微粒排列的图形叫做晶格或点阵。

晶体的种类繁多，各种晶体都有自己的晶格。按照晶格上质点的种类和质点间的作用力的本质不同，晶体可分为四种基本类型：离子晶体、原子晶体、分子晶体和金属晶体。

5.5.4.1　晶体的基本类型

（1）离子晶体　在离子晶体的晶格结点（在晶格中排有微粒的点）上交替地排列着正离子和负离子，在正负离子间有静电引力（离子键作用），在晶体中与一个微粒最邻近的微粒数叫做配位数。通常正离子或负离子的电子云都具有球对称性，故离子键没有方向性和饱和性。离子晶体可以看成是不等径圆球的密堆积（见图5-24），故在几何因素允许的条件下，正离子力求与尽可能多的负离子接触；负离子同样力求与尽可能多的正离子接触，这样可使系统的能量降低。因此，离子晶体往往具有较高的配位数、较大的硬度和相当高的熔点，易溶于极性溶剂，熔融后能导电。

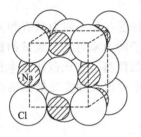
(a) 晶体中离子的排列

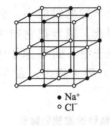
(b) 晶格
● Na⁺
○ Cl⁻

图 5-24　氯化钠的晶体结构

以典型的氯化钠晶体为例，配位数为6，每一个离子的最近周围有六个异号电荷离子。在离子晶体中并没有独立存在的分子，化学式 NaCl 只表明氯化钠晶体中 Na^+ 和 Cl^- 离子数的比例是 1∶1，并不表示一个氯化钠的分子的组成，但习惯上也把 NaCl 叫做氯化钠的分子式。

在典型的离子晶体中，离子电荷越多，离子半径越小，则产生静电场强度越大，与异号电荷离子的静电作用能也越大，因此离子晶体的熔点也越高，硬度也越大。例如 NaF 和 CaO 这两种典型的离子晶体，前者正、负离子半径之和为 230pm，很接近。但离子电荷数后者比前者多，所以氧化钙的晶格比氟化钠牢固，因而 CaO 的熔点（2570℃）比 NaF 的（993℃）高；CaO 的硬度（4.5）比 NaF(2.3) 大。又如 MgO 和 CaO 这两种典型的离子晶体，离子的电荷数相等，而 Mg^{2+} 的离子半径（66pm）比 Ca^{2+} 的（99pm）小，因此氧化镁的晶格更加牢固，具有更高的熔点（2852℃）和更大的硬度（5.5～5.6）。

（2）原子晶体　以共价键形成的物质可以有两类晶体，即原子晶体和分子晶体。

在原子晶体的晶格结点上排列着原子，原子间是通过共价键结合起来的。由于共价键具有方向性和饱和性，所以配位数一般都比较小，又因为共价键的结合力比离子键的结合力强，所以原子晶体的硬度一般都比离子晶体大，而熔点也比离子晶体高。

第Ⅲ主族元素硼的单质和第Ⅳ主族元素碳（金刚石）、硅、锗等单质的晶体是原子晶体。第Ⅲ、Ⅳ、Ⅴ主族元素彼此所组成的某些化合物，如碳化硅（SiC）、氮化铝（AlN）、砷化镓（GaAs）、碳化硼（B_4C）等也是原子晶体。又如方石英（SiO_2）也是原子晶体。

在原子晶体中，粒子间的共价键在空间以一定取向排列着。例如，在金刚石晶体中，每个碳原子通过 sp^3 杂化轨道与其他碳原子形成共价键，组成正四面体，配位数是4。方石英的晶格也与金刚石类似，每一硅原子与四周四个氧原子组成四面体，硅原子位于四面体的中心，氧原子位于四面体的顶点，每一个氧原子与两个硅原子相连。硅和氧的配位数分别为 4 和 2。在原子晶体中并没有独立存在的原子或分子，SiC、SiO_2 等化学式并不代表一个分子的组成，只代表晶体中各种元素原子数的比例，但习惯也叫分子式。

原子晶体一般具有很高的熔点和很大的硬度，在工业上常被选为作钻头、磨料或耐火材料，尤其是金刚石，由于碳原子半径较小，共价键的强度很大，要破坏 4 个共价键或扭歪键角，将会受到很大阻力，所以金刚石的熔点高达 3550℃，是所有单质中最高的，硬度也最大。原子晶体延展性很小，有脆性。由于晶体中没有离子，固态都不易导电，所以一般是电的绝缘体。但某些原子晶体如 Si、Ge、Ga、As 等可作为优良的半导体材料，原子晶体在一般溶剂中都不溶。

（3）分子晶体　在分子晶体的晶格结点上排列着极性或非极性分子，分子间只能以分子间力或氢键结合。这种通过分子间力，而联结起来形成的晶体，叫做分子晶体。因为分子间力没有方向性和饱和性，所以分子晶体都有形成密堆积的趋势，配位数可高达 12。和离子晶体、原子晶体不同，以二氧化碳的晶体结构（图 5-25）为例，晶体中有独立存在的 CO_2 分子，化学式 CO_2 能表示一个分子的组成，也就是分子式。

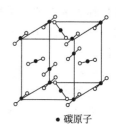

● 碳原子
○ 氧原子

图 5-25　CO_2 分子晶体

在分子晶体中，分子内的原子是以共价键相联系的，分子与分子之间的作用则靠分子间力，由于分子间力很弱，特别是非极性分子构成的晶体，分子间力更弱，因此分子晶体的熔点、沸点较低，硬度较小，易溶于非极性溶剂。分子晶体是由电中性的分子组成，固态和熔融态都不导电，是电的绝缘体。但某些分子晶体含有极性较强的共价键，能溶于水产生水化离子，因而能导电，如 HCl、冰醋酸等。

绝大多数的共价化合物都形成分子晶体，只有很少共价化合物能形成晶体。

（4）金属晶体　在金属晶体中排列在晶格结点上的粒子是金属原子和正离子。为了形成稳定的晶体结构，粒子尽可能采取最紧密的堆积，即每个粒子与尽可能多的邻近粒子相接触，配位数较大。由 X 射线衍射法测定，金属晶体最常见的有三种紧密堆积方式，如图5-26所示。

(a) 面心立方晶格

① 配位数为 12 的面心立方晶格，例如 Ca、Sr、Fe、Co、Ni、Cu、Ag、Al、Pb 等。

② 配位数为 12 的密集六方晶格，例如 Be、Mg、Co、Ni、Zn、Cd 等。

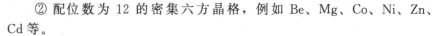

③ 配位数为 8 的体心立方晶格，例如 Na、K、Ba、Cr 等。

(b) 六方晶格

金属晶体具有如下特性：金属晶体一般是电和热的良导体，导电性随温度升高而降低；有优良的机械加工性能，如延展性；有金属光泽等。金属晶体的特性是由金属特有的化学键决定的。

为了说明在金属晶体中，金属原子之间的结合力——金属键的本质，目前已经发展起来两种主要的理论即改性共价键理论和能带理论。现将改性共价键理论叙述如下。

(c) 体心立方晶格

图 5-26　金属晶格

在金属晶体的晶格结点上排列着原子或正离子，在这些离子、原子之间，存在着从金属原子脱落下来的价电子，而为整个金属晶体中的众多原子或离子所共有。这些共用电子（又称自由电子）起到把许多原子或离子"黏合"在一起的作用，这种作用力就称为金属键。这种键可以看作是改性的共价键，即由多个原子共用一些能够在整个金属晶体内流动的自由电子所组成的共价键。金属晶体中，金属键是一种离域键，没有方向性和饱和性。

金属中的自由电子很容易吸收可见光，使金属晶体不透明，当被激发的电子跳回时又可射出不同波长的光、因而具有金属光泽。金属的导电性也与自由流动的电子有关（如图5-27所示）。不过在晶格内的原子和离子不是静止的，而是在晶格结点上作一定幅度的振动，对电子流动起阻碍作用，加上正离子对电子的吸引，构成了金属特有的电阻。受热时原子的离子的振动加强，电子的运动便受到更多的阻力。因而一般随着温度升高，金属的电阻加大。金属的导热性也和自由电子的运动密切相关，电子在金属中运动，会不断地和原子或离子碰撞而交换能量。因此，当金属某一部分受热而加强了原子或离子的振动时，就能通过自由电子的运动而把热能传递到邻近的原子和离子，很快使金属整体的温度均一化。金属的紧密堆积结构允许在外力下使一层原子在相邻的一层原子上滑动而破坏金属键，这是金属有良好的力学性能的原因。

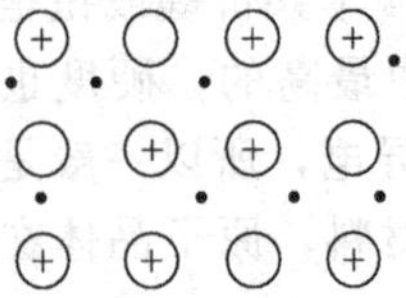

图 5-27 金属的晶体结构

5.5.4.2 混合型晶体

自然界中，除了上述的几种基本类型的晶体以外，还有一些具有链状结构和层状结构的混合型晶体。在这些晶体中微粒间的作用力不止一种，链内和链间、层内和层间的作用力并不相同，所以叫做混合键型晶体，又叫过渡型晶体。

（1）链状结构的晶体 天然硅酸盐的基本结构单位是由一个硅原子与三个氧原子组成的正四面体。根据这种正四面体和联接方式不同，可以得到各种不同的天然硅酸盐。图 5-28 是将各个硅氧四面体通过顶点相连排成链状硅酸盐负离子 $(SiO_3)_n^{2n-}$ 的俯视图（圈表示氧原子，黑点表示硅原子）。长链是由共价键组成的，金属离子在链间起联络作用。由于带负电荷的长链与金属正离子之间的静电作用能比链内共价键的作用能要弱，因此，若沿平行于链的方向用力，晶体易于裂开成柱状或纤维状，石棉就具有这种结构。

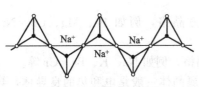

图 5-28 $(SiO_2)_n^{2n-}$ 结构

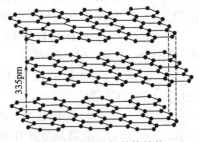

图 5-29 石墨的晶体结构

（2）层状结构的晶体 石墨是具有层状结构的晶体，如图 5-29 所示。在石墨晶体中，同一层碳原子在结合成石墨时发生 sp^2 杂化，其中每个 sp^2 杂化轨道彼此间以 σ 键结合，因此在每个碳原子周围形成三个 σ 键，键角 120°，形成了正六角形的平面层。每一个碳原子还有一个垂直于平面的未杂化的 2p 轨道，这种互相平行的 p 轨道可以互相"肩并肩"地重叠，形成遍及整个平面层的离域 π 键。由于 π 键的离域性，电子能在同一层上自由移动，使石墨具有金属光泽和良好的导电、导热性，在工业上用作石墨电极和石墨冷却器。由于石墨晶体的层之间易于滑动，工业上常用作润滑剂。石墨是原子晶体、金属晶体、分子晶体之间的一种混合型。

思考题与习题

一、选择题

1. 下列哪些叙述是正确的?(　　)。

A. 电子波是一束波浪式前进的电子流

B. 电子既是粒子又是波,在传播过程中是波,在接触实物时是粒子

C. 电子的波动是电子相互作用的结果

D. 电子虽然没有确定的运动轨道,但它在空间出现的概率可以由波的强度反映出来,所以电子波又叫概率波

2. 下列哪些叙述是正确的?(　　)。

A. 电子云是许多电子在核外空间的运动

B. 电子云和原子轨道具有相同的意义

C. 电子在原子核外空间各处都可能出现,所以当 $n=2$ 时,一个电子既可以在 2s 轨道上运动,也可以在 2p 轨道上运动

D. 原子中,电子波的波函数,即通常所称的"原子轨道"或"原子轨函"

3. 下列叙述哪一项是正确的?(　　)。

A. 在多原子分子中,键的极性愈强,分子的极性愈强

B. 分子中的键是非极性键,分子一定是非极性分子

C. 非极性分子中的化学键一定是非极性的共价键

D. 具有极性共价键的分子一定是极性分子

4. 下列哪一项是铝的基态电子层结构?(　　)。

A. $1s^2 2s^2 2p^6 3s^3$ 　　B. $1s^2 2s^2 2p^6 3s^2 3p^1$ 　　C. $1s^1 2s^1 2p^6 3s^1 3p^4$ 　　D. $1s^2 2s^2 2p^3 3s^2 3p^4$

5. E 元素通常能形成 E_2O 氧化物,那么 E 元素可能位于周期中的哪些族?(　　)。

A. Ⅰ 或 Ⅵ 　　　　B. Ⅰ 或 Ⅶ 　　　　C. Ⅱ 或 Ⅵ 　　　　D. Ⅱ 或 Ⅶ

6. 用来表示原子核外某一电子运动状况的下列各组量子数 $(n、l、m、m_s)$ 中,哪一组是合理的?(　　)。

A. $3、3、1、+\frac{1}{2}$ 　B. $1、0、-1、+\frac{1}{2}$ 　　C. $4、1、2、-\frac{1}{2}$ 　　D. $4、1、-1、-\frac{1}{2}$

7. 已知某一电子具有下列各套量子数:

(a) $3、1、0、+\frac{1}{2}$ 　　(b) $2、1、+1、+\frac{1}{2}$ 　　(c) $2、0、0、+\frac{1}{2}$ 　　(d) $3、0、0、-\frac{1}{2}$

若将它们按能量由小到大的顺序排列应为(　　)。

A. (a) (b) (c) (d) 　B. (d) (c) (b) (a) 　　C. (c) (b) (d) (a) 　　D. (b) (c) (d) (a)

8. B、C、N、O、F 元素序列的原子半径变化规律是下列哪一项?(　　)。

A. 逐渐增大　　　　　　　　　　B. 不规则变化,但有增大的趋势

C. 逐渐减小　　　　　　　　　　D. 不规则变化,但有减小的趋势

9. 下列哪一个表示式中的能量是元素 A 的电离能?(　　);哪一个表示式中的能量是元素 A 的电子亲和能?(　　)。

A. $A(g)+e^- \longrightarrow A^-(g)+$ 能量　　　　B. $A^+(g)+e^- \longrightarrow A(g)+$ 能量

C. 能量 $+A^-(g) \longrightarrow A(g)+e^-$ 　　　　D. 能量 $+A(g) \longrightarrow A^+(g)+e^-$

10. 下列哪些叙述是正确的?(　　)。

A. 元素的原子半径愈大,其电离能也愈大

B. 元素的原子半径愈大,其电子亲和能也愈大

C. 电离能愈小的元素,其金属性愈强

D. 电子亲和能愈小的元素,其非金属性愈强

11. 下列几种元素中电负性值最大的是(　　)。

A. 钙   B. 钠   C. 硫   D. 溴   E. 氯

12. 氢原子光谱中 Hγ 谱线的频率和波长各为（　　　）。

A. $6.91×10^{14}s^{-1}$ 和 433.9nm   B. $6.17×10^{14}s^{-1}$ 和 485.9nm

C. $4.6710^{14}s^{-1}$ 和 656.1nm   D. $6.91×10^{14}s^{-1}$ 和 685.9nm

［提示］利用公式 $\nu=3.29×10^{15}\left(\dfrac{1}{n_1^2}-\dfrac{1}{n_2^2}\right)$ 和 $\lambda=\dfrac{c}{\nu}$ 求得。

13. 下列哪一项是离子晶体熔点由高到低排列的正确顺序？（　　　）。

A. $CaCl_2$、BaF_2、CaF_2 B. CaF_2、BaF_2、$CaCl_2$

C. CaF_2、$CaCl_2$、BaF_2 D. BaF_2、CaF_2、$CaCl_2$

14. W、X、Y、Z 分别代表一元素，它们在周期表中的位置用下面去掉了一切识别特征和周期表的一

部分表示：

W	X
Y	Z

电负性最大的元素是哪一个？（　　　）。

A. W   B. X   C. Y   D. Z

极性最强的化学键是哪一个？（　　　）。

A. W—X   B. W—Z   C. Y—X   D. Y—Z

15. 指出下列各组中键的极性最强的化合物？

(1) 组：A. LiCl   B. $BeCl_2$ C. BCl_3 D. CCl_4（　　　）

(2) 组：A. SiF_4 B. $SiCl_4$ C. $SiBr_4$ D. SiI_4（　　　）

(3) 组：A. H_2O B. H_2S C. H_2Se D. H_2Te（　　　）

16. 下列哪些叙述是不正确的？（　　　）。

A. 多原子分子中，键的极性愈强，分子的极性愈强

B. 具有极性共价键的分子，一定是极性分子

C. 非极性分子中的化学键，一定是非极性的共价键

D. 分子中的键是非极性键，分子一定是非极性分子

17. 下列哪一个分子的偶极矩不等于零？（　　　）。

A. $BeCl_2$ B. BCl_3 C. CO_2 D. NH_3

18. 下列哪些叙述是错误的？（　　　）。

A. 非极性分子的偶极矩为零，极性分子的偶极矩大于零

B. 分子的偶极矩愈大，分子极性愈强

C. 分子中键的极性愈强，分子偶极矩愈大

D. 双原子分子中，键的极性与分子的极性是一致的

19. 下列哪个分子中 $C^1—C^2$ 之间的键长最长？（　　　）。

A. $H_3C^1—C^2H_2—CH_3$ B. $H_2C^1{=}C^2H—CH_3$

C. $HC^1{\equiv}C^2—CH_3$ D. $H_2C^1{=}C^2{=}CH_2$

20. 下列哪些叙述是正确的？（　　　）。

A. 氢键键能的大小和分子间力相近，因此两者没有差别

B. 氢键具有方向性和饱和性，因此氢键的共价键均属化学键

C. H_2CO_3 分子中，由于 C 的原子半径较大，所以不能形成氢键

D. 氢键具有方向性和饱和性，其大小与分子间力相接近

21. 下列哪些含氢的化合物中，不存在氢键？（　　　）。

A. HCl   B. NH_3 C. HCOOH   D. C_2H_5OH

22. 在下列变化中，克服的是同种性质的力的变化是（　　　）。

A. SiO_2 和 CaO 的熔化   B. NaCl 和 Cu 的熔化

C. H_2O 和 C_6H_6 的蒸发   D. I_2 和干冰（CO_2）的升华

23. 下列说法中错误的是（　　）。

A. 具有四面体构型的分子，其中心原子所采用的杂化轨道是 sp^3，凡是中心原子采用 sp^3 杂化轨道的分子，其空间构型必定是四面体

B. 键合原子间如果存在叁键，则其成键轨道多是 sp 杂化轨道，反之以 sp 杂化轨道成键的分子，不一定具有叁键

C. N_2 和 $HgCl_2$ 都具有 sp 杂化轨道形成的键

D. O_3 分子中，有 sp^2 杂化轨形成的键

24. NCl_3 分子的空间构型是（　　）。

A. 三角锥形　　　　　B. 锯齿形　　　　　C. 三角形　　　　　D. 直线形

二、计算题和简答题

1. 指出与下列各种原子轨道相应的主量子数（n）及角量子数（l）的数值各为多少？每一种轨道所包含的轨道数是多少？

2p　　4f　　6s　　5d

2. 指出下列各元素原子的电子层结构，各自违背了什么原理？写出正确的电子结构式。

(1) $_4Be：1s^2 2p^2$　　(2) $_7N：1s^2 2s^2 2p_x^2 2p_y^1$　　(3) $_5B：1s^2 2s^3$

3. 计算第三周期 Na、Si、Cl 三种元素的原子中，作用在外层电子上的有效核电荷数，并解释其对元素性质的影响。

4. 某元素最高氧化数为 +6，最外层电子数为 1，原子半径是同族元素中最小的，试写出：

(1) 原子的电子分布式；

(2) 原子的外层电子分布式；

(3) +3 价离子的外层电子分布式。

5. 分别推断下列元素的原子序数：

(1) 最外电子层为 $2s^2 3p^6$；

(2) 最外电子层为 $4s^1$，次外电子层的 d 亚层仅有 5 个电子；

(3) 最外电子层为 $4s^2 4p^5$。

6. 指出 $\overset{1}{C}H_2 = \overset{2}{C}H - \overset{3}{C}H_2 - \overset{4}{C} \equiv \overset{5}{C} - \overset{6}{C}H_3$ 中各碳原子所采用的杂化轨道。

7. 根据元素电负性判断下列化合物哪些可能是离子型化合物？哪些可能是共价型化合物？

MgF_2、SO_2、CaO、AsH_3、C_2H_2、SiH_4、CO_2

8. 指出下列化合物可能采用的杂化类型，预测分子的空间构型，根据分子构型指出偶极矩何者为零？何者不为零？

SiF_4、$BeCl_2$、PH_3、BF_3、OF_2、$SiHCl_3$

9. 填充下表（用√表示存在某种作用力）：

分子间作用力的类型	色 散 力	诱 导 力	取 向 力	氢 键
H_2O 分子间				
H_2 分子间				
H_2S 分子间				
H_2O 与 O_2 分子间				

10. 用电负性差值判断下列各对化合物中，哪一种化合物键的极性大些（不查表）？

(1) ZnO 和 ZnS　　(2) H_2S 和 H_2Se　　(3) IBr 和 ICl

11. 已知下列两类晶体的熔点（K）：

NaF(1266)　　　　NaCl(1074)　　　　NaBr(1020)　　　　NaI(934)

SiF_4(182.8)　　　$SiCl_4$(203)　　　$SiBr_4$(327)　　　SiI_4(393.5)

说明：(1) 为什么钠的卤化物比之相应的硅的卤化物熔点总是高？(2) 为什么钠的卤化物和硅的卤化物的熔点递变不一致？

12. 填下表：

物质晶格结点上粒子	粒子间作用力	晶体类型	预测某些物理性质（熔点、硬度、导电性）
$BaCl_2$			
O_2			
SiC			
H_2O			
MgO			

13. 判断下列各组物质的不同化合物分子间存在的分子间力的类型：

(1) 苯和四氯化碳；(2) 甲醇和水；(3) 氨和水；(4) 溴化氢和氯化氢；(5) 氯化钠和水。

14. 试判断下列各组中晶体的熔点哪些高、哪些低：

(1) NaCl、N_2、NH_3、Si(原子晶体)；(2) Ca(OH)$_2$、NaCl、H_2；(3) N_2、HCl、$BaCl_2$。

15. 预测下列四种离子晶体熔点高低的顺序。

CaF_2 $BaCl_2$ $CaCl_2$ MgO

第6章 无 机 材 料

材料是指经过某种加工（包括开采和运输），具有一定的组成、结构和性能，适合于一定用途的物质，它是人类生活和生产活动的重要物质基础。当今国际社会公认，材料、能源和信息技术是新科技革命的三大支柱。

材料——人类用来制作所有物件的物质，通常被视为人类社会进化的里程碑，因为对于材料的认识和利用能力，往往决定着社会的形态与人类生活的质量，将人类文明史称为世界材料史毫不为过。在遥远的古代，人类的远祖最初是以石料为主要工具形成了石器时代。在寻找天然石的过程中认识了矿石，并在烧陶的过程中发展了冶铜术，开创了冶金。公元前5000年人类进入了青铜时代，公元前1200年左右，进入了铁器时代。在铁器时代开始，人类使用的是铸铁。经过长期的发展制钢工业得到长足发展，使之成为18世纪产业革命的重要内容和物质基础。当历史进入20世纪下半叶开始的新技术革命时代后，新材料已成为各个高技术领域发展的突破口，没有新材料的开发应用，便谈不上新的技术产品和产业进步。没有半导体材料的工业化生产，就不可能有目前的计算机技术；没有高温高强度的结构材料，就不可能有今天的宇航工业；没有低消耗的光导纤维，也就没有现代的光纤通信等。纵观历史——从石器时代、铜器时代、铁器时代到集成电子时代，到被某些人称为"纳米"时代的当今；横看生活——人人离不开的"衣、食、住、行"，需要各种材料。我们不能不说：材料对于人类文明发展、对于人们生活质量的意义，真可谓是无与伦比。

从古至今，人类使用过形形色色的材料。如果按照发展水平来归纳，大致可分为五个时代：天然材料、烧炼材料（如陶瓷、砖、瓦；铜、青铜、铁、钢）、合成材料（如塑料、合成橡胶）、特殊设计材料（如金属陶瓷、铝塑薄膜）、智能材料（如记忆合金）。如果按照化学组成分类可分为：金属材料、非金属材料、合成材料、复合材料、功能材料。其中的前四类主要都是结构材料，以其所具有的强度为特征而被广泛应用。最后一类主要是以其所具有的光、电、声、磁、热等效应和功能为特征而应用。本章主要介绍金属材料和非金属材料。

6.1 金属及合金材料

从历史知识中大家已经知道，人类社会的发展离不开金属。人类社会经历了从石器时代到青铜器时代到铁器时代的不断发展过程。当今时代可以说是钢铁及各种合金广泛应用的时代。金属通常都带有金属光泽，具有延展性，是电和热的良导体。金属材料之所以能得到广泛应用，主要是由于它们具有良好的力学性能（强度、硬度、塑性等）、物理性能（导电性、导热性、磁性等）、化学性能（耐腐蚀性、抗氧化性等）以及工艺性能（铸造、焊接、冷热加工性能等）。

6.1.1 合金及其类型

合金是由一种金属与另一种或几种其他金属或非金属熔合在一起形成的具有金属特性的物质。中国是世界上最早研究和生产合金的国家之一，在商朝（距今3000多年前）青铜（铜锡合金）工艺就非常发达；公元前6世纪左右（春秋晚期）已锻打（还进行了热处理）出锋利的剑（钢制品）。

一般说来，纯金属都有良好的塑性、较高的导电性和导热性，但它们的力学性能如强度、硬度等不能满足工程上对材料的要求，而且价格较高。因此，在工程上使用的金属材料主要是合金。根据结构的不同，合金可分为以下三种类型。

6.1.1.1 混合物合金

混合物合金是两种或多种金属的机械混合物，这种混合物中各组分金属在熔融状态时可以完全或部分互溶，而在凝固时各组分金属又分别独自结晶出来。显微镜下可观察到各组分的晶体或它们的混合晶体，整个合金不完全均匀。混合物合金的力学性能如硬度等性质一般是各组分的平均性质，但是导电、导热等性质与组分纯金属的性质有很大的不同。如纯铅的熔点为600K，纯锡的熔点为505K，含63%锡的锡铅合金（即工业生产和日常生活中广泛使用的焊锡）其熔点只有454K。

6.1.1.2 金属固溶体

固溶体是一种均匀的组织。它是由两种或多种金属不仅在熔融时能够相互溶解，而且在凝固时也能保持互溶状态的固态溶液。固溶体中被溶的溶质可以有限地或无限地溶于溶剂的晶格中。与纯金属相比，固溶体合金的滑移变形较困难，塑性和韧性略有下降，但强度和硬度随溶质浓度的增加而提高。根据溶质原子在晶体中所处的位置，固溶体分为置换固溶体、间隙固溶体和缺位固溶体。

（1）置换固溶体　在置换固溶体中，溶剂金属保持其原有的晶格，溶质金属原子取代晶格内的若干位置。一般说来，当两种金属的结构形式相同，原子半径相近，原子的价电子层结构和电负性相近时，则这两种金属可以按任意的比例形成置换固溶体，例如Ag和Au，W和Mo等合金即属于这种类型。当两种金属元素上述性质相差较大时，则只能形成部分互溶的置换固溶体。通常当两种金属原子的半径差大于15%时，就不能形成完全互溶的置换固溶体；当原子半径差大于25%时，则不能形成置换固溶体。

（2）间隙固溶体　间隙固溶体又称为填穴固溶体。在间隙固溶体中，溶质原子分布在溶剂原子晶格的间隙中，只有当溶质原子半径很小时才能形成（如C、B、N、H等）。例如C溶于γ-Fe中所形成的间隙固溶体称为奥氏体。间隙固溶体一般具有与原金属相似的导电性和金属光泽，但它们的熔点和硬度比纯金属高。这是因为除了原来的金属键外，加入的非金属元素形成了部分共价键，因而增加了原子间的结合力；此外，空穴利用率的提高也起了一定的作用。

（3）缺位固溶体　缺位固溶体都是化合物，只是其中一个成分按照定组成定律来说是过量的，这些过剩的原子占据着化合物晶格的正常位置，而另一成分的原子在晶格中占据的位置有一部分空了起来，就形成了缺位（又叫空位）。例如，在氧化亚铁的晶体结构中，氧原子在晶格中占有正常位置，晶格中有些铁原子的位置空起来，形成了缺位。由于这些缺位，使氧化亚铁实际组成在$Fe_{0.84}O$和$Fe_{0.95}O$之间，这就形成了缺位固溶体。

6.1.1.3 金属化合物

当两种金属元素的电负性、电子层结构和原子半径差别较大时，则易形成金属化合物。它又分为两类："正常价"化合物和电子化合物。

"正常价"化合物其化学键介于离子键和金属键之间。由于键的这种性质，这类化合物的导电性和导热性比各组分纯金属低，而熔点和硬度却比各组分纯金属高，如Mg_2Pb就是这样。

大多数金属化合物是电子化合物，它们以金属键相结合，故不遵守化合价规则，其特征是化合物中价电子数与原子数之比有一定值。每一比值都对应着一定的晶格类型。现以铜锌合金为例，见表6-1。

表 6-1　铜锌合金的晶体结构

价电子数/原子数	晶 格 类 型	实 例
3/2	体心立方晶格	CuZn
21/13	复杂立方晶格	Cu_5Zn_8
7/4	六方晶格	$CuZn_3$

其他金属的合金只要价电子数与原子数之比值与铜锌化合物相同，晶体结构也就相同。电子化合物由周期表中第一主族、过渡金属和第二、三、四主族的金属所形成。

6.1.2　常用合金

6.1.2.1　钢铁

钢铁是 Fe 与 C、Si、Mn、P、S 以及少量的其他元素所组成的合金。其中除 Fe 外，C 的含量对钢铁的力学性能起着主要作用，故统称为铁碳合金。它是工程技术中最重要、用量最大的金属材料。按 C 含量的不同，铁碳合金分为钢与铸铁两大类，钢是 C 含量小于 2% 的铁碳合金。钢的种类很多，根据其化学成分可分为碳素钢和合金钢两类。

（1）碳素钢　碳素钢是最常用的普通钢，冶炼方便，加工容易、价格低廉，而且在多数情况下能满足使用要求，所以应用十分普遍。按 C 含量的不同，碳钢又分为低碳钢、中碳钢和高碳钢。低碳钢（C 含量<0.25%）韧性好、强度低、焊接性能优良，主要用于制造薄铁皮、铁丝和铁管等；中碳钢（C 含量 0.25%~0.6%）强度较高，韧性及加工性能较好，用于制造铁轨、车轮等；高碳钢（C 含量 0.6%~1.7%）硬而脆，经热处理后有较好的弹性，用于制造医疗器具、弹簧和刀具等。总之，碳钢随 C 含量升高，其硬度增加，韧性下降。

（2）合金钢　在钢中加入不同的合金元素，使钢的内部组织和结构发生变化，改善了工作性能和使用性能，可得到各种合金钢。应用最广的合金元素有 Cr、Mn、Mo、Co、Si 和 Al 等，它们除能显著提高并改善钢的力学性能外，还能赋予钢许多新的特性。合金钢种类繁多，分类方法也有多种，按其他元素含量不同可分为低合金钢（合金元素总量<4%）、中合金钢（合金元素总量 4%~10%）和高合金钢（合金元素总量>10%）。最方便的是按用途分类。如不锈钢是一种具有耐腐蚀性的特殊性能钢，已在石油、化工、原子能、宇航、海洋开发和一些尖端科学技术领域以及日常生活中得到广泛应用。不管哪类不锈钢，都具有下列的合金化特点：①C 含量愈低，耐蚀性愈高；②合金元素 Cr 能提高基体的电极电势，Cr 含量为 12.5%，基体的电极电势可由 $-0.56V$ 跃升到 $+0.12V$；③辅助元素 Ni、Mo、Cu、Ti、Nb、Mn、Ni 可显著提高耐蚀性，改善组织结构；Mo、Cu 可提高钢在非氧化性酸和碱溶液中的耐蚀能力；Ti 和 Nb 能优先同 C 形成稳定的碳化物，使 Cr 保留在基体中，避免晶界贫 Cr；Mn 能提高铬不锈钢在有机酸中的耐蚀性。

（3）生铁　C 含量 2%~4.3% 的铁碳合金称为生铁。生铁硬而脆，但耐压耐磨。根据生铁中 C 存在的形态不同可分为白口铁、灰口铁、球墨铸铁。①白口铁中 C 以 Fe_3C 形态分布，断口呈银白色，质硬而脆，不能进行机械加工，是炼钢的原料，故又称为炼钢生铁；②灰口铁中 C 以片状石墨形态分布，断口呈银灰色，易切削、易铸、耐磨；③球墨铸铁中 C 以球状石墨分布，其力学性能、加工性能接近于钢。在铸铁中加入特种合金元素可得到特种铸铁，如加入 Cr 后耐磨性可大大提高，在特殊条件下有十分重要的应用。

6.1.2.2　轻质合金

轻质合金是以轻金属为主要成分的合金材料。常用的轻金属有 Mg、Al、Ti 及 Li、Be 等。

(1) 铝合金 纯铝密度较低，为 $2.7g \cdot cm^{-3}$，有良好的导热、导电性，延展性好，塑性高，可进行各种压力加工。铝的化学性质活泼，在空气中迅速氧化形成一层致密、牢固的氧化膜，而具有良好的耐蚀性，但纯铝的强度低，使应用受到限制。

在铝中加入少量其他合金元素，其力学性能可大大改善。铝合金密度小、强度高，是轻型结构材料。在铝中加入 Mn、Mg 形成的 Al-Mn、Al-Mg 合金有很好的耐蚀性，良好的塑性和较高的强度，称为防锈铝合金，用于制造油箱、容器、管道、铆钉等。硬铝合金的强度较防锈铝合金高，但防蚀性能有所下降，这类合金有 Al-Cu-Mg 系和 Al-Cu-Mg-Zn 系。

硬铝合金制品的强度和钢相近，而质量仅为钢的 1/4 左右，因此在飞机舰艇和载重汽车等制造方面获得广泛的应用，可增加载重量及提高运动速度，并且有抗海水浸蚀，避磁性等特点。

(2) 钛合金 钛外观似钢，熔点达 1672℃，属难熔金属。钛合金比铝合金密度大，但强度高，几乎是铝合金的 5 倍。经热处理，它的强度可与高强度钢媲美，但密度仅为钢的 57％，如用钛合金制造的汽车车身，其重量仅为钢制车身的一半，Ti-13V-11Cr-4Al（即 13％V，11％Cr，4％Al 的钛合金）的强度是一般结构钢的 4 倍。因此钛合金是优良的飞机结构材料，有"航空金属"之称。

钛和钛合金有优异的耐蚀性，仅被 HF 和中等浓度的强碱溶液所侵蚀。高级合金钢在 $HCl-HNO_3$ 溶液中一年剥蚀 10mm，而钛仅被剥蚀 0.5mm。由 Ti-6Al-4V 合金制造的耐腐蚀零件可在 400℃ 以下长期工作。钛合金罐可用作液氮或液氢等的低温容器。将钛或钛合金放入海水中数年取出后，仍光亮如初，远优于不锈钢，它们对海水尤其稳定。

被称为"第三金属"的钛及其合金，由于质轻、高强、抗蚀、耐候而正在成为十分有发展前途的新型轻金属材料。

6.1.2.3 铜合金

纯铜是紫红色，具有熔、沸点较高，密度较大和导热、导电性优良等特性。有优良的化学稳定性和耐蚀性能，是优良的电工用金属材料。

工业中广泛使用的铜合金有黄铜、青铜和白铜等。

黄铜是 Cu-Zn 合金，其中 Cu 占 60％～90％，Zn 占 10％～40％，有优良的导热性和耐腐蚀性，用作各种仪器零件。加入少量 Sn，具有很好的抗海水腐蚀的能力，被称为海军黄铜。在黄铜中加入少量有润滑作用的 Pb，可用作滑动轴承材料。

青铜是 Cu-Sn 合金。锡的加入明显地提高了铜的强度，并使其塑性得到改善，抗腐蚀性增强。因此锡青铜多用于齿轮等耐磨零部件和耐蚀配件。Sn 较贵，目前已大量用 Al、Be、Mn 来代替 Sn，而得到一系列青铜合金。铝青铜的耐蚀性比锡青铜还好。铍青铜是强度最高的铜合金，它无磁性又有优异的抗腐蚀性能，是可与钢相竞争的弹簧材料。

白铜是 Cu-Ni 合金，有优异的耐蚀性和高的电阻，故用作在苛刻腐蚀条件下工作的零部件和电阻器的材料。

6.1.2.4 特种合金

随着科学技术的发展，工程技术对材料的要求不断提高，金属材料已由最初的铜、铁的合金开发出了许多新品种、新特性合金。

(1) 耐蚀合金 金属材料在腐蚀性介质中所具有的抵抗介质侵蚀的能力，称为金属的耐蚀性。纯金属中耐蚀性高的通常具有下述三个条件之一。

① 热力学稳定性高的金属 通常是标准电极电势代数值较大的稳定性较高，较小的则稳定性较低。耐蚀性好的贵金属，如 Pt、Au、Ag、Cu 等属于这一类。

②易于钝化的金属　金属在氧化性介质中可形成具有保护作用的致密氧化膜，这种现象叫钝化。金属中最容易钝化的是 Ti、Zr、Ta、Nb、Cr、Al、Ni、Mo 等。

③表面能生成难溶的和保护性良好的腐蚀产物膜的金属　这种情况只有在金属处于特定的腐蚀介质中才出现，例如 H_2SO_4 溶液中的 Pb，H_3PO_4 中的 Fe 以及大气中的 Zn 等。

因此，工业上根据上述原理，采用合金化方法获得一系列耐蚀合金。通常也有相应的三种方法。

①提高金属或合金的热力学稳定性，即向原来不耐蚀的金属或合金中加入热力学稳定性高的合金元素，使之形成固溶体以提高合金的电极电势，增强耐蚀性。如 Cu 中加入 Au，Ni 中加入 Cu、Cr 等，属于此类。

②加入易钝化的合金元素，如 Cr、Ni、Mo 等，可提高基体金属的耐蚀性。如钢中加入适量的 Cr（含 Cr 量一般应大于 13％，且 Cr 含量越高，其耐蚀性越好），可制得铬系不锈钢。

③加入能促使合金表面生成致密的腐蚀产物保持膜的合金，是制取耐腐蚀合金的又一途径。例如，在钢中加入 Cu 与 P 或 P 与 Cr 均可促进这种保护膜的生成，由此可用 Cu、P 或 P、Cr 制成耐大气腐蚀的合金钢。

金属腐蚀是工业上危害最大的自发过程，因此耐蚀合金的开发与应用，有着重大的社会意义和经济价值。

(2) 硬质合金　硬质合金是一种以硬质化合物为硬质相，以金属或合金作黏结相的复合材料，是 20 世纪 60 年代初出现的一种新型工程材料。它兼有硬质化合物的硬度、耐磨性和钢的强度和韧性。第四、五、六副族金属与 C、N、B 等所形成的间隙固溶体，由于硬度和熔点特别高，因而统称为硬质合金。硬质合金是在高温时，原子半径小的 C、N、B 原子钻入副族金属晶格的间隙中而形成。由于 C、N、B 原子的某些价电子可进入上述副族金属原子的 d 层空轨道，与金属原子形成了部分共价键，因此使这类化合物的熔点和硬度都特别高，为高速切削和钻头等工具的优良材料。用这些材料制成的刀具在 1000～1100℃高温仍能长时间保持硬度，硬质合金刀具的切削速度可比高速钢刀具高出 4～7 倍甚至更多。

常用的硬质合金有钨钴硬质合金（WC94％，Co6％，金属钴用作"黏结"剂）、钨钛钴硬质合金（WC78％，TiC14％，Co8％），以碳化钨为主要成分的硬质合金统称为碳化钨基硬质合金。如果"黏结"剂钴用高速钢或工具钢代替，制得的合金不但保持高熔点、高硬度、耐磨的特点，还具备一般合金钢易于加工、热处理、焊接等优点，这类硬质合金叫做钢结硬质合金。

(3) 耐热合金　这类合金又称高温合金，它对于在高温条件下的工业部门和应用技术领域有着重大的意义。

一般说，金属材料的熔点越高，其可使用的温度限度越高。这是因为随着温度的升高，金属材料的力学性能显著下降，氧化腐蚀的趋势相应增大，因此，一般的金属材料都只能在 500～600℃下长期工作。能在高于 700℃的高温下工作的合金通称耐热合金。"耐热"是指其在高温下能保持足够强度和良好的抗氧化性。

提高钢铁高温强度的方法很多，从结构、性质的化学观点看，大致有两种主要方法：

一是增加钢中原子间在高温下的结合力。研究指出，金属中结合力，即金属键强度大小，主要与原子中未成对的电子数有关。从周期表中看，第六副族元素金属键在同一周期内最强。因此，在钢中加入 Cr、Mo、W 等原子的效果最佳。

二是加入能形成各种碳化物或金属间化合物的元素，以使钢基体强化。由于若干过渡金属与碳原子生成的碳化物属于间隙化合物，它们在金属键的基础上，又增加了共价键的成分，因此硬度极大，熔点很高。例如，加入 W、Mo、V、Nb 可生成 WC、W_2C、MoC、Mo_2C、VC、NbC 等碳化物，从而增加了钢铁的高温强度。

提高钢铁抗氧化性的途径有两条：一是在钢中加入 Cr、Si、Al 等合金元素，或者在钢的表面进行 Cr、Si、Al 合金化处理。它们在氧化性气氛中可很快生成一层致密的氧化膜，并牢固地附在钢的表面，从而有效地阻止氧化的继续进行。二是用各种方法在钢铁表面形成高熔点的氧化物、碳化物、氮化物等耐高温涂层。

利用合金方法，除铁基耐热合金外，还可制得镍基、钼基、铌基和钨基耐热合金，它们在高温下具有良好的力学性能和化学稳定性。其中镍基合金是最优的超耐热金属材料，组织中基体是 Ni-Cr-Co 的固溶体和 Ni_3Al 金属化合物，经处理后，其使用温度可达 $1000 \sim 1100℃$。

（4）形状记忆合金　形状记忆合金是一种在加热升温后能完全消除其在较低温度下发生的变形，恢复其变形前原始形状的合金材料。目前已开发成功的形状记忆合金有 Ti、Ni 基形状记忆合金、铜基形状记忆合金、铁基形状记忆合金等。

记忆合金在航空航天领域内的应用有很多成功的范例。人造卫星上庞大的天线可以用记忆合金制作。发射人造卫星之前，将抛物面天线折叠起来装进卫星体内，火箭升空把人造卫星送到预定轨道后，只需加温，折叠的卫星天线因具有"记忆"功能而自然展开，恢复抛物面形状。

记忆合金在临床医疗领域内有着广泛的应用，例如人造骨骼、伤骨固定加压器、牙科正畸器、各类腔内支架、栓塞器、心脏修补器、血栓过滤器、介入导丝和手术缝合线等，记忆合金在现代医疗中正扮演着不可替代的角色。

作为一类新兴的功能材料，记忆合金的很多新用途正不断被开发，例如，用记忆合金制作的眼镜架，如果不小心被碰弯曲了，只要将其放在热水中加热，就可以恢复原状。不久的将来，汽车的外壳也可以用记忆合金制作。如果不小心碰瘪了，只要用电吹风加温就可恢复原状，既省钱又省力，非常方便。

（5）储氢合金　传统储氢方法有两种，一种方法是利用高压钢瓶（氢气瓶）来储存氢气，但钢瓶储存氢气的容积小，瓶里的氢气即使加压到 150atm（1atm＝101325Pa），所装氢气的质量也不到氢气瓶质量的 1％，而且还有爆炸的危险；另一种方法是储存液态氢，将气态氢降温到零下253℃变为液体进行储存，但液体储存箱的体积非常庞大，需要极好的绝热装置来隔热，才能防止液态氢不会沸腾汽化。近年来，一种新型简便的储氢方法应运而生，即利用储氢合金（金属氢化物）来储存氢气。储氢合金的飞速发展，给氢气的利用开辟了一条广阔的道路。

研究证明，某些金属具有很强的捕捉氢气的能力，在一定的温度和压力条件下，这些金属能够大量"吸收"氢气，反应生成金属氢化物，同时放出热量。其后，将这些金属氢化物加热，它们又会分解，将储存在其中的氢气释放出来。这些会"吸收"氢气的金属，称为储氢合金。目前研究发展中的储氢合金，主要有钛系储氢合金、锆系储氢合金、铁系储氢合金及稀土系储氢合金。

储氢合金不光有储氢的本领，而且还有将储氢过程中的化学能转换成机械能或热能的能量转换功能。储氢合金在吸氢时放热，在放氢时吸热，利用这种放热-吸热循环，可进行热的储存和传输，制造制冷或采暖设备。储氢合金还可以用于提纯和回收氢气，它可将氢气提纯到很高的纯度。例如，采用储氢合金，可以很低的成本获得纯度高于 99.9999％ 的超纯氢。

6.2　陶瓷材料

陶瓷是我国古代劳动人民的一大发明。陶瓷诞生的确切年月，已无从考证。从现有的考古材料看，可以断定陶瓷与中华文明几乎同时诞生。随着科学技术的发展，陶瓷已不仅仅用于人们的日常生活和建筑业，而且在许多高新技术领域找到了用武之地。

从物质结构的观点看，陶瓷与玻璃有着本质的区别，而与单晶却有着"血缘"关系。陶瓷是由许许多多细小的晶粒组成的，就其中任何一颗小晶粒而言，其内部原子的排列都像单晶一样是长程有序的，且有周期性的重复规律。因此，陶瓷又称为多晶材料。在陶瓷中，晶粒与晶粒之间存在着晶界。

陶瓷的制造工艺不同于单晶和玻璃，制造玻璃的首要条件是要把原料熔化，然后将熔体快速冷却。而如果向熔体中放入单晶籽晶，在合适的温度环境中慢慢上提籽晶就可以获得单晶。陶瓷的制作通常是先把粉料混匀，压制成所需的形状，在低于其熔点的温度下高温烧结而成。也就是说，在尚未熔化的情况下烧制而成。从这个意义上讲，砖、瓦、日用陶器、瓷器及高技术领域所用陶瓷，均可归为陶瓷类。只不过根据不同的性能要求，选择不同的配方、不同的粉料纯度以及不同压制和烧结工艺而已。

传统陶瓷包括砖、瓦、陶器、瓷器、玻璃、水泥和耐火材料等，其化学组成以氧化物为主，多为地壳最主要成分天然硅酸盐的烧结制品。随着社会发展和科技进步，人们不断赋予陶瓷新的涵义。新型陶瓷多种多样，其化学组成除氧化物外，还有非自然界存在的氮化物、碳化物、硼化物、硫化物、硅化物等，产品的形态除原有的烧结体外，还可为单晶、薄膜和纤维等，而且性能也远不限于传统陶瓷所具有的强度高、硬度大、耐高温、耐腐蚀等，可具有光学、电学、磁学、声学、力学和热学诸多方面的特殊性能，广泛用于各类尖端科技领域。

6.2.1　陶瓷的结构

陶瓷的组织结构非常复杂，一般由晶相、玻璃相和气相组成。其中晶相是主成分相，玻璃相为副成分相，陶瓷性能主要由其组成和微观结构的特点而定。结构和显微组织的多样性决定了陶瓷具有多种功能的广泛用途。

晶相是表征陶瓷性质的主要组成相，它们主要是以离子键（如在 CaO、MgO、Al_2O_3 和 ZrO_2 中）和共价键（如在 BN、SiC、Si_3N_4 中）为主要结合键。晶相往往使某些结点上缺少粒子而形成所谓"空位结点"，空位数和完整晶体中粒子数的比例称为"空位浓度"。空位浓度与粒子热运动（温度）有关，所以也称为热缺陷，它对某些陶瓷材料的离子导电性能影响极大。陶瓷不仅可以有点缺陷，当这些点连成线便成了线缺陷，缺陷的线连成面便成了面缺陷。这些晶体的结构缺陷都对陶瓷的绝缘性能、脆性等影响极大。这些由缺陷引起的性质被称为结构敏感性，也称为次生（派生）或高次物性。

玻璃相是一种非晶态的低熔点固相，由熔融的液体凝固而得。材料能否形成玻璃态或非晶态，与在材料凝固点时的黏度和冷却的速度有关。一般说来，黏度大，冷却速度快，易形成玻璃态。如 SiO_2 等氧化物其黏度高，快速冷却成石英玻璃，缓慢冷却成石英晶体。玻璃相在陶瓷中起着黏结分散的晶相、填充气孔、降低烧结温度等作用。陶瓷中的玻璃相有时多达 20%～60%。

气相或气孔是陶瓷生产过程中不可避免残存下来的，一般占体积的 5%～10%，甚至更多。有时根据需要专门生产的多孔陶瓷，其气孔含量高达 30%～50%以上。气孔大多孤立地分布在玻璃相中，也可呈细散状态存留于晶相内部及晶界外。气孔均匀地存在，可使陶瓷的绝热性能大大提高，密度大大下降。但气孔使陶瓷的抗电击穿能力下降，受力时易产生裂纹，透明度下降。

6.2.2 陶瓷材料的分类

现代陶瓷又称精细陶瓷，可分为结构陶瓷和功能陶瓷两类。结构陶瓷具有高硬度、高强度、耐磨耐蚀、耐高温和润滑性好等特点，用作机械结构零部件；功能陶瓷具有声、光、电、磁、热特性及化学、生物功能等特点。

6.2.2.1 结构陶瓷材料

因为在工程结构上使用的陶瓷，又称为工程陶瓷。它们具有高硬度、高强度、耐磨耐蚀、耐高温和润滑性好等特点，用作机械结构零部件。它克服或消除了传统陶瓷的脆性，在空间技术，新能源工程等高科技领域内成为一种十分重要的材料。

结构陶瓷按其主要成分目前主要有四大类

(1) 氧化铝陶瓷 氧化铝（俗称刚玉）最稳定晶型是 $\alpha\text{-}Al_2O_3$。经烧结，致密的氧化铝陶瓷具有硬度大，耐高温、耐骤冷急热、耐氧化、使用温度达 1980℃、机械强度高、绝缘性高等优点。是使用最早的结构陶瓷，常用作机械零部件、工具、刃具、喷砂用的喷嘴、火箭用导流罩及化工泵用密封环等。若加入少量 MgO、Y_2O_3 经特殊烧结可成微晶氧化铝陶瓷。这种陶瓷透光性强，用作高压钠灯管，微波窗、熔炉观察窗和高温电子管管座透明部件。氧化铝陶瓷的缺点是脆性大。

(2) 氮化硅陶瓷 氮化硅 Si_3N_4 硬度为 9，是最坚硬的材料之一。它的导热性好而且膨胀系数小，可经低温高温、急冷急热反复多次而不开裂。因此，可用作高温轴承，炼钢用铁水流量计，输送铝液的电磁泵管道。用它制作的燃气轮机，可提高效率30％，并可减轻自重，已用于发电站，无人驾驶飞机等。制成的切削刀具可加工淬火钢、冷硬铸铁等。

(3) 氧化锆陶瓷 以 ZrO_2 为主体的陶瓷熔点很高（2715℃），硬度大，耐高温性能和化学稳定性强，是很理想的陶瓷材料。特别使人感兴趣的是其相变增韧的特点，这个特点使它甚至可抗铁锤的敲击，因此有"陶瓷钢"之称。如在 ZrO_2 中加入 CaO、Y_2O_3、MgO 或 CeO_2 等氧化物可制得十分重要的耐火材料。

(4) 碳化硅陶瓷 SiC（俗称金刚砂）熔点高（2450℃）、硬度大（9.2），是重要的工业磨料。SiC 具有优良的热稳定性和化学稳定性，热膨胀系数小，其高温强度是陶瓷中最好的。因此，最适宜的应用领域是高温以及需要耐磨、耐蚀的环境。例如火箭喷嘴、飞机、汽车、燃烧室部件、涡轮机主轮、轴承、叶片等。可以大幅度提高燃气温度，提高热机效率、节省贵重的金属材料。此外，广泛用于制作各种泵的密封圈，高温热交换器材以及机械加工中磨料、模具等。

6.2.2.2 功能陶瓷

功能陶瓷材料是以特定的性能或通过各种物理因素（如声、光、电、磁）作用而显示出独特功能的材料，可制成各种功能元件。例如 ZrO_2、ThO_2、$LaCrO_4$ 的高温电子陶瓷。用来制造电容器和电子工业中的高频高温器件。用尖晶石型铁氧体（组成为 $MO \cdot Fe_2O_3$，M 为 Mn、Zn、Cu、Ni、Mg、Co 等）制成的磁性瓷陶，用作制造能量转换、传输和信息储存器件，广泛应用在电子、电力工业中。

有些功能陶瓷对于声、光、热、磁及各种气氛显示出优良的敏感特性，即每当外界条件变化时都会引起这类陶瓷本身某些性质的改变。测量这些性质的变化，就可"感知"外界变化，这类材料被称为敏感材料，又叫传感材料。目前已制成了温度传感陶瓷、湿度传感陶瓷、气体传感陶瓷、压力传感和振动传感陶瓷。此外，功能陶瓷还有压电陶瓷，主要用于振荡器、滤波器、超声探伤和煤气灶点火器、打火机等设备中。

下面介绍两种新型功能陶瓷材料。

(1) 生物陶瓷　骨骼是人体的重要组成部分之一。制造骨骼替换材料是人类一直以来的梦想。然而，医用骨骼材料有许多苛刻的要求。直到20世纪60年代以后，由于科学技术的发展，生物陶瓷才逐渐成为一个活跃的领域。目前，它不仅是医学临床应用的一类重要材料，而且也是高技术新材料研究的一个重要领域。

生物陶瓷是具有特殊生理行为的一类陶瓷材料，可用来构成人类骨骼和牙齿的某些部分，甚至可望部分或整体地修复或替换人体的某些组织、器官，或增进其功能。

所谓生物陶瓷的特殊生理行为，是指它必须满足下述生物学要求：

① 它是与生物机体相容的，对生物机体组织无毒、无刺激、无过敏反应、无致畸、致突变和致癌等作用；

② 它具有一定的力学要求，不仅具有足够的强度，不发生灾难性的脆性破裂、疲劳、蠕变和腐蚀破裂等，而且其弹性形变应当和被替换的组织相匹配；

③ 它能和人体其他组织相互结合。

根据生理环境中所发生的生物化学反应，生物陶瓷可分为三种类型：①接近于生物惰性的陶瓷，如氧化铝、氧化锆及氧化钛陶瓷等；②表面活性生物陶瓷，包括致密羟基磷灰石陶瓷、生物活性微晶玻璃等；③可吸收生物陶瓷，如熟石膏、磷酸三钙及铝酸钙等。

使用最广泛的惰性生物陶瓷是氧化铝陶瓷。致密、高度抛光的氧化铝陶瓷在生理环境中具有高的抗压强度、低的摩擦系数和磨损率，并能长期保持稳定，主要用于人造关节结合部的球和臼，也能被用作人造牙根、中耳小骨和心瓣膜。氧化铝髋关节于1970年开始临床应用，在我国也已应用了多年。

作为生物陶瓷使用的磷酸钙盐主要是磷灰石和磷酸三钙。磷酸钙盐主要以结晶形态的磷灰石构成了人体硬组织的主体，因此磷酸钙生物陶瓷和人体组织有良好的相容性。自20世纪70年代以来，这类陶瓷已临床用作牙齿和骨骼的种植体。

材料科学技术和生物医学工程的进展，虽然正在创造品种越来越多的生物陶瓷，但是从分子水平进行种植材料的设计，目前还刚刚起步。但是在不久的将来，一定会有日益繁多的类似于人体组织的生物陶瓷问世而造福于人类。

(2) 纳米陶瓷　结构陶瓷因其具有硬度高、耐高温、耐磨损、耐腐蚀以及质量轻、导热性能好等优点，得到了广泛的应用。但是结构陶瓷的缺陷在于它的脆性（裂纹）、均匀性差，可靠性低，韧性、强度较差，因而使其应用受到了较大的限制。随着纳米技术的广泛应用，纳米陶瓷随之产生，利用纳米技术开发的纳米陶瓷材料是指在陶瓷材料的显微结构中，晶粒、晶界以及它们之间的结合都处在纳米水平（1～100nm），使得材料的强度、韧性和超塑性都大幅度提高，克服了工程陶瓷的许多不足，并对材料的力学、电学、热学、磁学、光学等性能产生重要影响，为替代工程陶瓷的应用开拓了新领域。

纳米陶瓷的特性主要在于力学性能方面，包括纳米陶瓷材料的硬度、断裂韧度和低温延展性等。纳米级陶瓷复合材料的力学性能，特别是在高温下的硬度、强度得到了较大的提高。有关研究表明，纳米陶瓷具有在较低温度下烧结就能达到致密化的优越性，而且纳米陶瓷的出现将有助于解决陶瓷的强化和增韧问题。在室温下压缩时，纳米颗粒已有很好的结合，高于500℃时很快致密化，而晶粒大小只有稍许的增加，所得的硬度和断裂韧度值更好，而烧结温度却要比结构陶瓷低400～600℃，且烧结不需要任何的添加剂。其硬度和断裂韧度随烧结温度的增加（即孔隙度的降低）而增加，故低温烧结能获得好的力学性能。通常，硬化处理使材料变脆，造成断裂韧度的降低，而就纳米晶而言，硬化和韧化由孔隙的消除来形成，这样就增加了材料的整体强度。因此，如果陶瓷材料以纳米晶的形式出现，通常为脆性的陶瓷可变成具有延展性的陶瓷，在室温下就允许有大的弹性形变。

纳米陶瓷的制备工艺主要包括纳米粉体的制备、成型和烧结。纳米陶瓷粉体是介于固体与分子之间的具有纳米数量级（1～100nm）尺寸的亚稳态中间物质。随着粉体的超细化，其表面电子结构和晶体结构发生变化，产生了块状材料所不具有的特殊的效应。具体地说纳米粉体材料具有以下的优良性能：极小的粒径、大的比表面积和高的化学性能，可以显著降低材料的烧结致密化程度；使陶瓷材料的组成结构致密化、均匀化，改善陶瓷材料的性能，提高其使用可靠性；可以从纳米材料的结构层次（1～100nm）上控制材料的成分和结构，有利于充分发挥陶瓷材料的潜在性能。另外，由于陶瓷粉料的颗粒大小决定了陶瓷材料的微观结构和宏观性能。如果粉料的颗粒堆积均匀，烧成收缩一致且晶粒均匀长大，那么颗粒越小则产生的缺陷越小，所制备的材料的强度就相应越高，这就可能出现一些大颗粒材料所不具备的独特性能，如做外墙用的建筑陶瓷材料则具有自清洁和防雾功能。随着高技术的不断出现，人们对纳米陶瓷寄予很大希望，世界各国的科研工作者正在不断研究开发纳米陶瓷粉体并以此为原料合成高技术纳米陶瓷。

6.3 无机建筑材料

建筑材料是建筑工程不可缺少的原材料，是建筑事业的物质基础。对建筑形式、施工方法及造价，乃至建筑的性能、用途和寿命都起着很重要的作用。建筑材料的品种繁多、组分各异、用途不一。若按照基本成分分类，如表 6-2 所示：

表 6-2　建筑材料分类

无机材料	金属材料	黑色金属：钢、铁
		有色金属、铝、铜等及其合金
	非金属材料	天然石材：沙、石、各种岩石制成的材料
		烧土制品：黏土砖、瓦，陶瓷，玻璃等
		胶凝材料：石灰、石膏、水玻璃、水泥混凝土、砂浆、硅酸盐制品
有机材料	植物质材料	木材、竹材
	沥青材料	石油沥青、煤沥青、沥青制品
	高分子材料	塑料、涂料、胶黏剂
复合材料	无机非金属材料与有机材料复合	钢纤维混凝土、沥青混凝土、聚合物混凝土

胶凝材料又称胶结材料。在物理、化学作用下，它能从浆体变成石状体，并能胶结其他物料，形成具有一定机械强度的物质。胶凝材料具有一系列优良的性能，是现代建筑工程中不可缺少的结构材料。中国在使用无机胶凝材料方面，也有悠久的历史。早在周朝已使用石灰修筑帝王的陵墓。从周朝至南北朝时期，人们以石灰、黄土和细砂的混合物作夯土墙或土坯墙的抹面，或制作居室和墓道的地坪。明清时期，三合土的使用和发展，使石灰的用途更为广泛。至今，石灰在中国建筑中还占有一定地位。此外，在中国古建筑中，常用石灰和某些有机物配制成复合胶凝材料使用，取得了良好的效果。据史料记载：南宋乾道六年（1170年）在修筑和州城时，采用糯米汁与石灰的混合物作胶凝材料；建于明代的南京城，其砖石城垣的重要部位，即是以石灰加糯米汁作为灌浆材料。明《天工开物》一书中，关于糯米汁-石灰更有详细的记载。此外，在古建筑中血料-石灰和桐油-石灰等，常用作腻子。

按照硬化条件，胶凝材料可分为水硬性胶凝材料和气硬性胶凝材料两类。水硬性胶凝材料能在水中（也能在空气中）硬化，保持并继续提高其强度。水泥是典型的水硬性胶凝材料，水泥是一种粉状材料，它与水拌和后，经水化反应由稀变稠，最终形成坚硬的水泥石。水泥水化过程中还可以将砂、石等散粒材料胶结成整体而形成各种水泥制品。水泥不仅可以在空气中硬化，并且可以在潮湿环境，甚至在水中硬化，所以水泥是一种应用极为广泛的无机胶凝材料。气硬性胶凝材料只能在空气中硬化，也只能在空气中保持或继续提高其强度。主要的气硬性胶凝材料有石灰、石膏、镁质胶凝材料、水玻璃等。

6.3.1　典型的水硬性胶凝材料——水泥

水泥是一种粉状矿质的胶凝材料，与水拌和后能在空气中或水中逐渐硬化。按原料及生产方法不同有许多品种，最重要的是硅酸盐水泥。

6.3.1.1　水泥的组成

硅酸盐水泥由石灰石和黏土等原料以一定比例配料，磨细后煅烧而制得。石灰石分解成氧化钙和二氧化碳，黏土中含有二氧化硅、氧化铝和氧化铁，它们在高温下发生化学反应，形成块状的水泥熟料。将熟料和石膏（$CaSO_4 \cdot 2H_2O$）等一起磨成粉状便制成水泥。熟料中的主要矿物成分有硅酸三钙（$3CaO \cdot SiO_2$ 或简写成 C_3S）、硅酸二钙（$2CaO \cdot SiO_2$ 或简写成 C_2S）、铝酸三钙（$3CaO \cdot Al_2O_3$ 或简写成 C_3A）和铁铝酸四钙（$4CaO \cdot Al_2O_3 \cdot Fe_2O_3$ 或简写成 C_4AF）。其中前两种矿物是主要的，约占 70% 以上。

6.3.1.2　水泥的水化反应

水泥加水拌和后所得的糊状物，经过一些时间后会逐渐硬化。水泥硬化的机理很复杂，其细节至今尚未全部清楚。硅酸三钙水化很快，水化硅酸三钙形成后几乎不溶于水，并立即以胶体微粒析出，逐渐凝结成为凝胶。经水化反应生成的氢氧化钙浓度达到过饱和后以晶体析出。铝酸三钙水化生成的水化铝酸三钙也是晶体，在氢氧化钙饱和溶液中它能与氢氧化钙进一步发生反应，生成水化铝酸四钙晶体。为了调节水泥的凝结时间，常常往水泥中掺少量石膏，部分水化铝酸钙将与石膏反应生成水化硫铝酸钙晶体。这些水化产物决定了水泥石的一系列特性。

水化过程极为复杂，需要经历多级中间产物，最终生成比较稳定的水化产物。将复杂的中间过程简化，可将熟料矿物的水化反应写成：

$$2(3CaO \cdot SiO_2) + 6H_2O = 3CaO \cdot 2SiO_2 \cdot 3H_2O + 3Ca(OH)_2$$

硅酸三钙　　　　　　　　　　水化硅酸三钙　　　　氢氧化钙

$$2(2CaO \cdot SiO_2) + 4H_2O = 3CaO \cdot 2SiO_2 \cdot 3H_2O + 3Ca(OH)_2$$

硅酸二钙

$$3CaO \cdot Al_2O_3 + 6H_2O = 3CaO \cdot Al_2O_3 \cdot 6H_2O$$

铝酸三钙　　　　　　　　　　水化铝酸三钙

$$4CaO \cdot Al_2O_3 \cdot Fe_2O_3 + 7H_2O = 3CaO \cdot Al_2O_3 \cdot 6H_2O + CaO \cdot Fe_2O_3 \cdot H_2O$$

铁铝酸四钙

水泥的水化反应是在颗粒表面进行的。水化产物很快溶于水中，接着水泥的颗粒又暴露出一层新的表面，又继续与水反应，如此不断反应，就使水泥颗粒周围的溶液很快成为水化产物的饱和溶液。在溶液已达饱和后，水泥继续水化生成的产物就不能再溶解，就有许多细小分散状态的颗粒析出，形成凝胶体。随着水化作用继续进行，新生胶粒不断增加，游离水分逐渐减少，水泥浆逐渐失去塑性，即出现凝结现象。

此后，凝胶体中的氢氧化钙和含水铝酸钙将逐渐转变为结晶，贯穿于凝胶体中，紧密结合起来，形成具有一定强度的水泥石。随着硬化时间（龄期）的延续，水泥颗粒内部未水化部分将继续水化，使晶体逐渐增多。凝胶体逐渐变密实，水泥石就具有愈来愈高的胶结力和强度。

由上述过程可以看出，水泥的水化反应是从颗粒表面逐渐深入到内层的。开始进行较快，随后出于水泥颗粒表层生成了凝胶膜，水分渗入越来越困难，所以水化作用就越来越慢。实践证实，完成水泥的水化作用的全过程，需几年甚至几十年的时间。一般来说，在开始的 3～7 天内，水泥的水化速度快，所以强度增长也快，大约在 28 天内可完成这个过程的绝大部分，以后水化作用显著减缓，强度增长也极为缓慢。

根据水化反应速度的不同和主要物理化学变化的不同，可将水泥的凝结硬化大致分为四个阶段——初始反应期（5～10min）、潜伏期（1h）、凝结期（6h）和硬化期（6h 至若干年）。

水泥的水化是放热反应。在水化过程中放出的热量称为水泥的水化热。水化热的大小和放热的速率不仅与水泥的矿物组成有关，而且也和水泥的细度等因素有关。铝酸三钙水化时放热量最大，放热速率也快。硅酸三钙放热量稍低。硅酸二钙放热量最低，放热速度也慢。水泥颗粒愈细小，水化反应速率愈快。在建造大型基础、水坝、桥墩等大体积水泥混凝土建筑时，由于水化热积聚在内部不易发散，内外温度不同引起的内应力，可使水泥混凝土产生裂缝，造成很坏的后果。这种情况下应采取措施（例如，在水泥熟料中掺入较多的高炉矿渣，制成水化热较低的硅酸盐矿渣水泥）保证工程质量。

6.3.2　气硬性胶凝材料

6.3.2.1　石膏

石膏是一种以硫酸钙为主要成分的气硬性胶凝材料。石膏及其制品具有质轻、吸声、吸湿、阻火、形体饱满、表面平整细腻、装饰性好、容易加工等优点，是室内装饰工程常用的装饰材料之一。建筑装饰工程中常用的石膏主要有建筑石膏、高强度石膏、模型石膏及粉刷石膏等。

生产石膏的原料主要是天然二水石膏（$CaSO_4 \cdot 2H_2O$）矿石（又称为软石膏或生石膏）、含有硫酸钙的化工石膏——工业副产品和废渣。

生产石膏的主要工序是破碎、加热和磨细。由于加热方式和温度的不同，可生产出不同性质的石膏产品。

将天然二水石膏加热时，随着温度的升高，将发生如下变化：

温度为 65～75℃时，$CaSO_4 \cdot 2H_2O$ 开始脱水，至 107～170℃时生成半水石膏（$CaSO_4 \cdot 1/2H_2O$），其反应为：

$$CaSO_4 \cdot 2H_2O \xrightarrow{107\sim170℃} CaSO_4 \cdot 1/2H_2O + 3/2H_2O$$

当加热温度为 170～200℃时，石膏继续脱水，成为可溶性硬石膏，与水调和后仍能很快凝结硬化。当加热温度升高到 200～250℃时，石膏中残留的水已经很少，水化、凝结硬化非常缓慢。当加热高于 400℃时，石膏完全失去水分，成为死烧石膏，失去水化、凝结硬化能力。当温度高于 800℃时，石膏分解出的部分氧化钙可起催化作用，使得无水石膏被催化，所得的产品又重新具有水化、凝结硬化性能，这就是高温煅烧石膏。

（1）建筑石膏　在 107～170℃加热阶段中，因为加热条件不同，所得的半水石膏的形态也不同。若将二水石膏在非密闭的窑炉中加热煅烧，即在常压下加热煅烧，可得到 β 型结晶半水石膏，经磨即制得建筑石膏。建筑石膏晶体较细，调制成一定稠度的浆体时，需水量大。硬化后制品孔隙率大，强度较低。建筑石膏加水拌和后，与水发生如下的化学反应（简称水化）：

$$CaSO_4 \cdot 1/2H_2O + 3/2H_2O \longrightarrow CaSO_4 \cdot 2H_2O$$

由于二水石膏在水中的溶解度比半水石膏小得多（仅为半水石膏溶解度的 1/5），半水石膏的饱和溶液就成了二水石膏的过饱和溶液，生成的二水石膏从过饱和溶液中不断析出并沉淀。随着水化的不断进行，二水石膏胶体微粒数量不断增加。浆体中的自由水分因水化和蒸发逐渐减少，浆体稠度则不断增加，逐渐失去流动性。其后，浆体继续变稠，二水石膏胶体微粒凝聚并转化为晶体。晶体逐渐长大，且晶体颗粒间相互搭接、交错、共生（两个以上晶体生长在一起）。这个过程使浆体产生强度，并不断增长，直至浆体完全干燥，晶体之间的摩擦力和黏结力不再增加，强度才停止发展。这就是石膏的硬化过程。

（2）高强石膏　若将二水石膏置于具有 0.13MPa、124℃的过饱和蒸汽中蒸炼，或置于某些盐溶液中沸煮，可获得晶粒较粗、较致密的 α 型半水石膏，磨细即为高强石膏。α 型半水石膏结晶良好、坚实、粗大，因此比表面积较小，调制成塑性浆体时需水量只有 β 型半水石膏的一半左右，因此硬化后具有较高的密实度和强度。

高强石膏适用于强度要求较高的抹灰工程、装饰制品和石膏板的生产。掺入防水剂的高强石膏制品，可用于湿度较高的环境中。

（3）模型石膏　建筑石膏中白度高，杂质含量少，粒径较细的，称为模型石膏，是装饰浮雕的主要原料，还用于陶瓷的制坯工艺。

（4）粉刷石膏　建筑石膏凝结时间较短，在施工中不能直接作为抹灰材料。粉刷石膏是由 β 型半水石膏和其他石膏相（硬石膏或煅烧黏土质石膏）、各种缓凝剂（木质素硝酸钙、柠檬酸、酒石酸等）及附加材料（石灰、烧黏土、氧化铁红等）所组成的一种新型抹灰材料，可以像水泥一样在施工中现场拌制使用。

粉刷石膏按用途可分为面层粉刷石膏（M）、底层粉刷石膏（D）和保温层粉刷石膏（W）。

粉刷石膏不仅可以在水泥砂浆及混合砂浆底层上抹灰，也可以在各种墙面等较为光滑的底层上抹灰。

粉刷石膏抹灰层表面坚硬、光滑细腻，黏结力高、不裂、不起鼓，防火、保温，施工方便，可实现机械化施工。并且便于进行再装饰，如贴墙纸、刷涂料等，所以它是一种高档的抹面涂料，可用于办公室、住宅等的墙面、顶棚等。由于石膏的"呼吸"作用，还可调节室内空气湿度，提高室内的舒适度。

6.3.2.2　石灰

石灰是在建筑上使用较早的气硬性胶凝材料之一。石灰的原料石灰石分布很广，生产工艺简单，成本低廉，在土木建筑工程中一直沿用了几千年。

（1）石灰的生产　石灰石的主要成分是碳酸钙（$CaCO_3$），其次为碳酸镁（$MgCO_3$）和少量黏土杂质。将石灰石置于窑内加以煅烧，碳酸钙和碳酸镁受热分解，得到以氧化钙（CaO）为主要成分，呈白色或灰白色的块状产品即为生石灰。其中氧化镁的质量分数小于等于 5% 的称为钙石灰，大于 5% 的称为镁石灰。镁石灰熟化较慢，但硬化后强度稍高。其化学反应方程式如下：

$$CaCO_3 \xrightarrow{900℃} CaO+CO_2 \qquad MgCO_3 \xrightarrow{700℃} MgO+CO_2$$

（2）石灰的熟化　使用石灰时，通常将生石灰加水，使之消解为熟石灰——氢氧化钙，这个过程称为石灰的"熟化"或"消化"。

$$CaO+H_2O == Ca(OH)_2 \qquad \Delta H=-65.2kJ\cdot mol^{-1}$$

生石灰在熟化的过程中，放热量大，体积膨胀 1~2.5 倍。熟化后的石灰称熟石灰或消石灰。按照加水量的不同，可将石灰熟化成粉状的消石灰、浆状的石灰膏和液态的石灰乳。

石灰熟化时，理论需水量约为 32%。为了使石灰充分熟化，实际加水量达 70%~

100%。若加水过多，会使温度下降，减慢石灰熟化速率，从而延长熟化时间。石灰必须充分熟化后方可使用，否则将产生严重后果：当未熟化的颗粒在石灰使用后继续缓慢熟化时（过火石灰常有这种情况），因熟化时体积膨胀，会使平整的表面局部凸起、开裂或脱落，有的会使制品爆裂。为了保证石灰充分熟化，必须将熟石灰在化灰池内储放两周以上。

(3) 石灰的硬化

① 石灰膏或浆体在干燥过程中水分不断减少（蒸发、被砌体吸收），氢氧化钙从过饱和溶液中逐渐析出，形成结晶。

② 氢氧化钙吸收空气中的二氧化碳，生成难溶于水的碳酸钙结晶，并放出水分，这为碳化作用。

$$Ca(OH)_2 + CO_2 + nH_2O \Longrightarrow CaCO_3 + (n+1)H_2O$$

空气中的二氧化碳含量很少，石灰的碳化作用只发生在与空气接触的表面，当石灰表面碳化生成碳酸钙薄层后，阻碍二氧化碳渗入，也影响水分蒸发，因此石灰的硬化过程十分缓慢。

石灰膏在硬化过程中水分大量蒸发，产生较大的收缩，会出现干裂。建筑工程中通常不使用纯石灰膏，而需掺加填充材料、增强材料，如砂、纸筋等。这样可减少收缩、节省石灰用量，同时也能加速水分蒸发和二氧化碳渗入，有利于石灰的硬化。

若将块状生石灰磨成细粉，不经过"消解"，直接加水使用。在这种情况下，磨细生石灰的熟化和硬化过程几乎同时进行。磨细生石灰具有硬化快、强度高等优点，但成本提高、不易储存和运输。

(4) 石灰的应用 石灰在建筑工程中的应用范围很广，常用的有以下几种。

① 砂浆和石灰乳 石灰具有良好的可塑性和黏结性，常用于配制石灰砂浆、水泥石灰混合砂浆等，用于砌筑和抹灰工程。在石灰中掺入大量水，可配制成石灰乳，用于粉刷墙面。若在石灰乳中掺入某些耐碱的颜料，即成彩色粉刷材料，有良好的装饰效果。

② 灰土和三合土 由石灰、黏土或石灰、黏土、砂、碎石，按一定比例，可配制成灰土或三合土。这类材料使用历史悠久，造价低廉，操作简单，可就地取材，有较好的耐水性和强度，广泛用于建筑物的地基基础和各种垫层。

③ 硅酸盐建筑制品 石灰是生产灰砂砖、蒸养粉煤灰砖、粉煤灰砌块或板材等硅酸盐建筑制品的主要原料。石灰也是生产石灰矿渣水泥、石灰火山灰质水泥和其他无熟料水泥的主要原料。

④ 碳化石灰板 在磨细生石灰中掺加玻璃纤维、植物纤维、轻质骨料等，加水进行强制搅拌，振动成型，然后用人工碳化的方法（如利用石灰窑的烟气），使氢氧化钙碳化成碳酸钙，从而制成碳化石灰板。为提高碳化效果，减轻制品容重并改善隔热、吸声性能，可制成轻质多孔碳化石灰板，用作建筑物的隔墙、天花板、吸声板等。

6.3.2.3 水玻璃

水玻璃分为钠水玻璃和钾水玻璃，平常所说的水玻璃是指的钠水玻璃，即硅酸钠的水溶液，它是一种具有黏性的液体，呈碱性，商品名为泡花碱。水玻璃在一定条件下可以从液态转变为凝胶状态。

在建筑工程中，水玻璃的主要用途如下。

(1) 涂料 将水玻璃溶液喷涂在建筑材料的表面（如天然石材、混凝土制品等），能提高材料的密实度、耐水性和抗风化能力。但在石膏制品的表面不宜喷涂水玻璃溶液，因为水玻璃和石膏会产生化学反应，生成体积膨胀的硫酸钠，致使材料损坏。将水玻璃和其他耐火填料混合，可配制成防火涂料，用于木材抵抗瞬时火焰。水玻璃也是配制某些建筑涂料的主要组分。

（2）耐酸（耐热）砂浆和耐酸（耐热）混凝土　水玻璃有良好的耐酸、耐热性能。用水玻璃作胶凝材料，掺入一定比例的耐酸（耐热）骨料（如石英砂、花岗石碎块），可制成耐酸（耐热）砂浆和耐酸（耐热）混凝土。

（3）灌浆材料　将水玻璃溶液和氯化钙溶液交替灌入土壤中，两者在土壤中发生化学反应，析出的硅酸胶体将土壤颗粒包裹，并充填在孔隙中。这可用来加固建筑物的地基。

6.3.3　钢筋混凝土的腐蚀和防护

钢筋混凝土具有材料来源容易，价格低廉及坚固耐用等特点，广泛地应用在桥梁、建筑物、高架桥、堤坝、海底隧道和大型海洋平台等结构中。钢筋混凝土是以硅酸盐水泥的水化物作为黏结剂，并结合一定的骨粒如碎石和钢筋而制成的一种复合材料。通常条件下，钢筋在混凝土的高碱性环境中呈现钝态而不受腐蚀，但是随着建筑物老化和环境污染的加重，目前，钢筋混凝土结构的腐蚀已成为一个世界性的严重问题。据国外专家估计，因混凝土和钢筋混凝土腐蚀造成的经济损失约占国民经济的 $2\%\sim4\%$，美国 20 世纪 60 年代建造的公路桥，由于采用氯盐做防冻剂，到 70 年代已有数万座处于失效状态，仅桥面板和支撑结构的腐蚀破坏估计每年损失 $1.65\sim5.0$ 亿美元。我国近年来的工程调查也表明，钢筋混凝土腐蚀破坏的情况也非常严重，如连云港某码头使用不到 3 年，湛江某码头使用不到 4 年，宁波某码头使用不到 10 年，均出现梁架顺筋开裂，并着手修补的事例。因此，钢筋混凝土腐蚀破坏问题已引起了国内外的重视。

6.3.3.1　钢筋混凝土腐蚀的原因

钢筋混凝土的腐蚀常与其组成、结构有关，还与其接触的介质、气候等因素有关。

从混凝土的组成分析，其遭到腐蚀的成分有钢筋和水泥及其水化产物两个方面。钢筋的腐蚀与金属的腐蚀基本相同。水泥及其水化产物可以与介质如 CO_2、氯化物、硫酸盐、酸等起化学反应而遭到破坏；或受软水的溶析性腐蚀，使结构的密实性逐渐被破坏，以致疏松。而结构的密实性和表面的光滑程度是决定混凝土耐腐蚀能力的重要因素，若结构越密实、表面越光滑，其耐腐蚀越高。混凝土制品由于制备原因，通常内部存在大量空隙或毛细孔，这是混凝土遭到腐蚀的结构原因。

从外界因素分析，腐蚀介质的存在是混凝土遭到腐蚀的重要原因。腐蚀性介质可以是气体也可是液体。例如，潮气（水蒸气）、CO_2、SO_2、HCl，水，含 Cl^-、SO_4^{2-}、H^+ 等离子的电解质溶液，以及有机酸、油脂等。此外气候变化对钢筋混凝土的腐蚀也有一定的影响，如温度变化、干湿变化。

6.3.3.2　氯化物对钢筋的腐蚀

混凝土中钢筋的腐蚀是导致整个结构破坏的主要因素之一，钢筋表面生成铁锈，体积增大约 2.5 倍，混凝土中的钢筋锈蚀到一定程度，钢筋产生的体积膨胀力足以使保护层混凝土开裂，给侵蚀性物质的进入提供了有利的条件，造成钢筋锈蚀的进一步加剧。

有害气体与渗入盐类除对混凝土产生物理化学破坏外，同时也对钢筋产生腐蚀作用。其过程属电化学腐蚀。因为钢筋混凝土的腐蚀破坏以氯化物最为严重，故以其为代表概述有关电化学腐蚀的属性。氯化物的存在与渗入是多方面的，如海洋环境的构筑物，沿海码头，盐碱地域，道路桥梁冬季使用化冰盐、混凝土使用海砂或使用氯气杀菌灭藻超标的自来水，以及应用含氯外加剂等。

氯化物的腐蚀作用，首先是其容易溶解于水中，形成电解质溶液并降低水的电阻，使之容易形成回路，有利于钢铁在溶液中形成腐蚀微电池。其次是氯离子容易破坏金属钝化膜，使裸露的金属部分成为小阳极，钝化膜覆盖部分成为大阴极，这样加速阳极失去电子而溶解，造成点蚀或坑蚀。最后是氯离子的阳极去极化作用或催化腐蚀作用，它使金属阳极不断遭受腐蚀，而自身则循环再生，周而复始地加速腐蚀，本身在作用过程中不被消耗。其反应历程如下：

$$Fe-2e^-\longrightarrow Fe^{2+}\quad——小阳极溶解腐蚀$$

$$\left.\begin{array}{l}Fe^{2+}+2Cl^-\longrightarrow FeCl_2\\Fe^{3+}+3Cl^-\longrightarrow FeCl_3\end{array}\right\}——氯离子阳极去极化作用$$

$$\left.\begin{array}{l}FeCl_2+2H_2O\longrightarrow Fe(OH)_2+2HCl\\FeCl_3+3H_2O\longrightarrow Fe(OH)_3+3HCl\end{array}\right\}——氯化物的水解再生过程$$

$$\left.\begin{array}{l}Fe(OH)_2\longrightarrow FeO+H_2O\\2Fe(OH)_3\longrightarrow Fe_2O_3+3H_2O\end{array}\right\}——腐蚀产物脱水后形成的铁锈$$

由上可知氯化物对钢筋混凝土的腐蚀是特别严重的。氯化物不仅对钢筋混凝土产生腐蚀破坏作用，同时也对不锈钢产生应力腐蚀。所以很多国家为了保证钢筋混凝土的工程质量和使用寿命，均对氯含量有一定的规定。

日本土木学会规定：耐久性要求较高的钢筋混凝土，Cl^-总含量不超过 $0.3kg/m^3$；一般钢筋混凝土，Cl^-总含量不超过 $0.6kg/m^3$。我国有关规定：预应力混凝土，Cl^-总含量不超过 0.06%；普通混凝土，Cl^-含量不超过 0.10%（水泥质量分数）。

6.3.3.3 混凝土腐蚀的分类

（1）根据腐蚀机理分类 按腐蚀机理的不同，混凝土腐蚀可分为化学腐蚀、溶析腐蚀和吸附破坏三类。

化学腐蚀是混凝土材料中的某些成分与介质发生化学反应引起的破坏，如碳化反应、离子交换反应、氧化反应、油脂皂化反应等常见的化学腐蚀反应。

溶析腐蚀是混凝土材料在溶剂（主要为水）的作用下发生溶解-结晶过程引起的破坏，如软水腐蚀。

吸附破坏是由表面吸附物质（如有机油、脂的皂化物）通过降低表面张力而使结构破坏。

（2）根据腐蚀破坏的方式分类 按混凝土遭受的破坏方式不同，混凝土的腐蚀可分为溶解性腐蚀和膨胀性腐蚀两大类。

溶解性腐蚀是指腐蚀介质对混凝土中某一成分的溶解而引起的破坏。它包括酸蚀、离子交换、软水腐蚀、油脂腐蚀。

膨胀性腐蚀是由于混凝土因体积膨胀而引起的破坏。如硫酸盐、镁盐、氯化物等对混凝土产生的膨胀性腐蚀。

6.3.3.4 常见的混凝土腐蚀

（1）酸及盐类引起的离子交换腐蚀 这类腐蚀常见于含有无机酸、有机酸和盐类的地下水、沼泽水、工业废水对混凝土的腐蚀。这些水与混凝土发生腐蚀反应形成溶于水的物质，或形成松散且无胶凝性的物质，从而降低混凝土的强度。例如：

$$2HCl+Ca(OH)_2=\!=\!=CaCl_2+2H_2O$$
$$2HNO_3+Ca(OH)_2=\!=\!=Ca(NO_3)_2+2H_2O$$
$$MgCl_2+Ca(OH)_2=\!=\!=CaCl_2+Mg(OH)_2\downarrow$$
$$2NH_4Cl+Ca(OH)_2=\!=\!=CaCl_2+2H_2O+2NH_3\uparrow$$
$$2NaNO_3+Ca(HCO_3)_2=\!=\!=Ca(NO_3)_2+2NaHCO_3$$

同时生成的 $CaCl_2$ 还可以与混凝土中的水化铝酸钙作用生成膨胀性的复盐，使已硬化的混凝土遭到破坏：

$$3CaO \cdot Al_2O_3 \cdot 6H_2O + CaCl_2 + 4H_2O \longrightarrow 3CaO \cdot Al_2O_3 \cdot CaCl_2 \cdot 10H_2O$$

（2）硫酸和硫酸盐腐蚀　这类腐蚀常见于含有 SO_4^{2-} 离子的地下水和海水对混凝土的腐蚀。硫酸或硫酸盐与混凝土中的水泥水化物作用形成体积膨胀的结晶水合物，从而引起膨胀性腐蚀。如含有芒硝（$Na_2SO_4 \cdot 10H_2O$）的地下水对混凝土的腐蚀：

$$Na_2SO_4 + Ca(OH)_2 =\!=\!= CaSO_4 + 2NaOH$$

随着 $CaSO_4$ 浓度的不断增大，达到饱和时就有石膏（$CaSO_4 \cdot 2H_2O$）晶体析出并长大，由此产生内应力使混凝土破裂。

当 SO_4^{2-} 浓度在 $250 \sim 1500 \, mg \cdot dm^{-3}$ 的范围内，将不会产生石膏晶体，而是 SO_4^{2-} 与水泥中的高碱水化铝酸钙反应，形成体积膨胀的水化硫铝酸钙，水化硫铝酸钙被形象地称为"水泥杆菌"。当 SO_4^{2-} 浓度提高到 $5000 \sim 10000 \, mg \cdot dm^{-3}$ 的范围时，会生成更多的 NaOH，NaOH 与铝酸钙反应形成可溶性铝酸钠，从而破坏"水泥杆菌"形成所需的固态水化铝酸钙，此时将会有石膏晶体析出而产生腐蚀。

（3）软水腐蚀　这类腐蚀常见于高山融雪、雨水、蒸馏水等暂时硬度极低的软水对混凝土的腐蚀，是典型的溶析性腐蚀。

当软水在流动或有压力的状态下长期冲刷混凝土时，混凝土中的 $Ca(OH)_2$ 不断地被溶出，从而使一些必须在石灰极限浓度下才能稳定的水化物也逐渐分解而被溶析。表 6-3 列出了一些水合物稳定存在的石灰极限浓度。

表 6-3　混凝土中一些水合物稳定存在的石灰极限浓度

水　合　物	$Ca(OH)_2$极限浓度$/g \cdot dm^{-3}$	水　合　物	$Ca(OH)_2$极限浓度$/g \cdot dm^{-3}$
$CaO \cdot SiO_2 \cdot aq$	0.05	$3CaO \cdot Al_2O_3 \cdot aq$	0.656
$2CaO \cdot SiO_2 \cdot aq$	饱和溶液	$4CaO \cdot Al_2O_3 \cdot aq$	1.08
$3CaO \cdot SiO_2 \cdot aq$	1.1		

当 $Ca(OH)_2$ 浓度不断降低时，这些水合物不断分离出 CaO 溶于水，最后混凝土中只剩下无胶凝性的 $SiO_2 \cdot aq$（aq 水合）或 $Al_2O_3 \cdot aq$ 而崩溃。这个过程进行得非常缓慢。

（4）碳化和碳酸水腐蚀　这类腐蚀常见于 CO_2 对混凝土的碳化作用而产生的腐蚀。

① 混凝土的碳化　当混凝土在使用时暴露在空气中时，或多或少都要放出自由水。在水蒸发的过程中，混凝土毛细孔中的水被空气置换，空气中的 CO_2 就可以和混凝土中的水化物发生作用生成碳酸盐，从而降低了混凝土的碱度。这个过程叫做混凝土的碳酸盐化反应，简称为碳化反应。其基本反应如下：

$$CO_2 + Ca(OH)_2 =\!=\!= CaCO_3 + H_2O$$

随着混凝土中 $Ca(OH)_2$ 浓度的降低，混凝土中的其他水化物也被碳化。此外，由于碳化降低了 $Ca(OH)_2$ 浓度，致使钢筋表面形成的碱性钝化膜遭受破坏，从而使钢筋的抗腐蚀能力降低。当碳化反应发展到钢筋表面时，钢筋开始锈蚀。

碳化还会引起混凝土缓慢的不可逆的收缩，这种收缩若发生在混凝土硬化成型后，将会造成表面的微裂缝。

混凝土的碳化一般较缓慢，只有在 CO_2 浓度大且混凝土孔隙率高，相对湿度为 45% ~ 70% 时，碳化速度才较快。降低水灰比，增加水泥用量，提高混凝土的密实性，可降低碳化的速度和深度。

② 碳酸水腐蚀　碳酸水对混凝土的腐蚀主要包括碳化作用等化学腐蚀和溶析腐蚀。首先碳酸水与碳化形成的 $CaCO_3$ 作用生成溶解度较大的 $Ca(HCO_3)_2$：

$$CaCO_3 + CO_2 + H_2O \Longrightarrow Ca(HCO_3)_2$$

$Ca(HCO_3)_2$ 溶于水并被冲出，当达到建筑物表面时发生分解反应：

$$Ca(HCO_3)_2 \Longrightarrow CaCO_3 + CO_2\uparrow + H_2O$$

形成的 $CaCO_3$ 为无定形钙斑，称为"白斑"，污染建筑物的表面。同时当 $Ca(HCO_3)_2$ 不断地被冲走时，$CaCO_3$ 继续被溶解，使混凝土密实度降低，强度下降。

在天然水（如雨水、泉水等）中本身含有 CO_2 及少量的 $Ca(HCO_3)_2$，如它们保持下列平衡：

$$Ca(HCO_3)_2 \Longrightarrow CaCO_3 + CO_2 + H_2O$$

则不会产生腐蚀性，称为平衡碳酸。当水中 CO_2 浓度增大，超过平衡量时，剩余的 CO_2 将会与 $CaCO_3$ 作用而成为腐蚀性碳酸。

（5）有机物腐蚀　这类腐蚀主要是一些有机物（如有机酸、油脂、糖、酒等）对混凝土作用而产生的溶解性腐蚀。它们常见于一些特殊用途的建筑物如化工厂等的混凝土中。

有机酸如乳酸、鞣酸、酒石酸、醋酸等可分解水泥砂浆和混凝土中的铝盐和铁盐，使其中的胶接材料溶出，但作用时间较长。

油脂是通过酯与 $Ca(OH)_2$ 作用分解成相应的脂肪酸和醇（如多元醇），脂肪酸进一步皂化生成非常有害的絮状蓬松物——钙皂：

$$脂肪酸甘油酯 + Ca(OH)_2 \longrightarrow 钙皂 + 甘油$$

此外，形成的多元醇（如甘油）能进一步与石灰反应生成甘油钙，渐渐使混凝土解体。生成的油酸皂具有表面活性，会产生极大的吸附效应。因此生产肥皂和油脂的工厂一般不用硅酸盐水泥地板。

糖溶液是通过糖分子链上的多羟基与 $Ca(OH)_2$ 作用生成可溶性钙盐，从而使混凝土逐渐软化或开裂。

6.3.3.5　钢筋混凝土腐蚀的防止

根据钢筋混凝土腐蚀的原因和类型的分析，钢筋混凝土腐蚀的防止必须从内因（组成和密实性）和外因（腐蚀性介质）等各方面综合考虑。

（1）钢筋腐蚀的防止　对钢筋腐蚀的防止比较简单，可以通过选用表面含有保护层的钢筋来达到目的。工业上应用最普遍的保护层有金属保护层（如耐蚀性强的金属或合金）、非金属保护层（如油漆、防锈油、树脂、水泥等），表面膜保护层（如致密的氧化物薄膜）。所有保护层都必须具有高度的连续性和致密性，并且在使用中必须结合牢固、稳定，才能达到保护的目的。同时也可以通过阴极保护来防止钢筋的腐蚀，还有缓蚀剂也经常作为防护措施之一添加到混凝土中抑制钢筋的腐蚀。缓蚀剂的加入不应将混凝土的弯曲和压缩强度降低到原来的 90%。同时也必须保持混凝土的抗冻和抗解冻的性能。亚硝酸钙、油酸乳化丁酯和二甲基乙醇胺常被作为缓蚀剂添加到混凝土中。

（2）混凝土腐蚀的防止

① 正确选用水泥和配料　对于一般性腐蚀，可选用普通的硅酸盐水泥，但要少用膨胀性添加剂，防止有害杂质的带入，如石子、沙子中混入的腐殖质、泥土等要用水冲洗干净，且少用或不用活性填料如非晶质硅的砂石、蛋白砂石、石灰石、云母板岩等。对于较强的腐蚀，要改变水泥的矿物组成或掺入某些活性混合材料及附加剂以减少受腐蚀的成分。在强烈的腐蚀性介质中应选择特种水泥以适应腐蚀性的环境。

② 增大混凝土的密实性　一切能使混凝土内部结构密实，空隙率减小或表面致密的措施，都会提高混凝土的腐蚀性。一般常见的方法：采用振动捣实或采用离心、挤压和真空作业等；加入减水剂控制水灰比；控制细料用量和填料级配；采用适当的方法养护，如空气中养护混凝土比在蒸汽或水中养护的空隙率高；采用烧结的方法，烧结后的材料有较高的致密

性，且能消除某些不安定因素，因此抗腐蚀性能增大。

③ 隔离有害介质　对于要求防腐的建筑物或构筑物，还可以通过涂保护层（各种涂料如树脂漆）、表面处理（如碳化作用生成难溶的 $CaCO_3$ 薄膜）、装修耐蚀性饰面材料等方法隔离有害介质对混凝土的侵蚀，从而也可达到防腐的目的。

6.4　新型无机非金属材料

半导体材料、激光材料、光导材料、超导材料、纳米材料等一大批伴随科学技术的飞速发展而出现并发展的无机材料，不同于经典的以硅酸盐为主的无机非金属材料，称为新型无机非金属材料。

6.4.1　半导体材料

通常把导电性和导热性差或不好的材料，如金刚石、人工晶体、琥珀、陶瓷等，称为绝缘体；而把导电、导热都比较好的金属如金、银、铜、铁、锡、铝等称为导体。可以简单地把介于导体和绝缘体之间的材料称为半导体。半导体就是通常条件下不表现出导电能力，而在激发时具有导电能力的物质。与金属和绝缘体相比，半导体材料的发现是最晚的，直到20 世纪 30 年代，当材料的提纯技术改进以后，半导体的存在才真正被学术界认可。

半导体材料的电学性质对光、热、电、磁等外界因素的变化十分敏感，在半导体材料中掺入少量杂质可以控制这类材料的电导率。正是利用半导体材料的这些性质，才制造出功能多样的半导体器件。半导体材料是半导体工业的基础，它的发展对半导体技术的发展有极大的影响。半导体材料按化学成分和内部结构，大致可分为以下几类。

（1）元素半导体　元素半导体有锗、硅、硒、硼、碲、锑等。20 世纪 50 年代，锗在半导体中占主导地位，但锗半导体器件的耐高温和抗辐射性能较差，到 20 世纪 60 年代后期逐渐被硅材料取代。用硅制造的半导体器件，耐高温和抗辐射性能较好，特别适宜制作大功率器件。因此，硅已成为应用最多的一种半导体材料，目前的集成电路大多数是用硅材料制造的。

（2）化合物半导体　化合物半导体是由两种或两种以上的元素化合而成的半导体材料。它的种类很多，重要的有砷化镓、磷化铟、锑化铟、碳化硅、硫化镉及镓砷硅等，主要是由镓、铟、铝等ⅢA族及砷、磷等ⅤA族元素化合物构成。其中砷化镓是制造微波器件和集成电路的重要材料。碳化硅的抗辐射能力强、耐高温和化学稳定性好，在航天技术领域有着广泛的应用。

（3）无定形半导体材料　用作半导体的玻璃是一种非晶体无定形半导体材料，分为氧化物玻璃和非氧化物玻璃两种。这类材料具有良好的开关和记忆特性和很强的抗辐射能力，主要用来制造阈值开关、记忆开关和固体显示器件。

6.4.2　激光材料

激光材料是能把各种电、光、射线等能量转换成激光的材料，是激光器的工作物质。激光是工作物质受光或电的刺激，经反复反射传播放大而形成强度很大、方向集中的光束。激光具有很多特性。激光有极高的光源亮度，比太阳表面的发光亮度还高 10^{10} 倍；有极高的方向性，其光束的发散度比探照灯小几千倍；具有极高的单色性，普通光源中氪灯的单色性最好，其谱线宽度在室温下为 0.95pm，而由 He-Ne 激光器发射的光只有 10^{-5} pm。

6.4.2.1　激光材料的种类

激光材料主要有固体激光材料、气体激光材料、半导体激光材料。固体激光材料由受激发射产生激光的金属离子和基质组成。应用最多的激活离子为 Cr^{3+} 和 Nd^{3+}，基质材料可以是晶体和玻璃。气体激光材料有原子气体、分子气体和离子气体。原子气体为稀有气体和金属蒸气（如铜、铅、锰等）。分子气体有 CO_2、N_2、O_2、HF 等。离子气体有稀有气体离子、金属蒸气通过强电流放电产生的离子。半导体激光材料有ⅢA～ⅤA 族化合物 GaAs、InSb、GaAlAs，ⅡB～ⅣA 族化合物 ZnS、CdTe 和ⅣA～ⅥA 族化合物 SnTe、PbSnTe 等，激光为波长 330nm～34μm 的近紫外光、可见光和红外光。半导体激光器的效率高、体积小。

6.4.2.2 激光的应用

由于激光有极高的单色性、方向性和高亮度，所以激光在许多方面得到应用，如物体大小测量、距离测量、精密图形和平整度测量、传真通讯录像、全息照相和游戏机等用的光源、激光通讯、信息处理、医疗手术、各种机加工、雷达以及分光分析等。

（1）激光加工 激光的亮度高，只要将中等强度的激光束会聚，在焦点处可产生上百万摄氏度的高温，使难熔物质瞬间熔化或汽化。

激光打孔就是将聚集的激光束射向工件烧穿指定区域。难以用机械打孔的材料（如宝石、轴承）用激光打孔就变得很容易。

激光切割切缝窄、速度快、成本低。目前已广泛用于切割钢板、不锈钢、石英、陶瓷、布匹、木材、纸张、塑料等。

激光可使任何材料，特别是难溶及物理性质不同的金属焊接。例如将熔点 2000℃ 以上的矾土陶瓷和蓝宝石等焊接，能把 Cu 和 Ta 两种性能不同的金属焊接，还可以对大批量微型电子元件进行高精度的微晶焊接。由于不需要焊剂，避免了加工变形。

（2）激光通讯 无线电波最多可传送 7500 路电话，2 路彩色电视，而光波估计可传送 2.5×10^{11} 路电话、1000 万路彩色电视。同时由于激光方向性好、发散度小、光能集中，因此可以远距离传输。

（3）激光测距 激光测距已成为最主要最活跃的研究领域，与其他测距仪相比，具有测距远、精度高、抗干扰、保密性好等优点。

6.4.3 光导材料

能够把电磁辐射转化为电流的物质，电磁辐射通常指紫外光、可见光及红外光。一般说来这类物质带静电后，受特别波长的光照射后就能将静电转化成电流。换言之，这些物质在暗中一定是良好的绝缘体，受光后马上变成良好的导体。

（1）光导材料的种类 光导材料分为两大类，无机光导材料及有机光导材料。无机光导材料如硒、硒碲合金、硫化镉、氧化锌等。有机光导材料如聚乙烯咔唑、某些酞菁络合物、某些偶氮化合物。光导材料被广泛用于电照相术方面（即复印技术）。如硒可以做成硒鼓用到复印机上。有些有机光导材料对近红外光敏感，可应用于激光打印机。由于无机光导材料毒性大，价格昂贵，所以被低毒、便宜、柔顺性好、易于加工的有机光导材料逐渐取代。有机光导材料的研究是电照相术领域内最活跃的一个方面。

（2）光导纤维 光导材料多利用于光导纤维的制造。光在一定的介质中可沿直线前进，若遇不同折射率的介质则产生折射。利用这种特性，若选择具有高折射率、低吸收率的透明纤维作纤芯，而以低折射率材料为外鞘，则可使光从一端进入，在芯内经多次折射而达到另一端。通过对包括激光在内的传导、光电转换，可实现多路载波通讯。现在光纤已成为有线通讯不可缺少的基础材料。商业上可用于信号传递，医学上可用作内窥镜导线。其优点是传输信息量比电缆容量大几百倍，传输损耗低、体积小、重量轻、电绝缘性好、耐潮湿、耐腐蚀、不怕震、不怕雷击、不受强电干扰、保密性好等。所用材质主要以无机石英玻璃丝作光纤芯、以氟树脂作外鞘；或以有机材料如聚甲基丙烯酸甲酯和聚碳酸酯为芯、用含氟透明树脂为鞘的光纤已大量使用。

6.4.4　超导材料

超导材料是在特定条件下即临界温度下，电阻突然为零的物质。超导材料的基本物性参数为临界温度 T_c，临界磁场 H_c 和临界电流 I_c。临界温度 T_c 是超导体由正常态转变为超导态的温度。对于超导体，只有当外加磁场小于某一量值时，才能保持超导电性，否则超导态被破坏而转变为正常态。这一磁场值称为临界磁场 H_c。同理超导材料也有临界电流 I_c。

6.4.4.1　超导材料的特性

超导材料和常规导电材料的性能有很大的不同。主要有以下性能。

（1）零电阻性　超导材料处于超导态时电阻为零，能够无损耗地传输电能。如果用磁场在超导环中引发感生电流，这一电流可以毫不衰减地维持下去。这种"持续电流"已多次在实验中观察到。

（2）完全抗磁性　超导材料处于超导态时，只要外加磁场不超过一定值，磁力线不能透入，超导材料内的磁场恒为零。

（3）约瑟夫森效应　两超导材料之间有一薄绝缘层（厚度约 1nm）而形成低电阻连接时，会有电子对穿过绝缘层形成电流，而绝缘层两侧没有电压，即绝缘层也成了超导体。当电流超过一定值后，绝缘层两侧出现电压（也可加一电压），同时，直流电流变成高频交流电，并向外辐射电磁波。这些特性构成了超导材料在科学技术领域越来越引人注目的各类应用的依据。

6.4.4.2　超导材料的种类

超导材料按其化学成分可分为元素材料、合金材料、化合物材料和超导陶瓷。

（1）超导元素　在常压下有 28 种元素具超导电性，其中铌（Nb）的 T_c 最高，为9.26K。电工中实际应用的主要是铌和铅（Pb，$T_c=7.201K$）。

（2）合金材料　超导元素加入某些其他元素作合金成分，可以使超导材料的全部性能提高。如最先应用的铌锆合金，其 T_c 为 10.8K，H_c 为 8.7T。继后发展了铌钛合金，虽然 T_c 稍低了些，但 H_c 高得多，在给定磁场能承载更大电流。目前铌钛合金是用于 7～8T 磁场下的主要超导磁体材料。铌钛合金再加入钽的三元合金，性能进一步提高。

（3）超导化合物　超导元素与其他元素化合常有很好的超导性能。如已大量使用的 Nb_3Sn，其 $T_c=18.1K$，$H_c=24.5T$。其他重要的超导化合物还有 V_3Ga，$T_c=16.8K$，$H_c=24T$；Nb_3Al，$T_c=18.8K$，$H_c=30T$。

（4）超导陶瓷　20 世纪 80 年代初，米勒和贝德诺尔茨开始注意到某些氧化物陶瓷材料可能有超导电性，他们的小组对一些材料进行了试验，于 1986 年在镧-钡-铜-氧化物中发现了 $T_c=35K$ 的超导电性。1987 年，中国、美国、日本等国科学家在钡-钇-铜氧化物中发现 T_c 处于液氮温区有超导电性，使超导陶瓷成为极有发展前景的超导材料。

6.4.4.3　超导材料的用途

超导材料具有的优异特性使它从被发现之日起，就向人类展示了诱人的应用前景。但要实际应用超导材料又受到一系列因素的制约，这首先是它的临界参量，其次还有材料制作的工艺等问题（例如脆性的超导陶瓷如何制成柔细的线材就有一系列工艺问题）。到 20 世纪80 年代，超导材料的应用主要有：

① 利用材料的超导电性可制作磁体，应用于电机、高能粒子加速器、磁悬浮运输、受

控热核反应、储能等；可制作电力电缆，用于大容量输电；可制作通信电缆和天线，其性能优于常规材料；

② 利用材料的完全抗磁性可制作无摩擦陀螺仪和轴承；

③ 利用约瑟夫森效应可制作一系列精密测量仪表以及辐射探测器、微波发生器、逻辑元件等；利用约瑟夫森效应制造计算机的逻辑和存储元件，其运算速度比高性能集成电路的快 10～20 倍，功耗只有 1/4。

6.4.5 纳米材料

纳米材料是指三维空间中，至少有一维处于纳米（10^{-9} m）尺度范围或它们作为基本单元构成的材料，颗粒为 1～100nm 范围。纳米材料也存在于自然界中，为数不多，大多数人工制造。纳米材料具有小尺寸效应、表面效应和宏观量子隧道效应。因此纳米材料表现出的特性往往不同于该物质在整体状态时所表现的性质，例如熔点、磁性、光学、导热、导电特性等。

6.4.5.1 纳米材料的特性

纳米材料具有一定的独特性，当物质尺度小到一定程度时，则必须改用量子力学取代传统力学的观点来描述它的行为，当粉末粒子尺寸由 10 μm 降至 10nm 时，其粒径虽然改变为 1000 倍，但换算为表面积时则有 10^9 之巨，所以二者行为上将产生明显的差异。

纳米粒子异于大块物质的理由是在其表面积相对增大，也就是超微粒子的表面布满了阶梯状结构，此结构代表具有高表面能的不安定原子。这类原子极易与外来原子吸附键结合，同时因粒径缩小而提供了大表面的活性原子。

就熔点来说，纳米粉末中由于每一粒子组成原子少，表面原子处于不安定状态，使其表面晶格震动的振幅较大，所以具有较高的表面能量，造成超微粒子特有的热性质，也就是造成熔点下降，同时纳米粉末将比传统粉末容易在较低温度烧结，而成为良好的烧结促进材料。

一般常见的磁性物质均属多磁区的集合体，当粒子尺寸小至无法区分出其磁区时，即形成单磁区的磁性物质。因此磁性材料制作成超微粒子或薄膜时，将成为优异的磁性材料。

纳米粒子的粒径（1～100nm）小于光波的长，因此将与入射光产生复杂的交互作用。金属在适当的蒸发沉积条件下，可得到易吸收光的黑色金属超微粒子，称为金属黑，这与金属在真空镀膜形成高反射率光泽面成强烈对比。纳米材料因其光吸收率大的特色，可应用于红外线感测器材料。

纳米技术在世界各国尚处于萌芽阶段，美、日、德等少数国家，虽然已经初具基础，但是尚在研究之中，新理论和技术的出现仍然方兴未艾。我国正努力赶上先进国家水平，研究队伍也在日渐壮大。

6.4.5.2 纳米材料的种类

纳米材料大致可分为纳米粉末、纳米纤维、纳米膜、纳米块体等四类。其中纳米粉末开发时间最长、技术最为成熟，是生产其他三类产品的基础。

（1）纳米粉末 纳米粉末又称为超微粉或超细粉，一般指粒度在 100nm 以下的粉末或颗粒，是一种介于原子、分子与宏观物体之间处于中间物态的固体颗粒材料。可用于高密度磁记录材料、吸波隐身材料、磁流体材料、防辐射材料、单晶硅和精密光学器件抛光材料、微芯片导热基片与布线材料、微电子封装材料、光电子材料、先进的电池电极材料、太阳能电池材料、高效催化剂、高效助燃材料、敏感元件、高韧性陶瓷材料（摔不裂的陶瓷，用于陶瓷发动机等）、人体修复材料、抗癌制剂等。

（2）纳米纤维　纳米纤维指直径为纳米尺度而长度较大的线状材料。可用于微导线、微光纤（未来量子计算机与光子计算机的重要元件）材料；新型激光或发光二极管材料等。

（3）纳米膜　纳米膜分为颗粒膜与致密膜。颗粒膜是纳米颗粒粘在一起，中间有极为细小的间隙的薄膜。致密膜是指膜层致密且晶粒尺寸为纳米级的薄膜。可用于气体催化（如汽车尾气处理）材料、过滤器材料、高密度磁记录材料、光敏材料、平面显示器材料、超导材料等。

（4）纳米块体　纳米块体是将纳米粉末高压成型或控制金属液体结晶而得到的纳米晶粒材料。主要用途为超高强度材料、智能金属材料等。

6.4.5.3　纳米材料的用途

纳米材料的用途很广，主要用途如下。

（1）医药　使用纳米技术能使药品生产过程越来越精细，并在纳米材料的尺度上直接利用原子、分子的排布制造具有特定功能的药品。纳米材料粒子将使药物在人体内的传输更为方便，用数层纳米粒子包裹的智能药物进入人体后可主动搜索并攻击癌细胞或修补损伤组织。使用纳米技术的新型诊断仪器只需检测少量血液，就能通过其中的蛋白质和 DNA 诊断出各种疾病。

（2）家电　用纳米材料制成的纳米材料多功能塑料，具有抗菌、除味、防腐、抗老化、抗紫外线等作用，可用作电冰箱、空调外壳里的抗菌除味塑料。

（3）电子计算机和电子工业　存储容量为目前芯片千倍以上的纳米材料级的存储器已投入生产。计算机在普遍采用纳米材料后，可以缩小成为"掌上电脑"。

（4）环境保护　环境科学领域将出现功能独特的纳米膜。这种纳米膜能探测到由化学和生物制剂造成的污染，并能够对这些制剂进行过滤，从而消除污染。

（5）纺织工业　在合成纤维树脂中添加纳米 SiO_2、纳米 ZnO、纳米 SiO_2 复配粉体材料，经抽丝、织布，可制成杀菌、防霉、除臭和抗紫外线辐射的内衣和服装，可用于制造抗菌内衣、用品，可制得满足国防工业要求的抗紫外线辐射的功能纤维。

（6）机械工业　采用纳米材料技术对机械关键零部件进行金属表面纳米粉涂层处理，可以提高机械设备的耐磨性、硬度和使用寿命。

思考题与习题

1. 什么叫合金？有哪些基本类型？试各举一例。

2. 什么叫固熔强化，它对金属材料的性质有何影响？

3. 为什么各种金属在耐蚀性上有很大的差异？获得耐蚀合金有哪些途径？

4. 按磁性质，物质可分为哪几种基本类型？各类物质的内部结构有哪些特点？

5. 在合金钢中有哪些元素是"合金元素"，它们在结构上有何特点，对金属材料有何影响？

6. 陶瓷一般由哪些相组成，它们对陶瓷的形成和性能有哪些作用和影响？

7. 陶瓷材料有哪些特点？按化学成分分，结构陶瓷可分为哪几类？

8. 什么叫结构陶瓷？它与传统陶瓷有哪些不同？

9. 形状记忆合金的结构有何特点，为什么有"记忆力"？

10. 储氢合金为何能储存氢气？

11. 生物陶瓷为何具有生物相容性？

12. 无机建筑材料按组成可分为哪些？

13. 我国历史上常用哪些胶凝材料？

14. 无机胶凝材料根据硬化条件可分为哪些种类？

15. 简述水泥的水化过程？

16. 简述石灰的熟化和硬化过程？
17. 石灰有哪些用途？
18. 混凝土腐蚀是由什么原因引起的？如何防护？
19. 什么是混凝土的碳化和碳酸化？
20. 查阅资料了解金属能带理论和半导体的导电原理？
21. 查阅资料了解激光产生的原理？

第7章　有机高分子材料

人们对有机高分子材料的应用由来已久，从石器、铁器时代就利用木材、兽皮、兽毛等高分子材料，到近代满足各种需求的各种人工合成高分子材料，高分子材料已经广泛应用于国民经济的各个领域，直接关系到人类的衣、食、住、行，特别是在高科技蓬勃发展的今天，人造卫星、航天飞机、巨型喷气式客机、电子计算机、大规模集成电路、光纤通讯、激光光盘等，都离不开高分子材料。

因此，掌握高分子材料的基本知识，对于现代工程技术人员是非常必要的。本章将在有机高分子化合物（以后简称高分子化合物）基本概念的基础上，介绍一些重要的有机高分子材料（以后简称高分子材料）以及某些复合材料。

7.1　高分子化合物概述

7.1.1　高分子化合物的基本概念

高分子化合物又称高聚物或聚合物，是相对分子质量很大的一类有机化合物。就分子大小而言，一般的有机化合物的相对分子质量不超过 1000，而高分子化合物的相对分子质量一般在 $10^2 \sim 10^6$ 之间。例如，聚丙烯腈的相对分子质量为 6 万～50 万。

7.1.1.1　高聚物的组成

虽然高聚物的相对分子质量很大，结构复杂多变，但其化学组成却都比较简单，一般都是由相同的结构单元经多次重复连接而成。这些重复的结构单元称为"链节"，链节重复的次数称为"聚合度"。例如，聚丙烯腈的结构可表示为 $\require{mhchem}$ ⟦—CH₂—CH⟧ₙ（CN），它表示聚丙烯腈是

由 —CH₂—CN— 结构单元经 n 次重复连接而成，因此，—CH₂—CN— 为链节，n 为聚合度。聚合度是衡量高聚物分子大小的一个指标，一般由几百到几千、几万。

7.1.1.2　高聚物的相对分子质量

高聚物的相对分子质量与链节的化学式量和聚合度存在如下关系：

$$M = nM_0$$

式中，M 为高聚物的相对分子质量；n 为聚合度；M_0 为链节的化学式量。例如，聚氯乙烯，当 $n=2000$，链节的化学式量 $M_0=62$，则聚氯乙烯的相对分子质量为

$$M = 2000 \times 62 = 124000$$

在高聚物的形成过程中，由于反应条件不同，同一种高聚物的分子所含的链节数并不同，因此，每个分子的相对分子质量也不同，所以，高聚物实际上是由许多链节相同而聚合度不同的分子组成的混合物。因此高聚物的相对分子质量实际上是平均的相对分子质量（$\overline{M}$），聚合度为平均聚合度（$\overline{n}$）。$\overline{M}$ 的大小和各种分子相对分子质量的分布情况有关，这与高聚物的性质有很大关系。

7.1.1.3　高聚物分子的几何形状

高聚物的分子一般是链状结构，常称为高分子链，高分子链按其形状可分为线型结构和体型（又称网状）结构两类，如图 7-1 所示。

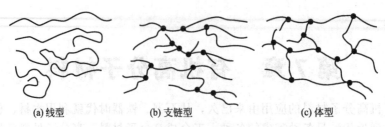

(a)线型　　　　(b)支链型　　　　(c)体型

图 7-1　高聚物分子链的几何形状

线型高聚物是由许多链节连成一个长链，呈蜷曲的不规则线团状，它可以是直链，也可带支链，在拉伸时都易呈直线状，由于结构上的这种特点，使得线型高分子表现为可溶、可熔、有弹性（暂时变形性）以及塑性（永久变形性）等特点。属于这类结构的聚合物有合成纤维、工程塑料等，例如聚氯乙烯、聚硫橡胶等。它们受热可以软化，冷却时硬化，反复加热或冷却仍具有可塑性，属于热塑性塑料。

体型高聚物是长链大分子之间通过化学键"交联"起来，构成一种似网的形状，如再向空间伸展，就形成了体型大分子结构。体型高分子不熔化，也不溶解，没有弹性和塑性。它们加热软化，但冷却硬化后就不能再使其软化。如作电器材料的电木（酚醛树脂）就属于此类高聚物，损坏后不能回炉重新利用，属于热固性塑料。

7.1.2　高聚物的分类和命名

7.1.2.1　分类

随着高聚物新产品和新用途的不断开发，高聚物的品种越来越多，用途也越来越广泛。为了便于对高聚物进行研究和利用，有必要对高聚物进行分类。按照不同的分类原则，或从不同的角度，高聚物有许多不同的分类方法。

（1）按照来源分类　可分为天然高聚物和合成高聚物两大类。例如，松香、沥青、淀粉、天然橡胶、纤维素、蛋白质等属于天然高聚物；而聚氯乙烯、有机玻璃、合成橡胶、合成纤维、合成树脂等属于合成高聚物。

（2）按照材料的性质（或用途）分类　可分为塑料、纤维、橡胶、黏结剂、涂料、离子交换树脂等。例如，聚苯乙烯、酚醛树脂（电木）、有机玻璃等属于塑料；尼龙（卡普纶、锦纶、耐纶）、聚丙烯腈（腈纶）等属于纤维；而氯丁橡胶、丁苯橡胶、硅橡胶等属于橡胶。

（3）按照分子结构分类　可分为线型高分子（包括带支链的）和体型（网状）高分子两大类。线型高分子如聚乙烯、有机玻璃、尼龙-6 等；体型高分子如酚醛树脂、环氧树脂等。

（4）按照高聚物主链的元素组成分类　可分为碳链高分子、杂链高分子（主链除 C 外，还有 O、N、S、P 等原子）和元素高分子（主链不一定含碳，而由 Si、O、Al、B、P、Ti 等原子构成，如有机硅橡胶等）三大类。

此外，按应用功能分类，常可分为通用高分子、功能高分子、仿生高分子、医用高分子、高分子试剂、高分子催化剂及生物高分子等。

7.1.2.2　命名

高聚物的命名有系统命名法和通俗命名法。系统命名法很少采用，目前流行的许多高分子的命名法都是通俗命名法，因而常常是一种高聚物有几种名称，国内外也不统一。这里仅对通俗命名法作一些简单介绍。

（1）以高聚物的原料单体（合成高聚物的低分子原料称为单体）来命名　一般由一种单体合成的高分子，只须在单体名称前冠以"聚"字，例如聚乙烯、聚苯乙烯。由两种单体缩聚而成的高分子，往往在缩聚后的单体名称前冠以"聚"字，例如对苯二甲酸和乙二醇缩聚得到的聚合物称为聚对苯二甲酸乙二酯。如果结构比较复杂或不太明确，则命名时往往在单体名称后面加上"树脂"二字，例如苯酚和甲醛的缩聚物称为"酚醛树脂"；由环氧丙烷和双酚 A 生成的聚合物称为"环氧树脂"等。

（2）以高聚物的商品名称或简写代号来命名　例如，聚酰胺类高聚物称为尼龙或锦纶，这类高聚物由于品种较多，因而有尼龙 6、尼龙 66、尼龙 610、锦纶 66 等之分。再如，聚丙烯腈称为腈纶，聚对苯二甲酸乙二酯的商品名为涤纶（的确良），聚甲基丙烯酸甲酯商品名为有机玻璃。在高聚物的命名中，还常采用以其单体英文名称的第一个字母大写来表示的简写代号，例如聚氯乙烯表示为 PVC，聚苯乙烯表示为 PS，尼龙 66 表示为 PA，丁苯橡胶表示为 SBR，而丙烯腈-丁二烯-苯乙烯的共聚物表示为 ABS。

7.2　高分子化合物的合成

高分子化合物的合成通常是由单体经过聚合反应来实现的，常用的聚合反应有两种基本类型，即加成聚合反应（简称加聚反应）和缩合聚合反应（简称缩聚反应）。

7.2.1　加聚反应
7.2.1.1　加聚反应的定义

由一种或多种单体通过加成反应的方式相互结合为高分子化合物的反应，称为加聚反应。该类反应的特点是反应中没有 H_2O、NH_3 等小分子副产物伴生，因此生成的高聚物与单体具有相同的组成。

加聚反应的单体必须具有不饱和键（含双键或叁键），或者是容易开环的环状化合物。例如乙烯类单体和环氧乙烷：

$$CH_2\!=\!CH \qquad\quad H_2C\underset{O}{\diagup\!\!\diagdown}CH_2$$
$$\quad\;|$$
$$\quad\;X$$

这类单体在加热和光照，或在过氧化物的作用下，不饱和键中的 π 键或环被打开，发生加聚反应，生成高聚物。例如：

$$nCH_2\!=\!\!\underset{X}{\overset{}{CH}} \longrightarrow \left[\!CH_2\!-\!\!\underset{X}{\overset{}{CH}}\!\right]_{\!\overline{n}} \quad (X\!=\!\text{取代基或氢原子})$$

$$nH_2C\underset{O}{\diagup\!\!\diagdown}CH_2 \longrightarrow \left[CH_2\!-\!CH_2\!-\!O\right]_{\!\overline{n}}$$

加聚反应的产物受反应条件的影响，可得到线型（包括含支链）和体型结构的高分子化合物。

7.2.1.2　加聚反应的分类

通常，按照参加聚合反应的组分，把加聚反应分为两类，即均聚和共聚。

（1）均聚　仅由一种单分子聚合而形成高聚物的反应，称为均聚反应。例如，氯乙烯聚合而形成聚氯乙烯的反应：

$$nCH_2\!=\!\!\underset{Cl}{\overset{}{CH}} \longrightarrow \left[\!CH_2\!-\!\!\underset{Cl}{\overset{}{CH}}\!\right]_{\!\overline{n}}$$

由均聚得到的高聚物应用非常普遍，例如目前世界上产量较大的品种——聚烯烃类（如聚乙烯、聚丙烯、聚氯乙烯等）就是均聚物。

（2）共聚　如果由两种（或两种以上）单体同时进行聚合，生成含有这两种（或两种以上）结构单元的高聚物的反应，称为共聚反应，得到的高聚物又叫共聚物。例如，丁二烯与苯乙烯两种单体共聚形成丁苯橡胶的反应：

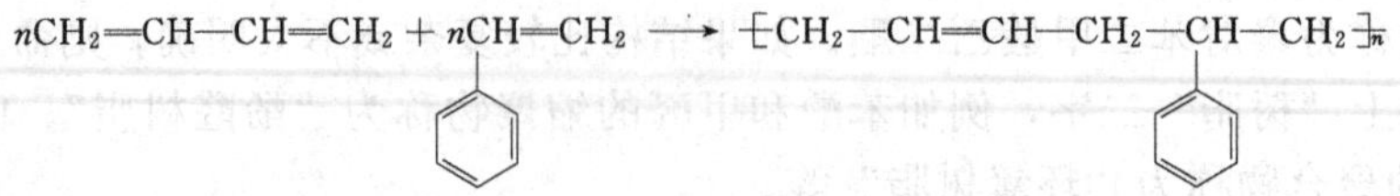

$$nCH_2=CH-CH=CH_2 + nCH=CH_2 \longrightarrow \text{+}CH_2-CH=CH-CH_2-CH-CH_2\text{+}_n$$

在共聚反应中，不同单体聚合的序列方式可有很多种，因此共聚反应又可分为镶嵌共聚和接枝共聚等形式。

如果以 A、B 表示不同的单体在链节中的形式，则镶嵌共聚是指在主链一长段 A 序列后接着一长段 B 序列的聚合方式。镶嵌共聚物可表示为：

~~~—A—A—A—A—A—————B—B—B—B—————A—A—A—~~~

而接枝共聚则是指在 A 组成的主链上接上由 B 组成的支链的聚合方式。接枝共聚物可表示为：

~~~—A—A—A—A—A—~~~—A—A—A—~~~
         | |
         B   B
         | |
         B   B
         | |
         B   B
         | |

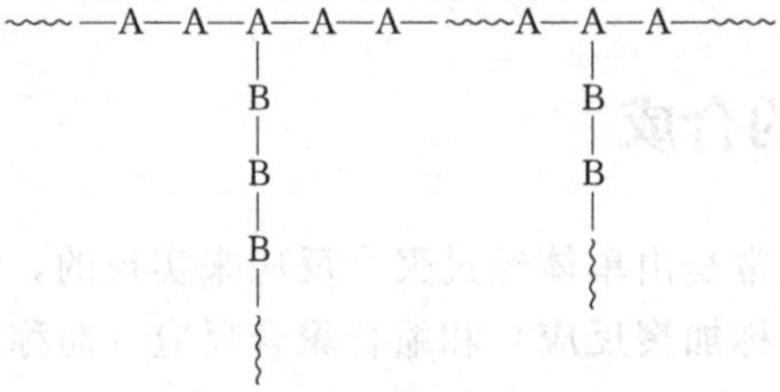

根据实际应用中的需要，常用接枝共聚或镶嵌共聚等方法来改善高聚物的性能。因此，共聚反应在工业上具有重要的意义。

7.2.2　缩聚反应

由一种或多种单体互相缩合成为高聚物，同时析出其他低分子物质（如水、氨、醇、卤化氢等）的反应，称为缩聚反应。显然，所生成的高聚物的组成与单体不同。

参加缩聚反应的单体必须含有至少两个能参加反应的官能团，才能互相缩聚成高聚物。一般含有两个官能团缩聚时，形成线型高聚物。例如，己二酸与己二胺缩聚形成聚酰胺 66（即尼龙 66）：

$$nHOOC(CH_2)_4COOH + nH_2N(CH_2)_6NH_2 \longrightarrow \text{+}OC(CH_2)_4CONH(CH_2)_6NH\text{+}_n + 2nH_2O$$

如果含有两个以上能参加反应的官能团的单体分子缩聚，则能形成体型高分子高聚物。例如，丙三醇（甘油）与邻苯二甲酸酐作用，缩聚而形成具有体型结构的聚邻苯二甲酸甘油酯：

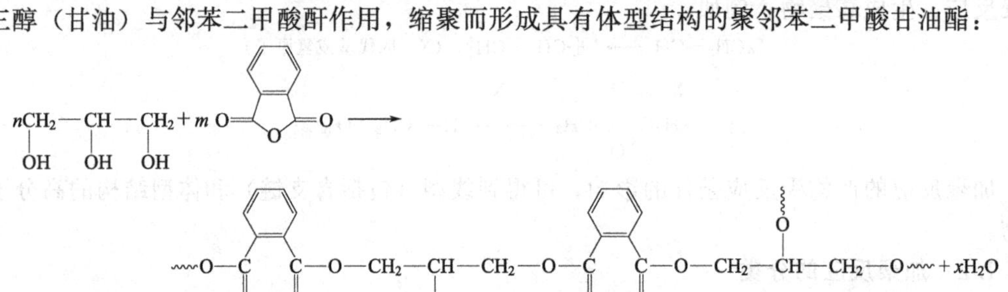

7.3　高聚物的结构与性能

物质的性质是其内部结构的反映，对结构与性能的研究，是掌握高分子化合物合成和应用的桥梁。因此，了解结构与性能的关系有利于改进高分子材料的性能，并对合理选用高分子材料具有重要的指导意义。

7.3.1　高聚物的结构特点

前已述及，高分子化合物具有线型和体型结构的特点。除此之外，高分子化合物还具有以下几方面的结构特点。

7.3.1.1　高聚物分子间的作用力

高分子材料是由大量高分子链聚集在一起组成的。当高分子链之间距离足够近（0.3～0.5nm）时，将产生分子间力。对大多数共价型分子而言，分子间力主要是色散力，而色散力随相对分子质量的增大而增强。由于在高聚物中，它的相对分子质量很大，分子链又纠缠在一起，因而高分子间的作用力很大，以致超过了分子内化学键的强度。由于该原因，高聚物不能以气态存在，在汽化之前它们往往就已经分解了；有些高聚物甚至在未熔化之前就已经分解了。

强大的分子间力赋予了高聚物一定的强度，这就是高聚物能作为结构材料使用的根本原因。同时，分子间力的大小对高聚物的耐热性、电性能、机械强度、溶解性等都有很大的影响。如果高分子链极性增强，或高分子链间又存在氢键，会使分子间的作用力更强，从而更加提高了这些高聚物的机械强度。例如，氯丁橡胶分子链的极性较天然橡胶强，因此其抗拉强度约为天然橡胶的两倍；而聚酰胺（尼龙）纤维，它的分子链上有强极性基团，造成强的分子间作用力和氢键，因而获得高的强度和力学性能，成为优良的纤维材料。

7.3.1.2　高分子链的柔顺性

在有机化合物中，单键（共价键）均为 σ 键，其成键电子云呈轴向对称分布。因此，单键可围绕它附近的单键按一定的角度相对自由旋转，即发生"内旋转"。例如，丁烷的 C—C 单键，若以 C_1—C_2 键内旋转，就可使 C_3 形成以 C_2 为顶点的圆锥底边；同理以 C_2—C_3 键内旋转，又使 C_4 形成以 C_3 为顶点的圆锥底边，如图 7-2 所示。高分子链中含有很多单键，它们均可内旋转（如图 7-3 所示），从而使高分子链一般处于各种不同的卷曲状态。人们把高分子链中各单键的内旋转，并使高分子链具有强烈卷曲倾向的特性称为高分子链的柔顺性。

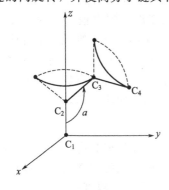

图 7-2　单键的内旋转示意图

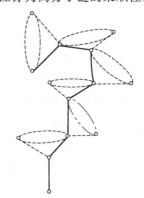

图 7-3　聚合物分子中各个链节转动
（单键内旋转）示意图

内旋转是高分子运动的一种形式。因此，柔顺性是高分子链的重要物理特性，对于高分子材料的高弹性和塑性有重要的影响。

高分子链的柔顺性取决于链节（包括主链和侧链）的化学组成以及键接情况和对称性等因素。当主链全部由单键组成时，由于每个单键均可内旋转，因此柔顺性较大，属于柔顺链；当主链上含有孤立双键时，虽然双键不能旋转，但由于连接双键的两个单键受到的阻力更小，因而与双键相邻的单键更易旋转，从而使得含有孤立双键的高分子链比仅有单键时更加柔顺。例如，　—CH=CH—CH₂—　的旋转活化能比—CH₂—CH₂—CH₂—旋转活化能约低 2.1kJ•mol⁻¹，因此聚丁二烯、聚异戊二烯分子链较聚乙烯、聚丙烯分子的柔顺性更大。另一方面，如果主链上含有一定数量的芳杂环或大的共轭体系时，由于芳杂环和大的共轭体系都不能内旋转，因此，这类高分子链的柔顺性就很差，例如聚苯乙烯、聚乙炔、聚乙砜类高分子都是刚性分子。此外，如果主链上含有侧基，当侧基较大，或侧基有极性时，内旋转受阻，柔顺性下降。例如，聚苯乙烯因侧基为较大的苯环，链的柔顺性差，因而具有质硬且脆的性能；而聚乙烯、聚氯乙烯、聚丙烯腈等随它们的侧基极性依次递增，它们的柔顺性则依次递减。

7.3.1.3　高聚物的结晶和取向

高聚物按其聚集态结构可分为晶态和非晶态两类。晶态结构是分子链之间在三维空间呈有序排列，而非晶态结构分子链之间的排列则是无序的。例如，聚乙烯、聚酰胺等属于结晶聚合物（晶态），而聚苯乙烯、有机玻璃等则属于无定形（非晶态）聚合物。

根据"晶区"结构模型，认为在晶态高聚物中存在着若干个"晶区"，在"晶区"中间还存在着"非晶区"，由于晶区和非晶区比整个高分子链要小得多，因此每个高分子链可以贯穿几个晶区和非晶区。晶区内的链段排列整齐，非晶区部分链段是卷曲而又互相缠结的（如图7-4所示）。因此，结晶高聚物具有两相结构。

高聚物的聚集态除有晶态和非晶态外，还有取向态结构。所谓"取向"是指高聚物在其熔点以下、玻璃化温度以上的温度范围内被拉伸的过程。由于高分子链的柔顺性，所以高分子长链可以沿拉伸方向发生有序排列（一维或二维有序）。

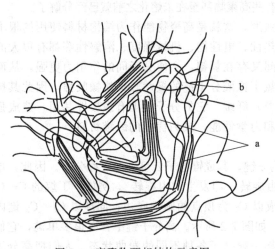

图7-4　高聚物两相结构示意图
a—晶区；b—非晶区

高聚物的取向在纤维、薄膜、塑料制品等的生产上具有重要意义。取向可以增大纤维的强度，增加薄膜的抗龟裂能力和抗冲击强度；而如果塑料的分子链具有良好的取向能力，则沿应力方向的取向抵抗应力，使塑料制品不产生裂缝并提高其使用寿命。

7.3.2　高聚物的力学状态

随着温度的变化，高聚物可以呈现不同的力学状态。在线型或具有少量交联网状结构的无定形高聚物中，由于链段热运动的程度不同，可出现三种不同的力学状态（或称三种物理状态）：玻璃态、高弹态和黏流态。在恒定外力的作用下，形变与温度的关系如图7-5所示。

（1）玻璃态　当高聚物处于比较低的温度时，分子动能较低，不但整个大分子链不能运动，就连链节也不能自由活动。此时，分子只能在一定的位置上作微弱的振动，分子的形态和相对位置被固定下来，彼此距离缩短，分子间作用力较大，结合得很紧密。此时的高聚物如同玻璃体一般坚硬，这种状态称为玻璃态。当外加力时，形变很小，链节只作瞬时的微小伸缩和键角改变，当外力去除后形变能立即回复。常温下的塑料就是处于玻璃态。高聚物呈玻璃态的最高温度称为玻璃化温度，常用 T_g 表示，如图7-5所示。T_g 越高，说明高聚物的使用温度也就越高，高聚物的耐热性越高。T_g 的大小与高聚物的结构有关，当主链为柔顺链时，T_g 较低，而当主链为刚性链时，T_g 较高。

（2）高弹态　随着温度的升高，分子热运动能量增

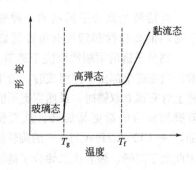

图7-5　高分子化合物形变
与温度的关系

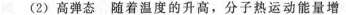

加，当达到某一温度时，虽然高聚物的整个链还不能移动，但链段可以自由转动了。此时，在外力的作用下，链段可随外力作用的方向而转动，从而使高聚物产生很大的形变，当外力解除后形变又能立即回复。即此时高聚物表现出很高的弹性，因此常称该状态为高弹态。常温下橡胶就处于这种形态。

（3）黏流态　将处于高弹态的高聚物继续加热，由于温度升高，分子热运动加剧，不仅分子链节可以自由旋转，整个分子链都能运动，因此高聚物变成了可流动的黏稠液体。此时整个分子与分子之间能发生相对移动，它与小分子的流体相似，但这种流动形态是不可逆的，当外力解除后，形变不能回复，这种状态称为黏流态。物质呈现黏流态的最低温度称为黏化温度，常用 T_f 表示（如图 7-5 所示）。黏流态是高聚物作为材料加工成型时所处的工艺状态，T_f 的高低决定着聚合物加工成型的难易，T_f 的大小主要由高聚物的相对分子质量所决定，相对分子质量越大，T_f 越高。

应当注意：高聚物的上述三种状态，可随着温度的变化而互相转化，且转化不是突变，而是在一定温度范围内完成的，即 T_g、T_f 不是一个单一值，而是有一定温度范围。由于各种线型高聚物的 T_g、T_f 不同，所以在常温下呈现的性质不同。人们习惯上把 $T_g>$室温的高聚物称为塑料；把 $T_g<$室温$<T_f$ 的高聚物称为橡胶；$T_f<$室温的高聚物称为树脂；$T_g>$室温且分子排列整齐的高聚物称为纤维。显然，对高聚物材料加工来说，T_f 值越低越好；对耐热性来说，T_f 越高越好；而 T_g 与 T_f 之间的差值又决定着橡胶类物质的使用温度范围，T_g 与 T_f 差值越大，橡胶的耐寒、耐热性越好，性能越优良。

7.3.3　高分子化合物的性能

由于高聚物的结构特点，使得高聚物的性能所涉及的内容极为广泛，如力学性能、电学性能、光学性能、胶黏性能、透气性能、耐腐蚀性能等。下面仅对部分重要性能作一简介。

7.3.3.1　高聚物的力学性能

高聚物的力学性能，如抗拉、抗压、抗弯、抗冲击等，主要取决于高聚物的组成和结构。

在组成类似的情况下，高聚物的力学性能与其聚合度、结晶度以及分子间力等因素有关。在一定范围内，聚合度越大，分子间的相互作用力越大，高聚物的力学性能就越好。当聚合度增加到 400 以上时，高聚物的机械强度在更大程度上受结晶度等因素影响。高聚物的结晶度越大，分子的排列就越整齐，分子间的作用力越强，则力学性能就越好。例如，丁苯橡胶的相对分子质量（4 万～5 万）比天然橡胶的相对分子质量（约 20 万）低，且结晶度也低，因此其抗拉能力比天然橡胶差。

就高聚物的组成看，如果高聚物中存在着极性基团，则往往能大大增加分子间的作用力，从而显著地提高其力学性能。例如，低压聚乙烯的抗拉强度约 $200kg \cdot cm^{-2}$；在聚氯乙烯分子中由于有极性基团—Cl 的存在，其抗拉强度约为 $500kg \cdot cm^{-2}$；而在尼龙 66(聚酰胺)

分子中，既有极性基团 $\overset{\displaystyle O}{\underset{\displaystyle H}{-C-N-}}$（酰胺基）存在，又有分子链间氢键存在，因此尼龙 66 的

抗拉强度可达约 $750kg \cdot cm^{-2}$。

7.3.3.2　高聚物的电学性能

高聚物的电学性能主要是指绝缘性。一般的高聚物不属于离子型化合物，固体时分子内部没有自由电子和离子。因此，绝大多数高聚物为电绝缘体。但高聚物的分子链结构不同，其电绝缘性也存在差异。绝缘性的大小与高聚物的极性有关。极性强绝缘性差，极性越弱绝缘性越好。

如果将高聚物用作电绝缘材料，那么非极性高聚物（指高分子链中链节结构对称的高聚物）可用作高频率的绝缘材料，如聚乙烯、聚四氟乙烯等。极性高聚物（指高分子链中链节结构不对称的高聚物），由于极性基团或极性链节会随着电场方向发生周期性取向而形成"位移电流"，因此，它们只能作中频率或低频率的绝缘材料。例如，聚苯乙烯、聚氯乙烯、有机玻璃、聚酰胺等极性高聚物可作中频率的绝缘材料，而像酚醛塑料、聚乙烯醇等强极性高聚物，则只能作低频率的绝缘材料。

7.3.3.3　高聚物的溶解性能

高聚物的溶解性能与所用溶剂有关。一般来说，符合相似相溶规则，即极性高聚物易溶于极性溶剂中，非极性高聚物易溶于非极性或弱极性溶剂中。例如，极性的聚甲基丙烯酸甲酯可溶于极性溶剂丙酮、氯仿等中；未硫化的天然橡胶是弱极性的，则可溶于汽油、苯、甲苯等非极性或弱极性溶剂中，而聚乙烯醇极性相当大，可溶于水或乙醇中。这些仅是溶解的一般规律。极性溶剂对一些相对分子质量高、结晶度高的高聚物，其溶解程度也不大。

高聚物的溶解性能与其相对分子质量的大小有关，相对分子质量大的，分子链间作用力也就大，溶解度就比较小。对于线型非晶态高聚物，分子链很长，且有一定柔顺性，链与链间留有很多空隙，当其与溶剂接触时，首先是溶剂分子钻入高分子链中，通过增大链间距离使高聚物体积增大，从而进入溶胀阶段，最后慢慢达到溶解。晶态高聚物的溶解一般需要加热后才能实现，因为晶态高聚物分子链间排列整齐，作用力大，很难使它们彼此分离而进入溶剂。因此，非极性晶态高聚物在常温下难溶解，例如聚乙烯要加热到熔点（135℃）附近才能溶解。而极性晶态高聚物却可以在常温下溶解，因为在晶态高聚物中除结晶结构外，还有非晶态部分，后者能与溶剂发生强烈的溶解作用，放出较大量的热使结晶结构部分发生熔融，并进一步溶解于溶剂中。例如，尼龙在常温下可溶于浓硫酸、甲酸等极性溶剂中。因此，晶态高聚物的溶解度就较小。此外，对于体型结构的高聚物，由于高分子链间产生了交联，使分子链很难分离而进入溶剂，因此它们不能溶解，有的只能溶胀。

在高分子材料的使用和合成中，常遇到如何选择溶剂的问题。除用上述相似相溶规则判断外，在实际使用中可用"溶度参数相近"的原则，即溶剂的溶度参数与高聚物的溶度参数越相接近，就越易溶解。溶度参数（符号δ）可定义为单位体积的内聚能的平方根。所谓内聚能是将液态或固态中的分子转移到远离其邻近分子（汽化或溶解）所需要的总能量。表7-1、表7-2分别列出了部分常见高聚物和溶剂的溶度参数，如果以δ_1表示溶剂的溶度参数，用δ_2表示高聚物的溶度参数，则一般当$|\delta_1-\delta_2|<2.0\sim3.1(J\cdot cm^{-3})^{1/2}$时，估计该高聚物能溶解，差值越小，溶解性越好，当两溶度参数相差大于3.1时，则不能溶解。

表 7-1　一些高聚物的溶度参数 $\delta/(J\cdot cm^{-3})^{1/2}$

高　聚　物	δ	高　聚　物	δ
聚四氟乙烯	12.7	聚甲基苯基硅氧烷	18.4
聚三氟氯乙烯	14.7	聚丙烯酸乙酯	18.8
聚三甲基硅氧烷	14.9	聚硫橡胶	18.4～19.2
乙丙橡胶	16.2	聚苯乙烯	18.8
聚异丁烯	16.2	氯丁橡胶	18.8～19.2
聚乙烯	16.4	聚甲基丙烯酸甲酯	18.8
聚丙烯	16.4	聚醋酸乙烯酯	19.2
聚异戊二烯(天然橡胶)	16.6	聚氯乙烯	19.4
聚丁二烯	17.2	聚碳酸酯(双酚 A 型)	19.4
丁苯橡胶	17.2	聚偏二氯乙烯	20.0～24.9
聚甲基丙烯酸叔丁酯	17.0	乙基纤维素	17.4～21.1
聚甲基丙烯酸正己酯	17.6	纤维素二硝酸酯	21.6
聚甲基丙烯酸正丁酯	17.8	聚对苯二甲酸乙二醇酯	21.9
聚甲基丙烯酸乙酯	18.4	尼龙 66	27.8
聚丙烯腈	28.8		

表 7-2　一些溶剂的溶度参数 δ/$(J \cdot cm^{-3})^{1/2}$

溶　剂	δ	溶　剂	δ	溶　剂	δ
四氯化碳	17.6	乙酸乙酯	18.4	正丁醇	23.3
苯	18.7	甲乙酮	19.0	间甲苯酚	24.3
氯仿	19.0	丙酮	20.4	醋酸	26.4
二硫化碳	20.4	二甲基甲酰胺	24.7	乙醇	26.0
苯酚	29.6	甲酸	27.6	水	47.8

7.4　高分子材料的组成和重要的高分子材料

　　高分子材料是由高分子化合物组成。根据各类高分子化合物的力学性能和使用时的状况可将其分为塑料、橡胶、合成纤维、胶黏剂和涂料五类。各类高分子材料之间并无严格的界限。同一高分子化合物采用不同的合成方法和成型工艺，可以制成塑料，也可以制成纤维。例如尼龙作塑料可制成薄膜，作纤维能织成布料。又如聚氨酯类高分子化合物，既可制作泡沫塑料，又可制作弹性体橡胶。

　　目前在工业、农业、国防、科技以及日常生活中，高分子材料已经得到了越来越广泛的应用。其原因是：原料来源丰富；生产和加工成型较为方便，工艺比较简单；具有许多优异的性能。高分子材料的性能是由它们的组成成分决定的。

7.4.1　高分子材料的组成

　　人工合成的高聚物虽然有不少优异的性能，但如果直接投入使用，往往不能充分发挥其特性，或尚不能满足多方面的需要。因此，在实际加工为高分子材料制品时，为了进一步提高材料的某些性能，还必须加入一些其他物质，称为添加剂，这样使得高分子材料的组成较为复杂。组成高分子材料制品的成分一般有以下几种类型的物质：

　　（1）高聚物　是组成高分子材料制品的主体，起着胶黏作用。含量一般占 30%～60% 或更高。高聚物的结构决定了高分子材料是线型结构还是体型结构，同时影响着材料的力学、物理、化学和电学等主要性能。

　　（2）填料（填充剂）　主要起增强等作用。常用的填料有木粉、石墨粉、炭黑、某些金属粉、石棉、云母、纸、棉布、尼龙、玻璃纤维等。加入填料的目的：一方面可以减少高聚物的用量以降低成本；另一方面能够提高材料的强度、韧性、耐磨性、耐热性、电性能等，以扩大其使用范围。

　　（3）增塑剂　用来提高高聚物的可塑性和柔软性。常用的增塑剂是液态或低熔点的有机化合物，如邻苯二甲酸酯类、癸二酸酯类、磷酸酯类、氧化石蜡等。由于这些低分子物质的存在，使高分子链间的距离拉开，降低了分子链间的作用力，从而提高了高聚物的可塑性和柔软性。对增塑剂的要求是：与高聚物的相容性好、挥发性小、对光和热较稳定、无毒、无味、无色等。增塑剂用量一般为 5%～30%。

　　（4）固化剂（交联剂）　一般热固性树脂成型前，为了使材料坚硬，将线型结构高分子链转化为体型结构高分子链时所加入的某些物质称为固化剂。例如，酚醛树脂可用六次甲基四胺作固化剂，环氧树脂可用间苯二胺、乙二胺、顺丁烯二酸酐等作固化剂。

　　（5）稳定剂（防老剂）　为了防止某些塑料在光热或其他一些条件下过早老化，延长制品使用寿命，通常所加入少量的物质（千分之几）称为稳定剂。作为稳定剂的物质，要求能耐水、耐油、耐热、耐化学药品等，并能与高聚物相溶，本身在加工成型时不分解。稳定剂有抗氧剂（如酚类及胺类）和紫外线吸收剂（如炭黑等）。

（6）发泡剂　如为了制得泡沫塑料，就需加入发泡剂。发泡剂有时是低沸点的液体，如戊烷，当高聚物在加工成型时，由于温度升高使其沸腾而产生发泡作用；有的是通过在加工成型时发生反应分解出气体而产生发泡作用，如用偶氮二甲酰胺，偶氮二异丁腈等可释放出氮气。

（7）阻燃剂　由于高分子材料大多数是容易燃烧的，这给使用带来不便，特别是还可能引起火灾。为了使材料提高难燃程度，需加入阻燃剂。阻燃剂大多是有机卤化物，如六溴苯、六溴环十二烷、四氯苯二甲酸酐等。

此外，根据材料制品的要求，还可加入抗静电剂、着色剂、润滑剂（如硬脂酸及其盐类）等。有的还加入金属铜粉或银粉，制成导电制品；加入磁粉（如硅铝铁粉、羟基铁粉），制成导磁制品。

应当注意：并非任何制品在加工成型时都要加入所有的各种添加剂，而是根据高聚物的种类和对材料制品的具体性能要求来决定选加某一种或某几种添加剂，少数聚合物也可不用任何添加剂。

7.4.2　塑料

塑料是指具有塑性的高分子化合物。现在称为塑料的是指以有机合成树脂为主要成分的高分子材料，这种材料通常在加热、加压等条件下，可塑制成一定的形状。塑料的特点是具备良好的可塑性，在室温下能保持自己的形状不变。塑料的性能主要取决于合成树脂的本质，添加剂有时也能起到很大的作用。

塑料按使用可分为通用塑料和工程塑料两大类。

通用塑料是指产量大、用途广、价格低，一般仅能作为非结构材料使用的一类塑料。通常指聚乙烯、聚丙烯、聚氯乙烯、聚苯乙烯、酚醛塑料和氨基塑料等 6 个品种，产量占全部塑料的大多数。

工程塑料是指那些强度大、具有某些金属特点、能在机械设备和工程结构中应用的塑料。例如聚酰胺、聚碳酸酯、ABS、聚甲醛、聚砜、聚酯、聚苯醚、环氧树脂等。它们产量较小，价格较高，但性能较好，一般具有强度、刚度韧性较好，相对密度小（约为钢的1/6，铅的1/2），耐腐蚀，具有电气绝缘性、减摩性能、耐磨性能和消声吸振性能。所以，当前工程塑料的生产和应用发展很快，品种也很多。下面简要介绍某些重要的工程塑料。

（1）聚酰胺　聚酰胺代号为 PA、商品名称为尼龙，它的品种有多种。如尼龙-6、尼龙-66、尼龙-610、尼龙-1010 等（这些数字的规定是：前一个数字表示二元胺的碳原子数、后一个数字表示二元酸的碳原子数）。就世界范围而言，尼龙产品主要是尼龙-66 和尼龙-6。尼龙-1010 是我国研制成功的。

尼龙-66 可由己二酸与己二胺通过缩聚反应制得，尼龙-1010 由癸二胺和癸二酸经缩聚制得。尼龙-6 是由氨基酸脱水所形成环状内酰胺为单体，开环聚合而成。

尼龙-66 的结构式为：　$HO \fbox{$CO \!\!-\!\! (CH_2)_4 \!\!-\!\! CO \!\!-\!\! NH \!\!-\!\! (CH_2)_6 \!\!-\!\! NH$}_n H$

尼龙-6 的结构式为：　$\fbox{$HN \!\!-\!\! (CH_2)_5 \!\!-\!\! CO$}_n$

尼龙是线型结构的热塑性工程塑料，聚合度约在 100 左右。它是极性分子，分子间力很大，且分子链间有氢键存在。它能部分结晶，结晶度在 50% 以下。因此尼龙具有较高的机械强度、良好的冲击韧性和硬度。它的疲劳强度高，化学稳定性好，特别是耐磨性和自润滑性能优异、摩擦系数小，电绝缘性能较好。尼龙还具有良好的阻燃性，属自熄性类型，这是由于它的分子链中含有酰胺基之故。

尼龙是工程塑料中发展最早的品种，目前在产量上居领先地位。尼龙在许多领域里得到应用，广泛用作机械、化工及电气零部件。例如，用玻璃纤维增强的尼龙用于汽车发动机零件，做散热器箱、皮带轮、油泵齿轮、油槽、刮水器等；可在机床中做油管；可用作旋涡泵叶轮，代替不锈钢；做尼龙轴承，用于汽车、船舶、纺织、仪器仪表等；尼龙粉末还可以喷涂于各种零件表面，提高其耐磨性能和密封性能；此外在电子、电器、化工设备、交通运输等方面也得到广泛的应用。尼龙的主要缺点是吸水性较大，影响尺寸稳定性。但如果在聚酰胺分子链中引入芳香基等，制成芳香尼龙，则可增大尺寸稳定性等。

（2）聚甲醛　聚甲醛的代号为 POM，根据聚合方法不同，可分为均聚甲醛（JPOM）和共聚甲醛（GPOM）两类。均聚甲醛是以精制三聚甲醛为原料，以三氟化硼乙醚配合物为催化剂，在石油醚中聚合，再经处理后除去高分子链两端不稳定部分，其分子结构为：

$$CH_3—\overset{\displaystyle O}{\overset{\|}{C}}—O—[CH_2O]_n—\overset{\displaystyle O}{\overset{\|}{C}}—CH_3$$

目前，工业生产中是以共聚甲醛为主，它是以三聚甲醛与少量二氧五环为原料，其分子结构式为：

$$—[O—CH_2—O—CH_2]_m—[O—CH_2—CH_2—O—CH_2]_n—$$

它是 20 世纪 60 年代出现的一种新型工程塑料，它的发展极其迅速，目前已成为工程塑料中举足轻重的一种。

聚甲醛的分子链是一种没有侧链的高密度、高结晶性的线型高聚物，属热塑性塑料。它的力学性能与铜、锌极其相似。它可以在 $-40\sim100℃$ 温度范围内长期使用，耐磨性和自润滑性能很优越，又有良好的耐油、耐过氧化物的性能；尺寸稳定性好，还有良好的电绝缘性。因此，聚甲醛用途广泛，可以代替有色金属和合金，用于汽车、电气、电极产品、容器、管件和精密仪器等零部件的制造。

聚甲醛的主要缺点是：不耐酸、不耐强碱、不耐日光和紫外线的辐射；高温下不够稳定，易分解出甲醛；加工成型也较困难。因此限制了它的应用范围。

（3）ABS　ABS 树脂是由丙烯腈、1,3-丁二烯、苯乙烯三种单体经三元共聚而成，其结构单元：

$$—CH_2—CH— \qquad —CH_2—CH=CH—CH_2— \qquad —CH_2—CH—$$
$$\quad\ \ |\qquad\qquad\qquad\qquad\qquad\qquad\qquad\qquad\quad\ |$$
$$\quad\ CN\qquad\qquad\qquad\qquad\qquad\qquad\qquad\qquad C_6H_5$$
$$\quad\ A\qquad\qquad\qquad\qquad\ B\qquad\qquad\qquad\qquad\quad S$$

ABS 塑料具有三种单体性能的优点，即兼有聚苯乙烯的透明、坚硬、良好的电性能和机械加工性能，聚丙烯腈较高的强度和耐热、耐油性以及聚丁二烯的弹性和耐冲击性。再加上聚合时三种单体可根据对产品的不同要求而增减，所以，ABS 获得良好的综合性能，具有坚韧、质硬、刚性等特征，且无毒、无味。

ABS 是一种热塑性塑料，在汽车、拖拉机、纺织、仪表、机电等行业中应用广泛。可制成齿轮、泵叶轮、轴承、管道、电视机外壳、文教用具、家具、食用输水管道等。其表面还可以电镀铜、铬等金属，从而扩大了它的使用范围。

ABS 的缺点是耐热性不太高，不透明，耐候性不好，特别是耐紫外线性能不好。这主要是由于丁二烯的成分中含有双键，易断键降解之故。为了改善 ABS 树脂的耐候性，可将丙烯腈和苯乙烯接枝到氯化聚乙烯（C）主链上，得到 ACS 树脂。由于分子结构中没有丁二烯的双键，从而提高了它的耐候性，而其他性能基本保持不变。

（4）聚碳酸酯　聚碳酸酯代号为 PC，工业上用精制的碳酸二苯酯和双酚 A，在碱性催化剂存在下，高温（$180\sim300℃$）高真空（$137.3\sim6666Pa$）下进行酯交换反应来制备聚碳酸酯：

$$nHO-\underset{CH_3}{\overset{CH_3}{\underset{|}{\overset{|}{C}}}}-OH + nO=C\underset{O}{\overset{O}{\diagdown}}\xrightarrow{\text{催化剂}}$$

双酚 A(二酚基丙烷)　　　　　　　　碳酸二苯酯

$$H\left[O-\underset{CH_3}{\overset{CH_3}{\underset{|}{\overset{|}{C}}}}-O-\overset{O}{\overset{||}{C}}-\right]-OH + 2(n-1)\quad -OH$$

聚碳酸酯属于线型分子链的热塑性塑料，本身无毒、无臭、无味。由于高分子链上含有刚性的苯环及亚异丙基（ $CH_3-\overset{|}{C}-CH_3$ ），又有柔性的醚键，分子链间的作用力较大，因此具有强度大、刚性好、耐冲击、防破碎等特点。可在 $-100\sim+140℃$ 的较宽温度范围使用，耐老化性能很强，耐寒性能也很好。由于聚碳酸酯性能优越，应用广泛，所以在机械工业中，用它制作轴承、蜗杆等传动零部件。在医疗方面可作手术器械；由于其良好的绝缘性而制作绝缘零件和电容器等。此外，聚碳酸酯还可以代替某些金属、合金、玻璃、木材等，用于汽车外壳、超音速飞机零部件等的制作，以及用于照明灯具、座舱罩、人造木材家具等的制造。

（5）聚砜　一般将分子链中含有砜基（ $O=\overset{|}{\underset{|}{S}}=O$ ）的高聚物通称为聚砜、其代号为PSU。聚砜是一类新型的耐热工程塑料。根据制备时所用原料的不同，可分为如下两类：

聚砜（双酚 A 型）

聚芳砜（非双酚 A 型）

由于分子链中含有相当数量的苯环，降低了分子柔顺性且增加了链的刚性和热稳定性，从而大大提高了高聚物的熔点，因此聚砜在 $-65\sim+160℃$ 的温度下长期使用，而聚芳砜的耐热性更好，长期使用温度为 $260℃$ ，短期可作 $300℃$ 下使用。

聚砜机械强度高，尤其是抗冲击强度高、尺寸稳定，在水中、潮湿空气中或高温下仍能保持高的介电性能，化学稳定性好，能耐酸、碱和有机溶剂，能自熄，易电镀，大量用在输送热水蒸气的管材，用于计算机、电气仪表零件和医疗机械等。聚芳砜硬度高，制造成本低，耐摩擦和耐老化性能好，甚至在 $-240℃$ 下仍能保持优良的力学性能，加工成型方便，经填充改性可用作高温轴承材料、自润滑材料、高温绝缘和超低温结构材料。

（6）聚四氟乙烯　聚四氟乙烯代号为 F-4，可用单体四氟乙烯制取，即：

$$nCF_2=CF_2\longrightarrow \left[CF_2-CF_2\right]_n$$

聚四氟乙烯是不含支链的线型非极性分子。分子链间排列紧密，结晶度高（可达 90% 以上）；分子链中，C—F 键结合牢固，不易断裂，而 C—C 键由于被外围的氟原子包围，所以也不易断裂。因此聚四氟乙烯分子链不易被破坏。这种结构使得聚四氟乙烯的性能优异，独特，它可耐强酸、强碱、强氧化剂，即使在高温下王水对它也不起作用，故有"塑料王"之称。它在 $-250\sim+260℃$ 的温度范围内都可应用。它的绝缘性能好，具有优异的阻燃性和自润滑性。但是合成聚四氟乙烯的成本较高，而且加工成型比较困难，在 $260℃$ 以上的高温会放出毒气 HF。

聚四氟乙烯在冷冻工业、化学工业、电气工业、航空工业上得到了广泛的应用。如在医学上作代替血管的材料；制造高压电气设备上的薄膜；作食品工业中的传送带与模子，化学工业上作耐腐蚀性要求极高的管道与衬里等。

工程塑料由于性能优异，加工成型方便等原因，目前已在各行各业中得到了越来越广泛的应用。由于改性手段越来越成功使工程塑料原来的不足得以弥补，其发展速度是很快的。一大批新型塑料不断出现，如阻燃塑料、抗静电塑料、塑料合金等。随着科学技术发展的需要，各种信息工程塑料将得到广泛应用。

7.4.3　合成橡胶

橡胶是具有高弹性的轻度交联的线型高聚物。通常橡胶分子的主链为柔顺链，容易发生链的内旋转，使分子卷曲，在外力的作用下，极易发生变形，形变率可达百分之一百以上。当外力消除后，又能很快恢复到原来的状态。天然橡胶主要由异戊二烯的高聚体组成，它有很好的弹性和加工性能。人工合成橡胶的弹性和加工性能的某些方面虽目前还不及天然橡胶，但由于其生产不受地理、气候等条件的限制，生产能力大，因此发展很快。随着工程技术上对橡胶制品的需求越来越大，天然橡胶供不应求，合成橡胶将会得到很大发展。

合成橡胶的原料主要来自石油产品，如共轭二烯烃（丁二烯、异戊二烯等）、单烯烃（乙烯、丙烯、苯乙烯等），它们经过均聚或共聚制取了与天然橡胶结构相似，性能也相似的各种线型高分子化合物。还可以用来制造在高温、低温、酸、碱、油、辐射等介质条件下使用的特种橡胶。下面介绍几种重要的合成橡胶。

（1）顺丁橡胶　顺丁橡胶是由单体丁二烯经均聚反应制得的顺式结构的高聚物，其结构式为：

$$\left[\begin{array}{c} H \\ CH_2 \end{array}\!\!\!>\!\!C=C\!\!<\!\!\begin{array}{c} H \\ CH_2 \end{array}\ CH_2 \ \begin{array}{c} H \\ CH_2 \end{array}\!\!\!>\!\!C=C\!\!<\!\!\begin{array}{c} CH_2 \\ H \end{array}\right]_n$$

顺丁橡胶的弹性、耐寒性、耐磨性、耐老化性和电绝缘性都超过了天然橡胶。例如，耐磨性比一般的天然橡胶高约 30%，且可耐 $-90℃$ 的低温（天然橡胶为 $-70℃$）。但它的抗湿滑性、抗撕裂性和加工性较差些。顺丁橡胶作为通用橡胶，可用于制作普通的橡胶轮胎、胶管、衬垫、运输带等，也可用作防震橡胶、塑料的改性剂等。

（2）丁苯橡胶　丁苯橡胶的代号为 SBR。丁苯橡胶是由丁二烯和苯乙烯进行共聚反应制得的高聚物，其结构式为：

$$-\!\!\left[(CH_2-CH=CH-CH_2)_x(CH_2-CH)_y\right]_n$$

相对分子质量为 15 万～150 万。在实际生产中，所用原料配比可以不同，所得产物统称为丁苯橡胶，但它们的可塑性、热稳定性以及其他物理力学性能等都有差异。

丁苯橡胶的耐磨性、耐老化性、耐油性、耐热性都比天然橡胶优良。由于它含有弱极性的苯基，故绝缘性能也较好。又因为丁苯橡胶分子链中含有一定比例的苯乙烯链节，从而降低了分子链中双键的比例，因此比较耐老化。但由于体积较大的苯基的位阻效应，使它的弹性、拉伸强度、耐寒性和黏着力等不如天然橡胶。如果适当减少苯乙烯的含量，仍能制得耐寒性较好的丁苯橡胶。

由于丁苯橡胶的性能较好，原料又便宜易得，因此它的产量很高，约占全部合成橡胶的 50% 以上。丁苯橡胶主要用于代替天然橡胶，制作各种轮胎、传送带、胶鞋等和硬质橡胶制品等。

（3）丁腈橡胶　丁腈橡胶的代号为 NBR，是由丁二烯和丙烯腈共聚制得，其结构式为：

$$-[(CH_2-CH=CH-CH_2)_x(CH_2-CH)_y]_n$$
$$\qquad\qquad\qquad\qquad\qquad | $$
$$\qquad\qquad\qquad\qquad\qquad CN$$

通过改变两种单体的原料配比，可得到性能不同的丁腈橡胶。

由于丁腈橡胶是强极性分子（因含强极性基团—CN），因此，分子链间作用力很大，所以它的最大特点是耐油性特别好，可制作具有特殊要求的耐油制品，如油箱、耐油胶管等。此外，丁腈橡胶还具有强度高、耐磨、耐高温、耐老化等特性，故也可用于制造高温下（130～140℃）使用的运输皮带。但丁腈橡胶的绝缘性、耐寒性、弹性都不太好，且塑性较差，不易加工。

（4）硅橡胶　硅橡胶是线型聚硅醚，为纯二甲基二氯硅烷水解后的缩聚物：

$$(CH_3)_2SiCl_2+2H_2O \longrightarrow (CH_3)_2Si(OH)_2+2HCl$$

二甲基二氯硅烷　　　　　　二甲基硅二醇

$$(n+2)HO-\underset{\underset{CH_3}{|}}{\overset{\overset{CH_3}{|}}{Si}}-OH \xrightarrow{-H_2O} HO-\underset{\underset{CH_3}{|}}{\overset{\overset{CH_3}{|}}{Si}}-[O-\underset{\underset{CH_3}{|}}{\overset{\overset{CH_3}{|}}{Si}}-O]_n\underset{\underset{CH_3}{|}}{\overset{\overset{CH_3}{|}}{Si}}-OH+(n+1)H_2O$$

硅橡胶的特点是既耐低温又耐高温，能在 -65～$+250$℃ 之间保持弹性，耐油、防水、不易老化，绝缘性能也很好。缺点是力学性能较差，耐酸碱性不如其他橡胶。硅橡胶可用作高温高压设备的衬垫、油管衬里、火箭导弹的零件和绝缘材料等。由于硅橡胶制品柔软、光滑、对人体无毒以及有良好的加工性能，所以用它制造多种医用制品，可经煮沸或高压蒸汽消毒，例如多种口径的导管、静脉插管、脑积水引流装置、人造关节、人造心脏、人造血管等。

7.4.4　合成纤维

纤维是人们熟知并常使用的一类高分子材料。纤维有天然纤维（如棉花、羊毛、蚕丝、麻等）和化学纤维。化学纤维又分为人造纤维和合成纤维两种。人造纤维是利用不能直接纺织的含纤维的物质作原料，经化学处理和机械加工而成，如人造棉、人造毛、人造丝等。合成纤维是利用煤、石油等为原料，用化学方法合成树脂，然后将合成树脂抽丝而成。纤维品种繁多，有锦纶（尼龙）、涤纶、腈纶、维纶、丙纶、氯纶等。

合成纤维的分子是线型结构，链较直、支链少、链的排列较整齐，分子中含有极性基团，它在结构上的特点是既有结晶态，又有取向态。结晶可提高分子链间的作用力，使纤维有足够的强度；取向的结果更可以提高纤维在取向方向上的强度。因此，一般来说，合成纤维具有强度高、弹性大、耐磨、耐化学腐蚀和耐光、耐热等特点。下面介绍几种生活中常用的合成纤维。

（1）锦纶（PA）——聚酰胺纤维（尼龙）　锦纶是目前世界上产量最大、应用范围最广、性能比较优异的一种合成纤维。常用的有尼龙-6、尼龙-66、尼龙-1010等。

聚酰胺分子链是极性的，而且链间还有氢键，所以分子间力很大；链中有 C—N 键，容易内旋转，因此柔顺性好。由于这些结构使锦纶表现出"强而韧"的特点，是合成纤维中"耐磨冠军"，弹性也很好。它的强度比棉花大 2～3 倍，耐磨性比棉花高 10 倍。因此广泛用于制造袜子、绳索、轮胎帘子线、运输带等需要高强度和耐摩擦的物品。此外，由于锦纶不仅质轻强度高而且不怕海水侵蚀、不发霉、不受蛀，因此可用来制作降落伞、宇宙飞行服、渔网等。它的最大弱点是耐热性差。

（2）涤纶——聚酯纤维　涤纶是指由对苯二甲酸与乙二醇缩聚而得的聚对苯二甲酸乙二醇酯的纤维，由于含有酯基（—COO—）而称为聚酯纤维，又名的确良。它是极性分子，分子间力较大。由于分子主链中含有苯环，所以柔顺性较差。涤纶的结构式是：

$$+O-CH_2-CH_2-O-C-\underset{O}{\underbrace{}}-C-O+_n$$

涤纶的最大优点是抗皱性好，"挺拔不皱"，保型性特别好，外形美观。强度比棉花高 1 倍，而且湿态时强度不变。它的另一优点是耐热性好，可在 $-70 \sim +170℃$ 之间使用，是常用纤维中最好的一种。耐磨性仅次于锦纶居第二位。但由于含有酯基，耐浓碱性稍差。

涤纶的用途除做衣料外，还可做渔网、救生圈、救生筏以及绝缘材料（如涤纶薄膜）等。

（3）其他合成纤维

① 腈纶（人造羊毛）　是聚丙烯腈纤维。它质轻、强度大，保暖性好，还耐热、耐光、不怕虫蛀，但耐磨性稍差、染色困难，容易沾污吸尘。锦纶大量用于代替羊毛，制作毛线、毛毯等，也可做防酸布、滤布、篷帐等。

② 丙纶　是聚丙烯纤维。它强度大，耐磨性仅次于尼龙，耐蚀性好，但耐光性和染色性较差。丙纶主要用作渔网、工作服、地毯、缆绳、编织袋等。

③ 氯纶　是聚氯乙烯纤维。它耐蚀性很好，保暖性强，难燃、耐磨、耐晒，但耐热性、染色性较差。氯纶可做衣料、地毯、滤布等。

④ 芳纶　是芳香族聚酰胺纤维的简称。这种纤维的强度很高，还具有耐高温、耐辐射、耐腐蚀等优异性能。可用于航空航天等国防工业部门，用作飞机和汽车的轮胎帘子线等。

7.4.5　合成胶黏剂

胶黏剂是能把某两种材料紧密地交接在一起的物质。胶黏剂又称为黏结剂，俗称胶。随着科学技术的发展，各种合成胶黏剂作为新颖的材料受到了普遍的重视，它在生产和科学技术的各个领域中起着重要的作用，已在航空、航天、机械制造、石油化工、电子、仪表以及农业、轻工业等各部门广泛应用。

7.4.5.1　胶黏剂的组成

目前广泛使用的胶黏剂由多种成分组成，是一类复杂的混合物。其主要成分有黏料、固化剂、稀释剂和填料等。

（1）黏料　黏料又称主料，是胶黏剂的基本成分，它决定胶黏剂的胶接性能。黏料主要由合成树脂（如环氧树脂、酚醛树脂、聚氨酯树脂等）和合成橡胶（如丁腈橡胶、丁苯橡胶、有机硅橡胶等）组成，既可用其中一种，也可采用二者的共塑体或混用。在无机胶黏剂中，采用无机物（如水玻璃、磷酸等）做黏料。

黏料应具备良好的黏结性、韧性、耐热耐老化和防腐蚀等特性。黏料可分为反应性黏料和非反应性黏料。反应性黏料黏结时黏料与辅料间发生化学反应而固化黏结，如环氧树脂等。非反应性黏料即黏结时由于黏料中溶剂的挥发而固化黏结。

（2）固化剂　固化剂又称硬化剂，是胶接过程中使黏料中线型结构交联成体型结构而固化。它是反应性黏料发挥黏结作用不可缺少的添加剂。使用固化剂后，固化剂与黏料发生化学反应，使黏料由流态、半流态转化为固态。如环氧树脂常用乙二胺、聚酰胺等胺类物质作固化剂。

（3）稀释剂　又叫溶剂，是一类能降低胶黏剂黏度的组成，它能增加胶黏剂对被黏物表面的浸润能力，并有利于施工，但需适量使用。凡能与胶黏剂混溶的低黏度、易挥发、稳定性好的化合物都可以作为稀释剂。

（4）填料　填料的基本作用在于提高胶黏剂的内聚力和胶接强度，降低胶层的热膨胀系数和收缩率，增加表面硬度和耐热性及降低成本等。采用特殊填料，还能获得特殊性能如导电性、导磁性。通常使用的填料有金属及氧化物粉末，玻璃、石棉等非金属的长短纤维及其纺织物等。

除了上述添加剂外，有时在胶黏剂中还需加入增塑剂、增韧剂、防老剂、防腐剂、稳定剂和着色剂等。对于具体胶黏剂可以根据用途要求进行取舍。

7.4.5.2 胶黏剂的分类

胶黏剂的品种繁多，分类方法也很多，常用的有下列几种。

（1）按胶黏剂基本组分（黏料）的类型分类

$$胶黏剂\begin{cases}无机胶黏剂，如水玻璃、磷酸-氧化铜胶。\\有机胶黏剂\begin{cases}天然有机高分子胶黏剂，如骨胶、皮胶、淀粉胶等。\\合成有机高分子胶黏剂，如环氧胶，酚醛胶等。\end{cases}\end{cases}$$

（2）按胶黏剂的固化工艺特点分类

① 化学反应固化胶黏剂：如环氧胶、酚醛胶、磷酸-氧化铜胶等。

② 热熔胶黏剂：如聚氯乙烯热熔胶、聚酰胺热熔胶等。

③ 热塑性树脂溶液胶黏剂：如有机玻璃溶液胶、聚氯乙烯溶液胶等。

（3）按胶黏剂的主要用途分类

① 结构胶黏剂：一般在常温下抗剪切强度大于 80MPa，能承受较大负荷，经受高、低温和化学介质等作用而不降低其性能和变形，用于受力结构件的胶接。如酚醛-缩醛胶、环氧-丁腈胶、环氧-有机硅胶等。

② 通常胶黏剂：一般不承受较大负荷，只用来胶接受力较小的制件或用作定位。这类胶的强度要求一般，但要求使用工艺方便及价格便宜。如环氧树脂胶，α-氰基丙烯酸胶、聚氨酯胶等。

③ 密封胶黏剂：用于各种机械、车辆、管道、仪器等连接部位。它是代替固体垫圈，又优于固态垫圈的液态密封材料。如尼龙密封胶、硅橡胶密封胶、聚硫橡胶密封胶等。

④ 软质材料用胶黏剂：用于胶接橡胶、软质塑料及纤维等。常用的有聚氨酯胶黏剂、合成橡胶浆等。

⑤ 特种胶黏剂：这种胶黏剂不仅具有一定胶接强度，而且还有导电、导热、导磁、耐高温、耐低温或水下固化等特征。如酚醛导电胶、厌氧胶、环氧树脂点焊胶、超低温聚氨酯胶、水下固化胶等。

7.4.5.3 常用胶黏剂

（1）化学固化合成胶黏剂 化学固化合成胶黏剂的品种很多，工程技术中常用的环氧树脂胶黏剂、酚醛树脂胶黏剂、聚氨酯胶黏剂、聚丙烯酸酯胶黏剂等都属于这一类胶黏剂。这类胶黏剂的黏料一般是含有活性基团的线型聚合物，或是能发生聚合反应的低分子化合物，在一定条件下经过化学反应变成体型或线型高分子化合物。这类胶黏剂大部分具有较高的强度，良好的耐水、耐溶剂、耐热性能。

① 环氧树脂胶黏剂 环氧树脂对多种材料如金属、陶瓷、玻璃、木材、纤维等具有很强的胶接能力，因此又称"万能胶"。固化后对大气、潮湿、化学介质、细菌等有较强的耐浸蚀能力。因此，是一种性能优良的胶黏剂。

用作胶黏剂的环氧树脂主要是双酚 A 型环氧树脂。它是由环氧氯丙烷和双酚 A 在碱的作用下缩聚而成的：

$$(n+1)H_2C\underset{O}{\overset{}{\diagdown}}CH-CH_2Cl+nHO-\bigcirc-\underset{CH_3}{\overset{CH_3}{\underset{|}{\overset{|}{C}}}}-\bigcirc-OH \xrightarrow[-(n+1)HCl]{NaOH}$$

$$H_2C-CH-CH_2\!\!-\!\!\left[O-\!\!\bigcirc\!\!-\!\!\underset{CH_3}{\overset{CH_3}{C}}\!\!-\!\!\bigcirc\!\!-O-CH_2-\underset{OH}{CH}-CH_2\right]_{\!\!m}\!\!-\!\!O-\!\!\bigcirc\!\!-\!\!\underset{CH_3}{\overset{CH_3}{C}}\!\!-\!\!\bigcirc\!\!-O-CH_2-CH-CH_2$$

因树脂分子中含有环氧基 $CH\!\!-\!\!CH-$ ，故称为"环氧树脂"，作为黏料的环氧树脂为一

线型高分子化合物，可溶于丙酮等有机溶剂中，它通过环氧基与固化剂反应形成体型高分子化合物而固化。例如常用的室温固化剂乙二胺（$H_2N-CH_2-CH_2-NH_2$），是通过$-NH_2$基与环氧基作用而交联成体型高聚物的。在这种交联的高聚物中，存在着脂肪族羟基（$-CH-OH$），醚键（$-O-$）和环氧基等有利于黏结的极性基团。以乙二胺为固化剂操作方便，但固化时放热，胶料使用期短，固化后胶层较脆，且乙二胺毒性较大，使用时应在通风橱中进行。使用中温固化剂，则胶料使用寿命长，常用的中温固化剂有顺丁烯二酸酐、邻苯二甲酸酐等。酸酐类固化剂固化后的环氧胶耐热性好，但耐化学药品性能及耐湿热性较差。

环氧树脂固化后性脆，需添加增韧剂提高胶接接头的抗击能力，同时根据不同的使用要求可选出适当的填料。环氧胶对金属、非金属等材料具有优良的黏结性能，在结构胶中占突出地位。几种重要的经过改性的环氧胶（如环氧-酚醛胶、环氧-尼龙胶、环氧-聚砜胶等）由于高强度、耐高温等特性在宇航工业中显示独特的优越性，在汽车、拖拉机制造和修复，电机、电子装配，土木建筑以至文物古迹的修复维护等方面都有重要用途。

② 酚醛树脂胶黏剂　酚醛树脂是一种应用较早的结构胶黏剂。它是以苯酚与过量甲醛在碱性条件下缩聚而得的线型树脂为黏料，配以酸性催化剂，因此生成体型酚醛树脂而起胶黏作用。酚醛树脂的胶层耐热性好，但性质较脆，胶接强度不高，一般仅用于木材等多孔材料。采用热塑性树脂或合成橡胶等对酚醛树脂进行改性处理，可以大大提高胶接接头的性能。所谓改性处理就是在某种高分子材料的聚合过程中加入另一种高分子材料参与聚合，得到两种高聚物混合结构的材料。改性后的高分子材料具有原来两种高分子材料的综合性能。下面介绍几种改性酚醛树脂胶黏剂的性能。

a. 酚醛-聚乙烯醇缩醛胶黏剂　聚乙烯醇缩醛树脂可用来改性酚醛树脂。由于聚乙烯醇缩醛对许多材料具有良好的结合力，改性后的胶黏剂兼具有两者的优点：机械强度高、柔韧性好、耐寒、耐老化等，所以很早就用作金属结构胶。常用于飞机蜂窝结构材料、船舶制造中结构件的胶接。此外，还用于汽车刹车片、轴瓦以及印刷电路用铜薄板等的胶接。

b. 酚醛-丁腈胶黏剂　是用丁腈橡胶改性酚醛树脂为主料制成的复合胶，固化后兼有丁腈橡胶和酚醛树脂的优点。丁腈橡胶含有$-CN$极性基团，胶接强度高、韧性好、抗剥离性能强。这类胶工作温度范围宽，$-60\sim+180℃$，某些品种可高达 $250\sim300℃$；还具有耐震、耐冲击、耐油、耐溶剂、抗盐雾等性能，是航空及其他工业广泛使用的最主要的金属结构胶之一。

③ 聚氨酯胶黏剂　以聚氨酯为主料的胶黏剂叫做聚氨酯胶黏剂。因分子中含有强极性异氰酸酯基团 $-N\!\!=\!\!C\!\!=\!\!O$ ，故有较强的黏结能力。聚氨酯胶分为两大类：一类是多异氰酸酯胶黏剂，以多异氰酸酯单体配制；另一类是聚氨酯胶，分单组分型和双组分型，以二异氰酸酯与聚酯或聚醚、多元醇等配制而成。

聚氨酯胶是一种性能优良的胶黏剂，除耐低温性较好外，还对多种材料有极强的黏附性能，不仅可以黏结陶瓷、木材、纺织物、泡沫塑料等多孔材料，也可黏结金属、玻璃、橡胶等表面光滑材料。黏结工艺性能好，可以配制成胶液，也可制成胶膜；可以采用固化型树脂在加热条件下固化或室温固化，也可采用热塑性线型树脂进行热熔黏结，它具有耐油、耐溶

剂、耐臭氧、耐霉菌等特性。它的缺点是异氰酸酯基有一定毒性，固化时间长，黏结时应尽量避免与过多水分接触，环境的相对湿度不能太大等。

④ 丙烯酸酯胶黏剂——瞬干胶与厌氧胶　丙烯酸酯类胶黏剂品种很多，其中常用胶有α-氰基丙烯酸酯与丙烯酸双酯胶黏剂，前者在空气中快速固化，所以又称瞬干胶。常用的成品有 501 及 502 等即属此类胶黏剂，表 7-3 列出了其配方及用途。后者只有在隔绝空气的条件下能快速固化，因此，又称厌氧胶，其配方见表 7-4，常用于螺母封固、管道螺钉密封、法兰面及机械箱体结合面的密封等。常用的成品有铁锚-350、铁锚-330 胶等。

厌氧胶广泛应用于钢铁、铜、铝等金属和其他非金属材料的粘接，特别适用机械工业上承受振动的紧固件。

表 7-3　501 和 502 胶黏剂的配方及用途

牌号	主 要 成 分	主 要 用 途
501	α-氰基丙烯酸酯 对苯二酚 二氧化硫	钢、铜、铝、橡胶、塑料（聚乙烯、聚四氟乙烯除外）、玻璃、木材等。仅适用于小面积粘接。−50～70℃长期使用
502	α-氰基丙烯酸酯 磷酸三甲酚酯 聚甲基丙烯酸甲酯 对苯二酚 二氧化硫	各种金属、塑料（聚乙烯、聚四氟乙烯除外）、橡胶、木材、玻璃、陶瓷等。可大面积胶接。100℃长期使用

表 7-4　厌氧胶的配方

组　分	份数	组　分	份数
双甲基丙烯酸环氧酯	100	邻苯甲酰磺酰亚胺	1
双甲基丙烯酸乙二醇酯	100	丙烯酸	2
异丙苯过氧化氢	10	1,4-萘醌	1
二甲基对甲苯胺	12		

（2）热熔胶和热塑性树脂溶液胶黏剂

① 热熔胶　热熔胶是以热塑性聚合物为基础的热熔性胶黏剂，它可用以黏结与胶料相同类型的热塑性高聚物。胶料可制成颗粒、薄膜、棒条状等多种形状。黏结时将被黏物表面与胶料共同加热至两者黏流化温度 T_f 以上，胶料与被粘物均成流动的黏稠液体（黏流态）。由于它们的分子构型类似，两种黏稠液体能极好地扩散混溶而成一体，冷却凝固后，即形成强韧性胶接接头。也可混合配制一些熔化后表面能较低的高聚物，能较好地浸润被粘物表面，达到较好的胶接效果。例如以乙烯-醋酸乙烯共聚物为基础的 CKD-1 型热熔胶对聚丙烯、聚乙烯、聚甲醛、尼龙等低能表面均有较好的黏结能力。

热熔胶常以热塑性高聚物为基础，配以增黏剂、增塑剂、填料、稳定剂等以提高胶层性能。

② 热塑性树脂溶液胶　近年来，在工程塑料中，热塑性树脂发展很快。尼龙、聚氯乙烯、ABS 塑料等材料广泛地用于制造齿轮、轴承、泵叶轮等机械零部件，火箭、导弹、飞船、汽车中工程塑料应用越来越多。这类材料装配、修补时常用树脂本体溶液胶黏结。

热塑性树脂在某些溶剂中能溶解，得到的胶液涂于胶接件表面，胶液及胶接件表面线型聚合物分子链节随着分子运动相互扩散渗透，甚至消除界面。以同种分子间的相互作用黏结在一起，待溶剂挥发后可获得良好的胶接强度。

此种胶接方法操作简单，但耐热性、耐溶剂性差。操作时胶液黏度要小，以利铺展。操作前被粘物表面用溶剂调湿，使表面层高聚物溶解以提高与胶液的结合性能，操作后必须待溶剂完全挥发后才能使用。某些热塑性高聚物常用的溶剂配方见表 7-5。

表 7-5　热塑性高聚物常用的溶剂配方

被粘塑料种类		溶　剂	配方举例(质量比)
纤维素塑料(赛璐珞)		丙酮、醋酸乙酯、乙醇、二氯乙烷	1. 纤维素塑料 10 份,乙醇 80 份,醋酸乙酯 20 份 2. 纤维素塑料 20 份,乙醇 40 份,醋酸乙酯 20 份
聚氯乙烯(PVC)	硬质	环己酮、四氢呋喃	
	软质	四氢呋喃、甲乙酮、环己酮、甲异丁酮	1. PVC10 份,环己酮 90 份 2. PVC(中等分子量)100 份,四氢呋喃 100 份,甲乙酮 200 份,二月桂酸二丁基锡 15 份,邻苯二甲酸二辛酯 20 份,甲异丁酮 25 份
聚苯乙烯、改性聚苯乙烯、ABS		甲苯、二甲苯、醋酸乙酯、甲乙酮、二氯甲烷、四氯乙烯、三氯乙烯	1. ABS10 份,二氯甲烷 50 份,甲苯 50 份 2. ABS40 份,甲乙酮 60 份,甲苯 50 份
聚甲基丙烯酸甲酯(有机玻璃)		二氯甲烷、三氯甲烷	1. 有机玻璃 10 份,三氯甲烷 50 份,甲烷 50 份 2. 有机玻璃单体 40 份,二氯甲烷 60 份,过氧化二苯甲酰 0.2 份,有机玻璃粉少量
聚酰胺(尼龙)		苯酚、甲酸	1. 尼龙 5~7 份,苯酚 100 份,水 7~10 份 2. 尼龙 10~15 份,甲酸 100 份
聚碳酸酯(PC)		二氯甲烷、二氯乙烷、三氯甲烷、三氯乙烷、三氯乙烯	1. PC40 份,三氯甲烷 50 份 2. PC40 份,二氯甲烷 147 份,二氯乙烷 80 份

7.4.6　涂料

涂料是涂刷在金属、木材、墙体等被涂刷物体表面的一种材料。随着工业生产的发展和人民生活的改善，涂料品种和应用领域在不断增多和扩大。

涂料一般由成膜物质、颜料、溶剂、助剂四种成分组成。成膜物质包括各种油脂和天然或合成的树脂，它可以单独成膜，也可以黏结胺类等物质成膜，所以又称固着剂、漆料、基料和漆基。为了使涂膜起到应有作用，成膜树脂应具有附着力强的特点，还要有一定硬度、一定柔韧性，一定耐候性。颜料构成漆膜彩色，增加漆膜硬度，可以隔绝紫外线，提高涂料的耐久性能。溶剂或稀释剂不仅使颜料、成膜树脂分散均匀，而且因其流动性便于涂布，并有利于渗透到工件的凹缝中去。助剂包括催干剂、润滑剂、增韧剂等，它们对改善、提高漆膜性能和成膜过程作用极大。

涂料的功能很多，主要是保护功能。漆膜可阻止腐蚀介质对金属的直接接触，保护金属不腐蚀；也能阻止水对木材的侵蚀，保护木材不腐烂；还能减轻物质因摩擦而遭到的表面损坏。涂料的这种保护功能可使各种车辆、船舶、管道、机械设备等延长使用寿命。例如，输油管道、输气管道采用优质的涂料和良好的涂装工艺进行涂装后，能在一些恶劣条件下使用 10~15 年仍完好无损。涂料的另一功能是装饰功能，例如一些家用电器表面色彩鲜艳、光滑等就是采用了涂料装饰的结果。涂料还可使有的机械设备、木质家具等的粗糙表面变得美观、光滑且便于擦洗。此外，有些涂料还具有某些特殊功能，如示温、夜光、防止生物附着、调节热或电的传导等。

由于上述功能，涂料的品种越来越多。因此涂料的分类方法也很多，例如，按组成形态可分为溶剂型涂料、无溶剂型涂料、水乳胶型涂料、粉末涂料等，按是否有色和透明，可分为清漆、磁漆等；按成膜物质的类型，可分为天然树脂清漆、水性涂料、油性涂料和各种合成树脂涂料等；此外还可按形成漆膜的工序分为底漆和面漆等。

我国采用以成膜物质为基础的分类法，其类别代号与名称见表 7-6。

表 7-6 涂料类别代号

序号	代号	名 称	序号	代号	名 称	序号	代号	名 称
1	Y	油脂	7	Q	硝基纤维	13	H	环氧树脂
2	T	天然树脂	8	M	纤维酯、纤维醚	14	S	聚氨基甲酸酯
3	F	酚醛树脂	9	G	过氯乙烯树脂	15	W	元素有机聚合物
4	L	沥青	10	X	烯类树脂	16	J	橡胶类
5	C	醇酸树脂	11	B	丙烯酸树脂	17	E	其他
6	A	氨基树脂	12	Z	聚酯树脂	18		辅助材料

7.5 复合材料

随着生产和科技的发展，特别是宇航、导弹、火箭、原子能等工业对材料的比强度、比刚度、耐热、耐疲劳等性能提出了越来越高的要求，单一的材料往往难以满足，因此，复合材料应运而生。

所谓复合材料，是指由两种或两种以上物理和化学性质不同的物质组合起来而得的一种多相固体材料。例如，由石灰浆中掺入麻或其他纤维形成的涂墙材料，用水泥、砂子、石块和钢筋制成的钢筋混凝土，由纤维和橡胶制成的轮胎，由橡胶和木材制成的乒乓球拍等都是复合材料。

复合材料组分种类较多，但都有两大组分：一类组分为基体材料，起黏结作用；另一类组分为增强材料，起增强作用。例如在钢筋水泥中，钢筋是增强材料，水泥是基体材料。通过适当的方法，将这些不同材料加以组合取长补短，集各种材料的优点于一身，则可兼具各种材料的特性，这就是复合材料与复合技术得以迅速发展的根本原因。

7.5.1 增强材料和基体材料

（1）增强材料 按增强物质的形态可分为纤维增强材料和粒子增强材料两大类。纤维增强材料是复合材料的支柱，它决定复合材料的各种力学性能（如强度）；粒子增强材料除一般作为填料以降低成本外，同时也可改变材料的某些性能，起到功能增强的作用。如炭黑、陶土、粒状二氧化硅作为橡胶的增强剂，可使橡胶的强度显著提高。

具有代表性的纤维增强材料有：玻璃纤维、碳纤维和石墨纤维、陶瓷纤维、硼纤维、金属丝、晶须（纤维状单晶，有金属晶须和陶瓷晶须两种）、有机纤维等。

（2）基体材料 基体材料一般有合成树脂、金属和陶瓷等。

① 合成树脂 作为基体材料通常应用的是酚醛树脂、环氧树脂、不饱和聚酯树脂以及各种热塑性高聚物。这类树脂工艺性好，如室温下黏度低并在室温下可固化，固化后综合性能好，价格低廉。其主要缺点是：树脂固化时体积收缩比较大，有毒（加入引发剂）、耐热强度较低、易变型。如果与纤维增强材料复合可得到性能较好的复合材料。目前主要用于与玻璃纤维复合。

② 金属和陶瓷 用于制作复合材料的基体金属大体都是纯金属及其合金。常用的纯金属有铝、铜、银、铅等；常用的合金有铝合金、镁合金、钛合金、镍合金等。

用作复合材料基体的陶瓷主要有 Al_2O_3、Si_3N_4、SiC 以及 Li_2O、Al_2O_3 和 SiO_2 组成的复合氧化物（$Li_2O \cdot Al_2O_3 \cdot nSiO_2$）。陶瓷具有耐高温、耐氧化、抗压强度大等特点。但陶瓷的脆性大，受冲击性能差，为了提高陶瓷的抗冲击性能，故一般使其与纤维复合成纤维增强复合材料。

7.5.2　高分子复合材料的主要类型

复合材料中一大类是高分子复合材料，它是指以高聚物为基体材料或以高聚物为增强材料的一大类材料。能够作为复合材料中的基体或增强材料的高聚物主要有塑料和橡胶两大类，只能作为增强材料的有合成纤维。

高分子复合材料种类很多，这里简单介绍其中几类。

(1) 纤维增强复合材料　它是以合成树脂为基体，以各种纤维为增强材料的高分子复合材料。这里所指的树脂，可以是线型结构的，也可以是体型结构的，而纤维则可以有玻璃纤维、碳纤维、硼纤维、棉、麻等。

(2) 粒子改性复合材料　它是以各种合成树脂为基体，以各种粒子填料为增强材料的复合材料。根据填料的性质不同，可制造出各种性能的粒子改性复合材料。例如以热塑性（线型结构）树脂为基体，以碳酸钙、硫酸钙等钙质填料为增强材料的钙塑材料；又如以石棉粉为增强材料的耐磨塑料等。

(3) 高聚物-高聚物复合材料　它是以不同的高聚物分别做基体材料和增强材料的高分子复合材料。例如由合成树脂与橡胶通过共混方式复合而成的材料，人们称它为第三代橡胶。它们既具有热可塑性，又具有高弹性。

(4) 夹层复合材料　它是以一种物质作为面料，另一种物质作为芯材的两种不同性质的材料，通过高聚物胶黏剂使其黏合在一起形成为一个整体的复合材料。例如：胶合板、纤维板、钙塑板等。

其他还有例如高聚物混凝土复合材料、金属基树脂复合材料、石墨基树脂复合材料等。

7.5.3　几种复合材料及其应用

(1) 玻璃钢　玻璃钢是一种用玻璃纤维增强热固性树脂得到的复合材料。它是以合成树脂为胶结材料（基体），以玻璃纤维（玻璃丝、玻璃布、玻璃布带及短切玻璃等）为增强材料，再加以其他辅料（固化剂、稀释剂、填充剂、增塑剂等）而制成的复合材料。常用的热固性树脂有酚醛树脂、环氧树脂、有机硅树脂、不饱和聚酯树脂等。玻璃钢的主要特点是质轻（只有钢材的 1/4～1/5）、耐热、耐老化、耐腐蚀性好，优良的电绝缘性和成型工艺简单。但其刚性尚不及金属，长时间受力有蠕变现象。

玻璃钢作为结构材料得到广泛应用，在工业中用于制造一般常规武器、火箭、导弹，也用于制造潜水艇、扫雷艇的外壳。在机械工业中用于制造各种零部件，如轴承、齿轮、螺丝等。既节约了金属，也延长了使用寿命。在石油化工方面，用以代替不锈钢、铜等金属材料收到了良好效果，如做贮罐、槽、管道、泵和塔等。在车辆制造方面，玻璃钢可用来制造汽车、机车、拖拉机机身和配件。

用热塑性树脂为基体的玻璃纤维增强塑料也有多种。用作基体的主要有尼龙、聚碳酸酯、聚乙烯、聚丙烯等。由于其质轻、强度高、优良的电绝缘性，常用于航空、车辆、农业机械等的结构零件以及电机电器的绝缘零件。

(2) 碳纤维复合材料　碳纤维重量轻、强度高、刚性好、耐腐蚀，它与塑料、玻璃、陶瓷和金属基体材料均可复合。以树脂为基体，碳纤维为增强剂制成的复合材料称为碳纤维增强塑料。作为基体材料的树脂以环氧树脂、酚醛树脂和聚四氟乙烯应用最多。以陶瓷为基体，碳纤维为增强剂制得的复合材料称为碳纤维增强陶瓷。其他依此类推。

碳纤维目前还不能从炭或石墨中拉出丝来，而是采用有机纤维（如腈纶丝）作原料通过热分解而制成的。有机纤维在真空或惰性气体介质中隔绝氧气加热到高温 2000℃就能碳化脱氢。如果不加张力,得到的是普通碳纤维;如果加以张力便得到高弹性模量、高强度的碳纤维。

碳纤维与金属复合首先遇到的困难是高温下金属与碳反应生成碳化物,有使碳纤维溶解在金属中的危险。但是,Ni 和 Cu 的 d 亚层电子已接近充满或已经充满,所以,它和碳形成的碳化物较不稳定(即不易形成碳化物)。可以先在碳纤维上涂以铜或镍,再复合金属。

碳纤维增强塑料具有质轻、耐热、热导率大、抗冲击性好、强度高等特点。它的强度高于钛和高强度钢。因此在工程上应用越来越广泛。如制造轴承、齿轮,不仅质轻而且无需润滑。在航空工业中用于制造飞机的翼尖、尾翼、直升机的旋翼和机内设备。也用于制造火箭发动机的机壳、火箭和导弹的喷嘴等。

碳纤维增强陶瓷已被用于各种汽轮机和内燃机的部分零部件。但由于影响碳纤维增强陶瓷性能的因素很复杂,欲制得高质量的产品比较困难,所以至今大部分纤维增强陶瓷仍处于研制阶段。

在金属基复合材料中,纤维材料与基材的相容性是极重要的问题。要充分考虑两种不同材料的膨胀系数、相互润滑与黏结性能、材料的吉布斯函数变量 ΔG 和表面能大小等一系列复杂因素。目前,人们正致力于这些方面的基础研究,以更快地发展纤维增强金属材料。

7.6 高分子材料的老化及其防止

高分子材料在长期使用过程中,由于环境的影响,如受到氧、热、紫外光、机械力、水蒸气、酸碱及微生物等因素的作用,逐渐失去弹性,出现裂纹、变硬、变脆、变软、发黏及变色等,从而使它的物理力学性能越来越坏的现象,叫做高分子材料的老化。例如,聚氯乙烯薄膜在日光照射下,1～2 年将会完全失去柔顺性,变得硬而易碎了。

高分子材料的老化过程是一个复杂的化学变化过程。老化结果可以是大分子与大分子相联,高分子链间发生交联作用而产生体型结构,致使高分子材料进一步变硬、变脆而丧失弹性,出现龟裂现象等。也可以是大分子链断裂,分子量降低,以裂解为主,致使高分子失去刚性、变软、发黏等。这两种情况往往同时发生。

7.6.1 老化情况及其机理
7.6.1.1 光氧老化

高分子材料在光的照射下,分子链是否断裂,将取决于组成高分子材料的高分子化合物(包括添加剂)是否稳定,取决于光(光子)的能量与聚合物的键能。光的能量与波长有关,波长越短,能量越大,波长在 200～400nm(即紫外线)时,其能量为 250～580kJ·mol^{-1}。若波长在 1000nm 以上时(即红外线),其能量小于 125kJ·mol^{-1}。各种键的离解能为 167～586kJ·mol^{-1}左右。由此可见,紫外线对聚合物的危害是严重的,虽然射到地球上的紫外线不多,但将材料直接暴露在阳光下,还是有害的,应尽量避免高分子材料与紫外线接触。

虽然可见光一般在 400nm 以上,对多数高分子化合物分子尚不能直接离解,但可使其处于激发状态。如果在有氧气存在时,则更促进它的破坏作用,可使高分子化合物离解。氧有两个未配对的电子,分别处于两个反键轨道中,所以实质上可以认为氧分子有两个自由基(·O—O·)。高分子化合物,特别是聚烯烃 RH,在光的作用下,是 C—H 键处于激发状态,氧(·OO·)与之作用,就很容易地把氢拉出来,产生自由基和形成氢过氧化物:

$$RH \xrightarrow{h\nu} R-H^* \xrightarrow{O_2} R\cdot + \cdot O-OH$$

自由基和氧进一步反应:

$$R\cdot + \cdot O{-}O\cdot \longrightarrow R{-}O{-}O\cdot \xrightarrow{RH} R{-}O{-}OH$$

或　　　　　　　$$R{-}O{-}O\cdot + {>}C{=}C{<} \longrightarrow \cdot C{-}C{-}O{-}R$$

在反应中所形成的自由基 R· 的过氧化物 ROOH 很不稳定，经过一系列的反应最后变成酸、二氧化碳和水等。

微量的金属元素，特别是过渡金属及其化合物能明显地催化加速聚合物的光氧老化过程，H_2O 电离出来的 H^+ 也能起到催化作用。温度对光氧老化过程也有影响，特别是高温能加快光氧老化过程。

所以要防止光氧老化，不仅要避免阳光，而且要注意温度、湿度、过渡金属及其化合物等因素。

7.6.1.2　热氧老化

高分子化合物的热氧老化是热和氧综合作用的结果，其反应过程和光氧老化相似。光和热从光子这一物质层次来说，它们没有本质的区别。物质受热，可以认为物质受到不同波长光子的辐射。这不同波长的光子（能量子）虽然不能直接使高分子化合物内部的化学键或氧分子的化学键断裂，但它能使成键电子受到激发，使高分子化合物与氧的反应更易进行。因此，热加速了高分子化合物的氧化生成过氧化物，而高分子化合物的过氧化物的分解进一步导致了主链断裂的自发氧化过程。

氧化过程首先形成自由基和氢过氧化物，进一步分解而产生活性中心。一旦形成自由基之后，其链式反应的特征将表现出来。

一些引入苯环、杂环，使其具有网状结构、体型结构的高分子化合物或用氟取代氢以及用硅、硼、磷等元素改变主链上的碳原子的杂链高分子化合物，都具有较高的热氧稳定性。一些加入抗氧剂的高分子化合物也有良好的热稳定性。在使用高分子化合物时，要注意它们的热氧稳定性。

顺便提及，自然界的光、氧特别是紫外线和臭氧在有机废水的处理中，其作用与上述情况相类似。

7.6.1.3　化学试剂作用下的老化

聚乙烯、聚丙烯及其他乙烯类碳链高分子化合物，除了在光、热、氧作用下的老化外，一般对化学试剂是比较稳定的。但对杂链高分子化合物像聚酯、聚酰胺、聚缩醛、多糖和聚甲醛等对化学试剂是较不稳定的。有时，在高分子化合物的合成过程中，由于副反应或少量杂质带入的"副产物"及"杂质"进入在分子链中，形成所谓"弱键"（尽管这种化学键的数目很少），也影响着高分子化合物的化学稳定性。当它们接触化学试剂时也是不稳定的。它们都能与水作用而发生老化反应，如果有酸存在，则更易发生老化。例如聚酰胺的水解作用可表示如下：

$$\cdots NH{\overset{}{(}}CH_2{\overset{}{)}}_m NH \;\vert\; CO{\overset{}{(}}CH_2{\overset{}{)}}_n CO\cdots \longrightarrow$$
$$H \;\vert\; OH$$

$$\cdots NH{\overset{}{(}}CH_2{\overset{}{)}}_m NH_2 + HOOC{\overset{}{(}}CH_2{\overset{}{)}}_n CO$$

用羧酸代替水裂解高分子时，叫做酸解作用。此时羧酸中的酰基便相当于水中的氢原子。

$$\cdots NH{\overset{}{(}}CH_2{\overset{}{)}}_m NH \;\vert\; CO{\overset{}{(}}CH_2{\overset{}{)}}_n CO\cdots \longrightarrow$$
$$RCO \;\vert\; OH$$

$$\cdots NH{\overset{}{(}}CH_2{\overset{}{)}}_m NHCOR + HOOC{\overset{}{(}}CH_2{\overset{}{)}}_n CO\cdots$$

因此高分子材料在使用过程中应避免与其能起化学反应的试剂接触。当然，更不能与相溶的有机溶剂接触。

7.6.2　高分子材料防老化措施

高分子材料的防老化，主要有如下几种途径：

① 添加各种稳定剂，如光稳定剂和抗氧剂；

② 施行物理防护，如表面涂层和表面保护膜；

③ 改进聚合条件和方法，例如采用高纯度单体、进行定向聚合，改进聚合工艺，减少大分子的支链和不饱和结构，改进后处理工艺，减少聚合物中残留的催化剂等；

④ 改进加工成型工艺，例如，降低加工温度和受热时间、控制模温及冷却速度，融熔抽丝时，采用惰性气体保护，湿法抽丝时改进凝固浴配方等；

⑤ 改进高聚物的使用方法，避免不必要的阳光暴晒、烘烤及改进洗涤方法正确使用洗涤剂等；

⑥ 进行聚合物的改性，如改进大分子结构，例如共聚、共混、交联等。

7.6.3　光稳定剂和抗氧剂

7.6.3.1　光稳定剂

（1）紫外线吸收剂　它能先于高分子化合物吸收紫外线辐射能。目前常用的紫外线吸收剂是水杨酸酯类、二苯甲酮类、苯并三唑类、丙烯腈衍生物、三嗪类化合物等。它们能有效地吸收波长为 $290\sim410nm$ 的紫外线，具有较好的热、光稳定性和与高分子化合物的相溶性，而且无毒、价廉。

（2）能量转移剂　它能转移高分子受紫外线激发后的激发能，又称猝灭剂。它们主要是一类镍、钴的配合物，其有机部分是取代酚和硫代双酚等。它们能通过共振转移能量而起光稳定作用。例如 3,5-二叔丁基-4-羟苄基磷酸单乙酯镍、2,2-硫代双（4-叔辛基苯酚）镍-正丁基氨、二丁基二硫代氨基甲酸镍等。

（3）光屏蔽剂　它能减少紫外线的投射。它们或者遮蔽或者反射紫外光，使光不能透入高分子化合物内部，从而起到保护高分子化合物的作用。例如炭黑、氧化锌和氧化钛以及一些有机颜料。

（4）自由基捕获剂　它能抑制自由基的生成反应。它们是一类哌啶衍生物，也可看做是胺类化合物，能捕获在高分子化合物中所生成的活性自由基。如 4-苯甲酸基-2,2,6,6-四甲基哌啶、癸二酸（2,2,6,6-四甲哌啶基）酯、三（1,2,2,6,6-五甲基哌啶基）亚磷酸酯等。

另外，还有能分解过氧化物的过氧化物分解剂、能使金属离子螯合的金属钝化剂、控制自由基再生的自由基再生抑制剂等。

7.6.3.2　抗氧剂

通常有主抗氧剂和辅抗氧剂两种。主抗氧剂就是那种能释放氢原子捕获自由基的物质，包括胺类和酚类两大品种。主抗氧剂，以 2,6-二叔丁基对甲苯酚为例，在捕捉自由 R· 后也能释放新的自由基，但新的自由基活性不足以活化其他高分子键，只能使反应终止。

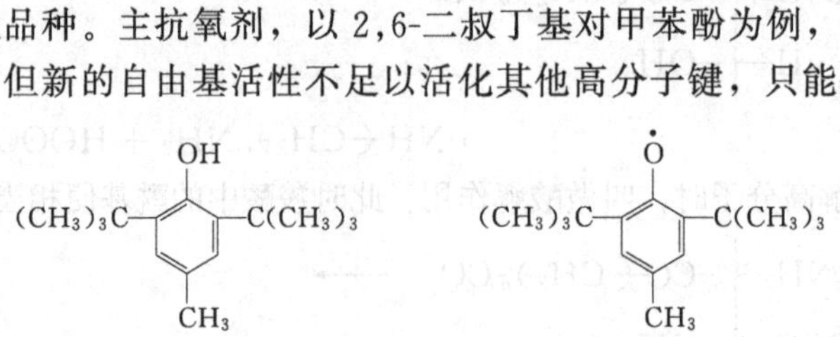

辅抗氧剂起分解过氧化物，夺取其氧而不致生产自由基的作用，硫醇类、亚磷酸酯类及硫代二丙酸脂类物质都是辅抗氧剂。

抗氧剂、光稳定剂都是加工时掺入以延长高分子化合物使用寿命的助剂，所以又统称为寿命助剂。

思考题与习题

一、填空题

1. 指出下列聚合物的名称和单体

(1) $\text{+CH}_2\text{—CH+}_n$　名称_____单体_____。
　　　　OCOCH_3

　　　　　　　CH_3
(2) $\text{+CH}_2\text{—C+}_n$　名称_____单体_____。
　　　　OCOCH_3

(3) $\text{+NH(CH}_2)_6\text{NHCO(CH}_2)_4\text{CO+}_n$　名称_____单体_____。
(4) $\text{+NH(CH}_2)_5\text{CO+}_n$　名称_____单体_____。
(5) $\text{+CH}_2\text{—C}=\text{CH—CH}_2\text{+}_n$　名称_____单体_____。
　　　　　　CH_3

2. $\text{+CH}_2\text{—CH+}_n$ 的名称是_____，链节_____；单体_____，通过_____反应制得。若聚合度
　　　　C_6H_5
$n=2000$，则该高聚物的相对分子质量为_____。

3. 高聚物的三种力学状态是_____、_____、_____。

4. 聚氯乙烯在室温时呈_____态，这是因为它的 T_g _____室温；氯丁橡胶在室温时呈_____态，这是因为它的 T_g _____室温。

5. 对橡胶来说，T_g 越_____，T_f 越_____越好；对塑料来说，T_g 越_____，T_f 越_____越好。橡胶的 T_g-T_f 差值应该_____，塑料的 T_g-T_f 差值应该_____。

6. 高分子的溶解符合_____规则，其溶解过程是：先经过_____再_____。

7. 高聚物老化是因为发生了_____反应和_____反应。

二、简答题

1. 高分子材料的组成有哪些，它们各有什么作用？
2. 结晶和取向对高聚物的性能有什么影响？
3. 什么是高分子链的柔顺性？说明影响高分子链柔顺性的因素。
4. 什么是塑料？其基本组成如何？各种组成所起的主要作用是什么？
5. "工程塑料"的含义是什么？它有哪些主要品种？各种工程塑料有哪些重要特征？
6. 写出下列高聚物的结构式，概述它们的主要性能和用途：
①顺丁橡胶；②丁苯橡胶；③丁腈橡胶；④硅橡胶
7. 锦纶、涤纶、腈纶、丙纶、氯纶的原料或单体各是什么？它们有哪些重要性和主要用途？
8. 胶黏剂由哪些组分组成？它们的主要作用是什么？
9. 胶黏剂分类的方法有哪些？各分成哪些类型？
10. 什么叫化学固化胶黏剂？举例说明。
11. 以环氧树脂为例，说明有机合成胶黏剂在使用时要添加什么辅助材料？它们各自的作用是什么？
12. 说明涂料的含义和作用，涂装的含义和作用。
13. 在涂料中什么样的物质可用作为膜树脂？颜料、溶剂、助剂的作用是什么？
14. 什么叫做复合材料？为什么它是发展极快的新型材料？你能否举出日常生活中使用的三种复合材料的实例。
15. 复合材料的基体在复合材料中起什么作用，复合材料能否由单相组成？
16. 玻璃钢是什么？它是由什么材料组成，怎样组成？
17. 防止高分子材料老化可采取哪些措施？
18. 简述高分子材料光氧老化的机理，指出何类高分子化合物易发生光氧老化？
19. 从反应机理上，光氧老化和热氧老化有什么相似的地方？光和热起了什么作用？
20. 光稳定剂和抗氧剂有哪些？它们各有什么作用？

第8章 常用油品

工农业生产中大量使用的油品，绝大多数来源于石油产品。本章主要介绍一些常见工业用油如燃料油、润滑油、工艺油等的组成和性能。

8.1 石油简介

8.1.1 石油的开发与利用

石油素有"工业血液"、"黑色黄金"等美誉，它是从地下开采出来的具有气味的黏稠液体，其色泽从淡黄到黑色，相对密度一般都小于1。石油是一种可燃的有机液体矿物，是以液态碳氢化合物为主的复杂混合物。不同产地的石油中，各种烃类的结构和所占比例相差很大，但主要属于烷烃、环烷烃、芳香烃三类。通常以烷烃为主的石油称为石蜡基石油；以环烷烃、芳香烃为主的称环烃基石油；介于二者之间的称中间基石油。

石油的分布很广，世界各大洲都有石油的开采和炼制。就目前已查明的储量看，重要的含油带集中在北纬20°~48°之间。我国的石油资源90%以上分布在四大油区，即以大庆、吉林油田为代表的松辽油区；以胜利、辽河、华北、大港、中原油田为代表的渤海湾油区；以塔里木、吐哈、青海、长庆油田为代表的西部油区，以及海口油区。

从寻找石油到利用石油，大致要经过四个主要环节，即寻找、开采、输送和加工，这四个环节一般又分别称为"石油勘探"、"油田开发"、"油气集输"和"石油炼制"。在整个石油系统中分工也是比较细的，主要有以下几个方面。

① 物探：专门负责利用各种物探设备并结合地质资料在可能含油气的区域内确定油气层的位置。

② 钻井：利用钻井的机械设备在含油气的区域钻探出石油井并录取该地区的地质资料。

③ 井下作业：利用井下作业设备在地面向井内下入各种井下工具或生产管柱以录取该井的各项生产资料，或使该井正常产出原油或天然气并负责日后石油井的维护作业。

④ 采油：在石油井的正常生产过程中录取石油井的各项生产资料并对石油井的生产设备进行日常维护。

⑤ 集输：负责原油的对外输送工作。

⑥ 炼油：将输送到炼油厂的原油按要求炼制出不同的石油产品，如汽油、柴油、煤油和各种润滑油等。

在石油加工厂，主要是采用蒸馏的方法对石油进行加工，在一定的温度范围内蒸馏出来的石油组分称为馏分，如"低于200℃馏分"、"200~300℃馏分"等，馏分仍然是混合物，只是其组分数目比石油少得多，馏分尚不是石油产品。对馏分进行进一步加工，才能得到符合要求的石油产品。

8.1.2 石油的化学组成

石油的组成元素主要是碳和氢，其中含碳量约为83%~87%，含氢量约为11%~14%，此外石油中还含有少量的硫、氧、氮等元素以及极少量的铁、镍、钒、硅、磷等，石油的产地不同，各种元素的含量有差异。石油的化合物组成很复杂，可分为烃类组成和非烃类组成，烃类馏分又可分为气态烃、液态烃和固态烃。

气态石油烃组成了石油气体，它可分为天然气和石油炼厂气两类。天然气主要是由甲烷及其低分子同系物组成，石油炼厂气除含烷烃外，还含有烯烃、氢气、硫化氢、二氧化碳和一氧化碳。

液态烃按其馏分和组成可分为：汽油馏分（低于 200℃），主要为含 C_5～C_{11} 的正构烷烃；煤油和柴油馏分（200～350℃），主要为含 C_{11}～C_{20} 的正构烷烃；润滑油馏分（300～500℃），主要为含 C_{20}～C_{36} 的正构烷烃。在石油的各种液态馏分中，都还含有一些环烷烃和芳香烃。

固态烃主要是一些高沸点的烃，常温下为固态，在石油中通常处于溶解状态，降温到一定程度会有部分结晶析出，工业上将这种固态烃称为蜡。蜡按结晶形状的不同可分为石蜡和地蜡两类，蜡的存在影响了石油及其馏分的低温流动性，对石油的运送、加工及产品的使用都有一定的影响。

除烃类组成外，石油中还含有相当数量的非烃类化合物，尤其是在重馏分中含量更高。非烃类化合物主要包括含硫化合物（如硫化氢、硫醇、硫醚、噻吩等）、含氧化合物（如环烷酸、脂肪酸、酚等）、含氮化合物（如吡啶、吡咯等）、胶状及沥青状物质等，这些非烃组分的存在不仅影响石油的品质，还会对设备造成一定的腐蚀。石油加工过程，特别是绝大多数的精制过程都是为了除去非烃类化合物。

8.1.3　石油的加工

石油中所含化合物种类很多，必须经过加工才能更好地利用，石油加工的主要过程有蒸馏、裂化、催化重整和精制等。

（1）蒸馏法　根据各种组分沸点不同的性质，把石油加热后，将不同沸点范围的烃分别收集，从而获得各种燃料和润滑油的过程就是石油的蒸馏。蒸馏法又分为常压蒸馏和减压蒸馏，常压蒸馏可以馏出低沸点组分（如汽油、柴油），减压蒸馏可以得到高沸点馏分。通常把低沸点组分称为轻油，高沸点组分称为重油（表 8-1）。

表 8-1　石油馏分的大致沸程

分　类	沸程/℃	产品	烃分子中含碳个数
	＜40	石油气	C_1～C_4
轻油	40～95	溶剂油	C_5～C_6
	80～200	汽油	C_5～C_{11}
	180～280	煤油	C_{10}～C_{16}
	280～350	柴油	C_{17}～C_{20}
重油	350～500	润滑油	C_{18}～C_{30}
		石蜡	C_{20}～C_{30}
		沥青	C_{30}～C_{40}

（2）裂化法　用蒸馏的方法得到的轻油约占石油的 30％，为了得到更多的轻质油品（如汽油），就要将重油中含碳原子个数较多的烃断裂成含碳原子较少的烃，这个过程就是裂化。根据裂化的方法不同，裂化可分为热裂化、催化裂化和加氢裂化等。

（3）催化重整　在催化剂的作用下，使轻质油品（如汽油）中的分子结构发生重新排列的过程称为催化重整。通过催化重整，可以使部分直链烷烃变成支链烷烃，也可以使部分烷烃或环烷烃转变成芳香烃。

（4）精制　通过蒸馏和裂化得到的各种石油馏分产品中除含有少量杂质（如含硫、氧、氮化合物）外，还含有不稳定的不饱和烯烃，对油品使用极为不利，如油品的色泽变深、气味加重、腐蚀性和排气污染加重、易于变质等，因此，要采取电化学或加氢的办法进行精制以除去这些物质。精制的主要方法有溶剂精制、脱蜡、加氢精制等几种。

8.2　轻质燃料油

用石油炼制的燃料，其用途十分广泛，品种也较多，按其使用范围，可将其分为下列几类：汽化器式发动机燃料，如航空汽油和车用汽油；喷气式发动机燃料，如航空煤油、火箭燃料；压燃式发动机燃料，如轻质柴油和重柴油；锅炉燃料，如重油；照明用燃料，如灯用煤油。这里主要讨论车用汽油和车用柴油的使用性能。

8.2.1　汽油的使用性能

汽油机所用的燃料是汽油，在进入汽缸之前，汽油和空气已形成可燃混合气。可燃混合气进入汽缸内被压缩，在接近压缩终了时点火燃烧而膨胀做功。可见汽油机进入汽缸的是可燃混合气，压缩的也是可燃混合气，燃烧做功后将废气排出。因此汽油供给系统的任务是根据发动机不同情况的要求，配制出一定数量和浓度的可燃混合气供入汽缸，最后还要把燃烧后的废气排出汽缸。汽油是汽油机的燃料，汽油使用性能的好坏对发动机的动力性、经济性、可靠性和使用寿命都有很大的影响，因此，车用汽油需要满足许多要求。

（1）汽油的蒸发性　汽油由液体状态转化为气体状态的性能，称为汽油的蒸发性。在发动机内，汽油经过化油器时被汽化，与一定比例的空气均匀混合后进入燃烧室被点燃燃烧。因此，汽油良好的蒸发性，可保证发动机在各种条件下易于启动、加速及正常运转。汽油的蒸发性越好，就越易汽化，在冷车或低温条件下就能使发动机顺利启动和正常工作。反之，若汽油的蒸发性差，会使汽油汽化不完全，难以形成具有足够浓度的混合气，不但使发动机启动性变差，而且混合气中有一些悬浮的油滴进入燃烧室中。这就将导致发动机工作不稳定、燃烧不完全，使油耗升高、排污增加。此外，没有完全燃烧的油滴，还会因活塞环密封不严而附于汽缸壁上，破坏润滑油膜，甚至渗入曲轴箱内，稀释润滑油，增加机件的磨损。

需要指出的是，汽油的蒸发性过强也是不合适的。一方面，会使汽油在储运过程中轻质馏分损耗过多；再则是在温度较高时，汽油在化油器以前的油道中易于蒸发形成油气，使得油泵、输油管等曲折处或在油管较热部位产生气泡，阻滞汽油流通，使供油不畅甚至中断，造成发动机熄火，这种现象通常称为"气阻"。在炎热季节、高原或是重载（如爬长坡、带拖车）条件下工作的汽车，如使用蒸发性过强的汽油，就易产生气阻，造成行车故障甚至发生事故。所以，汽油的挥发性既不能过强，也不能太差，这就需要在汽油的炼制过程中加以控制。

评价汽油蒸发性的指标通常用馏程与饱和蒸气压。馏程用来判定石油产品中轻、重馏分含量的多少，汽油的馏程清楚地表明了它在使用时蒸发性能的好坏。通常情况下，要求汽油的10％馏出温度不超过70℃，50％馏出温度不超过120℃，90％馏出温度不超过190℃，终馏温度不超过205℃。

（2）汽油的抗爆性　汽油的抗爆性是指汽油在发动机中燃烧时，不发生爆震的能力。爆震又称"火头响"，是发动机工作时的一种不正常现象。汽油在发动机中正常燃烧时，火焰的传播速度大致在50m/s左右，汽缸内温度与压力都呈均匀上升。当混合气被点燃后，火焰前锋以一定速率传播；但对于火焰前锋尚未到达的那部分混合气来说，在汽缸内高温、高压的作用下，生成大量的过氧化物。过氧化物是一种极不稳定的化合物，积聚量达一定值时，不等火焰前锋传播到，它就会自行分解导致爆炸燃烧，形成压力冲击波，使汽缸内产生清脆的金属敲击声，这种不正常燃烧现象就称为爆震。

产生爆震的因素较多，除汽油牌号过低、发动机负荷过重及发动机过热外，发动机的压缩比也和爆震的产生关系极大。高压缩比发动机经济性好，但产生爆震的趋向明显增大；所以，应根据汽油机压缩比合理选用汽油，压缩比高，要求汽油的牌号也就高。因此，爆震限制了发动机压缩比的提高，使发动机的经济性下降，长时间爆震还会使发动机过热，甚至使零件损坏。

汽油抗爆性可用汽油的辛烷值来评价，辛烷值是代表点燃式发动机燃料抗爆性的一个约定数值。异辛烷（2,2,4-三甲基戊烷）的抗爆性极高，将它的辛烷值定为 100；正庚烷的抗爆性极低，将它的辛烷值定为 0。将异辛烷和正庚烷配成混合液态燃料，混合液中异辛烷的体积分数就是该燃料的辛烷值。辛烷值是汽油抗爆性的定量指标，我国汽油机用汽油的牌号就是根据辛烷值确定的。如某汽油的辛烷值是 80，表明这种汽油在标准的单缸内燃机中燃烧时，其爆震现象与 20 份正庚烷和 80 份异辛烷形成的混合液在相同条件下的爆震程度相同。由此可见，汽油的辛烷值并不表示汽油中异辛烷的真实含量。

汽油的辛烷值越高，它的抗爆性就越好，发动机的动力性与经济性就越能得以体现。目前，提高汽油辛烷值的途径主要有以下三种。

① 采用先进的炼制工艺，以生产出含较多高辛烷值成分的汽油。组成汽油的化合物主要为烷烃和环烷烃，此外还有一些芳香烃和少量烯烃。芳香烃与异构烷烃的辛烷值可达 100 左右，环烷烃的辛烷值次之，烯烃又次之，正构烷烃辛烷值最低。不同的炼制工艺，所获汽油组分的辛烷值也不同。一般而言，用常压蒸馏法获得的直馏汽油组分，含正构烷烃与环烷烃较多，异构烷烃、芳香烃和烯烃含量较少，所以辛烷值只有 40～50；用热裂化和焦化法制取的汽油组分，因含有较多烯烃，辛烷值可达 50～60；催化裂化、催化重整和加氢裂化是较先进的二次加工方法，炼出的汽油组分含异构烷烃和芳香烃较多，其辛烷值高达 70～85 以上。由此可见，采用先进的生产工艺是提高汽油辛烷值的有效途径之一。

② 在汽油中加入改善辛烷值的组分，如加入烷基化油、异构化油、苯、甲苯及工业异辛烷等都能提高汽油的辛烷值。此外，甲醇、甲基叔丁基醚和叔丁醇等都是高辛烷值汽油调和组分，如甲基叔丁基醚在汽油中的加入量一般为 10%，就可以大大改善汽油的抗爆性。

③ 加入抗爆添加剂。使用最多的抗爆剂是四乙基铅，四乙基铅通过破坏过氧化物使爆震难以发生，在汽油中添加少量的四乙基铅便可极显著地提高汽油的辛烷值。

四乙基铅是一种带水果香味，具有剧毒的油状液体。它能通过呼吸道、食道以及无伤口的皮肤进入人体，而且很难排泄出来，当进入人体体内的铅积累到一定程度时（通常以血中浓度超过 $80\mu g/100L$ 为标志），便会使人中毒。因此，含铅汽油对环境及人类造成的危害是很大的。为防止中毒，含铅汽油往往带有一定的颜色，使人们接触它时便于识别，以引起注意，防止中毒。

由于现代社会汽车的拥有量在不断增加，为了保护环境、控制污染，包括我国在内的许多国家都严格禁止使用含铅汽油并大力发展无铅汽油，并制定了日趋严格的汽车废气排放控制标准和环境保护法规。

（3）汽油的安定性　汽油在其正常的储存与使用过程中，保持其性质不发生永久变化的能力称为汽油的安定性。汽油中如果含有的不饱和烃较多，则安定性差，在储存及运输过程中会因氧和光的作用在高温下发生氧化反应，生成胶状与酸性物质，使辛烷值降低，酸值增加。汽油中生成的胶质过多时，会使发动机工作时，油路易被阻塞，供油不畅，气门被黏着而关闭不严，还会使积炭增加，导致散热不良而引起爆震和早燃；沉积于火花塞上的积炭，还可能造成点火不良，甚至不能产生电火花。以上所述，都会造成发动机工作不正常，油耗增加。

评价汽油安定性的指标主要有胶质与诱导期。汽油蒸发残渣中不溶于正庚烷的部分称为胶质，通常要求汽油在使用时的胶质不大于 25mg/100mL。汽油在规定的加速氧化条件下处于稳定状态所经历的时间称为诱导期，显然，汽油的诱导期长，其氧化和形成胶质的倾向就小。

提高汽油安定性的措施通常是通过采用新的炼制工艺，使易氧化的活泼的烃类及非烃类尽量减少，还可以在汽油中添加抗氧防胶剂。

(4) 汽油的腐蚀性　汽油成分中的各种烃类，都是没有腐蚀性的；而引起腐蚀的物质是水溶性酸、碱、有机酸、硫及其硫化物等。由于汽油要与各种金属器件接触，如有腐蚀性，就会对储油容器及发动机机件产生腐蚀。

汽油中水溶性的酸和碱（如硫酸、氢氧化钠、磺酸、酸性硫酸酯等）对所有的金属都有强烈的腐蚀，环烷酸对铅和镁等有色金属具有强的腐蚀性，在有水存在时，氧化生成的有机酸对黑色金属也有腐蚀性。

汽油中含有的硫及硫的衍生物，不仅具有腐蚀性，还会使汽油产生恶臭，促使汽油产生胶质。在汽油燃烧的条件下，硫化物会燃烧生成二氧化硫和三氧化硫，遇到水或水汽时，会生成亚硫酸和硫酸。除亚硫酸与硫酸对金属有强的腐蚀作用外，硫还能降低汽油的辛烷值。

(5) 汽油的清洁性　汽油的清洁性主要指汽油中是否含有机械杂质及水分。炼油厂炼制出的成品汽油中是不含机械杂质与水分的，但在储运及使用过程中，由于运输、倒装、用小容器向汽油箱中加注等，常将机械杂质（如锈、灰尘、各种氧化物等）及水分带入汽油中，使得汽油受到污染。

汽油中的机械杂质有可能堵塞化油器量孔及汽油滤清器，同时也会加剧化油器量孔、汽缸活塞组件的磨损。汽油中的水分在冬季则可能冻结，严重时会堵塞滤清器或油路，甚至造成供油中断；另外，水分还有加速机件腐蚀，加速汽油氧化生胶，破坏汽油中的添加剂等不良作用。

8.2.2 柴油的燃烧性能

(1) 柴油机的工作粗暴　柴油机使用的燃料是柴油。柴油机在压缩终了时，缸内温度可达 500～600℃，压力达 3～4MPa。这时柴油以高压呈细雾状喷入燃烧室内，由于燃烧室的温度已经超过柴油的自燃点，故从理论上而言，柴油一喷入燃烧室便具备了着火燃烧的基本条件。但从柴油喷入至自燃，往往还有一定的时间间隔，这是因为在这一时间间隔内，柴油需完成与空气的充分混合、先期氧化及形成局部着火点等物理、化学过程，从喷油开始到柴油开始燃烧的时间间隔称为着火延迟期。

如果着火延迟期长，则喷入燃烧室的柴油量增多，着火前形成的混合气数量就多，一旦着火，就有过量的柴油着火燃烧，这会造成缸内压力剧增，汽缸内便将产生强烈的震击作用，通常把这种震击作用称为柴油机工作粗暴。柴油机工作粗暴的后果与汽油机爆震一样，会使发动机曲柄连杆机构承受过大的冲击力作用，产生强烈的金属敲击声，加速零件的磨损并且使柴油机启动困难，造成柴油机功率下降，油耗增大。

影响着火延迟期的因素较多，其中柴油的发火性是主要因素之一。柴油的发火性是指柴油自燃的能力，发火性好的柴油，着火延迟期短，着火燃烧后缸内压力上升平缓，柴油机工作柔和。

　　另外需要指出是，柴油机的工作粗暴与汽油机的爆震在本质上是有很大区别的。汽油机的爆震是由于点火燃着的火焰前沿还没传播到的那部分混合气生成过氧化物而致，一般发生在燃烧末期；而柴油机工作粗暴通常是由于柴油的发火性差使得着火延迟期过长而致，一般发生在燃烧的初期。因此，影响汽油机爆震与柴油机工作粗暴的因素也完全不同。如汽油机若提高压缩比或增高汽缸温度会促发爆震，而柴油机若提高压缩比或增高汽缸温度却能减轻其工作粗暴的倾向；汽油中的正构烷烃易使汽油机发生爆震，而对于柴油而言，所含的正构烷烃却能减轻柴油机工作粗暴。

　　(2) 柴油的十六烷值　　十六烷值是代表柴油在柴油发动机中发火性能的一个约定量值。它是在规定条件下的标准发动机试验中，通过和标准燃料进行比较来测定，采用和被测定燃料具有相同着火延迟期的标准燃料中十六烷的体积分数来表示。供参比用的标准燃料是用两种发火性相差极为悬殊的烃作为基准物对比得出的数据，一种烃是正十六烷，它在高温条件下可迅速形成过氧化物，着火延迟期最短，即自燃点低、发火性好，规定它的十六烷值为100。另一种烃是 α-甲基萘，属于芳烃，它的着火延迟期长，自燃点高，发火性差，规定它的十六烷值为 0。将此两种烃按不同的体积比例混合，就可以得到十六烷值从 0～100 供参比用的标准燃料。

　　(3) 十六烷值与柴油使用的关系　　柴油机的额定转速越高，就要求柴油的发火性越好，以确保在短时间内燃烧完全，对柴油十六烷值的要求就越高。一般情况下，额定转速在 1000r/min 以下的柴油机，可使用十六烷值为 35～40 的柴油；额定转速在 1000～1500r/min 的柴油机，可使用十六烷值为 40～45 的柴油；转速在 1500r/min 以上的柴油机，可使用十六烷值为 45～60 的柴油。

　　柴油的十六烷值对柴油机在不同气温下的启动性能也有影响。十六烷值高的柴油，即使在较低气温条件也易于启动。但柴油的蒸发性对发动机启动性的影响比十六烷值重要，而十六烷值高的柴油，蒸发性就差些。所以，评定柴油的启动性应将十六烷值与柴油的蒸发性结合起来综合评定。

　　柴油的十六烷值高，其燃烧性能就好。但柴油的十六烷值过高了也不适宜，因为当柴油的十六烷值高于 50 后再继续提高，对着火延迟期的缩短作用不大；另外，十六烷值过高的柴油其分子量均较大，使柴油的低温流动性、雾化与蒸发均受影响，会使燃烧不完全，导致发动机功率下降、油耗升高及排气冒黑烟。因此，在选用柴油时不应单纯地追求高十六烷值，通常要求柴油的十六烷值在 40～60 之间，基本上已能满足高速柴油机的工作要求。

　　(4) 提高柴油十六烷值的方法　　提高柴油十六烷值的方法，通常有以下三种。

　　一种是用硫酸或选择溶剂除去柴油中的芳香烃，这种方法得到的柴油产率低、凝点高，并且消耗大量硫酸或溶剂。

　　另一种简便的方法是用石蜡基原油直接蒸馏制取柴油，这种直馏柴油其十六烷值可达 50～60，甚至更高一些，但直馏柴油产量受限，故可在直馏柴油中调入热裂化和催化裂化柴油馏分以增加产量。裂化柴油的十六烷值虽然只有 30～40，但与直馏柴油调合后，可保证成品柴油的十六烷值达 50 左右。

　　还有一种方法就是通过向柴油中添加能提高十六烷值的添加剂，添加剂应无毒、能很好地溶解于柴油中、没有爆炸的危险、性能稳定、无腐蚀性且成本低。能满足上述要求的添加剂主要有丙酮过氧化物、烷基硝酸酯、四氢萘过氧化物等。加入量一般根据添加剂的不同控制在 0.25%～3.0% 之间，可提高十六烷值 16～24 个单位；加注过量时，对提高十六烷值作用并不明显。这种方法的优点是无成品损失也不改变柴油的凝点。但采用添加剂的办法提高柴油的十八烷值必须考虑柴油本身的化学安定性，柴油本身的化学安定性好，添加剂加入后能在较长时间内发挥效用，否则，在柴油储存期间，其十六烷值就将降低。

8.3   润滑油

各类机器在运行时，机件做相对运动，在接触部位产生摩擦，由于摩擦的存在，接触面常常出现发热、烧结、磨损等现象。在现代工业中，由于机械设备的功率、速度、精度日益提高，机械摩擦磨损带来的危害就更加突出；为了降低摩擦，减少损失，必须采取必要的润滑措施。用某种介质来改善机械接触面间的接触状况，进而降低摩擦磨损，这种措施就是润滑；用于改善摩擦表面接触状况的材料叫润滑剂。

润滑的方法是把润滑剂涂在运转的机件表面，使相对运动的机件表面隔开。润滑剂有气态、液态、固态以及介于固态和液态之间的膏状等几种状态。工业中常用的润滑剂有液态润滑剂（如润滑油）、半固态的润滑脂、固体润滑剂（如软金属、二硫化钼、滑石粉、石蜡等），这里着重介绍最广泛使用的液态润滑剂——润滑油。

绝大多数润滑油是由基础油和添加剂两大组分按一定比例混合而成。基础油是润滑剂的主体，决定着润滑油的主要性能，其本身就可以作为润滑剂使用；润滑油添加剂是为了改善基础油的润滑性能而添加的化学物质，虽然只占润滑油质量的 $0.01\%\sim5\%$，但却能有效地提高润滑油的性能和满足不同的使用要求，目前，添加剂的性能水平已经成为衡量润滑油质量的主要标志。

8.3.1   润滑油的基础油

基础油分为天然矿物油和合成油两大类，其中矿物油产量大、应用广泛。

（1）矿物油   矿物油是石油加工过程中，由减压蒸馏后的馏分再经过脱蜡、脱沥青等精制后的产物，其主要成分为烃类和非烃类物质。烃类物质主要有烷烃、环烷烃、芳香烃以及极少量的烯烃，各类烃的分子结构都比较复杂，同一分子中往往既有脂环又有芳环，且环上还带有侧链。非烃类物质主要为含氮、氧、硫的有机物，其含量虽少，但由于其活泼的化学性质，对矿物油的性能将产生不良影响。因此，在石油精制过程中都要设法去除大部分非烃物质以提高矿物油的性能。

作为润滑基础油的矿物油，根据其获得途径不同，可以分为以下几种。

① 馏分油   馏分油是常压渣油进行减压蒸馏、精制而得到的基础油。其特点是密度小、黏度小。

② 残渣油   减压蒸馏后的渣油经脱沥青、脱石蜡、精制而得到残渣油。这种油含沥青质、胶质较多，黏度较大。

③ 调和油   调和油是将馏分油与残渣油按不同比例调制而成。用这种方法可调制成各种黏度的基础油。调和油的凝点较低，并具有较好的黏-温特性。

（2）合成油   随着工程技术的发展，由矿物油制备的润滑油在数量和质量上已经难以满足技术要求，因此，人们逐渐采用人工合成的途径来提高基础油的数量和质量。人工合成的基础油统称为合成油，合成油的种类较多，应用较为广泛的通常有合成烃、酯类油、硅油、聚苯醚、氟油等，其中酯类油是目前合成油最重要的一类基础油。

与矿物油相比，合成油性能较好，如有良好的黏-温特性、优越的润滑性、化学稳定性和抗燃性等。但合成油成本高，价格比矿物油高 $3\sim10$ 倍，因而影响了它的推广使用。

8.3.2   润滑油的主要性能指标

各种机械的性能不同，因而对润滑油的要求也有所差别。为了便于选择使用适当的润滑油，必须了解润滑油的性能。

（1）黏度　黏度是润滑油的主要性能之一，也是应用中考虑最多的一项质量指标。任何使用润滑油的机械，其机械效率、摩擦损失和低温启动性等都与润滑油的黏度密切相关。

润滑油的黏度与它的基础油化学组成有关，烃类化合物中，烷烃的黏度最小，芳香烃黏度居中，环烷烃的黏度最大。环烷烃侧链上的支链越长，黏度越大；环数越多，黏度也越大。

液体在外力作用下发生移动时，液体分子间产生的阻力称为黏度，黏度的大小有多种表示方法，我国常用恩氏黏度。将 200mL 油体在一定温度下（一般在 323K 或 373K）从恩氏黏度计中流出所需时间与同体积的蒸馏水在相同温度下流出所需时间的比值称为恩氏黏度，恩氏黏度是一种相对黏度。

（2）黏-温特性　润滑油的黏度随温度变化而变化的性质称为黏度-温度特性，简称黏-温特性。有的润滑油在工作中会接触几种不同温度的工作部位，为了保证润滑油在温度不同的润滑部位都能形成一定厚度的润滑油膜，要求润滑油在温差较大时黏度变化不大，即在高温部位润滑油的黏度不能太低，仍能在机件表面有一定厚度油膜；而在温度低的部位黏度不要太大，以免造成机械运转困难、增加磨损。因此润滑油要具有较好的黏-温特性。

黏-温特性常用运动黏度比的大小来衡量，在两个特定温度下，油品的低温运动黏度与高温运动黏度之比值就是黏度比，黏度比越小，黏-温特性越好。但应该指出的是，黏度大的油品，其黏度随温度变比幅度大；而黏度小的油品，其黏度随温度变化幅度小。因此对黏度本身相差较大的润滑油来说，其黏度比没有可比性。

润滑油的黏-温特性与环烷烃的构造有关，一般来说，环烷烃的侧链长则黏-温特性好，环烷烃的环数越多则黏-温特性变差。因此要获得高质量的润滑油，就要去除短侧链的环烷烃和多环环烷烃，尽可能保存长侧链的环烷烃。为了解决润滑油在较宽温度工作时对黏度的要求，有时还可以添加少量增黏剂以改进黏-温特性，线型高分子聚合物如聚异丁烯、聚甲基丙烯酸酯等是常用的增黏剂。

（3）凝点　润滑油的低温流动性可用凝点来衡量，流动的油冷却到完全失去流动性时的温度就是凝点；凝点越低，润滑油的低温性能越好，反之则差。

正构烷烃的凝点比异构烷烃高，饱和烃的凝点比不饱和烃高，芳香烃的凝点比环烷烃高。润滑油凝点的高低与石蜡含量有关，当油的温度降低时，石蜡依靠分子间力连接起来形成结晶网，从而妨碍了润滑油的流动。为使润滑油具有较好的低温流动性，除了要充分脱蜡外，同时还要尽可能去除短侧链的或多环的烃类物质。

长期在低温下工作的机器设备，应选用低温流动性较好的润滑油，以保证机器设备的正常启动和运转。

（4）闪点　在规定的条件下加热油品时，油品蒸气遇明火发生闪火的最低温度称为闪点，闪点是衡量油品挥发性大小的指标。闪点在 45℃ 以下的油品为易燃品，在 45℃ 以上的油品为可燃品，润滑油的闪点一般在 130～140℃。在一定的黏度条件下，润滑油的闪点越高，其质量就越好，因为闪点高的油品不易挥发，在受热时保持原有性质的时间较长。

润滑油的闪点与其馏分结构、烃类组成和外界压力有关。馏分的沸点越高，油品的闪点就越高；在烃类物质中，烯烃的闪点通常比烷烃、环烷烃和芳香烃的闪点低；此外，闪点随压力的升高而上升。

（5）抗氧化稳定性　润滑油抵抗氧化变质的能力称为抗氧化稳定性。润滑油在使用中因与空气接触、受热等原因，会逐渐氧化变质，如颜色变深、变稠、产生刺鼻酸味、析出沉淀等。氧化生成的酸类物质还会腐蚀金属，生成的沉淀也会堵塞油路、增加机械磨损。因此，润滑油必须具备抵抗氧化的能力，才能在空气中或高温下保持较高的稳定性。

润滑油中含有的不饱和烃越多，就越容易被氧化，稳定性就越差。在油的组分中，芳香烃的抗氧化性最好，环烷烃次之；烷烃在高温时抗氧化性较差。润滑油在常温下通常是稳定的，但在高温下容易氧化，当温度为50~60℃时氧化速率明显加快，为防止润滑油的氧化变质，有时还要在润滑油中加入抗氧化添加剂。

(6) 酸值　润滑油中所含游离酸的多少，常用酸值来表示，中和1g油中的酸所需KOH的质量（mg）称为酸值，油品的酸值可用中和滴定法来测定。润滑油的酸值越小，油品质量就越好。

润滑油中的酸性物质通常为低分子量的有机酸，容易腐蚀金属的表面；所以不管是新鲜的或是在使用中的润滑油，都应测定其酸值并掌握酸值的变化情况，当酸值超过一定值时，就要及时更换润滑油。

(7) 碘值　润滑油中含有不饱和化合物的多少可用碘值来表示，100g油可以吸收碘的质量（g）称为碘值，碘值可用氧化还原滴定法测定。润滑油中如果存在不饱和化合物，则不饱和键易氧化断键生成有机酸，因此碘值越高，润滑油的抗氧化性越差。

除了以上几个方面的性能指标外，润滑油还应具有良好的油性和极压性，对润滑油中的机械杂质、水分、灰分等也有严格的限制。

8.3.3　润滑油的作用

(1) 润滑作用　润滑油黏附于机件间的摩擦表面，形成一层油膜，摩擦系数比原来小得多，约为原来的几十分之一。

(2) 冷却作用　机件高速运转，因摩擦产生的大量热量可被润滑油在循环流动中带走。润滑油的黏度越小，流动越快，冷却效果越好。

(3) 洗涤作用　润滑油可将机件工作中产生的油泥和胶状物质洗涤并带到机油过滤器中除去，过滤后的润滑油再参与循环流动。润滑油的黏度越小，洗涤效果也越好。

(4) 密封作用　只要机件之间存在间隙，就有密封问题。润滑油填入机件间隙中，可避免机件中气、油的渗漏，也可避免润滑油自身的污染。润滑油黏度越大，密封作用越好。

(5) 防锈作用　润滑油附在金属表面，可以防止水、酸、气对金属表面的腐蚀作用。

在润滑油的这些作用中，首要作用是润滑作用，通过降低摩擦而减少机件的磨损。

8.3.4　润滑油的再生

当润滑油在机械设备中工作时，由于与金属接触，并受到空气、温度、压力、电场、光等因素的影响，会发生一系列的物理变化和化学变化。因而在润滑油中便会有沥青质、胶态碳、盐类、酸类、水分以及其他外来杂质逐渐聚积起来，导致润滑油的物理化学性能指标下降，以致不能满足使用的要求，这个过程叫做润滑油的废旧化。要使润滑油恢复原来的性能和品质，就必须使用物理或化学方法除去这些含量较少的有害物质，这个过程就是润滑油的再生。再生后的润滑油可以直接单独使用，也可以与新鲜的润滑油混合后一起使用。

废旧润滑油的再生方法由其中含有的杂质物质的性质决定，机械杂质（如砂粒、金属屑等）、沥青质、胶态炭、水分等可用沉降、离心分离、过滤、水洗、絮凝、吸附以及蒸发等物理方法来除去。但对于废旧程度较高的润滑油，除了使用物理方法外，必须采用化学方法如碱中和、硫酸精制、加氢精制等来再生，只有这样方可保证得到高品质的再生润滑油。废旧润滑油再生的常用方法有以下两种。

(1) 硫酸洗涤法　当用浓硫酸洗涤废旧润滑油时，其中大部分未老化变质的润滑油与硫酸无显著反应。一些树脂能溶于酸中，一些树脂经缩合后生成沥青质，一些树脂生成磺酸，这三种树脂化合物都可进入酸渣中除去。

（2）白土吸附法　白土是一种很好的吸附剂，化学组成为 $Al(OH)_3 \cdot nSiO_2 \cdot nH_2O$。含有硅酸铝的白土叫做酸性白土，酸性白土经硫酸处理后，其吸附性更高，又称为活性白土。白土对树脂和沥青质的吸附能力较强，酸性和酯类化合物也容易被吸附，因此，废旧润滑油用硫酸洗涤后得到的酸性润滑油，再用白土吸附处理，使得润滑油的颜色、气味、炭渣、抗氧化稳定性等质量指标有较大改善。

以上两种方法就是我国目前采用较多的酸土工艺，该工艺对环境的污染不容忽视，润滑油回收再生工作，已经有了一个比较好的基础，取得了一定的成绩，但是，与世界上先进的国家比较还是落后的。一些国家已采用丙烷抽提、加氢精制等先进技术，再生油质量甚至达到新油标准。

8.3.5　润滑油添加剂

随着科学技术的不断发展，各种机械对润滑油的要求越来越高，为了提高润滑油的质量和性能，除对基础油必须采取合理的加工、精制工艺外，还必须加入能够改善油品各种性能的添加剂。按照功能的不同，润滑油添加剂可以分为三类：保护金属表面的添加剂、改善润滑油性能的添加剂和保护润滑油的添加剂。

8.3.5.1　保护金属表面的添加剂

（1）油性剂　润滑油涂在金属机件表面，被金属表面吸附并形成边界油膜的性能叫油性。润滑油的油性不好，它在金属表面形成的油膜就不牢固，在较高负荷下，油膜容易破裂或破坏，因此润滑油应具有良好的油性。特别是负荷较大、转速较慢、工作温度较高的机械使用的润滑油，更应具有良好的油性。

为了提高润滑油的油性，常在其中加入添加剂。添加剂都是极性有机化合物，分子的一端是极性基，另一端是非极性基，结构和表面活性剂相似。极性端被垂直地吸附在金属表面上作定向排列，非极性端伸向油中紧紧拉住油品中的烃分子，在金属表面形成牢固的吸附膜。油性剂是适用于中等负荷及摩擦表面温度在 100℃ 以下的润滑油的添加剂，温度太高时，由于分子的热运动加剧，定向排列的分子吸附膜会破坏，致使油性剂失效。

国内常用的油性剂是动植物油，其主要成分是脂肪酸。但因动植物油的资源有限，一般多用有机磷酸酯、亚磷酸酯、油酸铅、硬脂酸铅等代替。

（2）防锈剂　防锈剂也是一些表面活性剂，其分子中的极性基团能牢固地吸附在金属表面上，非极性基团则紧紧拉住油品中的烃分子，在金属表面形成多分子层的油膜。油膜要厚而致密，以阻止水汽分子的透过，从而达到防锈的目的。

常用的防锈添加剂主要有：脂肪族铵盐、有机磷酸盐和亚磷酸盐、石油磺酸盐、苯并三氮唑、环烷酸锌等。

（3）极压添加剂　在比较苛刻的摩擦条件下，如负荷很高、有冲击负荷或温度高于373K 时，润滑油中需加入极压添加剂。极压添加剂主要是一些含磷、硫、氯等极性有机化合物，如氯化石蜡、硫化三异丁烯、苯基二硫化物、亚磷酸二正丁酯等。

在温度、压力很高时，极压添加剂能放出活性元素与金属表面反应，形成低熔点、高塑性的反应膜。反应膜使金属表面凸起的部分变软，减少摩擦阻力，同时由于塑性变形和磨削填平了金属表面的凹坑，增大了摩擦表面的接触面积，降低接触面的单位负荷，减少了摩擦和磨损。由于反应膜具有较高的强度，可承受较重的负荷，并可防止高温引起的烧结和胶合，因此添加极压剂的润滑油适用于重负荷齿轮传动时的润滑。但是硫、磷、氮等活性元素对金属有腐蚀作用，故在非极压的情况下不宜使用。

8.3.5.2 改善润滑性能的添加剂

（1）增黏剂　增黏剂是一些油溶性链状高分子化合物，在润滑油中这些高分子化合物呈不规则的卷曲状。温度较低时，它们在油中溶解度小，与润滑油分子间的吸附作用小，使润滑油中内摩擦阻力增加不明显，即使得油的低温黏度增加较小；当温度升高时，增黏剂分子在油中溶解度增大，高分子链伸展开来，增大了润滑油的内摩擦阻力，使润滑油的高温黏度不致降低，有效地调节和改善了润滑油的黏-温特性。

增黏剂是润滑油中的主要添加剂，常用的增黏剂有聚正丁基乙烯基醚、聚甲基丙烯酸酯、聚异丁烯、乙烯丙烯共聚物等。增黏剂一般用于液压油、齿轮油、内燃机油等，添加量通常为基础油量的 $1\%\sim2\%$，不仅提高油品黏度，还显著改善润滑油的黏-温特性，使其适应宽温度范围的要求。

（2）降凝剂　为了降低润滑油的凝点，以适应低温下对润滑油的要求，可加入某些物质作降凝剂。润滑油的凝点主要取决于它的黏度和油中所含石蜡的结晶情况。在低温下，润滑油中的石蜡会析出结晶并形成网络骨架，油被吸附在骨架上就失去流动性。降凝剂能附在石蜡晶体表面，使石蜡成为微小晶体而不再形成网状骨架，油的流动性不明显降低，从而降低润滑油的凝点。

国内广泛使用的降凝剂可分为两类，一类是带有长侧链的芳烃及其衍生物，如烷基萘、烷基酚等。另一类降凝剂是一些在长烷基链上带有各种分支的聚合型高分子化合物，如聚甲基丙烯酸酯、醋酸乙烯酯与反丁烯二酸酯的共聚物等，这类降凝剂的特点是分子内不含双键等生色基团，同时兼备增黏、降凝作用。

8.3.5.3 保护润滑油的添加剂

（1）抗氧剂　润滑油在工作条件下生成自由基（R·），它带有成单电子，易发生连锁化学反应。自由基易与氧化合生成过氧基（ROO·），成为连锁反应的引发基，从而加速了破坏润滑油化学结构反应的进行。抗氧化剂的作用是能与自由基反应，生成稳定的化合物，阻止氧化连锁反应的进行，减少油品氧化酸败，以达到延长润滑油的使用时间。

常用的抗氧化剂有 2,6-二叔丁基对甲酚（酚型抗氧化剂）、二烷基二硫代磷酸盐和芳香胺（胺型抗氧化剂）等。

（2）清净分散剂　清净分散剂是润滑油中比较主要的添加剂，其用量占添加剂总量的 50% 左右，主要用于内燃机油中。内燃机中使用的润滑油常处于高温条件下，在金属表面上形成与空气接界的薄油层，容易氧化生成胶膜和沉淀，必需添加清净分散剂，将沉积物去除，以免影响润滑效果。

清净分散剂是典型的表面活性剂，分散剂具有两亲结构，在润滑油中以胶团或胶束形式存在。当润滑油中生成了不溶于油的极性固体沉积物时，分散剂的极性基团吸附了这些颗粒，并将其包围起来，而非极性基伸向油中，形成相当于"油包水"型的胶团，把固体颗粒分散开来，阻止它们进一步凝聚成大颗粒沉积物而沉积在机件表面。微小颗粒容易被流动的润滑油带走，保证了润滑油的清净和润滑作用。

常用的清净分散剂有两类：有灰清净分散剂和无灰清净分散剂。有灰清净分散剂燃烧后有灰分留下，灰分主要为金属氧化物，有灰清净分散剂主要有磺酸盐、烷基酚盐、烷基水杨酸盐和环烷酸盐等。无灰清净分散剂燃烧后不含灰分，可避免灰分在内燃机的燃烧室内沉积和固体颗粒产生，但是无灰清净分散剂的耐热性差。无灰清净分散剂主要有甲基丙烯酸的高级醇酯、丁二酰亚胺等。

由于清净分散剂是表面活性剂，当油中混入水时，也会形成乳化液而难以分离，致使油品不能使用。因此含清净分散剂的润滑油在储运期间应严防水分混入。

8.3.6　常用润滑油

（1）内燃机润滑油　内燃机润滑油是用来润滑内燃机的汽缸-活塞系统和曲轴-连杆系统等的润滑油，这类油不但要有适当的黏度、良好的黏-温特性和油性，而且还应有良好的抗热稳定性、清净分散性（指润滑油因老化生成的胶状物、氧化物等在油中悬浮而不沉积成膜的性能）、消泡性、无腐蚀性和较低的凝点等。

内燃机润滑油可以分为汽油机油、柴油机油、活塞式航空发动机油和涡轮喷气式发动机油四种。

汽油机油是以润滑油馏分或脱沥青的减压渣油为原料，经精制、脱蜡和白土处理，并加入清净分散剂、抗氧防腐剂、降凝剂等调配而成的。

柴油机油是以润滑油馏分或脱沥青的减压渣油为原料，经脱蜡及硫酸精制或溶剂精制，再经白土处理，加入清净分散剂、抗氧防腐剂等制成的。

活塞式航空发动机油不仅用于润滑汽缸-活塞系统与曲轴-连杆系统，还用于润滑螺旋桨减速器和操纵螺旋桨变距。它是由精制后的润滑油馏分和经脱沥青、酚精制、酮苯脱蜡、白土精制的减压渣油调和而成，不加添加剂。

涡轮喷气式发动机油主要有石油基润滑油和合成润滑油两大类，合成喷气式发动机油主要是酯类油，与石油基润滑油相比有耐热性好、结焦少、润滑性及黏-温特性好、蒸发损失小等优点。

（2）机械油　机械油是通用的润滑油，主要用来润滑工作温度在 50～60℃ 的室内机械部件，机械油可分为高速机械油和普通机械油两种。

高速机械油是润滑油馏分经脱蜡及电化学精制或溶剂精制而成，主要用于高速机械和其他轻负荷机械，有时也可作一般淬火油使用。普通机械油主要用于润滑缝纫机、各种机床、鼓风机、卷扬机、剪板机、水压机和低速齿轮箱等。

（3）仪表油　仪表油主要用来润滑仪器、仪表的轴承、齿轮等摩擦部位，有时也用于特种设备或自动控制装置的某些摩擦部位。仪器、仪表的共同特点是精密、小型、灵敏、准确、长期可靠工作等，所用油量少，换油周期长。因此要求仪表油黏度较小、润滑性好、黏-温特性好、凝点低、闪点高、抗氧化稳定性好、使用寿命长并特别洁净。

（4）齿轮油　齿轮油是专门用来润滑机械齿轮传动装置的润滑油。齿轮传动中齿间接触面积小、齿合部位压力高、摩擦面的温度高，这些特点决定了齿轮油的特殊性。齿轮油除与一般润滑油一样具有减摩、冷却、洗涤和减震作用外，还应具有良好的耐磨性、防锈性和抗泡沫性，适应齿轮的苛刻工作条件。

齿轮油按用途可分为普通齿轮油、双曲线齿轮油和工业齿轮油等，它们分别用在汽车齿轮传动装置、工程机械传动装置、汽车双曲线齿轮装置以及工业设备齿轮的润滑中。齿轮油是由精制润滑油中加入抗磨、抗氧、防腐、防锈、消泡等各种需要的添加剂配制而成。

8.3.7　润滑脂

（1）润滑脂的组成　除润滑油外，工业上还常用到润滑脂。润滑脂是将稠化剂分散于液体润滑剂（又称基础油）中所组成的一种稳定的膏状产品，其中还可以加入旨在改善润滑脂某种特性（如抗氧、防锈、抗磨、抗水等）的添加剂，润滑脂主要由液体润滑剂、稠化剂和添加剂在高温下均匀混合而成。

稠化剂是润滑脂的重要组成部分，其在润滑脂中形成海绵状或蜂窝状的三维骨架结构，将润滑油包起来，使其失去流动性而成为膏状物质。润滑脂好像一个贮油小仓库，在使用时，渗出适量的油来起到润滑作用。

稠化剂对润滑脂的性质有很大的影响，它的性质和含量决定了润滑脂的黏稠程度和耐水、耐热等使用性能。稠化剂的含量越多、稠化能力越强，润滑脂就越稠；稠化剂的耐热、耐水性越好，润滑脂的耐热、耐水性就越好。

稠化剂可分为皂基稠化剂和非皂基稠化剂两类。皂基稠化剂是由脂肪酸与金属氢氧化物作用而成，主要的金属皂有脂肪酸锂、钠、钾、钙、铝等，由这些金属皂作为稠化剂得到的润滑脂分别叫做锂基、钠基、钾基、钙基、铝基润滑脂，其中钙基润滑脂俗称"黄油"。非皂基稠化剂包括石蜡、地蜡、无机稠化剂（膨润土、硅胶等）、有机稠化剂和填料（如石墨、硫化钼等）等。

（2）润滑脂的分类和特性　润滑脂的品种繁多，分类方法也多种多样。按基础油种类分为矿物油润滑脂和合成油润滑脂，按用途分为减磨润滑脂、防护润滑脂和密封润滑脂，另外还可以分为高温润滑脂、耐寒润滑脂、极压润滑脂等。使用较多的分类方法是按照稠化剂的类别来分类，如皂基润滑脂、烃基润滑脂、无机润滑脂、有机润滑脂等。

润滑脂在常温下可附着于垂直表面不流失，并能在敞开或密封不良的摩擦部位工作；润滑脂具有较好的抗碾压性，在高负荷及冲击负荷作用下，仍有良好的润滑能力；润滑脂适用的温度范围和工作条件都较宽。因此，润滑脂具有其他润滑剂不可替代的特点，在汽车和工程机械上的许多部位都使用润滑脂作为润滑材料。

但是，润滑脂的黏滞性较大，运转时阻力大，功率损失就大；润滑脂的流动性也差，基本上不具有液体润滑剂的冷却与清洗作用，固体杂质混入后不易清除；此外，润滑脂在某些使用部位的加脂、换脂比较困难。所以，润滑脂的使用也受到一定的限制。

8.4　传动与工艺用油

8.4.1　液压油

液压传动系统是指利用液体作为介质来传递动作、动能的设备，一般包括泵、液体管路、控制机械和执行机构四个部分。液压传动应用范围广泛，汽车工业就大量采用液压传动，如转向、制动等；液压传动在工程机械上的应用也很多，如液压起重机、挖掘机械、铲土机械、压实机械、凿岩机械等。液压传动所用的液体介质称为液压油，如水、乳化液、矿物油、合成油等都可以作为液压油。

8.4.1.1　液压油的使用性能

液压油在液压系统中的主要作用是将液压系统中某一点所施加的压力传递到其他部位，此外还有润滑、冷却和防锈等作用。液压系统能否可靠、有效且经济地运行，在一定程度上取决于所用液压油的性能。根据液压系统的工作条件、周围环境及所起作用，要求液压油具有相应的使用性能。

（1）黏度　黏度是液压油重要的使用性能之一，是选择液压油时优先考虑的因素。在同样的工作压力下，液压油的黏度越高，各部件的运动速率就越慢、升温就越快、压力降和功率损失就越大。但黏度太小的液压油会降低泵的容积效率，使润滑表面容易造成磨损，从而引起液压元件的内漏和外漏增加。因此，要求液压油在运转条件下应具有合适的黏度。

（2）润滑性　为了提高液压系统的效率，液压系统及其元件向着大功率、大流量、小型、高压、高速等方向发展。在这种条件下，油泵、马达、控制阀和油缸等中心滑动部位多处于边界润滑状态，时常会发生表面硬性刮伤、固体颗粒磨损、疲劳性剥落等磨损形式。为了防止这些磨损，要求液压油具有良好的润滑性能。

（3）安定性　为了改善液压油的黏-温性，常加入黏度改进剂；黏度改进剂是一种高分子聚合物，它在剪切作用下，若分子链断开，将使液压油的黏-温性变差。液压油与空气接触会氧化变质，氧化后生成的胶质和沉积物会影响液压元件的正常工作，生成的酸性氧化物还会使液压元件受到腐蚀。液压油的剪切和氧化是影响其寿命的重要因素，所以要求液压油具有较好的抗剪切能力和抗氧化能力，提高液压油的剪切安定性和氧化安定性。

(4) 破乳性　破乳性是指油水乳化液分离成油层和水层的能力。在液压系统工作过程中已经混入水分的液压油，在调节装置、泵及其他元件剧烈搅动下，很容易与水形成乳化液，从而破坏了油的原有性质，促使液压元件锈蚀以及发生颗粒磨损等不良后果，所以要求液压油具有较好的被乳化性。

(5) 抗泡性和空气释放性　起泡性系指油品生成泡沫的倾向以及形成泡沫的稳定性能；空气释放性则指油品释放分散在其中的空气泡的能力。混有空气的液压油在工作时会使系统的效率降低、润滑条件恶化，此外还会造成驱动系统压力不足和传动反应迟缓的软操作。严重时产生异常的噪声、气穴和震动等，甚至损伤设备。不含抗泡剂的液压油在运行时泡沫多夹带空气，不能满足使用要求，因此必须采用抗泡剂。使用甲基硅油抗泡剂对油品表面泡沫的消除特别有效，但它抑制油中小气泡的上升和释放。近年来，人们采用聚酯非硅抗泡剂，它不仅能解决油品表面泡沫的消除而且对油中小气泡的上升和释放影响很小。由此可见，抗泡性和空气释放性是液压油的重要使用性能。

(6) 防锈性和防腐性　液压系统在运转过程中，不可避免地要混入一些空气和水分，这些空气和水分会造成金属表面的锈蚀，影响液压元件的精度。另一方面，锈蚀颗粒脱落则使磨损增加。同时，锈粒又是油品氧化变质的催化剂。因此，要求液压油具有良好的防锈性和防腐性，以保证液压传动系统长时间正常工作。

(7) 密封适应性　密封材料的作用是防止液压油的泄漏，确保其在密闭液压系统中的流动以传递压力，液压系统中的密封材料因液压油的种类而有所不同。如用丁腈橡胶作为密封材料时，用矿物型液压油几乎不会发生问题；但用磷酸酯型抗燃液压油时，就会发生故障。液压油对密封材料的影响主要表现为使密封材料溶胀、软化和硬化等，这些都可能使密封材料失去密封性能而引起泄漏。因此，要求液压油与系统使用的密封材料相适应。

8.4.1.2　液压油的分类

液压油根据用途和特性一般分为矿油型液压油、合成烃液压油、抗燃液压油、清净液压油、可生物降解液压油等类型。

矿物型液压油与合成烃液压油主要是机械油或合成油中加入各种添加剂精制而成，它们的润滑性好、腐蚀小、化学安全性较好，因而被大多数液压系统所采用。

不燃或难燃液压油分高水基液压油和合成型液压油两类：高水基液压油的主要成分是水，加入某些防锈、润滑等添加剂，高水基液压油价格便宜，不怕火，其缺点是润滑性差、腐蚀性大及适用温度范围小，故只在液压机上使用。磷酸脂合成液压油润滑性较好、凝固点低、防火性能好，适用于对防火要求较高的场合，磷酸脂合成液压油润滑性可以与最好的矿物油相媲美，能适应大多数的金属材料。

清净液压油用于含有电液伺服阀及其他精密元件的液压系统。可生物降解液压油是为了适应环保要求，控制环境污染而开发的。

8.4.2　工艺油

对各种原材料或半成品进行加工处理时，为润滑、冷却、溶解或其他目的而使用的油剂总称为工艺油。工艺油按用途可分为金属加工油和非金属加工油，这里主要介绍几种金属加工油。

8.4.2.1　淬火油

淬火是较重要的热处理方法，它是将金属零件（或制品）加热到一定温度，保温后急剧冷却的热处理方法。在淬火工艺中以钢件淬火占较大比例，钢件淬火的主要目的是提高零件（如工具、轴承和齿轮等）的硬度和耐磨性。淬火油就是用于淬火工艺的一种热处理介质，按照淬火速率不同，淬火油可分为普通淬火油、快速淬火油和高速淬火油。为了满足零件的良好淬火性能，要求淬火油具备以下特性。

（1）良好的冷却性能　冷却性能是淬火介质重要的性能，它的好坏直接影响到淬火零件的质量，良好的冷却性能可保证淬火后的零件具有一定的硬度和合格的金相组织，可以防止零件变形和开裂。

（2）高闪点和燃点　淬火时，油的温度会瞬时升高，如果油的闪点和燃点较低，可能发生着火现象。因此淬火油应具有较高的闪点和燃点，通常闪点应比使用油温高出 60～80℃。

（3）良好的热氧化安定性　淬火油长期在高温和连续作业的苛刻条件下使用，要求油品具有良好的抗氧化、抗热分解和抗老化等性能，以保证油品的冷却性能和使用寿命。

（4）低黏度　油品的黏度与它的附着量、携带损失和冷却性能有一定的关系。在保证油品冷却性能和闪点的前提下，油品的黏度应尽可能小，这样既可以减少携带损失，又便于工件清洗。

（5）水分含量低　油品中的过量水分会影响零件的热处理质量，造成零件出现软点、淬裂或变形，也可能造成油品飞溅，发生事故。因此一般规定淬火油中的含水量不超过 0.05%。

8.4.2.2　切削油

切削油是机床加工机件时所用油剂的总称，切削油的主要作用是浸润切削工具、加工机件和切削面以减少摩擦、磨损，抑制发热，防止烧结，并将加工过程产生的热量传出；从而提高加工面的质量，保证加工件的精度，延长切削工具的使用寿命。

在金属切削加工中，切削每次都在新生面上进行，速度变化每分钟数毫米至数百米，切削面上承受的压力很高。切削时除外摩擦外，还有刀具与切入金属内部的分子内摩擦，切削区界面温度可达 600～800℃。这样的高温高压会使刀具的强度和硬度降低，因此切削油必须兼具浸润、冷却、防锈和清洗四个作用。

（1）浸润　切削油应能较快地浸润到切削工具和加工件的表面上，黏度小、表面张力低的切削油具有较好的浸润性，水型切削油中通常加有降低表面张力的浸润剂。

（2）冷却　良好的冷却性可以降低刀尖温度、抑制被切削材料和刀具的膨胀，以提高操作性能和加工精度。切削油的冷却效果取决于油剂本身的热导率、比热容和蒸发热等，水型切削油的冷却效果通常比油型切削油要好。

（3）防锈　为防止大气中的水和氧气对新加工表面的锈蚀，在切削油中要加入防锈剂，提高切削油的防锈性能，以满足工件在加工过程中短期防护之需。

（4）清洗　切削油能够利用液流冲去细小的切屑和粉末，防止黏结，以保证刀具和工件连续加工。在磨加工中，清洗性差的切削油会导致堵塞砂轮，使磨削区温度升高和烧坏工件。使用低黏度油和加入表面活性剂能提高切削的清洗性。

切削油适用于铸铁、合金钢、碳钢、不锈钢、高镍钢、耐热钢、模具钢等金属制品的切削加工、高速切削及重负荷切削加工。包括车、铣、镗、高速攻丝、钻孔、铰牙、拉削、滚齿等多种切削加工。切削油分为油型和水型两种。

油型切削油又分矿物油切削油（或复合油）、极压切削油、活性切削油三种。矿物油切削油所用的矿物油有煤油、柴油、轻质润滑油馏分；矿物油中加入一定比例的动、植物油

（5％～10％）便是复合油，适用于轻负荷的切削加工。极压切削油中加有硫、磷、氯等极压添加剂，以满足黑色金属、齿轮等深度金属加工的要求。活性切削油中加入活性硫等化合物，用于高合金材料深孔钻、攻丝等深度加工。

水型切削油可进一步分成通用型、防锈型、极压型和透明型四种。前三种均为石油润滑油基础油中加入乳化剂及其他添加剂（抗磨剂等）的水包油型乳化液。透明型可以是加入少量润滑油或不加入润滑油（即全水基合成切削液）的透明液体。水型切削油是近数十年来发展较快、使用较广的品种。

8.4.2.3　防锈油

金属材料和金属制品中95％以上都是以铁作为主体，这些材料或制品在外界环境介质中，由于化学作用和电化学作用，会引起变质或破坏，这种现象就叫做金属的腐蚀。金属及其制品从冶炼到制成各种机械产品需经过几十道工序，从产品存放、运输到使用需要较长时间，在这期间金属表面会不断受到空气中氧、水蒸气、灰尘、指纹、手汗、酸、碱和盐等腐蚀物质的侵蚀，往往会造成严重的锈蚀，为了防止这方面的锈蚀产生，通常使用各种防锈油来达到目的。

防锈油是第二次世界大战后在全世界广泛发展起来的，在第二次大战前许多金属制品采用牛油类防锈，之后又发展使用羊毛脂、凡士林之类防锈。由于这些材料涂得很厚，虽然有防锈效果，但外观很差、涂覆和启封都很困难，美国在二次大战后，大量枪支弹药要储存，因而对防锈工作非常重视，其他国家如日本、英、法、德对防锈也作了大量的工作。

防锈油大都是采用在基础油（通常是石油润滑油）中加入防锈剂制成。要防止金属的锈蚀，就要使金属表面与锈蚀物质隔开，因此在金属表面形成隔膜就可以达到防锈的目的。但由于石油润滑油类基础油在金属表面的吸附能力不强，形成的油膜也不牢固，而且还可能溶解部分水分和氧气，因而基础油起到的防锈作用较弱，加入防锈剂就可以弥补这些缺点。防锈剂分子一端紧密吸附在金属表面，另一端则和基础油分子相作用，这样就可以形成比较坚固的吸附膜，以达到隔绝水分、氧及其他锈蚀性物质而防锈目的。

由于金属种类、设备和零件结构、储存时间等方面的不同，使得防锈油的品种也相当繁多，常见防锈油的类型、组成和用途如下。

① 除指纹油：由轻质润滑油、防锈剂和"水合剂"配制，并被有机溶剂溶解而成，通常用于工序间防锈。

② 溶剂稀释型防锈油：在沥青、树脂、地蜡等物质中加入适量润滑油和防锈剂后，再用溶剂稀释成液体，涂抹在金属表面后，由于溶剂挥发，就留下了不挥发的防锈层。

③ 防锈润滑油：是在各种润滑油中加入适当防锈剂制成，该类防锈油应用非常广泛。

④ 水性型防锈油：该类防锈油是用水稀释调制而成，主要用于工序间半成品或零件的暂时防锈。

各类防锈油的性能高低，评定方法较多，各国也不统一。防锈油的主要性能指标如下。

① 闪点：是保证油品安全使用的一项指标，特别对于溶剂稀释型防锈油，因加有60％以上溶剂油，对生产和使用的安全均要考虑到。

② 水分：防锈油中如有水分存在会使某些添加剂出现离析、沉淀和乳化现象，影响产品的防锈性和润滑性。

③ 油基稳定性：是控制防锈油脂中发生相变、离析现象的一项指标，产品中出现上述情况，将会影响防锈的效果。一般要求在经高、低温交换处理油品后，在油品中不产生相变及离析现象。

④ 人汗防止性：用来评定防锈油抵制人汗锈蚀的能力。当人体接触金属制品时，由于

手汗较多，因而要求防护油有较理想的人汗防止性。

　　⑤ 人汗置换性：是考察当金属接触人汗后，防锈油能够置换人汗的能力。

　　⑥ 油膜厚度：防锈油的油膜厚度往往与其防锈性有直接关系，对于溶剂稀释型防锈油要求在很薄的油膜厚度下仍有很好的防锈性。

　　⑦ 腐蚀性：主要考察油品抗盐侵蚀能力，对于一些出口机械设备需经海上运输、易受到海水侵蚀，因此油品要有一定的抗盐性。

8.4.2.4　溶剂油

　　溶剂油是五大类石油产品之一，从化学组成上看，溶剂油是各种链烷烃、环烷烃和芳香烃等烃类混合物，溶剂油的制取包括切取馏分和精制两个过程。切取馏分过程通常有以下三种途径：由常压塔直接切取；将相应的轻质直馏馏分再切割成适当的窄馏分；将催化重整抽余油进行分馏。各种溶剂油馏分一般都需要经过精制加工，以改善色泽，提高安定性，除去腐蚀性物质和降低毒性等；常用的精制方法有碱洗、白土精制和加氢精制等。

　　按照溶剂油用途的不同，可以分为以下几类。

　　① 抽提溶剂油：主要用于抽出大豆油、菜子油、花生油和骨油等动植物油脂。抽提溶剂油的沸程为 60～90℃，是由石油馏分加氢精制而成，为一种无毒、无味、无色液体；主要由正己烷、正庚烷和正辛烷组成，含有极少量的正己烯、正庚烯和正辛烯等。

　　② 洗涤溶剂油：主要用于涂装、电镀前金属表面的脱脂。碱脱脂法只能除去可皂化性油脂，对非皂化性矿物油则需要用有机溶剂来脱脂，常用的洗涤溶剂油主要有挥发油、汽油、柴油以及它们的混合物等。

　　③ 油漆溶剂油：沸程为 140～200℃，主要用在涂料工业上。油漆溶剂油中必须含有一定数量的芳香烃，通常不少于 15％；否则由于溶解度过小造成油漆分层而影响使用。

　　此外，还有橡胶溶剂油、油墨溶剂油等，市面销售的溶剂油种类、规格都很多。由于溶剂油是烃的复杂混合物，极易燃烧和爆炸。所以在生产、贮运、使用环节上，都必须严格注意防止火灾的发生。

思考题与习题

一、填空题

1. 从寻找石油到利用石油，大致要经过的四个环节是 _____、_____、_____ 和 _____。

2. 在石油的液态烃中，汽油馏分含碳数为 _____，柴油和煤油馏分含碳数为 _____，润滑油馏分的沸程为 _____。溶于石油中，在常温下为固态的烃称为 _____，它又分为 _____ 和 _____。

3. 汽油机的爆震是由于未燃烧的混合气中产生了高密度的 _____，衡量汽油抗爆性指标是 _____，异辛烷的抗爆性最好，其辛烷值为 _____，正庚烷的抗爆性最差，其辛烷值为 _____。

4. 柴油机的工作粗暴是由于着火前形成的 _____ 过多所致。衡量柴油抗粗暴性指标是 _____，正十六烷的抗粗暴性最好，其十六烷值为 _____，α-甲基萘的抗粗暴性最差，其十六烷值为 _____。

5. 润滑油是由 _____ 和 _____ 两部分组成，润滑油添加剂的作用是 _____。

6. 润滑油的作用主要包括五个方面，它们是 _____、_____、_____、_____ 和 _____。

7. 润滑脂是由 _____、_____ 和 _____ 三部分组成，其中 _____ 决定了润滑脂的主要性质。

8. 按照溶剂油的用途不同，可将溶剂油分为 _____、_____ 和 _____ 等。

9. 切削油的作用主要包括_____、_____、_____和_____。

10. 液压油的安定性主要受_____和_____两个因素的影响。

二、简答题

1. 简述石油的化学组成和加工精制方法。

2. 汽油的使用性能指标有哪些？

3. 汽油的辛烷值和柴油的十六烷值是怎样确定的？

4. 提高柴油抗粗暴性的方法有哪些？

5. 润滑油的性能指标有哪些？

6. 简述防锈油中防锈添加剂的作用机理。

7. 简述润滑油中增黏剂的作用机理。

8. 润滑油添加剂有哪些？各起什么作用？

9. 液压油的使用性能指标有哪些？

10. 黏度对润滑油的性能有什么影响？

第9章　化学与环境保护

现代科学技术与工业的发展，给人们创造了丰富多彩的物质生活。但在生产过程中，也排放出许多废物，当废物的浓度和比例超出一定数量时，就会发生公害，这就叫环境污染。

9.1　人与环境

中国大文豪苏东坡说过："宁可食勿肉，不可居无竹"。这里不是指单纯的竹林，而是指人们生存的自然环境，可见人类生存的自然环境多么重要，人类生活的环境有自然环境和社会环境两类，这里所讨论的是自然环境。

自然环境一般是指围绕人类周围的各类自然因素，如大气、水、土、生物和各种矿物资源等，通常把这些构成自然环境的总体因素划分为几个自然圈：大气圈、水圈、生物圈、土圈、岩石圈。这些都是人类赖以生存和发展的物质基础。

生物在自然界中不是孤立地生存的，它们总是结合成生物群落而生存。生物群与生物群落之间以及生物群落与其周围的环境之间要通过各种方式进行着物质和能量的交换。生物群落与其周围和自然环境构成的整体叫生态系统。生态系统是一个广义的概念，可大可小，从含有几个藻类细胞的一滴水到一个池塘；从一个包括田野、池塘、森林、城市的地区到宇宙，都是一个个不同的生态系统。在生态系统中生物和环境互相依存，互相作用，在一定条件下和一定时期内表现为相对稳定的状态，称为生态平衡。以池塘为例，池塘里的水、空气、腐泥等养分，在阳光的作用下，使浮游植物生长，它又成为浮游动物的食物，而鱼的尸体分解为简单物质。这些物质又成为浮游动植物的营养源。微生物分解尸体时，要消耗氧气，鱼、浮游动植物、微生物和氧气、水、阳光等互相联系、互相依存，建立了相对平衡的生态系统。在这个生态系统中，浮游植物→浮游动物→鱼是一种生物以另一种生物为食。生物之间的食物关系像链条一样一环套一环构成一个食物链。食物链是多种多样的，如地上生长着草，牛羊吃草，人吃牛羊，这样草、牛羊、人之间就形成了一个食物链。由于人类以动物为食，而且居食物链的顶端。所以，污染毒物会破坏食物链而最终危害人类。

生态系统遭受自然因素或人为因素的破坏，就会打破原来的平衡。如火山爆发使大量灰尘进入大气，改变当地大气的平衡。但是通过大气流动而扩散，重力作用使较大的灰尘颗粒沉降，还可能受雨水的冲洗作用，使空气又恢复原来的状态，再次达到平衡，又如大量燃料的燃烧，消耗空气中的氧，又造成大量二氧化碳排入大气。但是，绿色植物的光合作用可消除二氧化碳，同时放出氧气，使大气保持稳定。这说明生态系统本身能通过物理、化学和生物的作用以维持生态平衡。生态系统这种内在自动调节能力叫做环境的自净。然而，环境的自净能力是有一定限度的。污染的空气和废水少量进入环境时，环境的自净能力可使其不致发生危害作用。但污染物超过环境的自净能力的限度时，生态平衡就会遭到不可逆转的破坏，构成环境污染。例如工矿企业排入的废气、废水、废渣和人们生活中排放的垃圾、粪便若没有处理，排放量超过环境自净，则进入大气、土壤或水体后会造成环境污染，便会直接或间接地对人体健康带来危害或造成生态平衡的破坏。因此，发展经济建设的同时，要认识和掌握环境污染的破坏的根源及危害，重视环境保护，保持生态平衡，造福人类。

9.2　大气的污染和防治

9.2.1　大气

大气的组成可分为恒定、可变和不定三种类型组分。大气的恒定组分是指 N_2、O_2、Ar 和微量的其他稀有气体，占大气总量的 99.9%。大气的可变组分是指 CO_2 和水蒸气等，这些气体会随着气候和人们的生活生产活动的影响有所变化。在正常情况下，水蒸气的含量为 $0\sim4\%$，CO_2 的含量为 $0\sim0.036\%$。大气中的不定组分，是由自然界的火山爆发、森林火灾、海啸、地震等暂时性灾害所产生的，由此形成的污染物有尘埃、硫、硫化氢、硫氧化物、碳氧化物及恶臭气体等。这些不定组分进入大气中，可在一定空间范围内造成暂时性的大气污染。大气中不定组分除上述来源之外，还来源于人们的生活消费、交通、工农业生产排放的废气。人口密集程度、城市工业布局、工业结构类型、人们的环保意识和环境管理水平高低等因素，都将决定着该地区大气污染的程度。

9.2.2　大气污染源

大气污染从总体来看，是由自然灾害和人类活动所造成的。由自然灾害所造成的污染多为暂时的、局部的，而由人类活动所造成的污染通常是经常性的，大范围的。一般所说和大气污染问题是人为因素所引起的。人为因素造成大气污染和污染源，可按如下几种方法分类。

9.2.2.1　污染物发生的类型

（1）生活污染源　人们由于烧饭取暖、沐浴等生活上的需要，燃烧化石燃料向大气排放煤烟所造成大气污染的污染源。在我国城市中，这类污染源具有分布广、排放污染物量大、排放高度低等特点，是造成城市大气污染不可忽视的污染源，称为生活污染源。

（2）工业污染源　由火力发电厂、钢铁厂、化工厂及水泥厂等工矿企业在燃料燃烧和生产过程中所排放的煤烟、粉尘及无机或有机化合物等所造成大气污染的污染源，称为工业污染源。一般来说，这类污染源因生产的产品和工艺流程的不同，所排放的污染物种类和数量有很大差别。但其共同特点是排放源较集中，而且浓度较高，对局部地区或工矿的大气质量影响很大。

（3）交通污染源　由汽车、飞机、火车和船舶等交通工具排放尾气所造成大气污染的污染源，称为交通污染源。这类污染源是在移动过程中排放污染物的，又称移动污染源。

生活污染源和工业污染源，多数是在固定位置排放污染物的，又称固定污染源。

（4）农业污染源　在农业机械运行时排放的尾气或在用化学农药、化肥、有机肥等物质时，逸散或从土壤中经再分解，排放于大气的有毒、有害及恶臭气态污染物的劳作场所，称为农业污染源。

9.2.2.2　污染源位置的分布

（1）点源　集中十一点或可视为上点排放污染物的污染源。如从烟囱排放污染物的污染源。

（2）线源　呈线性排放污染物的污染源，称为线源。如移动汽车污染，或多个呈线性分布点源所造成的污染，可视为线源污染。

（3）面源　在一定区域内多个污染源所造成的污染，可视为面源。如冬季居民区为取暖所使用的成百上千民用炉，即构成面源污染。

此外，按污染物在大气中发生的二次反应，又可将大气污染分为煤烟型污染和光化学烟雾污染。

9.2.2.3　主要大气污染物

在我国大气环境中，具有普遍影响的污染物，最主要的来源是燃料燃烧。影响较大的污染有总悬浮微粒、飘尘、二氧化硫、氮氧化物、一氧化碳和总氧化剂六种。我国已制定出这六种主要污染物的大气质量标准。对于局部地区由特定污染源排放的其他危害较重的污染物如某地区冶炼厂排入的氟化物，可作为该地区的主要污染物。表 9-1 为某些工业部门排放的主要污染物。

表 9-1　某些工业部门排放的主要污染物

工业部门	工厂种类	主　要　污　染　物
电力	火力发电	烟尘，二氧化硫，氮氧化物，一氧化碳，多环烃，五氧化二钒
冶金	钢铁	烟尘，二氧化硫，一氧化碳，氧化锰和氧化铁粉尘
	炼焦	烟尘，二氧化硫，一氧化碳，酚，苯，萘，硫化氢，碳氢化物
	有色冶炼	烟尘(含有各种金属，如铅、锌、镉、铜)，二氧化硫，汞蒸气，氟化物
化工	石油化工	二氧化硫，硫化氢，氟化物，氮氧化物，碳氢化物
	氮肥	烟尘，氮氧化物，一氧化碳，氨，硫酸气溶胶
	磷肥	烟尘，氟化氢，硫酸气溶胶
	硫酸	二氧化碳，氮氧化物，砷，硫酸气溶胶
	氯碱	氯，氯化氢
	化学纤维	烟尘，硫化氢，二硫化碳，氨，甲醇，丙酮，二氯甲烷
	合成橡胶	丁间二烯，苯乙烯，异戊二烯，二氯乙烷，二氯乙醚，乙硫醇，氯代甲烷
	农药	砷，汞，氯
	冰晶石	氟化氢
机械	机械加工	烟尘
轻工	造纸	烟尘，硫醇，硫化氢，臭气
	仪器仪表	汞，氰化物，铬酸气溶胶
	灯泡	烟尘，汞
建材	水泥	水泥尘，烟尘

(1) 颗粒污染

① 粉尘 (dust)　粉尘系指分散于气体中的细小固体粒子，这些粒子通常是由煤、矿石和其他固体物料在运输、筛分、碾磨、加料和卸料等机械处理过程或由风扬起的土壤等所致。粉尘的粒径一般在 $1 \sim 200 \mu m$ 的粒子，在重力作用下，能在较短时间内沉降到地面，称为降尘。小于 $10 \mu m$ 的粒子能长期飘浮于大气，称为飘尘。

② 烟 (fume)　烟系指由固体升华、液体的蒸发、化学反应等过程生成的蒸气，在空气或气体中凝结成的浮游粒子的气溶胶。烟气溶胶粒子的粒径通常小于 $1 \mu m$。

③ 飞灰 (fly ash)　飞灰系指燃料燃烧后，在烟道气中所悬浮呈灰状的细小粒子。以粉煤为燃料燃烧时排出飞灰比较多。

④ 黑烟 (smoke)　黑烟系指在燃烧固体或液体燃料过程中所生成的细小粒子，在大气中飘浮出现的气溶胶现象。黑烟中含有煤烟尘 (soot) 的硫酸微粒。黑烟微粒与大气中的水蒸气凝结后可形成烟雾。在一些国家里，是以林格曼数、黑烟的遮光率、沾污的黑度或捕集沉降物的质量来定量表示黑烟的污染程度。黑烟微粒的粒径为 $0.05 \sim 1 \mu m$。

⑤ 雾 (fog)　雾系指由蒸汽状态凝结成液体的微粒，悬浮在大气中所出现的现象。其粒径小于 $100 \mu m$。此时的相对湿度为 100%，影响 1km 以外的大气水平可见度。

⑥ 煤烟尘 (soot)　煤烟尘又名称烟炱，俗称黑烟子。煤烟尘是指伴随燃烧的其他物质燃烧所发生的黑色烟尘，其中含有 50% 的碳，粒径在 $1 \sim 20 \mu m$，目前对煤烟尘的发生机制

还不是十分清楚。煤烟尘生成过程与燃烧的种类、燃烧火焰的状态有关。一般来说，燃烧天然气，煤烟尘生成量少；燃烧煤或木材等碳化物，特别是燃烧其干馏生成物，如焦油（沥青）等一类物质时煤烟尘生成量就多。

⑦ 总悬浮微粒（TSP）　总悬浮微粒系指大气中粒径小于 $100\mu m$ 的所有固体颗粒。

（2）气态污染物　气态污染物种类很多。已经过鉴定的大气污染物有 100 多种，其中有由污染源直接排入大气的一次污染物和由一次污染物经过化学或光化学反应，生成的二次污染物。

一次气态污染物主要有以二氧化硫为主的含硫化合物、一氧化氮和二氧化氮为主的含氮化合物、碳的化合物、碳氢化合物及卤素化合物等。表 9-2 列出某些污染的发生源及其相关的行业。

表 9-2　某些污染物的发生源及其相关的行业

物质名称	化学式或符号	发 生 源 及 其 相 关 行 业
二氧化硫	SO_2	含硫燃料及含硫物质燃烧,硫酸、冶金、造纸等工业
三氧化硫	SO_3	含硫燃料及含硫物质燃烧,硫酸,有机化工工业
硫化氢	H_2S	石油炼制,煤气工业,合成氨工业,纸浆生产
硫酸	H_2SO_4	硫酸生产,肥料工业,无机工业
二硫化碳	CS_2	二硫化碳生产,溶剂,植物熏蒸
一氧化氮	NO	燃烧及其他物质高温燃烧,硝酸工业,染料工业
二氧化氮	NO_2	燃烧及其他物质高温燃烧,硝酸工业,纸浆生产,甘油硝化,金属腐蚀和清洗
一氧化二氮	N_2O	主要来自天然源(土壤腐殖质的氨化、土壤氨基肥料的分解、细菌将废弃物中的有机物分解、燃料燃烧),合成氨工业
氨	NH_3	主要来自动物废弃物、土壤腐殖质的氨化、土壤氨基肥料的分解、细菌将废弃物中的有机物分解、燃料燃烧、合成氨工业
一氧化碳	CO	城市大气中一氧化碳主要来源是燃料燃烧,一氧化碳天然来源有甲烷的转化、海水中一氧化碳的释放、植物排放、烃类氧化生成的一氧化碳及植物叶绿素光解
二氧化碳	CO_2	天然源有甲烷转化、海洋脱气、动植物呼气、矿物燃料燃烧
甲烷	CH_4	主要来源是厌氧细菌发酵、发生在沼泽、泥塘、湿冻土带、水稻田底部、牲畜反刍、原油和煤气储罐或管线泄漏
非甲烷烃	NMHC	自然界植物排放的非甲烷有机物(烷、烯烃及醛、醇类)汽油燃烧、焚烧炉的排放,有机溶剂的使用,石油工业,交通运输业
氯化氢	HCl	盐酸工业,烧碱工业,塑料处理、金属表面清洗
氯	Cl_2	盐酸工业,液氯的生产,氯碱工业,漂白粉生产
氟化氢	HF	化肥生产,窑业,炼钢业、玻璃工业,火箭燃料生产厂
甲基氯	CH_3Cl	主要来自海洋释放
甲基溴	CH_3Br	主要来自海洋释放
甲基碘	CH_3I	主要来自海洋释放
三氯甲烷	$CHCl_3$	有机化学试剂生产和使用
氯乙烷	$C_2H_3Cl_3$	有机化学试剂生产和使用
四氯化碳	CCl_4	有机化学试剂生产和使用
氯乙烯	C_2H_3Cl	有机化学试剂生产和使用
四氟化硅	SiF_4	化肥生产
光气	$COCl_2$	印染工业,有机合成

物质名称	化学式或符号	发 生 源 及 其 相 关 行 业
氰化氢	HCN	氢氰酸生产,炼铁,煤气工业,化学工业,电镀业
三氯化磷	PCl_3	医药生产,染料生产
五氯化磷	PCl_5	福尔马林生产,制革业合成树脂
黄磷	P_4	丙烯酸生产,合成树脂,清漆生产
氯磺酸	HSO_3Cl	磷酸生产,磷肥生产
甲醛	HCHO	甲醇生产,福尔马林生产;涂料工业,树脂工业
丙烯醛	CH_2CHCHO	丙烯酸生产,合成树脂
磷化氢	PH_3	磷酸生产,磷肥生产
苯	C_6H_6	石油炼制,福尔马林生产,涂料工业,有机溶剂生产
甲醇	CH_3OH	甲醇生产,福尔马林生产,涂料工业,树脂工业
四羰基镍	$Ni(CO)_4$	石油化工工业,镍的精制
溴	Br_2	染料生产,医药生产,农药生产
苯酚	C_6H_5OH	炼焦工业,化学药品,涂料工业,树脂工业
吡啶	C_5H_5N	制药工业,化学工业
硫醇	C_2H_5SH	石油炼制,制药业,石油化工,饲料生产

① 硫氧化物　主要是指 SO_2 和 SO_3。大气中的 H_2S 是不稳定的硫氢化物,在有颗粒物存在下,可迅速地被氧化成三氧化硫。大气中近一半多的硫氧化物是人为因素所造成的,主要是由燃烧含硫煤和石油等燃料所产生的。此外,有色金属冶炼厂、硫酸厂等到也排放出相当数量的硫氧化物体。

根据煤含硫量的多少,有高硫煤和低硫煤之分。煤中含硫量大于 3% 的叫高硫煤,小于 3% 的为低硫煤。通常 1t 煤中含有 5～50kg 硫,1t 石油含 5～30kg 硫。燃料中的硫不完全以单体硫存在。有机硫化合物(如硫醇、硫醚等)和无机硫化合物(如黄铁矿)在燃烧过程中,可氧化生成 SO_2,这种硫化合物称为可燃性硫化合物。而无机硫化合物中的硫酸盐是不参与燃烧反应的,多残存于灰烬中,此种硫化合物为非可燃性硫化合物。

可燃性硫及硫化合物在燃烧时,产要是生成 SO_2,只有 1%～5% 氧化成 SO_3。其主要化学反应如下。

单体硫燃烧:
$$S + O_2 === SO_2$$
$$SO_2 + \frac{1}{2}O_2 === SO_3$$

硫铁矿的燃烧:
$$4FeS_2 + 11O_2 === 2Fe_2O_3 + 8SO_2$$
$$SO_2 + \frac{1}{2}O_2 === SO_3$$

硫醚、硫醇等有机硫化物的燃烧:$CH_3CH_2CH_2CH_2SH \longrightarrow H_2S + 2H_2 + 2C + C_2H_4$
分解出的 H_2S 再氧化为:
$$2H_2S + 3O_2 \longrightarrow 2SO_2 + 2H_2O$$

SO_2 在洁净干燥的大气中氧化生成 SO_3 的过程是很缓慢的,但是,在相对湿度比较大特别是在有颗粒物存在时,可发生催化氧化反应,从而加快生成 SO_3。

据卡利斯(Cullis)等人 1980 年发表的估算数据,地球上全年由天然源和人为污染源向大气排入硫氧化物的量,如表 9-3 所示。

表 9-3　地球上全年 SO₂ 的发生量

发　生　源	发生量/Mt	发　生　源	发生量/Mt
煤燃烧	62	从海洋发生的 SO₂(其中 H₂S 折算成 SO₂)	50
石油燃烧	25.5	从陆地上发生的 SO₂(其中 H₂S 折算成 SO₂)	48
石油炼制	3.7	从海洋盐盐粒子形成的 SO₂(SO₄²⁻折算成 SO₂)	44
有色金属冶炼	10.7	火山活动发生的 SO₂(将其中 H₂S 折算成 SO₂)	5
从工厂发生的硫氧化物	1.9	天然污染源排放的二氧化硫总量	147
人为污染源排放的二氧化硫总量	103.8		

从表 9-3 可知，由人为和天然污染源每年排放至大气中的 SO_2 约 2.5×10^8 t 之多，人为污染源排放的 SO_2 大约占总排放量的 41%。

经研究确定大气中硫氧化物和氮氧化物一样，都是形成酸雨或酸沉雨或酸沉降的主要前提，现在，世界酸雨区主要集中于欧洲、北美和中国三个地区。20 世纪 80 年代，中国酸雨只出现在西南燃高硫煤少数城市地区。1983 年酸雨严重区域是以重庆为中心的四川省；以贵阳为中心的贵州省；以南昌为中心的江西省，形成了西南、中南两个明显的酸雨区。而到 1985 年，我国已形成四个明显酸雨污染区，一是西南地区，二是湘赣浙地区，三是厦门、福州沿海的东南地区，四是青岛地区。此外还发现石家庄、太原地区也在日益酸化。

1997 年，全国降水年均 pH 范围在 3.74～7.79 之间。降水年均 pH 低于 5.6 的城市有 44 个，占统计城市数的 47.8%，其中，75% 的南方城市（长江以南）降水年均 pH 低于 5.6。降水年均 pH 低于 4.5 的城市有长沙、景德镇和遵义。北方城市降水年均 pH 低于 5.6 的城市有图们、青岛和太原。

由上可见，中国酸雨一直呈发展趋势。因此，应积极开展控制和治理烟气中 SO_2 排放的科学研究工作，争取在较短的时间内控制和消除 SO_2 烟害，保护环境，造福于人民。

② 氮氧化物　NO_x 种类很多，它是 NO、N_2O、NO_2、N_2O_3、N_2O_4 等的总称。造成大气污染的 NO_x 主要是指 NO 和 NO_2。大气中的 NO_x 几乎 1/2 以上是由人为污染源产生的。人为污染源一年向大气排放 NO_x 约为 5.21×10^7 t。它们大部分来源于化石燃料燃烧过程（燃煤炉、汽车、飞机及内燃机机车等燃烧过程）。此外，硝酸的生产或使用过程，氮肥厂、有机中间体厂、有色及黑色金属冶炼厂的某些生产过程等也有 NO_x 的产生。

表 9-4 列出了斯特德曼（Stedman）和洛根（Logan）等人对全世界由人为污染源和天然污染源向大气排放的氮氧化物的估算量。

表 9-4　全世界由人为和天然污染源向大气排放的 NOₓ 的估算量

污染源	排放量估算		污染源	排放量估算	
	Stedman 等人(1983)	Logan(1983)		Stedman 等人(1983)	Logan(1983)
天然污染源：			生物质燃烧	16	39
闪电	10	26	土壤排放	33	26
平流层注入	3	2	天然污染源总计排放量	65	96～126
NH₃ 氧化	3	3～33	人为污染源	66	108

由表 9-4 可知，由于不同学者的估算方法及取用的排放因子的不同，估算结果有较大的出入，但基本上可以看出由人为污染源排放的 NO_x 量几乎与天然污染源排放量相同。

由燃烧过程生成的 NO_x 有两类：一类是在高温燃烧时，助燃空气的 N_2 和 O_2 发生反应而生成的 NO_x，由此生成的 NO_x 叫热致 NO_x；另一类是燃料中的吡啶（C_5H_5N）等含氮化合物，经高温分解成 N_2 和 O_2 反应而生成的 NO_x，由此生成 NO_x 叫做燃料 NO_x。燃料燃烧生成的 NO_x 主要是 NO。在一般锅炉烟道气中只有不到 10% 的 NO 氧化成 NO_2。

热致 NO 的化学总反应式可写为：

其平衡常数可用下式表示：$K_c = \dfrac{c_{NO}^2}{c_{N_2} c_{O_2}} = 21.9 e^{-43.200/(RT)}$

式中，K_c 为平衡常数；c_{NO}、c_{N_2}、c_{O_2} 分别为生成物和反应物的浓度；R 为气体常数，$R = 8.3143 kJ/(mol \cdot K)$；$T$ 为热力学温度，K。

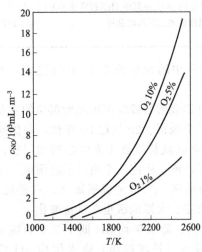

图 9-1 在不同含氧浓度下，NO 平衡浓度与温度的关系

图 9-1 所示为在不同含氧浓度下，燃烧生成的热致 NO 平衡浓度随氧气浓度的升高而增高。因此，为了减少燃烧生成的热致 NO，应尽可能降低燃烧温度和燃烧时气体中的氧气浓度（降低过剩空气系数），并缩短在高温区的停滞时间。高温燃烧生成的 NO，在排烟过程中，有少量 NO 因被冷却再分解成 N_2 和 O_2，也有部分被烟气中过剩氧而氧化，生成 NO_2，即：$2NO + O_2 \rightleftharpoons 2NO_2$。

燃料中的氮化合物经燃烧，大约有 $20\% \sim 70\%$ 转化成燃料 NO。燃料 NO 的生成机制到目前为止还不甚清楚。有人认为燃料中氮化合物在燃烧时，首先是发生热分解形成中间产物，然后经氧化生成 NO。

在一般情况下，NO_x 的排放率按煤、燃料油、天然气顺序而减小，见表 9-5。

表 9-5 化石燃料燃烧 NO_x 的排放率

燃料的种类及发热值/kJ·kg⁻¹	一般工业	火力发电厂
煤：276.33×10²	0.884	1.601
燃料油：418.63×10²	2.055	2.916
天然气：576.81×10²	3.633	3.633

③ 一氧化碳　大气中 CO 既来源于人为污染源，也来源于天然污染源，是排放量最大的污染物之一。人为污染源排放的 CO，主要是由于燃料燃烧不完全所产生的。

燃料燃烧时供氧不足将发生如下反应：

$$C + \frac{1}{2}O_2 \longrightarrow CO$$

$$C + CO_2 \longrightarrow 2CO$$

在缺氧条件下，CO 氧化成 CO_2 的速率很慢。由于近代不断对燃烧装置及燃烧技术的改进，从固定燃烧装置排放的 CO 量逐渐有所减少，而由汽车等移动污染源发生的 CO 量有所增加。表 9-6 为不同污染源排放的 CO 对大气污染的贡献。

表 9-6 不同污染源 CO 的排放量

来源	范围/Tg·a⁻¹	来源	范围/Tg·a⁻¹
工业	300~550	甲烷氧化	400~1000
生物质燃烧	300~700	非甲烷碳氢化合物氧化	200~600
生物活动	60~160	合计	1800~2700
海洋排放	20~200		

向大气释放 CO 的天然源有以下几种。

a. 甲烷的转化：有机体分解出的甲烷经 OH 自由基氧化形成的 CO。

b. 海水中 CO 的释放：由于海洋生物代谢，可不间断地向大气释放 CO，其量很大，海洋也是大气 CO 的主要释放源。

c. 萜烯反应：植物释放出的萜烯类物质在大气中被自由基氧化成 CO。

d. 植物叶绿素的光分解：由植物叶绿素光分解产生的 CO 量稍高于萜烯反应生成的量。

汽车尾气排放的 CO 量与汽车的运行工况有关。表 9-7 给出汽车在不同行驶工况下排放的 CO 浓度。由表可见，汽车在空挡时产生的 CO 量最多。这也足以说明，在大城市繁忙路口处一氧化碳污染相当严重的主要原因。

表 9-7　汽车在不同行驶工况下排放的 CO 体积分数/%

空　档	加　速	常　速	减　速
4.9	1.8	1.7	3.4

④ 碳氢化合物　大气中的碳氢化合物（HC）通常是指 $C_1 \sim C_8$ 可挥发的所有碳氢化合物，属于有机烃类。据估算，每年由天然和人为污染源向大气释放的碳氢化合物量如表 9-8 所示。

表 9-8　地球上每年碳氢化合物的发生量/10^6 t

发　生　源	发生量	发　生　源	发生量
煤		森林火灾	1.2
火力发电	0.2	小计	88.2
工业	0.7	天然源	
居民,商业	2.0	1. 甲烷　水田	210
石油		沼泽地	630
石油炼制	6.3	热带湿地	672
汽油	34	矿山及其他	88
柴油	0.1	2. 萜烯　针叶树林	50
重油	0.2	阔叶树林、耕地、温带草原	50
油品蒸发或转动的损失	7.8	有机物的叶红素分解	70
溶剂	10	小计	1770
垃圾焚烧场	25	合计	1858.2
木柴燃烧	0.7		

⑤ 硫酸烟雾　硫酸烟雾是大气中 SO_2 在相对温度比较高，气温比较低，并有颗粒气溶胶存在时而发生的。

大气中颗粒气液胶具有凝聚大气中水分和吸收 SO_2 与氧气的能力。在颗粒气溶胶表面上发生 SO_2 的催化氧化反应。生成亚硫酸和硫酸，即 SO_2 溶解于水滴时发生的化学反应为：

$$SO_2 + H_2O \longrightarrow H^+ + HSO_3^-$$

生成的亚硫酸在颗粒气溶胶中的 Fe、Mn 等催化作用下，继续被氧化生成硫酸：

$$2HSO_3^{2-} + 2H^+ + O_2 \longrightarrow 2H_2SO_4(雾)$$

若大气中有 NH_3 存在时，即可形成硫酸铵气溶胶。硫酸雾是强氧化剂，对人和动植物有极大的危害。英国从 19 世纪到 20 世纪中叶，曾多次发生这类烟雾事件，最严重的一次硫酸烟雾事件，发生在 1962 年 12 月 5 日，历时 5 天，死亡 4000 多人。

⑥ 光化学烟雾　光化学烟雾最早发生在美国洛杉矶市，随后在墨西哥的墨西哥市、日本的东京市以及我国的兰州市也相继发生了这类光化学烟雾事件。其表现是城市上空笼罩着白色烟雾（有时带有紫色或黄色），大气能见度降低，具有特殊气味，刺激眼睛和喉黏膜，

造成呼吸困难。生成的强氧化剂臭氧（O_3）可使橡胶制品开裂，植物叶片受害、变黄甚至枯萎。烟雾一般发生在相对温度低的夏季晴天，高峰出现在中午或刚过中午，夜间消失。

美国加利福尼亚大学哈根·斯密特博士提出的光化学烟雾理论认为，光化学烟雾是大气中 NO_x、HC 及 CO 等污染物，在强太阳光作用下，发生光学化学反应而形成的。

引起光化学烟雾的 NO_2 气体可吸收 $290 \sim 700nm$ 波长的光。在波长 $290 \sim 430nm$ 紫外光照射时，可使 NO_2 按下式进行光离解。

$$NO_2 + h\nu(290 \sim 430nm) \longrightarrow NO + O(^3p)$$

生成的基态氧原子 $O(^3p)$ 很快又与大气中氧分子反应生成臭氧（O_3），即

$$O(^3p) + O_2 + M \longrightarrow O_3 + M$$

式中，M 为其他分子。

生成的 O_3 与大气中 NO 碰撞接触，反应生成 NO_2 和 O_2。

当大气中含有碳氢化合物时，其中的烯烃和芳烃等有机化合物易与 $O(^3p)$、O_2、O_3 和 NO 等反应，生成一系列的中间和最终产物。中间产物有多种自由基，如 R·（烷基）、RO·（烷氧基，包括 HO·基）、RCO·（酰基）、ROO·（过氧烷基，包括 HO·基）和 $\underset{\overset{\|}{O}}{RCOO}$·（过氧酰基）等。

最终产物有臭氧、醛、酮、过氧乙酰硝酸酯（PAN）和过氧苯酰酯（PBN）等。

9.2.2.4 大气污染的治理

（1）从排烟中去除 SO_2 的技术　从排烟中去除 SO_2 的技术简称"排烟脱硫"。据初步统计，目前排烟胶硫方法已有 80 多种，其中有些方法目前是处于实验室或半工业性试验阶段，而多数方法就其工艺原理来说，是可以用于工业生产装置上进行脱硫的，但是对低 SO_2（含量<3.5%）烟气（由于烟气量大，浓度低）需要较大的脱硫装置，这不仅在工程和设备方面还存在着种种技术上的困难，而且在吸收剂或吸附剂的选用和副产品的处理和设备方面，也存在着可行性和经济性等问题。所以对低浓度 SO_2 烟气的治理，进展较为缓慢。近 20 年来，日、美等国对低浓度 SO_2 烟气脱硫的研究趋势是，从 20 世纪 60 年代以前的干法脱硫转向以湿法脱硫为主，这是因为湿法脱硫效率高，并可回收硫的副产物。

用于工业装置上的排烟脱硫应注意以下几个原则：①排烟脱硫的工艺原理及过程应简单，易于操作和管理；②脱硫装置应具有较高的脱硫效率，能长期连续运转，经济效果好，节省人力，占地面积小；③在脱硫过程中不应造成二次污染；④脱硫用的吸收剂价格便宜而又容易获得；⑤在工艺方法上应尽可能回收有用的硫资源。

排烟脱硫方法，可分为湿法和干法两种。用水或水溶液作吸收剂吸收烟气气中 SO_2 的方法，称为湿法脱硫；此外，根据工艺过程原理排烟脱硫方法又可分为吸收法（湿法和干法）、吸附法（干法）和氧化法（干法）等。下面简略介绍湿法和干法排烟脱硫的过程。

① 湿法排烟脱硫　湿法中由于所使用的吸收剂不同，主要有氨法、钠法、石灰-石膏法、镁法以及催化氧化法等。

a. 氨法　此法用氨水（$NH_3 \cdot H_2O$）为吸收剂吸收烟气中的 SO_2，其中间产物为亚硫酸铵 [$(NH_4)_2SO_3$] 和亚硫酸氢铵 [NH_4HSO_3]：

$$2NH_3 \cdot H_2O + SO_2 \longrightarrow (NH_4)_3SO_3 + H_2O$$

采用不同方法处理中间产物，可回收硫酸铵、石膏和单体硫等副产物。

b. 钠法　此法是用氢氧化钠、碳酸钠或亚硫酸钠水溶液为吸收剂吸收烟气中的 SO_2。因为该法具有对 SO_2 吸收速度快，管路和设备不容易堵塞等优点，所以应用比较广泛，其反应如下：

$$2NaOH + SO_2 \longrightarrow Na_2SO_3 + H_2O$$
$$Na_2CO_3 + SO_2 \longrightarrow Na_2SO_3 + CO_2$$
$$Na_2SO_3 + SO_2 + H_2O \longrightarrow 2NaHSO_3$$

生成 Na_2SO_3 和 $NaHSO_3$ 后的吸收液，可以经过无害化处理后弃去或经适当方法提取出来后获得副产品。

c. 钙法　此法又称石灰-石膏法。用石灰石、生石灰（CaO）或消石灰［$Ca(OH)_2$］的乳浊液为吸收剂吸收烟气中的 SO_2。吸收过程生成的亚硫酸钙（$CaSO_3$）经空气氧化后可得到石膏。此法所用的吸收剂低廉易得，回收的大量石膏可作建筑材料，因此被国内外广泛使用。

d. 镁法　此法具有代表性的工艺有前联邦 Wilhlm Crillo 公司发明的基里洛（Grillo）法和美国 Chemical Construction Co. 发明的凯米克（Chemical）法。

基里洛法是用吸收性能好，并且容易再生的 Mg_xMnO_y 为吸收剂吸收烟气中的 SO_2。此法所得副产物 SO_2 的浓度可达 8%。

凯米克法又称氧化镁法。用串联两个文丘里洗涤器的方法除去烟气中微小的尘粒，并用 MgO 溶液吸收烟气中的 SO_2。吸收过程中生成的 $MgSO_4 \cdot 7H_2O$ 和 $MgSO_3 \cdot 6H_2O$ 的晶体与焦炭一起在 1000℃ 下加热分解得到 SO_2 和 MgO。再生的 MgO 可重新用作吸收剂。大约 3%~17% 的 SO_2 可回收，用来制硫酸或单体硫。

② 干法排烟脱硫　干法脱硫主要有活性炭法、接触氧化法、活性氧化锰吸收法以及还原法等。

a. 活性炭法　是利用活性炭的活性和较大的比表面积使烟气中的 SO_2 在活性炭表面上与氧及水蒸气反应生成硫酸的方法，即：

$$SO_2 + \frac{1}{2}O_2 + H_2O \longrightarrow H_2SO_4$$

在吸附设备中由于活性炭的工作状态不同，可分为固定活性炭脱硫法、移动床活性炭脱硫法及流动床活性炭脱硫法等。我国也在进行固定床活性炭脱硫的研究工作。

为了回收吸附在活性炭上的硫化物及使活性炭得到再生，可用水洗脱吸、高温气体脱吸，水洗式固定床活性炭脱硫流程如图 9-2 所示。

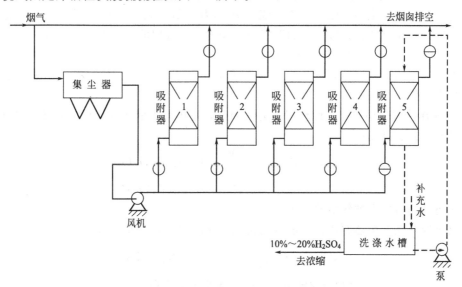

图 9-2　水洗式固定床活性炭脱硫流程

该流程有 5 个固定床活性炭吸附器，工作时总有 4 个吸附器通入烟气，吸附烟气中的 SO_2，一个吸附器作为解吸器通入水进行脱吸。几个吸附逐次地轮换吸附或脱吸操作。

高温热气体脱吸是把送入脱吸器内的已吸附了 SO_2 的活性炭用高温的还原性气体（一氧化碳或氢气等）使 SO_2 解吸出来。由于被活性炭吸附后的 SO_2 是以 H_2SO_4 的形式存在的，故此脱吸反应是按下式进行的：

$$H_2SO_4 + CO \longrightarrow SO_2 + H_2O + CO_2$$

b. 接触氧化法　此法与工业接触法制酸一样，是以硅石为载体，以五氧化二钒或硫酸钾等为催化氧化剂，使 SO_2 氧化制成无水或 78% 的硫酸。此法是高温操作，所需费用较高。

但由于技术上比较成熟，目前国内外对高浓度 SO_2 烟气的治理多采用此法。

(2) 从排烟中去除 NO_x 的技术　从燃烧装置排出的氮氧化物主要以 NO 形式存在。NO 比较稳定，在一般条件下，氧化还原速度比较慢。从排烟中去除 NO_x 的过程简称"排烟脱氮"（或称"排烟脱硝"）。它与"排烟脱硫"相似，也需要应用液态或固态的吸收剂或吸附剂来吸收或吸附 NO_x，以达到脱氮目的。NO 不与水反应，几乎不会被水或氨所吸收。如 NO 和 NO_2 以等摩尔存在时（相当于亚硝酸酐 N_2O_3）则容易被碱液吸收，也可被硫酸所吸收，生成亚硝酰硫酸（$NOHSO_4$）。

由于排烟中的 NO_x 主要是 NO，因此在用吸收法脱氮之前需要将 NO 进行氧化。关于 NO 的氧化方法各国作了许多研究工作，臭氧将 NO 氧化成 NO_2 的研究工作虽然早就在进行，但是直到现在还没有很好地投入实际应用。

目前排烟氮的方法有非选择性催化还原法、选择性催化还原法、吸收法等。现简要介绍如下。

① 非选择性催化还原法　该法是应用铂作为催化剂，以氢或甲烷等还原性气体作为还原剂，将烟气中的 NO_x 还原成 N_2。所谓非选择性是指反应时的温度条件不仅仅控制在只是烟气中的 NO_x 还原成 N_2，而且反应过程中，还能有一定量的还原剂与烟气中的过剩氧作用。此法选取的温度范围大约为 400～500℃。

该法所用的催化剂除用铂等贵金属外，还可使用钴、锰等金属的氧化物。在非选择性催化还原法脱氮的实际装置中，要有余热回收装置。

② 选择性催化还原法　该法是以贵金属铂或铜、铬、钒、钼、钴、镍等的氧化物（以铝矾土为载体）为催化剂，以氨、硫化氢、氯-氨及一氧化碳等为还原剂，选择出最适宜的温度范围进行脱氮反应。其最适宜的温度范围是随着所选用的催化剂、还原剂，以及烟气的流速的不同而不同，一般为 250～450℃。

根据所选用的还原剂不同可分为氨催化还原法、硫化氢催化还原法、氯-氨催化还原法及一氧化碳催化还原法等。

a. 氨选择性催化还原法：此法以氨为还原剂，选用铂为催化剂，反应温度控制在 150～250℃ 范围。其主要反应为：

$$6NO + 4NH_3 \xrightarrow[150\sim250℃]{Pt} 5N_2 + 6H_2O$$

$$6NO_2 + 8NH_3 \longrightarrow 7N_2 + 12H_2O$$

该法还可同时去烟气中的 SO_2。

硫化氢选择性催化还原法：该法以硫化氢为还原剂。其主要反应为：

$$NO + H_2S \xrightarrow[120\sim150℃]{Pt} S + \frac{1}{2}N_2 + H_2O$$

$$SO_2 + 2H_2S \xrightarrow[120\sim150℃]{} 2S + 2H_2O$$

该法也能同时除去烟气中的 SO_2。

b. 氯-氨选择性催化还原法：一氧化氮具有加合性，它与氯在木炭作催化剂，温度为 50℃时，产生黄色的氯化亚硝基（$Cl—N{=}O$）。此法的主要反应为：

$$2NO+Cl_2 \longrightarrow 2NOCl$$

$$2NOCl+4NH_3 \longrightarrow 2NH_4Cl+2N_2+2H_2O$$

c. 一氧化碳选择性催化还原法：该法可同时除去烟气中的 SO_2，催化剂可用铜·铝矾土。其主要反应为：

$$NO+CO \xrightarrow[538℃]{} \frac{1}{2}N_2+CO_2$$

$$SO_2+2CO \xrightarrow[538℃]{} S+2CO_2$$

$$NO_2+CO \longrightarrow NO+CO_2$$

③ 吸收法

按所使用的吸收剂分为碱液吸收法、熔融盐吸收法、硫酸吸收法及氢氧化镁吸收法等。

a. 碱液吸收法：该法也可同时除去烟气中的 SO_2。当烟气中 $NO/NO_2=1$（N_2O_3）时，碱液的吸收速度比只有 1％时的吸收速度大约加快 10 倍。通常是采用 30％的氢氧化钠溶液或 10％～15％的碳酸钠溶液作为吸收液。其主要反应为：

$$2MOH+N_2O_3（NO+NO_2） \longrightarrow 2MNO_2+H_2O$$

$$2MOH+2NO_2 \longrightarrow MNO_2+MNO_3+H_2O$$

M 代表 Na^+、K^+、NH_4^+ 等。

b. 熔融盐吸收法：该法是以熔融状态的碱金属或碱土金属的盐类吸收烟气中的 NO_x 的方法。此法也可同时除去烟气中的 SO_2。其主要反应为：

$$M_2CO_3+2NO_2 \longrightarrow MNO_2+MNO_3+CO_2$$

$$2MOH+4NO \longrightarrow N_2O+2MNO_2+H_2O$$

$$4MOH+6NO \longrightarrow N_2+4MNO_2+2H_2O$$

M 代表 Li^+、Na^+、K^+、Rb^+、Cs^+ 等。

c. 硫酸吸收法：该法也可同时除去烟气中的 SO_2，基本上与铅室法制造硫酸的反应相似。其主要反应为：

$$SO_2+NO_2+H_2O \longrightarrow H_2SO_4+NO$$

$$NO+NO_2+2H_2SO_4 \longrightarrow 2NOHSO_4+H_2O$$

$$2NOHSO_4+H_2O \longrightarrow 2H_2SO_4+NO+NO_2$$

$$3NO_2+H_2O \longrightarrow 2HNO_3+NO$$

$$NO+\frac{1}{2}O_2 \longrightarrow NO_2$$

d. 氢氧化镁吸收法：其主要反应为：

$$Mg(OH)_2+SO_2 \longrightarrow MgSO_3+H_2O$$

$$Mg(OH)_2+NO+NO_2 \longrightarrow Mg(NO_2)_2+H_2O$$

（3）氟化物的治理　随着炼铝工业、磷肥工业、硅酸盐工业及氟化学工业的发展，氟化物的污染愈发严重。由于氟化物易溶于水和碱性水溶液中，因此去除气体中的氟化物一般多采用湿法。但湿法的工艺流程及设备较为复杂，20 世纪 50 年代出现了用干法从烟气中回收氟化物的新工艺。

① 湿法净化含氟化物烟气　图 9-3 所示为湿法净化电解铝车间烟气的工业流程。它分地面排烟净化系统和天窗排烟净化系统。地面排烟净化系统净化电解槽上方，由集气罩抽出

含氟化物的烟气；而天窗排烟净化系统是净化由于加工操作或集气罩等装置不够严密而泄漏在车间的含氟化物烟气。

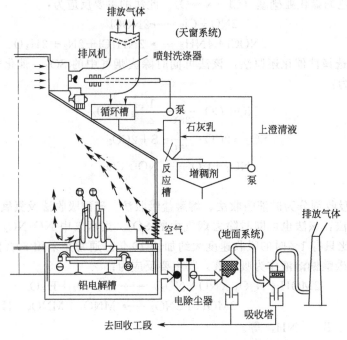

图 9-3 湿法净化电解铝车间烟气的工艺流程

两个净化系统均是用水或氢氧化钠水溶液为吸收剂吸收烟气中的氟化物。如以氢氧化钠溶液为吸收剂，在吸收氟化物的溶液中再加入偏铝酸钠（$NaAlO_2$）可回收冰晶石（Na_3AlF_6）。若以水为吸收剂，在吸收氟化物的水溶液中加入氧化铝可回收氟铝酸；如加碱可回收冰晶石。冰晶石是炼铝所不可缺少的原料。

天窗排烟净化系统的装置通常安装在厂房顶上。为减少排烟阻力，在排风机后直接安装喷射洗涤吸收器和除雾器。地面排烟净化系统的氟化物去除率达 90%～95%，天窗排烟净化系统的氟化物去除率大约为 70%～90%。

② 干法净化含氟化物烟气 此法主要是应用固态氧化铝为吸附剂，吸附后的含氟化物的氧化铝可作炼铝的原料。

干法净化多用于地面排烟系统，也应用于用磷矿石生产磷、磷酸、磷肥等的过程所发生的氟化物治理。干法的去除效率达 98%以上。

氟化物的治理除上述方法外还有以下一些方法：a. 用水吸收后再用石灰乳中和法，此法回收产物为氟化钙；b. 用硫酸钠（Na_2SO_4）水溶液为吸收剂的吸收法，此法回收产物为氟化氢；c. 用稀氟硅酸溶液吸收烟气中氟化氢和氟化硅法，此法回收产物为 10%～25%浓度的氟硅酸。

用湿法回收氟化物时要注意吸收液的腐蚀性，应正确地选用回收装置的材料。

9.2.2.5 大气污染综合防治措施

（1）加强规划管理 从现实出发，以技术可行性和经济合理性为原则，对不同地区确定相应的大气污染控制目标，并对污染源集中地区实行总量排放标准。按工业分散布局的原则规划新城镇的工业布局和调整老城镇的工业布局，控制城镇内工业人口。

（2）提高能源和原材料的利用率 我国当前的大气污染在很大程度上是由于能源利用率

低所造成的。所以各企业、事业单位都要在降低能源消耗上挖潜力。

（3）要发展无污染和少污染的生产工艺　以减少污染物在生产过程中的排放和泄漏。

（4）使用清洁能源　防治能源型大气污染的主要措施之一就是使用清洁能源。如，采用燃煤脱硫技术，可以有效减少大气中 SO_2 的含量。此外，开发应用清洁能源，如应用太阳能、地热能、核能、生物能、风能等都是防治大气污染的好方法。

9.3　水污染和防治

9.3.1　水与水污染

水是生命之源，水是一种宝贵的自然资源，工业生产、农业、交通运输和日常生活都需要水。水在地球上不断地循环运动，为地球表面调节气候，在雨雪降落时，又具有清新空气、净化环境的作用。地球上任何一个生态系统都离不开水。

水污染比大气污染更为严重，废水中的杂质数量远远超过大气中的杂质数量。

污染水质的物质种类繁多，下面就几类主要污染物质加以说明。

（1）无机污染物　污染水体的无机污染物，主要是指重金属、氰化物、酸、碱、盐等。

污染水体的重金属有汞、镉、铅、铬、钒、铜等。以汞毒性最大，镉次之，铅、铬也有相当的毒性。非金属砷的毒性与重金属相似，通常把它与重金属一起考虑。重金属不能被微生物降解（分解），一旦被生物吸收后，会长期留在体内。当重金属流入水体后，常常通过食物链在生物体内富集，对人类和生物有积累性中毒作用。因此，水体中的重金属含量是判断水质污染的一个重要指标。饮用水中汞含量不得超过 $0.001mg \cdot dm^{-3}$，镉含量不得超过 $0.01mg \cdot L^{-1}$。

氰化物是一种极毒物质，口腔黏膜吸进约 50mg 氢氰酸，瞬间即可致死。饮用水中含氢（以 CN^- 计）不得超过 $0.01mg \cdot dm^{-3}$，地面水不得超过 $0.1mg \cdot dm^{-1}$，镉含量不得超过 $0.1mg \cdot L^{-1}$。

酸污染主要来自冶金、金属加工的酸洗工序、合成纤维、酸性造纸等工业废水。碱污染主要来自碱法造纸的黑液，印染、制革、制碱、化纤、化工以及炼油等工业生产过程的废水。水体遭到酸、碱污染后，污染物改变了水体的 pH 值，影响水中微生物的生长，使水体自净能力受到阻碍，影响水生生物，导致对生态系统的不利影响。酸碱污染还会腐蚀水下的各种设施和船舶。

（2）有机污染物　有机污染物有的无毒、有的有毒。无毒的如碳水化合物、脂肪、蛋白质等。有毒的如酚、多环芳烃、多氯联苯、有机氯农药等。它们在水中有的能被耗氧微生物降解，有的则难解。

① 耗氧有机物。生活污水和某些工业废水中所含的碳水化合物、脂肪、蛋白质等有机物，可在微生物作用下，最终分解为简单的无机物质。这些有机物在分解过程中消耗水中的溶解氧，因此称它们为耗氧有机物。排入水体后，在被好氧微生物分解时，会使水中溶解氧急剧下降，从而影响水体中的鱼类和其他水生生物的正常生活，甚至会使鱼类和其他水生生物因缺氧而死亡。另外，如果水体中溶解氧被耗尽，这些有机物又会被厌氧微生物分解，产生甲烷、硫化氢、氨等恶臭物质。即发生腐败现象，使水变质。

水体被污染的程度，可以用溶解氧（DO）、生化需氧量（BOD）、化学需氧量（COD）、总需氧量（TOD）和总有机碳（TOC）等指标来标识。如水体的 BOD 量越大，水质就越差。TOD 表示有机物全部氧化为 CO_2、H_2O、NO、SO_2 等物质时所需的氧量。

② 难降解有机物。在水中很难被微生物降解的有机物称为难降解有机物。多氯联苯、

有机氯农药、有机磷农药等都是有剧毒的难降解有机物。它们进入水体中会长期存在，即使由于水体的稀释作用浓度较小，也会因为它们能被水生物吸收，通过食物链逐渐富集，在人体内积累，产生毒害。

近年来，石油对水质的污染问题十分突出，已引起世界的关注。石油污染的主要来源是海上采油、运输油船的逸漏和清洗油船的压舱水、炼油厂和石油化工厂的废水等。

石油是复杂的碳氢化合物，也属于难降解有机物。它能在各种水生物体内积累富集，水体中含微量的石油也能使鱼、虾、贝、蟹等水产品带有石油味，降低其食用价值。石油比水轻又不溶于水，洒在水体中便在水面上形成很大的薄膜覆盖层，阻止大气中的氧溶解在水中，造成水体的溶解氧减少，甚至产生水质腐败，严重危害各种水生物。此外，油膜还能堵塞鱼的鳃，使鱼呼吸困难，甚至死亡。用含油污水灌溉，会使农产品带有石油味，甚至因油膜黏附在作物上而使之枯死。

（3）水体的富营养化　水体富营养化状态是指水中总氮、总磷量超标——总氮含量大于 $1.5 \text{mg} \cdot \text{dm}^{-3}$，总磷含量大于 $0.1 \text{mg} \cdot \text{dm}^{-3}$。

生活污水和某些工业废水中，常有含氮和磷的物质。施加氮肥和磷肥的农田中，也含有氮和磷。它们并非有害元素，而是植物营养元素。但它们会引起水体中的硅藻、蓝藻、绿藻大量繁殖。导致水中溶解氧减少，化学需氧量增加，从而使水体品质恶化，鱼类死亡。这种由于植物营养元素大量排入水体，破坏了水体的生态平衡的现象，叫做水体的富营养化。它也是水体污染的一种形式。

（4）放射性污染物　水体中出现有害的放射性物质，是由于铀和钍矿物的开采、提取和冶炼所产生的废物，也来自核电厂，以及由于同位素在医学、工业、科研部门的应用，增加了放射性废水。污染水体，最危险放射性物质有锶 90，钡 137 等。它们的半衰期长，化学性质与人体中的某些元素如钙、钾相似，经水和食物进入人体后，增加人体内的辐射剂量，可引起遗传变异或癌症等。所以，应当引起重视。

（5）水体的热污染　向水体排放大量温度较高的污水，使水体因温度升高而造成的危害，称为水体的热污染。热电厂以及其他工厂的冷却水是水体热污染的主要污染源。大量的热能排入水体引起水温升高。它使水中的溶解氧减少，也促使藻类大量繁殖。使鱼类生存条件变坏，造成一定的危害。

9.3.2　水污染的防治

废水排放是引起水污染的主要原因。水污染防治的技术措施很多，这里扼要介绍污水处理的几种方法——物理法、物理化学法、化学法和生物法。在实际应用中，往往是几种方法联合使用。

（1）物理法　物理法主要是用机械方法去除污水中的悬浮物质。最常用的有重力分离法、过滤法等。它们对较大颗粒悬浮物的分离效果较好，对于微小的胶体悬浮物，则应先加入絮凝剂，如明矾、硫酸铝、硫酸铁、羟基氯化铝、聚丙烯酰胺等。它们使胶体悬浮物絮凝聚成较大颗粒，再用物理法分离出去。

物理法多用于污水的预处理。因为悬浮物往往会影响其他污水处理方法的顺利进行。此外，由于悬浮物多具有吸附作用，可以将某些溶于水的污染物随着悬浮物的吸附而一起分离出去，以减轻后续的其他处理过程的负担。

（2）物理化学法　物理化学法包括反渗透法、吸附法和萃取法等。

近年来反渗透法发展很快。它是利用水分子能通过半透膜，污染物分子不能通过半透膜的原理来净化污水的，已成功应用于某些含重金属离子的污水处理。所用的半透膜有醋酸纤维膜、聚砜纤维膜等。此法净化的效果很好，但不适于处理大量污水。

吸附法是利用活性炭、硅藻土等多孔性吸附剂来吸附污水中有害物质的方法。这种方法对污染物浓度低的污水处理有较好的净化效果，但用来处理浓度高的污水则成本高。

萃取法的原理是，利用有害物质在水中和在有机溶剂中的溶解度不同，使污水与有机溶剂充分混合，有害物质从污水转移到有机溶剂中，然后再从溶剂中把它们分离出来。例如，利用醋酸丁酯来萃取污水中的酚，可使含酚污水得到净化。萃取法不宜用来处理大量的污水。

（3）化学法 化学法是利用化学反应去除污染物或改变污染物的性质而净化污水的方法。常用的方法有中和法、氧化还原法、离子交换法。

中和法的目的是调节污水的 pH 值，使之达到排放要求，酸性污水可用石灰、石灰石、电石渣等来中和。碱性污水可通烟道气（含 CO_2、SO_2 等酸性气体）来中和。如同时有酸性污水和碱性污水，可将二者混合而中和。

中和法也是除去水中某些重金属离子的有效方法。调节水的 pH 值可使某些金属离子生成氢氧化物沉淀而被除去。这种基于沉淀反应的方法叫沉淀法。例如欲除去污水中的铅离子，可加入石灰或废碱使 Pb^{2+} 生成氢氧化铅沉淀而除去。又如含 Hg^{2+} 废水，通过加入硫化钠可将 Hg^{2+} 形成硫化汞沉淀而除去。但加入硫化钠不能过量，过量的硫化钠使硫化汞沉淀溶解。因此，常在含 Hg^{2+} 废水中加入价廉的 $FeSO_4$，使 Fe^{2+} 与过量的 S^{2-} 生成 FeS，它和 HgS 共同沉淀下来而除去。

氧化还原法的原理是，利用氧化还原反应将溶解在水中的有毒物质转化为无毒或毒性较小的物质。例如，用漂白粉 $[含 Ca(ClO)_2]$ 处理含氰废水，使氰离子氧化。

$$5Ca(ClO)_2+4NaCN+2H_2O = 5CaCl_2+2N_2+4NaHCO_3$$

又如，用硫酸亚铁处理含重铬酸根离子的镀铬废水，其反应为：

$$Cr_2O_7^{2-}+6Fe^{2+}+14H^+ = 2Cr^{3+}+6Fe^{3+}+7H_2O$$

然后用沉淀法使 Cr^{3+} 生成 $Cr(OH)_3$ 沉淀而除去。

离子交换法是利用离子交换树脂与污水中有害离子进行交换，从而将污水净化的方法。此法广泛应用于给水处理和回收有价值的金属离子。

（4）生物法 生物法是利用微生物的生物化学作用，将复杂的有机污染分解为简单物质，将有毒物质转化为无毒物质的处理方法。生物法有耗氧处理法和厌氧处理法两大类。目前大多采用耗氧处理法。这种方法的原理是，将空气不断通入污水池中，使污水中的微生物大量繁殖，因微生物分泌的胶质相互粘在一起，形成絮状的菌胶团，即所谓"活性污泥"；另外，在污水中装填多孔滤料或转盘，让微生物在其表面栖息，大量繁殖，形成所谓"生物滤池"。活性污泥和生物滤池把有机污染物作为养料，在较短时间内几乎全部吃掉污染物。

用生物法处理含酚、含氰废水，处理效果是很好的。但微生物的生命活动与其生存环境密切相关，而污水的水质和水量常常有变化，会导致处理效果不稳定。

9.4 固体废物的污染和治理

9.4.1 固体废物的污染

固体废物是指人为造成的固态和泥浆状的废料。这些废料自从人类居住时就出现了，它们处理或者是被从居住区移走，或者是像石器时代那样，经常将整个住所迁居。今天就再也没有可能这样做了，因为地球上的居民太稠密了。然而清除垃圾本身已成了一个问题，因为它已变得体积很大了。其中家庭垃圾是由纸，各种形式的包装材料、瓶子、金属盒、日用品、不再需要了的家用和工业家具以及厨房废物。同时还有大量的工业垃圾，如建筑废料、矿山废料、重工业中的矿渣以及来自制造过程的或多或少的工业废料。还有农业上不能继续利用的所有动物排出的废料和生物净化设备中排出的废料。这些巨大的固体废物的处理绝不仅仅意味着环境优美的问题，而是涉及对人类生存的环境问题。主要危害有三个方面：①缩小了生活空间；②产生病菌直接危害健康；③通过对地下水和大气的污染，间接损害健康。

9.4.2 固体废物（垃圾）的处理

在清除垃圾时特别要注意，要在相当大的程度上消除垃圾的有害作用；体积要减少，卫生情况要改善，并且不让垃圾中的有害物质流入土壤中或地下水中。可以用很多方法努力达到这些目标。

（1）有次序的存放 最长久为人所熟知的方法是将垃圾有次序地存放起来，有高处堆存和谷地堆存两种形式。它主要是采取如下的措施：将要堆放垃圾的地基用泥土、黏土、混凝土、沥青或塑料薄膜密封起来，为的是阻止垃圾渗漏或随水流入地下。然后将垃圾堆放在上面，最大 2m 厚一层。再使用垃圾压缩机——这是一种重型滚压车辆，它的滚压轮装有钢齿——将垃圾捣碎并将空洞的空间压紧。垃圾层的上面盖上一层约 40cm 厚的建筑废料砖瓦或者无菌的砂子。这上面又是一层垃圾，这样一层层堆起来。这层砂子或废砖可以有力地阻止垃圾自身发热并防止气体发生。然而当垃圾堆放起来后，不能避免对周围地区造成气味上的烦扰。一个垃圾堆始终要由保护植物包围起来，以防止堆放物质气味的逸出。当垃圾山的层堆积够了时，就用泥土层或土壤层把它覆盖起来。在上层土壤上栽种植物，以阻碍垃圾堆的污染。因为被封闭隔离的垃圾堆具有比周围地区高的土壤温度，所以不能种植对温度敏感的植物。

正确设计的垃圾堆放必须有拦截渗漏水的排水设施。用生物净化它，将五日生化需氧量的值降低约 70%～90%。铵离子能用硝化细菌清除到只剩下约 5%。由渗漏水夹带来的其他废物的残余能用活性炭和漂白粉［用铁（Ⅲ）-氯化物-添加物］把它减少 90%。

有毒的或特殊垃圾，如特别有毒的工业污泥，要装在桶中及完全封闭的混凝土盆中存放。首先要考虑它们是否不能更好地作为原料来源而加以利用。

（2）焚烧 重新利用家庭垃圾的一种简单方法是尽可能使它燃烧以产生能量。家庭垃圾几乎 50% 的成分是可燃物，如纺织品、木材、纸张、塑料、橡胶等。

在实际工作中可以选择两种方法焚烧垃圾：①首先将不能燃烧的部分挑选处理，用有次序的存放方法处理；②先将垃圾全部捣碎，然后投入到焚烧设备中燃烧。这样至少可使不能燃烧部分熔化在一起，并取得理想的体积减缩率。所有的尚未利用的固态动物废料在经预先干燥后也能在垃圾焚烧设备中燃烧。整个燃烧过程经过很多阶段：垃圾在长长的炉箅上缓慢地移向最热的区段。此时，垃圾首先被烘干，然后散发出可燃气体，最后碳化的残余物在几乎 1200℃ 高温的最热区内燃烧。通过这种逐步的燃烧，就避免了形成一氧化碳和其他的未燃尽物质。这种燃烧能量大多可用于发电或供热。

垃圾焚烧的最大优点是使垃圾 100% 地消毒，同时体积缩减率约达 80%～90%。当燃烧最后阶段温度可提高至 1200℃，在这种情况下矿渣也完全熔融了并能作为液态排出。此时垃圾的体积甚至可减少 95%。残留的矿渣一般地作存放处理。虽然它的强度很高，硅酸盐的含量达 40%～50% 并几乎有同样多的金属氧化物，它还是不适合作建筑材料，因为它含有水溶性成分并因而风化迅速。矿渣的水溶性成分呈碱性反应，因此它将提高土壤的pH 值。

垃圾焚烧也不可能完全没有环境污染。除了灰尘外，它的废气中也含有盐酸雾、氟化氢和二氧化硫。废弃除尘是不成问题的，但要消除酸性排放气体就必须采用昂贵的湿法除尘。垃圾中的塑料成分增加，特别是聚氯乙烯，则废气中的氟化氢成分也要增加，并进而提高废弃净化的价格。然而如果没有高含量的聚氯乙烯，焚烧垃圾也是一种比较昂贵的方法，因为设备需要不断地维修保养，并需要不断地供给能量。这样高的费用负担在垃圾量大时才有一点实用性，焚烧垃圾才能在经济上通得过。

（3）堆肥　比较廉价的消除垃圾方法，是让生物对有机物质作氧化分解，这有些像生物净化设备。人们把这一过程叫做堆肥。不过塑料、灰、玻璃和金属不适合堆肥。此困难可用两种方法避免。

① 将垃圾分选为堆肥和不可堆肥两类，这可以使用手选皮带、磁性分选器和粗锉设备进行。把不可堆肥部分用存放方法处理。

② 如果金属和玻璃被磨得很碎，不会妨碍堆肥时，就只把塑料挑出来。把挑出来的塑料焚烧掉。第二种方法实际上也就剩下要用存放处理的残余垃圾了。

不过对于处理过的垃圾，节能型生物分解还需要一系列附带措施。虽然在家庭垃圾中含有一切微生物生存所必须的营养成分，但是为了尽可能快地分解，还必须改变通常的 35:1 的碳和氮的比例关系（C/N 比），增加一些氮含量。在这方面，人们经常把净化污泥掺入垃圾中，这种污泥的 C/N 比大约是 10:1（氮特别是形成酶类蛋白质所必需的）。提高了氮含量就加速了分解（腐烂）。水分含量必须在 30% 和 50% 之间。如不在此范围内，腐烂就不按所期望的方式进行。pH 值必须在 5.8 和 8.0 之间。垃圾过于显酸性，就要用石灰中和，如过于显碱性，则要加硫，硫可以被硫酸菌氧化成硫酸。

腐烂过程的进行　当垃圾的各种成分都合适了以后，就把它堆叠起来，要使它能很好地通风。由于微生物的活动，垃圾自身于 25h 以后就生热了。首先是一些霉菌和细菌参与分解。温度到 45℃ 时嗜温细菌就特别繁殖起来了（温度大约在 35～65℃ 时较好）。例如枯草杆菌（Bacillus subtilis），到 65℃ 时嗜温细菌和霉菌就处于重要地位了。霉菌只在 60℃ 时才起作用。在最热期大约可达 75℃ 或 80℃，则是嗜热细菌在发热，特别是嗜热杆菌（Bacillus thermophilus）。紧接着随后的冷却期又繁殖了嗜温细菌和霉菌。垃圾在加热时发散水分。水分含量降到 20℃ 以下，腐烂就会停止。必要时可以通过加湿使其重新开始，并能连续多次地进行腐烂过程。

在腐烂时期温度升高时就达到了垃圾的消毒，至迟经过 2～3 天，在自身产生了足够的热之后，就可以确定不再有沙门菌和其他的病原体。在 55℃ 时昆虫卵和寄生虫卵（特别是线虫）就会死亡。当然，或许不仅仅只是高温起消毒作用，而来自微生物的抗生物质也起作用。然而垃圾不是绝对灭菌的，因为细菌芽孢在 100℃ 时才死亡，这在腐烂过程中是达不到的。

在技术上实现腐烂过程可以选择不同的方法。例如垃圾可以堆叠成堆，用通风管不断地供给氧气。这样的堆必须在几个星期后移动位置，因为在它的各阶段中不同的微生物就形成了不同分解效率。目前主要是应用小型的、不动的或可移动的腐烂室。因为垃圾在可移动的腐烂室中不断搅拌混合，就可显著缩短生物分解的时间；经 2～3 天的前腐烂（第一腐烂过程）和后腐烂（第二腐烂过程）垃圾就完全被消毒了，并分解成可以出售的堆肥。移动的腐烂室或者是像转筒，或者是像塔，腐烂物在这里面就如同在电梯中一样。在腐烂塔中能特别好地控制水分和温度。

另一种方法是将垃圾首先在锤碾机中捣碎。把这些物质送入磁选机进行筛选，以便把粗塑料颗粒清除。这样处理过的垃圾同净化污泥以 2:1 的比例进行混合，并压制成砖状胚块。这些垃圾"砖"的水分含量是 50%～55%，把它们堆积在有顶盖的地上，在两个星期内它的温度就升至60℃。有毛细管供应必要的空气，这些毛细管是在压制胚块时就保存在里面。垃圾在腐烂时就完全被消毒了，同时水分减少到20%。最后这些胚块被磨碎，并被当成肥料来使用。

垃圾堆肥特别适合于对厩肥、鸡肥、树皮和许多其他无用的或气味不好的有机废物作清除处理，以保护环境。这样产生的堆肥不仅对卫生无害，而且气味也被中和了。即便是有刺鼻恶臭味的鸡粪在腐烂之后也会变得闻起来有弱干草味了。

垃圾堆肥的实用性：垃圾堆肥的想法起源于这种愿望，即获得一个给氧基，把被夺去的有机和无机成分还给特别需要它的土壤。这项愿望大部分实现了。虽然垃圾堆肥所含的主要营养成分（氮、磷、钾）比厩肥或矿物肥料要少些，然而它的有机物含量高，这就决定性地改良了土壤性质。属于这方面的有稳定了土壤粒状结构（改善换气）、减少了被侵蚀的可能性以及提高了容水能力和对离子的吸附容量。垃圾堆肥比厩肥和矿物废料含有的示踪元素多；因此它特别适合于处理贫瘠的土壤。借助于垃圾堆肥可以清除由于缺锌引起的忽布（酒花）"卷缩"病和缺锰引起的燕麦枯斑病。由于它的硼含量较高，在甜菜种植时使用它可获得最高的产量。

虽然有这些成果，垃圾堆肥并不是很普遍地应用于植物栽培中（表9-9）。它的盐含量相对较高（显碱性）。因此喜酸的植物就不能用这种给养施肥。反应特别敏感的是酸性腐殖质植物，如杜鹃花属、欧石楠、针叶树等。最后，某些植物增加了示踪元素会起消极作用。

表9-9 栽培植物对垃圾的相容性差别

分　　类	植　　　物	分　　类	植　　　物
对垃圾敏感的	胡萝卜 莴苣 豆 洋葱 浆果灌木 针叶树	对垃圾敏感的	杜鹃花属 欧石楠 踯躅
		对垃圾相容的	果树 葡萄 蔬菜植物（芸苔属）

同净化污泥一样，垃圾堆肥含重金属和致癌物（例如3,4-苯并芘）也比一个平均土壤要多一点。然而它增加的量是很微小的，以致对垃圾堆肥作有目的地施肥检验时，没有能证实胡萝卜和莴苣的3,4-苯并芘含量高。

最大量的垃圾堆肥是用在葡萄种植上，特别是应用于土壤侵蚀保护。此外很大一部分使用于观赏植物和果树栽培。剩余的部分用于抚育墓地和公园、有小石子山崖的再绿化以及蔬菜栽培的土壤改良。

垃圾堆肥的某些部分，由于它的有机物质含量高，可用作猪饲料。它同青贮饲料有区别，是植物废料在堆肥时持续地通过需氧分解而制成。

（4）存放、焚烧和堆肥的比较　所有这三种垃圾清除方法从积极和消极方面看都各具特点，一般地不能说某一种方法比其他的方法好或者坏。更确切地说，清除垃圾必须始终适应当地的特殊情况。

最便宜的方法无疑是有次序的存放，最贵的方法是焚烧。垃圾堆肥的费用则介于这两者之间。所有三种方法的费用都随垃圾产量提高而降低。随着垃圾量的增多，焚烧垃圾的费用下降得比垃圾堆幅度大，因此在垃圾量高时（大约每年40万～50万吨）这两种方法的费用彼此极其接近。由此想到存放则远比其他两种方法便宜。

垃圾焚烧法被证明是减少体积最有效的方法，而由此想到存放在这方面的效果最不能令人满意。

如仅以卫生的观点来判断这三种方法，则明显地以堆肥的效果最好，因为它不仅提高完全消毒的最后产品，而且在处理过程中（腐烂）就已经把环境净化了。垃圾焚烧的最后产品虽然也是完全消过毒的，然而它的废气却污染环境。不过由于垃圾焚烧设备造成的空气污染目前大约只占整个空气污染的 3%（表 9-10）。垃圾存放只有当它完全被封闭起来并在上面栽种植物时才能不再污染环境。在垃圾上栽种植物之前，至少须经过 25 年的封闭时间，因为在封闭的垃圾中，也在缓慢地进行着厌氧腐烂过程。

表 9-10　垃圾焚烧设备造成的空气污染同其他来源造成的空气污染相比较

来　源	在空气污染中所占的百分比	来　源	在空气污染中所占的百分比
垃圾焚烧	约 3%	加热取暖	约 17%
热电厂	约 10%	内燃机	约 60%

这一简单的比较使人认识到，选择合适的垃圾清除方法，要完全视当地条件而定，例如垃圾的成分和垃圾量、堆积空间、居民密度、产生的垃圾堆肥是否可再利用、焚烧设备中产生的能量是否能利用等。

（5）回收有用原料　只要经济上允许，就力图从垃圾中重新生产有用的产品，如焚烧垃圾时，热能或垃圾堆肥时用的堆肥土，在将来原料缺乏日趋严重的情况下，就越来越迫使人们在所有的废物中寻找尚存的许许多多的各式各样的重要原料。今天就已经用磁选机从要送去焚烧或堆肥的垃圾中拣选出比例很大的废铁。废物成分特别高的是废汽车，人们努力以尽可能清洁的方式回收这种有价值的原料。

思考题与习题

1. 人与环境有什么关系？如何保持人与自然环境的协调发展？
2. 大气污染主要表现在什么方面？如何治理？
3. 酸性气体有哪些治理方法？
4. 水污染主要表现在什么方面？有哪些治理方法？
5. 固体垃圾存在什么问题？固体垃圾有哪些处理方法？

附　录

附录 1　一些重要的物理常数

物　理　量	符　号	数　值
真空中的光速	c	$2.99792458\times10^8\,\mathrm{m\cdot s^{-1}}$
元电荷	e	$1.6021892\times10^{-9}\,\mathrm{C}$
电子静质量	m_e	$9.1095343\times10^{-31}\,\mathrm{kg}$
质子静质量	m_p	$1.6726485\times10^{-27}\,\mathrm{kg}$
中子静质量	m_n	$1.6749543\times10^{-27}\,\mathrm{kg}$
摩尔气体常数	R	$8.31441\,\mathrm{J\cdot mol^{-1}\cdot K^{-1}}$
理想气体摩尔体积	V_m	$2.241383\times10^{-3}\,\mathrm{m^3\cdot mol^{-1}}$
阿伏伽德罗(Avogadro)常数	N_A	$6.022045\times10^{23}\,\mathrm{mol^{-1}}$
普朗克(Planck)常数	h	$6.626176\times10^{-34}\,\mathrm{J\cdot s}$
里得堡(Rydberg)常数	R_∞	$1.097373177\times10^7\,\mathrm{m^{-1}}$
法拉第(Faraday)常数	F	$9.648456\times10^4\,\mathrm{C\cdot mol^{-1}}$
玻耳兹曼(Blotzmann)常数	k	$1.380662\times10^{-23}\,\mathrm{J\cdot K^{-1}}$

附录 2　一些化学键的键能(298K)/kJ·mol^{-1}

项目		H	C	N	O	F	Si	P	S	Cl	Ge	As	Se	Br	I
单键	H	436													
	C	415	331												
	N	389	293	159											
	O	462	343	201	138										
	F	565	486	272	184	155									
	Si	320	281	—	368	540	197								
	P	318	264	300	352	490	214	214							
	S	364	289	247	—	340	226	230	264						
	Cl	431	327	201	205	252	360	318	272	243					
	Ge	289	243	—	—	465	—	—	—	239	163				
	As	274	—	—	—	465	—	—	—	289	—	178			
	Se	314	247	—	—	306	—	—	—	251	—	—	193		
	Br	368	276	243	—	239	289	272	214	218	276	239	226	193	
	I	297	239	201	201	—	241	214	—	209	214	180	—	180	151

双键	C=C 620	C—N 615	C=O 708	N=N 419	O=O 498	S=O 420
叁键	C≡C 812	C≡N 879	C≡O 1072	N≡N 945	S≡S 423	S≡C 578

注：本表数据摘自 Steudel R，Chemistry of the Non-Metals (1977)。

附录 3　一些物质在 298.15K 时的标准热力学数据
（标准状态压力 $p^{\ominus}=100kPa$）

物　　质	$\Delta_f H_m^{\ominus}/kJ \cdot mol^{-1}$	$\Delta_f G_m^{\ominus}/kJ \cdot mol^{-1}$	$S_m^{\ominus}/J \cdot mol^{-1} \cdot K^{-1}$
Ag(s)	0	0	42.55
AgCl(s)	−127.07	−109.80	96.2
Ag₂O(s)	−31.0	−11.2	121
Al(s)	0	0	28.3
Al₂O₃(α,刚玉)	−1676	−1582	50.92
Br₂(l)	0	0	152.23
Br₂(g)	30.91	3.14	245.35
HBr(g)	−36.4	−53.43	198.59
Ca(s)	0	0	41.6
CaC₂(s)	−62.8	−67.8	70.3
CaCO₃(方解石)	−1206.8	−1128.8	92.9
CaO(s)	−653.09	−604.2	40
Ca(OH)₂(s)	−986.59	−896.69	76.1
C(石墨)	0	0	5.740
C(金刚石)	1.897	2.900	2.38
CO(g)	−110.52	−137.15	197.56
CO₂(g)	−393.51	−394.36	213.6
CS₂(l)	89.70	65.27	151.3
CS₂(g)	117.4	67.15	237.3
CCl₄(l)	−135.4	−65.27	216.4
CCl₄(g)	−103	−60.63	309.7
HCN(l)	108.9	124.9	112.8
HCN(g)	135	125	201.7
Cl₂(g)	0	0	222.96
Cl(g)	121.67	105.70	165.09
HCl(g)	−92.307	−95.29	186.80
Cu(s)	0	0	33.15
CuO(s)	−157	−130	42.63
Cu₂O(s)	−169	−146	93.14
F₂(g)	0	0	202.2
HF(g)	−271	−273	173.67
Fe(α)	0	0	27.3
FeCl₂(s)	−341.8	−302.3	117.9
FeCl₃(s)	−399.5	−334.1	142
FeO(s)	−272	—	—
Fe₂O₃(赤铁矿)	−824.2	−742.2	87.40
Fe₃O₄(s)	−1118	−1015	146
FeSO₄(s)	−928.4	−820.9	108
H₂(g)	0	0	130.57
H(g)	217.97	203.26	114.60
H₂O(l)	−285.83	−237.18	69.91
H₂O(g)	−241.82	−228.59	188.72
I₂(s)	0	0	116.14
I₂(g)	62.438	19.36	260.6
I(g)	106.84	70.283	180.68
HI(g)	26.5	1.7	206.48
Mg(s)	0	0	32.5
MgCl₂(s)	−641.83	−592.3	89.5
MgO(s)	−601.83	−569.57	27
Mg(OH)₂(s)	−924.66	−833.75	63.14
Na(s)	0	0	51.0
Na₂CO₃(s)	−1131	−1048	136

物　质	$\Delta_f H_m^{\ominus}/kJ\cdot mol^{-1}$	$\Delta_f G_m^{\ominus}/kJ\cdot mol^{-1}$	$S_m^{\ominus}/J\cdot mol^{-1}\cdot K^{-1}$
$NaHCO_3(s)$	−947.7	−851.9	102
$NaCl(s)$	−411.0	−384.0	72.38
$NaNO_3(s)$	−466.68	−365.8	116
$Na_2O(s)$	−416	−377	72.8
$NaOH(s)$	−426.73	−379.1	—
$Na_2SO_4(s)$	−1384.5	−1266.8	149.5
$N_2(g)$	0	0	191.5
$NH_3(g)$	−46.11	−16.5	192.3
$N_2H_4(l)$	50.63	149.2	121.2
$NO(g)$	90.25	86.57	210.65
$NO_2(g)$	33.2	51.30	240.0
$N_2O(g)$	82.05	104.2	219.7
$N_2O_3(g)$	83.72	139.4	312.2
$N_2O_4(g)$	9.16	97.82	304.2
$N_2O_5(g)$	11	115	356
$HNO_3(g)$	−135.1	−74.77	266.3
$HNO_3(l)$	−173.2	−79.91	155.6
$NH_4HCO_3(s)$	−849.4	−666.1	121
$O_2(g)$	0	0	205.03
$O(g)$	249.17	231.75	161.95
$O_3(g)$	143	163	238.8
$P(\alpha,白磷)$	0	0	41.1
$P(红磷,三斜)$	−18	−12	22.8
$P_4(g)$	58.91	24.5	279.9
$PCl_3(g)$	−287	−268	311.7
$PCl_5(g)$	−375	−305	364.5
$POCl_3(g)$	−558.48	−512.96	325.3
$H_3PO_4(s)$	−1279	−1119	110.5
$S(正交)$	0	0	31.8
$S(g)$	278.81	238.28	167.71
$S_8(g)$	102.3	49.66	430.87
$H_2S(g)$	−20.6	−33.6	205.7
$SO_2(g)$	−296.83	−300.19	248.1
$SO_3(g)$	−395.7	−371.1	256.6
$H_2SO_4(g)$	−813.989	−690.101	156.90
$Si(s)$	0	0	18.8
$SiCl_4(l)$	−687.0	−619.90	240
$SiCl_4(g)$	−657.01	−617.01	330.6
$SiH_4(g)$	34	56.9	204.5
$SiO_2(石英)$	−910.94	−856.67	41.84
$SiO_2(s,无定形)$	−903.49	−850.73	46.9
$Zn(s)$	0	0	41.6
$ZnCO_3(s)$	−394.4	−731.57	82.4
$ZnCl_2(s)$	−415.1	−369.43	111.5
$ZnO(s)$	−348.3	−318.3	43.64
$CH_4(g)$　　甲烷	−74.81	−50.75	187.9
$C_2H_6(g)$　　乙烷	−84.68	−32.9	229.5
$C_3H_8(g)$　　丙烷	−103.8	−23.5	269.9
$C_4H_{10}(g)$　　正丁烷	−124.7	−15.7	310.0
$C_2H_4(g)$　　乙烯	52.26	68.12	219.5
$C_3H_6(g)$　　丙烯	20.4	62.72	266.9
$C_4H_8(g)$　　1-丁烯	1.17	72.05	307.4
$C_2H_2(g)$　　乙炔	226.7	209.2	200.8
$C_6H_6(l)$　　苯	48.66	123.0	—
$C_6H_6(g)$　　苯	82.93	129.7	269.2
$C_6H_5CH_3(g)$　　甲苯	50.00	122.3	319.7

物　　质		$\Delta_f H_m^{\ominus}/\text{kJ}\cdot\text{mol}^{-1}$	$\Delta_f G_m^{\ominus}/\text{kJ}\cdot\text{mol}^{-1}$	$S_m^{\ominus}/\text{J}\cdot\text{mol}^{-1}\cdot\text{K}^{-1}$
$CH_3OH(l)$	甲醇	-238.7	-166.4	127
$CH_3OH(g)$	甲醇	-200.7	-162.0	239.7
$C_2H_5OH(l)$	乙醇	-277.7	-174.9	161
$C_2H_5OH(g)$	乙醇	-235.1	-168.6	282.6
$C_4H_9OH(l)$	正丁醇	-327.1	-163.2	228
$C_4H_9OH(g)$	正丁醇	-274.7	-151.1	363.6
$(CH_3)_2O(g)$	二甲醚	-184.1	-112.7	266.3
$HCHO(g)$	甲醛	-117	-113	218.7
$CH_3CHO(l)$	乙醛	-192.3	-128.2	160
$CH_3CHO(g)$	乙醛	-166.2	-128.9	250
$(CH_3)_2CO(l)$	丙酮	-248.2	-155.7	—
$(CH_3)_2CO(g)$	丙酮	-216.7	-152.7	—
$HCOOH(l)$	甲酸	-424.72	-361.4	129.0
$CH_3COOH(l)$	乙酸	-484.5	-390	160
$CH_3COOH(g)$	乙酸	-432.2	-374	282
$(CH_2)_2O(l)$	环氧乙烷	-77.82	-11.8	153.8
$(CH_2)_2O(g)$	环氧乙烷	-52.63	-13.1	242.4
$CHCl_2CH_3(l)$	1,1-二氯乙烷	-160	-75.7	211.8
$CHCl_2CH_3(g)$	1,1-二氯乙烷	-129.4	-72.59	305.0
$CH_2ClCH_2Cl(l)$	1,2-二氯乙烷	-165.2	-79.62	208.5
$CH_2ClCH_2Cl(g)$	1,2-二氯乙烷	-129.8	-73.93	308.3
$CCl_2{-}CH_2(l)$	1,1-二氯乙烯	-24	24.5	201.5
$CCl_2{-}CH_2(g)$	1,1-二氯乙烯	2.4	25.1	288.9
$CH_3NH_2(l)$	甲胺	-47.3	36	150.2
$CH_3NH_2(g)$	甲胺	-23.0	32.1	243.3
$(NH_2)_2CO(s)$	尿素	-332.9	-196.8	104.6
H^+		0	0	0
Na^+		-240.12	-261.89	59.0
K^+		-252.38	-283.26	102.5
Ag^+		105.58	77.124	72.68
NH_4^+		-132.51	-79.37	113.4
Ba^{2+}		-537.64	-560.74	9.6
Ca^{2+}		-542.83	-553.54	-53.1
Mg^{2+}		-466.85	-454.8	-138.1
Fe^{2+}		-89.1	-78.87	-137.1
Fe^{3+}		-48.5	-4.6	-315.9
Cu^{2+}		64.77	65.52	-99.6
Zn^{2+}		-153.89	-147.03	-112.1
Pb^{2+}		-1.7	-24.39	10.5
Mn^{2+}		-220.75	-228.0	-73.6
Al^{3+}		-531	-485	-321.7
OH^-		-229.99	-157.29	-10.75
F^-		-332.63	-278.82	-13.8
Cl^-		-167.16	-131.26	56.5
Br^-		-121.54	-103.97	82.4
I^-		-55.19	-51.59	111.3
HS^-		-17.6	12.05	62.8
HCO_3^-		-691.99	-586.85	91.2
NO_3^-		-207.36	-111.34	146.4
AlO_2^-		-918.8	-823.0	-21
S^{2-}		33.1	85.8	-14.6
SO_4^{2-}		-909.27	-744.63	20.1
CO_3^{2-}		-677.14	-527.90	-56.9

注：1. $Ag(s)\sim(NH_2)_2CO(s)$ 数据摘自 Lange's Handbook of Chemistry 11thed，并按 1cal＝4.184J 加以换算。

2. $H^+\sim CO_3^{2-}$ 数据摘自 Lide D R. CRC Handbook of Chemistry and Physics，71st ed，CRC Press，Inc，(1990-1991)，第 5-16～59 页（单位由 kcal·mol^{-1}·K^{-1}换算为 kJ·mol^{-1}或 J·mol^{-1}·K^{-1}）。

附录 4 弱酸、弱碱在水中的标准电离常数（18～25℃）

酸	标准电离常数 $K_a^\ominus$	$pK_a^\ominus$	酸	标准电离常数 $K_a^\ominus$	$pK_a^\ominus$
H_3AsO_4	$5.6\times10^{-3}(K_{a_1}^\ominus)$	2.25	H_5IO_6	$2.8\times10^{-2}(K_{a_1}^\ominus)$	1.55
	$1.7\times10^{-7}(K_{a_2}^\ominus)$	6.77		$5.4\times10^{-9}(K_{a_2}^\ominus)$	8.27
	$3.0\times10^{-12}(K_{a_3}^\ominus)$	11.52	H_2S	$9.1\times10^{-8}(K_{a_1}^\ominus)$	7.04
H_3BO_3	5.7×10^{-10}	9.24		$1.1\times10^{-12}(K_{a_1}^\ominus)$	11.96
HBrO	2.5×10^{-9}	8.60	H_2SO_3	$1.5\times10^{-2}(K_{a_1}^\ominus)$	1.82
H_2CO_3	$4.2\times10^{-7}(K_{a_1}^\ominus)$	6.38		$1.0\times10^{-7}(K_{a_2}^\ominus)$	7.00
	$5.6\times10^{-11}(K_{a_2}^\ominus)$	10.25	H_2SO_4	$1.0\times10^{-2}(K_a^\ominus)$	2.00
H_2CrO_4	$1.8\times10^{-1}(K_{a_1}^\ominus)$	0.74	H_2SiO_3	$1.7\times10^{-10}(K_{a_1}^\ominus)$	9.77
	$3.2\times10^{-7}(K_{a_2}^\ominus)$	6.49		$1.6\times10^{-12}(K_{a_2}^\ominus)$	11.8
HCN	6.2×10^{10}	9.21	HCOOH	1.8×10^{-4}	3.74
HClO	2.9×10^{-8}	7.54	CH_3COOH	1.8×10^{-5}	4.74
HF	3.5×10^{-4}	3.46	$CH_2ClCOOH$	1.4×10^{-3}	2.86
HNO_2	4.6×10^{-4}	3.37	$CHCl_2COOH$	5.0×10^{-2}	1.30
H_3PO_4	$7.6\times10^{-3}(K_{a_1}^\ominus)$	2.12	CCl_3COOH	0.23	0.64
	$6.3\times10^{-8}(K_{a_2}^\ominus)$	7.20	$H_2C_2O_4$	$5.9\times10^{-2}(K_{a_1}^\ominus)$	1.23
	$4.4\times10^{-13}(K_{a_3}^\ominus)$	12.36		$6.4\times10^{-5}(K_{a_2}^\ominus)$	4.19
HIO	2.3×10^{-11}	10.64	$(CH_2COOH)_2$（琥珀酸）	$6.4\times10^{-5}(K_{a_1}^\ominus)$	4.19
CH₂COOH | CH(OH)COOH（柠檬酸） | CH₂COOH	$7.4\times10^{-4}(K_{a_1}^\ominus)$ $1.7\times10^{-5}(K_{a_2}^\ominus)$ $4.0\times10^{-7}(K_{a_3}^\ominus)$	3.13 4.76 6.40		$2.7\times10^{-6}(K_{a_2}^\ominus)$	5.57
CH(OH)COOH | CH(OH)COOH（酒石酸）	$9.1\times10^{-4}(K_{a_1}^\ominus)$ $4.3\times10^{-5}(K_{a_2}^\ominus)$	3.04 4.37	C_6H_5OH	1.1×10^{-10}	9.95
			C_6H_5COOH	6.2×10^{-5}	4.21
$C_6H_4(COOH)_2$ （邻苯二甲酸）	$1.3\times10^{-3}(K_{a_1}^\ominus)$ $2.9\times10^{-6}(K_{a_2}^\ominus)$	2.89 5.54	$C_6H_4(OH)COOH$（水杨酸）	1.07×10^{-3}	2.97

碱	标准电离常数 $K_b^\ominus$	$pK_b^\ominus$	碱	标准电离常数 $K_b^\ominus$	$pK_b^\ominus$
$NH_3\cdot H_2O$	2.9×10^{-6}	4.74	$C_6H_5NH_2$（苯胺）	4.6×10^{-10}	9.34
NH_2OH（羟胺）	2.9×10^{-6}	8.04			
$(CH_2)_6N_4$（六次甲基四胺）	2.9×10^{-6}	8.85	CH₂NH₂ |　　　　（乙二胺） CH₂NH₂	$8.5\times10^{-5}(K_{b_1}^\ominus)$ $7.1\times10^{-8}(K_{b_2}^\ominus)$	4.07 7.15
（吡啶）	2.9×10^{-6}	8.77			

注：数据摘自 Robert C. Weast CRC Handbook of Chemistry and Physics, 69th ed, D156～171 (1989-1990)。

附录5 难溶化合物的标准溶度积常数 (18~25℃)

难溶化合物	$K_{sp}^{\ominus}$	$pK_{sp}^{\ominus}$	难溶化合物	$K_{sp}^{\ominus}$	$pK_{sp}^{\ominus}$
Ag_3AsO_4	1×10^{-22}	22.0	$CdC_2O_4\cdot3H_2O$	9.1×10^{-8}	7.04
$AgBr$	5.0×10^{-13}	12.30	CdS	8×10^{-27}	26.1
Ag_2CO_3	8.1×10^{-12}	11.09	$CoCO_3$	1.4×10^{-13}	12.84
$AgCl$	1.8×10^{-10}	9.75	$Co_2[Fe(CN)_6]$	1.8×10^{-15}	14.74
Ag_2CrO_4	2.0×10^{-12}	11.71	$Co(OH)_2$(新析出)	2×10^{-15}	14.7
$AgCN$	1.2×10^{-16}	15.92	$Co(OH)_3$	2×10^{-44}	43.7
$AgOH$	2.0×10^{-8}	7.71	$Co[Hg(SCN)_4]$	1.5×10^{-8}	5.82
AgI	9.3×10^{-17}	16.0	$\alpha\text{-}CoS$	4×10^{-21}	20.4
$Ag_2C_2O_4$	3.5×10^{-11}	10.47	$\beta\text{-}CoS$	2×10^{-25}	24.7
Ag_3PO_4	1.4×10^{-16}	15.84	$Co_3(PO_4)_2$	2×10^{-35}	34.7
Ag_2SO_4	1.4×10^{-5}	4.84	$Cr(OH)_3$	6×10^{-31}	30.2
Ag_2S	2×10^{-49}	48.7	$CuBr$	5.2×10^{-9}	8.28
$AgSCN$	1.0×10^{-12}	12.00	$CuCl$	1.2×10^{-6}	5.92
$Al(OH)_3$(无定形)	1.3×10^{-33}	32.9	$CuCN$	3.2×10^{-20}	19.49
$As_2S_3$①	2.1×10^{-22}	21.68	CuI	1.1×10^{-12}	11.96
$BaCO_3$	5.1×10^{-9}	8.29	$CuOH$	1×10^{-14}	14.0
$BaCrO_4$	1.2×10^{-10}	9.93	Cu_2S	2×10^{-43}	42.7
BaF_2	1×10^{-6}	6.0	$CuSCN$	4.8×10^{-15}	14.32
$BaC_2O_4\cdot H_2O$	2.3×10^{-8}	7.64	$CuCO_3$	1.4×10^{-10}	9.86
$BaSO_4$	1.1×10^{-10}	9.96	$Cu(OH)_2$	2.2×10^{-20}	19.66
$Bi(OH)_3$	4×10^{-10}	30.4	CuS	6×10^{-36}	35.2
$BiOOH$②	4×10^{-10}	9.4	$FeCO_3$	3.2×10^{-11}	10.50
BiI_3	8.1×10^{-19}	18.09	$Fe(OH)_2$	8×10^{-16}	15.1
$BiOCl$	1.8×10^{-31}	30.75	FeS	6×10^{-18}	17.2
$BiPO_4$	1.3×10^{-23}	22.89	$Fe(OH)_3$	4×10^{-38}	37.4
Bi_2S_3	1×10^{-97}	97.0	$FePO_4$	1.3×10^{-22}	21.89
$CaCO_3$	2.9×10^{-9}	8.54	$Hg_2Br_2$③	5.8×10^{-23}	22.24
CaF_2	2.7×10^{-11}	10.57	Hg_2CO_3	8.9×10^{-17}	16.05
$CaC_2O_4\cdot H_2O$	2.0×10^{-9}	8.70	Hg_2Cl_2	1.3×10^{-18}	17.88
$Ca_3(PO_4)_2$	2.0×10^{-29}	28.70	$Hg_2(OH)_2$	2×10^{-24}	23.7
$CaSO_4$	9.1×10^{-6}	5.04	Hg_2I_2	4.5×10^{-29}	28.35
$CaWO_4$	8.7×10^{-9}	8.06	Hg_2SO_4	7.4×10^{-7}	6.13
$CdCO_3$	5.2×10^{-12}	11.28	Hg_2S	1×10^{-47}	47.0
$Cd_2[Fe(CN)_6]$	3.2×10^{-17}	16.49	$Hg(OH)_2$	3.0×10^{-26}	25.52
$Cd(OH)_2$(新析出)	2.5×10^{-14}	13.60	HgS(红色)	4×10^{-53}	52.4
HgS(黑色)	2×10^{-52}	51.7	$Pb_3(PO_4)_2$	8.0×10^{-43}	42.10
$MgNH_4PO_4$	2×10^{-13}	12.7	$PbSO_4$	1.6×10^{-8}	7.79
$MgCO_3$	3.5×10^{-8}	7.46	PbS	8×10^{-28}	27.9
MgF_2	6.4×10^{-9}	8.19	$Pb(OH)_4$	3×10^{-66}	65.5
$Mg(OH)_2$	1.8×10^{-11}	10.74	$Sb(OH)_3$	4×10^{-42}	41.4
$MnCO_3$	1.8×10^{-11}	10.74	Sb_2S_3	2×10^{-93}	92.8
$Mn(OH)_2$	1.9×10^{-13}	12.72	$Sn(OH)_2$	1.4×10^{-28}	27.85
MnS(无定形)	2×10^{-10}	9.7	SnS	1×10^{-25}	25.0
MnS(晶形)	2×10^{-13}	12.7	$Sn(OH)_4$	1×10^{-56}	56.0
$NiCO_3$	6.6×10^{-9}	8.18	SnS_2	2×10^{-27}	26.7
$Ni(OH)_2$(新析出)	2×10^{-15}	14.7	$SrCO_3$	1.1×10^{-10}	9.98
$Ni_3(PO_4)_2$	5×10^{-31}	30.3	$SrCrO_4$	2.2×10^{-5}	4.65
$\alpha\text{-}NiS$	3×10^{-19}	18.5	SrF_2	2.4×10^{-9}	8.61
$\beta\text{-}NiS$	1×10^{-24}	24.0	$SrC_2O_4\cdot H_2O$	1.6×10^{-7}	6.80
$\gamma\text{-}NiS$	2×10^{-26}	25.7	$Sr_3(PO_4)_2$	4.1×10^{-28}	27.39
$PbCO_3$	7.4×10^{-14}	13.13	$SrSO_4$	3.2×10^{-7}	6.49
$PbCl_2$	1.6×10^{-5}	4.79	$Ti(OH)_3$	1×10^{-40}	40.0
$PbClF$	2.4×10^{-9}	8.62	$TiO(OH)_2$④	1×10^{-29}	29.0
$PbCrO_4$	2.8×10^{-13}	12.55	$ZnCO_3$	1.4×10^{-11}	10.84
PbF_2	2.7×10^{-8}	7.57	$Zn[Fe(CN)_6]$	4.1×10^{-16}	15.39
$Pb(OH)_2$	1.2×10^{-15}	14.93	$Zn(OH)_2$	1.2×10^{-17}	16.92
PbI_2	7.1×10^{-9}	8.15	$Zn(PO_4)_2$	9.1×10^{-33}	32.04
$PbMoO_4$	1×10^{-19}	13.0	ZnS	2×10^{-22}	21.7

① 为如下平衡的标准平衡常数 $As_2S_3+4H_2O \rightleftharpoons 2HAsO_2+3H_2S$

② $BiOOH$ $K_{sp}^{\ominus}=c_{BiO^+}\,c_{OH^-}$

③ $(Hg_2)_mX_n$ $K_{sp}^{\ominus}=c_{Hg_2^{2+}}^m\,c_{X^{\frac{2m}{n}-}}^n$

④ $TiO(OH)_2$ $K_{sp}^{\ominus}=c_{TiO^{2+}}\,c_{OH^-}^2$

注: 数据摘自 Weast RC, CRC Handbook of chemistry and Physics, 69th ed, (1988-1989), CRC Press Inc., Boca Raton, Florida, P. B-204-4。

附录 6　一些常见配离子的标准稳定常数和标准不稳定常数

配离子	$K_{稳}^{\ominus}$	$\lg K_{稳}^{\ominus}$	$K_{不稳}^{\ominus}$	$\lg K_{不稳}^{\ominus}$
$[AgBr_2]^-$	2.14×10^7	7.33	4.67×10^{-8}	−7.33
$[Ag(CN)_2]^-$	1.26×10^{21}	21.1	7.94×10^{-22}	−21.1
$[AgCl_2]^-$	1.10×10^5	5.04	9.09×10^{-6}	−5.04
$[AgI_2]^-$	5.5×10^{11}	11.74	1.82×10^{-12}	−11.74
$[Ag(NH_3)_2]^+$	1.12×10^7	7.05	8.93×10^{-8}	−7.05
$[Ag(S_2O_3)_2]^{3-}$	2.89×10^{13}	13.46	3.46×10^{-14}	−13.46
$[Ag(py)_2]^+$	1×10^{10}	10.0	1×10^{-10}	−10.0
$[Co(NH_3)_6]^{2+}$	1.29×10^5	5.11	7.75×10^{-6}	−5.11
$[Cu(CN)_2]^-$	1×10^{24}	24.0	1×10^{-24}	−24.0
$[Cu(NH_3)_2]^+$	7.24×10^{10}	10.86	1.38×10^{-11}	−10.86
$[Cu(NH_3)_4]^{2+}$	2.09×10^{13}	13.32	4.78×10^{-14}	−13.32
$[Cu(P_2O_7)_2]^{6-}$	1×10^9	−9.0	1×10^{-9}	−9.0
$[Cu(SCN)_2]^-$	1.52×10^5	5.18	6.58×10^{-6}	−5.18
$[Fe(CN)_6]^{3-}$	1×10^{42}	42.0	1×10^{-42}	−42.0
$[FeF_6]^{3-}$	2.04×10^{14}	14.31	4.90×10^{-15}	−14.31
$[HgBr_4]^{2-}$	1×10^{21}	21.0	1×10^{-21}	−21.0
$[Hg(CN)_4]^{2-}$	2.51×10^{41}	41.4	3.98×10^{-42}	−41.4
$[HgCl_4]^{2-}$	1.17×10^{15}	15.07	8.55×10^{-16}	−15.07
$[HgI_4]^{2-}$	6.75×10^{29}	29.83	1.48×10^{-30}	−29.83
$[Ni(NH_3)_6]^{2+}$	5.50×10^8	8.74	1.82×10^{-9}	−8.74
$[Ni(en)_3]^{2+}$	2.14×10^{18}	18.33	4.67×10^{-19}	−18.33
$[Zn(CN)_4]^{2-}$	5.0×10^{16}	16.7	2.0×10^{-17}	−16.7
$[Zn(NH_3)_4]^{2+}$	2.87×10^9	9.46	3.48×10^{-10}	−9.46
$[Zn(en)_2]^{2+}$	6.75×10^{10}	10.83	1.48×10^{-11}	−10.83

注：数据摘自 J A Dean. Lange's Handbook of Chemistry, Tab. 5~14, Tab. 5~15, 12th ed, (1979)；温度一般为 20~25℃；$K_{稳}^{\ominus}$，$K_{不稳}^{\ominus}$，$\lg K_{不稳}^{\ominus}$ 的数据是根据上述 $\lg K_{稳}^{\ominus}$ 的数据换算而得到的。

附录 7　标准电极电势 （298K）

1. 在酸性水溶液中 （酸表）

电对符号	$E^{\ominus}/V$	半反应
Li^+/Li	−3.040	$Li^+ + e^- \rightleftharpoons Li$
K^+/K	−2.931	$K^+ + e^- \rightleftharpoons K$
Ba^{2+}/Ba	−2.912	$Ba^{2+} + 2e^- \rightleftharpoons Ba$
Sr^{2+}/Sr	−2.89	$Sr^{2+} + 2e^- \rightleftharpoons Sr$
Ca^{2+}/Ca	−2.868	$Ca^{2+} + 2e^- \rightleftharpoons Ca$
Na^+/Na	−2.71	$Na^+ + e^- \rightleftharpoons Na$
Mg^{2+}/Mg	−2.70	$Mg^{2+} + 2e^- \rightleftharpoons Mg$
Sc^{3+}/Sc	−2.077	$Sc^{3+} + 3e^- \rightleftharpoons Sc$
Be^{2+}/Be	−1.847	$Be^{2+} + 2e^- \rightleftharpoons Be$
Al^{3+}/Al	−1.662	$Al^{3+} + 3e^- \rightleftharpoons Al$
Mn^{2+}/Mn	−1.185	$Mn^{2+} + 2e^- \rightleftharpoons Mn$
Zn^{2+}/Zn	−0.7618	$Zn^{2+} + 2e^- \rightleftharpoons Zn$
Cr^{3+}/Cr	−0.744	$Cr^{3+} + 3e^- \rightleftharpoons Cr$
Fe^{2+}/Fe	−0.447	$Fe^{2+} + 2e^- \rightleftharpoons Fe$
Cr^{3+}/Cr^{2+}	−0.407	$Cr^{3+} + e^- \rightleftharpoons Cr^{2+}$
Cd^{2+}/Cd	−0.4030	$Cd^{2+} + 2e^- \rightleftharpoons Cd$
$PbSO_4/Pb$	−0.3588	$PbSO_4 + 2e^- \rightleftharpoons Pb + SO_4^{2-}$
Co^{2+}/Co	−0.28	$Co^{2+} + 2e^- \rightleftharpoons Co$
H_3PO_4/H_3PO_3	−0.276	$H_3PO_4 + 2H^+ + 2e^- \rightleftharpoons H_3PO_3 + H_2O$
$PbCl_2/Pb$	−0.2675	$PbCl_2 + 2e^- \rightleftharpoons Pb + 2Cl^-$

续表

电对符号	$E^{\ominus}/\mathrm{V}$	半反应
$\mathrm{Ni^{2+}/Ni}$	-0.257	$\mathrm{Ni^{2+}+2e^-} \rightleftharpoons \mathrm{Ni}$
$\mathrm{Sn^{2+}/Sn}$	-0.1375	$\mathrm{Sn^{2+}+2e^-} \rightleftharpoons \mathrm{Sn}$
$\mathrm{Pb^{2+}/Pb}$	-0.1262	$\mathrm{Pb^{2+}+2e^-} \rightleftharpoons \mathrm{Pb}$
$\mathrm{H^+/H_2}$	0	$\mathrm{2H^+ +2e^-} \rightleftharpoons \mathrm{H_2}$
$\mathrm{S/H_2S}$	$+0.142$	$\mathrm{S+2H^+ +2e^-} \rightleftharpoons \mathrm{H_2S}$
$\mathrm{Sn^{4+}/Sn^{2+}}$	$+0.151$	$\mathrm{Sn^{4+}+2e^-} \rightleftharpoons \mathrm{Sn^{2+}}$
$\mathrm{SO_4^{2-}/H_2SO_3}$	$+0.172$	$\mathrm{SO_4^{2-}+4H^+ +2e^-} \rightleftharpoons \mathrm{H_2SO_3+H_2O}$
$\mathrm{Cu^{2+}/Cu}$	$+0.3419$	$\mathrm{Cu^{2+}+2e^-} \rightleftharpoons \mathrm{Cu}$
$\mathrm{H_2SO_3/S}$	$+0.449$	$\mathrm{H_2SO_3+4H^+ +4e^-} \rightleftharpoons \mathrm{S+3H_2O}$
$\mathrm{Cu^+/Cu}$	$+0.521$	$\mathrm{Cu^+ +e^-} \rightleftharpoons \mathrm{Cu}$
$\mathrm{I_2/I}$	$+0.5355$	$\mathrm{I_2+2e^-} \rightleftharpoons \mathrm{2I^-}$
$\mathrm{H_3AsO_4/HAsO_2}$	$+0.560$	$\mathrm{H_3AsO_4+2H^+ +2e^-} \rightleftharpoons \mathrm{HAsO_2+2H_2O}$
$\mathrm{Sb_2O_5/SbO^+}$	$+0.581$	$\mathrm{Sb_2O_5+6H^+ +4e^-} \rightleftharpoons \mathrm{2SbO^+ +3H_2O}$
$\mathrm{O_2/H_2O_2}$	$+0.695$	$\mathrm{O_2+2H^+ +2e^-} \rightleftharpoons \mathrm{H_2O_2}$
$\mathrm{Fe^{3+}/Fe^{2+}}$	$+0.771$	$\mathrm{Fe^{3+}+e^-} \rightleftharpoons \mathrm{Fe^{2+}}$
$\mathrm{Hg_2^{2+}/Hg}$	$+0.7973$	$\mathrm{Hg_2^{2+}+2e^-} \rightleftharpoons \mathrm{2Hg}$
$\mathrm{Ag^+/Ag}$	$+0.7996$	$\mathrm{Ag^+ +e^-} \rightleftharpoons \mathrm{Ag}$
$\mathrm{NO_3^-/N_2O_4}$	$+0.803$	$\mathrm{2NO_3^- +4H^+ +2e^-} \rightleftharpoons \mathrm{N_2O_4+2H_2O}$
$\mathrm{NO_3^-/NH_4^+}$	$+0.88$	$\mathrm{NO_3^- +10H^+ +8e^-} \rightleftharpoons \mathrm{NH_4^+ +3H_2O}$
$\mathrm{Hg^{2+}/Hg_2^{2+}}$	$+0.920$	$\mathrm{2Hg^{2+}+2e^-} \rightleftharpoons \mathrm{Hg_2^{2+}}$
$\mathrm{NO_3^-/HNO_2}$	$+0.934$	$\mathrm{NO_3^- +3H^+ +2e^-} \rightleftharpoons \mathrm{HNO_2+H_2O}$
$\mathrm{NO_3^-/NO}$	$+0.957$	$\mathrm{NO_3^- +4H^+ +3e^-} \rightleftharpoons \mathrm{NO+2H_2O}$
$\mathrm{HNO_2/NO}$	$+0.983$	$\mathrm{HNO_2+H^+ +e^-} \rightleftharpoons \mathrm{NO+H_2O}$
$\mathrm{N_2O_4/NO}$	$+1.035$	$\mathrm{N_2O_4+4H^+ +4e^-} \rightleftharpoons \mathrm{2NO+2H_2O}$
$\mathrm{Br_2/Br}$	$+1.066$	$\mathrm{Br_2+2e^-} \rightleftharpoons \mathrm{2Br^-}$
$\mathrm{N_2O_4/HNO_2}$	$+1.065$	$\mathrm{N_2O_4+2H^+ +2e^-} \rightleftharpoons \mathrm{2HNO_2}$
$\mathrm{ClO_4^-/ClO_3^-}$	$+1.189$	$\mathrm{ClO_4^- +2H^+ +2e^-} \rightleftharpoons \mathrm{ClO_3^- +H_2O}$
$\mathrm{Pt^{2+}/Pt}$	$+1.2$	$\mathrm{Pt^{2+}+2e^-} \rightleftharpoons \mathrm{Pt}$
$\mathrm{ClO_3^-/HClO_2}$	$+1.214$	$\mathrm{ClO_3^- +3H^+ +2e^-} \rightleftharpoons \mathrm{HClO_2+H_2O}$
$\mathrm{O_2/H_2O}$	$+1.229$	$\mathrm{O_2+4H^+ +4e^-} \rightleftharpoons \mathrm{2H_2O}$
$\mathrm{MnO_2/Mn^{2+}}$	$+1.224$	$\mathrm{MnO_2+4H^+ +2e^-} \rightleftharpoons \mathrm{Mn^{2+}+2H_2O}$
$\mathrm{Tl^{3+}/Tl^+}$	$+1.252$	$\mathrm{Tl^{3+}+2e^-} \rightleftharpoons \mathrm{Tl^+}$
$\mathrm{ClO_2/HClO_2}$	$+1.277$	$\mathrm{ClO_2+H^+ +e^-} \rightleftharpoons \mathrm{HClO_2}$
$\mathrm{Cr_2O_7^{2-}/Cr^{3+}}$	$+1.232$	$\mathrm{Cr_2O_7^{2-}+14H^+ +6e^-} \rightleftharpoons \mathrm{2Cr^{3+}+7H_2O}$
$\mathrm{Cl_2/Cl^-}$	$+1.3583$	$\mathrm{Cl_2+2e^-} \rightleftharpoons \mathrm{2Cl^-}$
$\mathrm{HIO/I_2}$	$+1.439$	$\mathrm{2HIO+2H^+ +2e^-} \rightleftharpoons \mathrm{I_2+2H_2O}$
$\mathrm{PbO_2/Pb^{2+}}$	$+1.455$	$\mathrm{PbO_2+4H^+ +2e^-} \rightleftharpoons \mathrm{Pb^{2+}+2H_2O}$
$\mathrm{Au^{3+}/Au}$	$+1.498$	$\mathrm{Au^{3+}+3e^-} \rightleftharpoons \mathrm{Au}$
$\mathrm{Mn^{3+}/Mn^{2+}}$	$+1.5415$	$\mathrm{Mn^{3+}+e^-} \rightleftharpoons \mathrm{Mn^{2+}}$
$\mathrm{MnO_4^-/Mn^{2+}}$	$+1.507$	$\mathrm{MnO_4^- +8H^+ +5e^-} \rightleftharpoons \mathrm{Mn^{2+}+4H_2O}$
$\mathrm{HClO/Cl_2}$	$+1.611$	$\mathrm{2HClO+2H^+ +2e^-} \rightleftharpoons \mathrm{Cl_2+2H_2O}$
$\mathrm{HClO_2/HClO}$	$+1.645$	$\mathrm{HClO_2+2H^+ +2e^-} \rightleftharpoons \mathrm{HClO+H_2O}$
$\mathrm{Au^+/Au}$	$+1.692$	$\mathrm{Au^+ +e^-} \rightleftharpoons \mathrm{Au}$
$\mathrm{PbO_2/PbSO_4}$	$+1.6913$	$\mathrm{PbO_2+4H^+ +SO_4^{2-}+2e^-} \rightleftharpoons \mathrm{PbSO_4+2H_2O}$
$\mathrm{MnO_4^-/MnO_2}$	$+1.679$	$\mathrm{MnO_4^- +4H^+ +3e^-} \rightleftharpoons \mathrm{MnO_2+2H_2O}$
$\mathrm{H_2O_2/H_2O}$	$+1.776$	$\mathrm{H_2O_2+2H^+ +2e^-} \rightleftharpoons \mathrm{2H_2O}$
$\mathrm{Co^{3+}/Co^{2+}}$	$+1.83$	$\mathrm{Co^{3+}+e^-} \rightleftharpoons \mathrm{Co^{2+}}$
$\mathrm{FeO_4^{2-}/Fe^{3+}}$	$+2.07$	$\mathrm{FeO_4^{2-}+8H^+ +3e^-} \rightleftharpoons \mathrm{Fe^{3+}+4H_2O}$
$\mathrm{Ag^{2+}/Ag^+}$	$+1.98$	$\mathrm{Ag^{2+}+e^-} \rightleftharpoons \mathrm{Ag^+}$
$\mathrm{S_2O_8^{2-}/SO_4^{2-}}$	$+2.010$	$\mathrm{S_2O_8^{2-}+2e^-} \rightleftharpoons \mathrm{2SO_4^{2-}}$
$\mathrm{O_3/H_2O}$	2.076	$\mathrm{O_3+2H^+ +2e^-} \rightleftharpoons \mathrm{O_2+H_2O}$
$\mathrm{F_2/HF}$	$+3.053$	$\mathrm{F_2+2H^+ +2e^-} \rightleftharpoons \mathrm{2HF}$

2. 在碱性水溶液中（碱表）

电对符号	$E^{\ominus}/V$	半反应
$Ca(OH)_2/Ca$	-3.02	$Ca(OH)_2 + 2e^- \rightleftharpoons Ca + 2OH^-$
$Mg(OH)_2/Mg$	-2.690	$Mg(OH)_2 + 2e^- \rightleftharpoons Mg + 2OH^-$
$H_2AlO_3^-/Al$	-2.33	$H_2AlO_3^- + H_2O + 3e^- \rightleftharpoons Al + 4OH^-$
H_2/H^-	-2.33	$H_2 + 2e^- \rightleftharpoons 2H^-$
$Mn(OH)_2/Mn$	-1.56	$Mn(OH)_2 + 2e^- \rightleftharpoons Mn + 2OH^-$
ZnO_2^{2-}/Zn	-1.249	$ZnO_2^{2-} + 2H_2O + 2e^- \rightleftharpoons Zn + 4OH^-$
CrO_2^-/Cr	-1.2	$CrO_2^- + 2H_2O + 3e^- \rightleftharpoons Cr + 4OH^-$
SO_4^{2-}/SO_3^{2-}	-0.93	$SO_4^{2-} + H_2O + 2e^- \rightleftharpoons SO_3^{2-} + 2OH^-$
$HSnO_2^-/Sn$	-0.909	$HSnO_2^- + H_2O + 2e^- \rightleftharpoons Sn + 3OH^-$
H_2O/H_2	-0.8277	$2H_2O + 2e^- \rightleftharpoons H_2 + 2OH^-$
$Cd(OH)_2/Cd$	-0.809	$Cd(OH)_2 + 2e^- \rightleftharpoons Cd + 2OH^-$
$Ni(OH)_2/Ni$	-0.72	$Ni(OH)_2 + 2e^- \rightleftharpoons Ni + 2OH^-$
Ag_2S/Ag	-0.691	$Ag_2S + 2e^- \rightleftharpoons 2Ag + S^{2-}$
SO_3^{2-}/S	-0.66	$SO_3^{2-} + 3H_2O + 4e^- \rightleftharpoons S + 6OH^-$
$SO_3^{2-}/S_2O_3^{2-}$	-0.571	$2SO_3^{2-} + 3H_2O + 4e^- \rightleftharpoons S_2O_2^{2-} + 6OH^-$
$Fe(OH)_3/Fe(OH)_2$	-0.56	$Fe(OH)_3 + e^- \rightleftharpoons Fe(OH)_2 + OH^-$
S/S^{2-}	-0.476	$S + 2e^- \rightleftharpoons S^{2-}$
NO_2^-/NO	-0.46	$NO_2^- + H_2O + e^- \rightleftharpoons NO + 2OH^-$
Cu_2O/Cu	-0.360	$Cu_2O + H_2O + 2e^- \rightleftharpoons 2Cu + 2OH^-$
$Cu(OH)_2/Cu_2O$	-0.080	$2Cu(OH)_2 + 2e^- \rightleftharpoons Cu_2O + 2OH^- + H_2O$
O_2/HO_2^-	-0.076	$O_2 + H_2O + 2e^- \rightleftharpoons HO_2^- + OH^-$
NO_3^-/NO_2^-	$+0.01$	$NO_3^- + H_2O + 2e^- \rightleftharpoons NO_2^- + 2OH^-$
$S_4O_6^{2-}/S_2O_3^{2-}$	$+0.08$	$S_4O_6^{2-} + 2e^- \rightleftharpoons 2S_2O_3^{2-}$
HgO/Hg	$+0.0977$	$HgO + H_2O + 2e^- \rightleftharpoons Hg + 2OH^-$
PbO_2/PbO	$+0.247$	$PbO_2 + H_2O + 2e^- \rightleftharpoons PbO + 2OH^-$
IO_3^-/I^-	$+0.26$	$IO_3^- + 3H_2O + 6e^- \rightleftharpoons I^- + 6OH^-$
ClO_3^-/ClO_2^-	$+0.33$	$ClO_3^- + H_2O + 2e^- \rightleftharpoons ClO_2^- + 2OH^-$
Ag_2O/Ag	$+0.342$	$Ag_2O + H_2O + 2e^- \rightleftharpoons 2Ag + 2OH^-$
ClO_4^-/ClO_3^-	$+0.36$	$ClO_4^- + H_2O + 2e^- \rightleftharpoons ClO_3^- + 2OH^-$
O_2/OH^-	$+0.401$	$O_2 + 2H_2O + 4e^- \rightleftharpoons 4OH^-$
I_2/I^-	$+0.5355$	$I_2 + 2e^- \rightleftharpoons 2I^-$
MnO_4^-/MnO_4^{2-}	$+0.564$	$MnO_4^- + e^- \rightleftharpoons MnO_4^{2-}$
MnO_4^-/MnO_2	$+0.595$	$MnO_4^- + 2H_2O + 3e^- \rightleftharpoons MnO_2 + 4OH^-$
MnO_4^{2-}/MnO_2	$+0.60$	$MnO_4^{2-} + 2H_2O + 2e^- \rightleftharpoons MnO_2 + 4OH^-$
BrO_3^-/Br^-	$+0.61$	$BrO_3^- + 3H_2O + 6e^- \rightleftharpoons Br^- + 6OH^-$
ClO_2^-/ClO^-	$+0.66$	$ClO_2^- + H_2O + 2e^- \rightleftharpoons ClO^- + 2OH^-$
HO_2^-/OH^-	$+0.878$	$HO_2^- + H_2O + 2e^- \rightleftharpoons 3OH^-$
Br_2/Br	$+1.066$	$Br_2 + 2e^- \rightleftharpoons 2Br$
O_3/O_2	$+1.24$	$O_3 + H_2O + 2e^- \rightleftharpoons O_2 + 2OH^-$
Cl_2/Cl^-	$+1.358$	$Cl_2 + 2e^- \rightleftharpoons 2Cl^-$
$S_2O_8^{2-}/SO_4^{2-}$	$+2.010$	$S_2O_8^{2-} + 2e^- \rightleftharpoons 2SO_4^{2-}$
F_2/F^-	$+2.866$	$F_2 + 2e^- \rightleftharpoons 2F^-$

注：数据摘自 Lide D R. CRC Handbook of Chemical and Physics, 78th ed(1997-1998), CRC Press Inc., Boca Raton, New York. P. 8-25-8-30。

部分习题参考答案

第1章

一、填空题

1. $44.1g \cdot mol^{-1}$
2. 24.46
3. $>$、$>$、$>$
4. 21278.25Pa
5. 等于
6. CBDA，ADBC
7. 分子本身有体积，分子间有作用力。
8. 18.025
9. 蒸气压下降
10. ABDC，CDBA，CDBA

二、选择题

1. D   2. A   3. C   4. B   5. A

6. C   7. A   8. A   9. D   10. C

三、计算题和简答题

1. $p(N_2) = 0.067p_总$，$p(H_2) = 0.993p_总$

2. $p_总 = 9.76 \times 10^4 Pa$，$p(N_2) = 3.55 \times 10^4 Pa$，$p(O_2) = 6.21 \times 10^6 Pa$。

3. ① $n_总 = 0.48 mol$

    ② $X_{CO_2} = 0.28$，$X_{O_2} = 0.52$，$X_{N_2} = 0.196$

    ③ $p_{CO_2} = 3.4 \times 10^4 Pa$，$p_{O_2} = 6.2 \times 10^4 Pa$，$p_{N_2} = 2.4 \times 10^4 Pa$

    ④ $m_{N_2} = 2.52g$

4. $p_{CO} = 60.78 kPa$，$p_{H_2} = 10.13 kPa$

$n_{CO} = 2.44 \times 10^{-3} mol$，$n_{H_2} = 4.06 \times 10^{-4} mol$

5. ① $p_{H_2} = 59.9 kPa$，$p_{O_2} = 14.0 kPa$，$p_{N_2} = 6.66 kPa$

    ② $p_总 = 80.6 kPa$

    ③ $X_{H_2} = 0.743$，$X_{O_2} = 0.174$，$X_{N_2} = 0.083$

6. $p = 9.45 \times 10^5 Pa$

7. $p_溶 = 2318 Pa$

8. 0.19

9. $T_b = 100.256℃$ $p_溶 = 2310 Pa$

10. 8

11. 100.079℃

12. $\pi = 7.25 \times 10^4 Pa$

13. 加 3.333kg，$p_溶$＝2124Pa，T_b＝102.75℃

第 2 章

一、判断题

1. × 2. × 3. × 4. √ 5. √ 6. × 7. × 8. × 9. × 10. √

二、选择题

1. B 2. B 3. C 4. B 5. B 6. B 7. D 8. D 9. A 10. C

三、填空题

1. U、S、H、G、S 2. $\Delta U=Q+W$，$H=U+pV$，$G=H-TS$

3. 100kPa，1mol·dm^{-3} 4. 相的接触面积，扩散率 5. 增大，增大

6. 40J 7. -45kJ·mol^{-1} 8. $CO_2(g)>NaCO_3(s)>NaCl(s)>Na(s)$

9. $K^{\ominus}=0.16$ 10. 119K 11. $v=k\cdot c_{NO}^2\cdot c_{Cl_2}$，9，1/8 12. 73.6%

五、计算题

1. $\Delta U=508$J

2. 放热 4835.3kJ

3. 放热 78.9kJ

4. $\Delta_r H_m(T)=-16.7$(kJ·mol^{-1})

5. (1) 放热 352kJ；(2) 放热 108.4kJ；(3) $\Delta_f H_{m,NH_4Cl(aq)}^{\ominus}=-307$(kJ·mol^{-1})；(4) 吸热 7.4kJ

6. $\Delta H=Q=35.2$(kJ)，$W=-2.8$(kJ)，$\Delta U=Q+W=32.4$(kJ)，$\Delta G=0$

7. (1) $\Delta_r S_m^{\ominus}(298K)=-390.4$(J·K^{-1}·mol^{-1})

(2) $\Delta_r S_m^{\ominus}(298K)=-184.5$(J·K^{-1}·mol^{-1})

8. (1) $\Delta_r G_m^{\ominus}(298K)=-33.0$(kJ·mol^{-1})，$K^{\ominus}(298K)=6.3\times10^5$

(2) $\Delta_r G_m^{\ominus}(298K)=-16.5$(kJ·mol^{-1})，$K^{\ominus}(298K)=7.9\times10^2$

(3) $\Delta_r G_m^{\ominus}(298K)=-66.0$(kJ·mol^{-1})，$K^{\ominus}(298K)=4.0\times10^{11}$

9. (1) $\Delta_r G_m^{\ominus}(298K)=-141.5$(kJ·mol^{-1})

(2) $\Delta_r G_m^{\ominus}(500K)=-103.2$(kJ·mol^{-1})，$K^{\ominus}(500K)=6.3\times10^{10}$

10. 29kPa

11. $\Delta_r G_m^{\ominus}(298K)=-687.6$(kJ·mol^{-1}) <0，能够自发进行

12. $\Delta_r G_m^{\ominus}(298K)=330.9$(kJ·mol^{-1})$>40$(kJ·mol^{-1})，故 298K 的标准状态下不能自发进行；其自发进行的温度为 $T>908K$。

13. $\Delta_r G_m^{\ominus}(298K)=-328.7$(kJ·mol^{-1})$<0$
反应能够自发进行；该方法适用的温度条件为 $T<2029K$。

14. (1) 62%；(2) 87%

15. 化学平衡正向移动，$c_{H_2}=c_{I_2}=0.37$(mol·dm^{-3})，$c_{HI}=0.89$(mol·dm^{-3})

16. (1) 正向移动；(2) 逆向移动；(3) 不移动；(4) 不移动；(5) 正向移动；(6) 不移动

17. (1) $K^{\ominus}=7.0$；(2) $c_{Br_2}=c_{Cl_2}=0.0008$(mol·dm^{-3})，$c_{BrCl}=0.0284$(mol·dm^{-3})

18. (1) $v=kc_{NO}^2 c_{H_2}$，三级反应；(2) $k=8.0\times10^7$(mol·dm^{-3})$^{-2}$·s^{-1}；(3) $v=$

6. 4$(\text{mol} \cdot \text{dm}^{-3} \cdot \text{s}^{-1})$

    19. $v_{1000\text{K}}/v_{900\text{K}} = 9.3$

    20. $E_a = 54(\text{kJ} \cdot \text{mol}^{-1})$

    21. $E_a = 77(\text{kJ} \cdot \text{mol}^{-1})$

    22. $v_{\text{I}^-}/v = 1882$，$v_{\text{酶}}/v = 5.5 \times 10^8$

第 3 章

一、选择题

    1. B 2. A 3. A 4. D 5. C 6. B 7. C 8. C，D，B，C 9. C 10. B

二、计算题和简答题

    1. $\alpha = 1\%$，$K_a^\ominus = 2.0 \times 10^{-6}$

    2. $c_{\text{H}^+} = c_{\text{HCO}_3^-} = 6.5 \times 10^{-5}$ $c_{\text{CO}_3^{2-}} = 5.6 \times 10^{-11}$；$\text{pH} = 4.2$

    3. 5.1×10^{-5}

    4. 3.7×10^{-6}

    5. 9.56

    6. 4.2×10^{-7}；2.0×10^{-8}

    7. (1) 1.2×10^{-3}；(2) 1.2×10^{-3}；2.4×10^{-3}；(3) 7.1×10^{-8}；(4) 4.2×10^{-4}

    8. 根据溶度积规则判断。(1) 能；(2) 不能；(3) 能

    9. (1) $Q^\ominus = 8.7 \times 10^{-10} > K_{sp}^\ominus$，能生成沉淀

(2) $Q^\ominus = 3.0 \times 10^{-15} < K_{sp}^\ominus$，不能生成沉淀

    10. AgI 先沉淀；5.2×10^{-8}

    13. (1) 1.4×10^{-11}，0.80，0.10；(2) 100%

    14. (1) 有 AgI 沉淀产生；(2) 没有 AgI 沉淀产生

第 4 章

一、选择题

    1. B 2. C 3. A 4. BC 5. D 6. C 7. C 8. D 9. AC 10. B 11. C

二、填空题

    1.

氧化还原反应	电池符号	电极反应	
$\text{Zn} + \text{CdSO}_4 \rightleftharpoons \text{ZnSO}_4 + \text{Cd}$	$(-)\text{Zn} \mid \text{ZnSO}_4 \parallel \text{CdSO}_4 \mid \text{Cd}(+)$	$\text{Zn} \rightleftharpoons \text{Zn}^{2+} + 2e^-$	$\text{Cd}^{2+} + 2e^- \rightleftharpoons \text{Cd}$
$\text{Sn}^{2+} + 2\text{Ag}^+ \rightleftharpoons \text{Sn}^{4+} + 2\text{Ag}$	$(-)\text{Pt} \mid \text{Sn}^{2+}, \text{Sn}^{4+} \parallel \text{Ag}^+ \mid \text{Ag}(+)$	$\text{Sn}^{2+} \rightleftharpoons \text{Sn}^{4+} + 2e^-$	$2\text{Ag}^+ + 2e^- \rightleftharpoons 2\text{Ag}$
$2\text{Al} + 3\text{Cl}_2 \rightleftharpoons 2\text{AlCl}_3$	$(-)\text{Al} \mid \text{Al}^{3+} \parallel \text{Cl}^- \mid \text{Cl}_2 \mid \text{Pt}(+)$	$\text{Al} \rightleftharpoons \text{Al}^{3+} + 3e^-$	$\text{Cl}_2 + 2e^- \rightleftharpoons 2\text{Cl}^-$
$\text{Fe} + \text{Hg}_2\text{Cl}_2 \rightleftharpoons \text{FeCl}_2 + 2\text{Hg}$	$(-)\text{Fe} \mid \text{FeCl}_2 \parallel \text{Cl}^- \mid \text{Hg}_2\text{Cl}_2 \mid \text{Hg}(+)$	$\text{Fe} \rightleftharpoons \text{Fe}^{2+} + 2e^-$	$\text{Hg}_2\text{Cl}_2 + 2e^- \rightleftharpoons 2\text{Hg} + 2\text{Cl}^-$

2. 标准氢电极；甘汞电极；氯化银电极

3. 物质的本性（即标准电极电势）；温度；离子浓度（或气体分压）

4. $E > 4$；E(氧化剂电对) $> E$(还原剂电对)；$\lg K^\ominus = \dfrac{nE^\ominus}{0.059} = \dfrac{n\left(E_{正}^\ominus - E_{负}^\ominus\right)}{0.059}$；电极电势的相对大小

5. 缩小；增大；缩小；缩小

6. 干燥气体或非电解质；有电解质溶液；产生腐蚀性原电池；阴；吸氧腐蚀；析氢腐蚀

7. 电极电势代数值；还原态；电极电势代数值；氧化态

三、计算题

1. (1) 1、3、8、3、2、4　　(2) 2、5、3、2、5、1、8

   (3) 2、3、10、2、6、8

2. -0.25V

3. (1) 0.73V；(2) 1.03V；(3) 1.47V

4. (1) 1.162V；(2) 1.857V

5. (1) $(-)\ \text{Pt}\,|\,\text{Sn}^{2+},\ \text{Sn}^{4+}\,\|\,\text{Fe}^{3+},\ \text{Fe}^{2+}\,|\,\text{Pt}\ (+)$；(2) 0.62V；(3) $-119.6\text{kJ}\cdot\text{mol}^{-1}$；(4) 0.53V；(5) 减小。因为使用若干时间后，离子浓度发生了变化，正极电势减小，负极电势增大，电动势减小。

6. (1) $\text{Co} + \text{Cl}_2 = \text{Co}^{2+} + 2\text{Cl}^-$ 正向进行；(2) -0.28V；(3) 随着氯压力的增大，电动势增大；(4) 电动势增大；(5) 电动势增大；(6) 略。

7. (1) 0.046V；(2) 36.25；(3) $-8.895\text{kJ}\cdot\text{mol}^{-1}$，正向进行；(4) $E = -0.43\text{V} < 0$，逆向进行。

9. (1) 标准电动势为 0.429V，大于零，正向；(2) 标准电动势为 0.646V，大于零，正向；(3) 标准电动势为 -0.679V，小于零，逆向

10. (1) $-45.54\text{kJ}\cdot\text{mol}^{-1}$；(2) $-65.99\text{kJ}\cdot\text{mol}^{-1}$

11. (1) 3.47×10^{14}；(2) 2.34×10^{62}

12. (1) $-220\text{kJ}\cdot\text{mol}^{-1}$，$1.9\times10^{37}$；(2) $-3.96\text{kJ}\cdot\text{mol}^{-1}$，$0.41$

13. (1) $(-)\ \text{Ni}\,|\,\text{Ni}^{2+}\,(0.1\text{mol}\cdot\text{dm}^{-3})\,\|\,\text{Ag}^+\,(1.0\text{mol}\cdot\text{dm}^{-3})\,|\,\text{Ag}\ (+)$；

   (2) 负极 $\text{Ni} = \text{Ni}^{2+} + 2\text{e}^-$；正极 $\text{Co}^{2+} + 2\text{e}^- = \text{Co}$；

   (3) 1.09V；(4) 6.61×10^{35}

14. 42.96%

第5章

一、选择题

1. D	2. D	3. B	4. B	5. B
6. D	7. C	8. C	9. A，D	10. C
11. E	12. A	13. B	14. B，C	15. (1)A；(2)A；(3)A
16. A，B，C	17. D	18. C	19. A	20. D
21. A	22. D	23. A	24. A	

二、计算题和简答题

1.

原子轨道	主量子数 n	角量子数 l	轨道数
2p	2	1	3
4f	4	3	7
6s	6	0	1
5d	5	2	5

2. (1) 违背了能量最低原则，正确的为：$1s^2 2s^2$

(2) 违背了洪特规则，正确的为：$1s^2 2s^2 2p_x^1 2p_y^1 2p_z^1$

(3) 违背了泡利不相容原理，正确的为：$1s^2 2s^2 2p^1$

3. Na，$z^* = 2.20$；Si，$z^* = 4.15$；Cl，$z^* = 6.10$。

4. (1) $_{24}Cr$　$1s^2 2s^2 2p^6 3s^2 3p^6 3d^5 4s^1$；(2) $3d^5 4s^1$；(3) $3s^2 3p^6 3d^3$

5. (1) 18；　(2) 24；　(3) 35

6. 3，6 为 sp^3 杂化；1，2 为 sp^2 杂化；4，5 为 sp 杂化。

7. MgF_2 和 CaO 为离子型，其余的为共价型。

8.

化合物	SiF_4	$BeCl_2$	PH_3	BF_3	OF_2	$SiHCl_3$
杂化类型	sp^3	sp	sp^3 不等性	sp^2	sp^3 不等性	sp^3
空间构型	正四面体	直线形	三角锥形	三角形	V 字形	四面体
偶极矩	0	0	$\neq 0$	$\neq 0$	$\neq 0$	$\neq 0$

9.

分子间作用力的类型	色散力	诱导力	取向力	氢键
H_2O 分子间	√	√	√	√
H_2 分子间	√			
H_2S 分子间	√	√	√	
H_2O 与 O_2 分子间	√	√		

10. $ZnO > ZnS$；　　$H_2S > H_2Se$；　　$ICl > IBr$

11. (1) 钠的卤化物为离子晶体，硅的卤化物为分子晶体。

(2) 离子晶体中，负离子半径增大，离子间静电引力减弱，熔点降低。分子晶体中，分子量越大，色散力越大，熔点就越高。

12.

物质	晶格节点上的离子	粒子间作用力	晶体类型	熔点	硬度	导电性
$BaCl_2$	正、负离子	静电引力	离子晶体	高	大	导电
O_2	分子	分子间力	分子晶体	低	小	不导电
SiC	原子	共价键力	原子晶体	高	大	不导电
H_2O	分子	分子间力、氢键	分子晶体	低	小	不导电
MgO	正、负离子	静电引力	离子晶体	高	大	导电

13. (1) 色散力；(2) 色散力、诱导力、取向力、氢键；
(3) 色散力、诱导力；(4) 色散力、诱导力、取向力；
(5) 色散力、诱导力、取向力。

14. (1) $Si>NaCl>NH_3>N_2$；(2) $NaCl>Ca(OH)_2>H_2$；(3) $BaCl_2>HCl>N_2$。

15. $MgO>CaF_2>CaCl_2>BaCl_2$

第 6 章

1. 答：合金是由一种金属与另一种或几种其他金属或非金属熔合在一起形成的具有金属特性的物质。根据结构的不同，合金可分为以下三种类型：混合物合金、金属固熔体合金、金属化合物合金。混合物合金如铅锡合金，金属固熔体合金如碳钢，金属化合物合金如 Mg_2Pb 合金。

2. 答：由于形成固溶体而引起合金的强度、硬度升高的现象称为固熔强化。固熔强化使合金材料的强度、硬度升高。

3. 答：各种金属的热力学稳定性相差很大，所以耐蚀性上有很大的差异。获得耐蚀合金的途径有：①提高金属或合金的热力学稳定性，即向原来不耐蚀的金属或合金中加入热力学稳定性高的合金元素，使形成固溶体以及提高合金的电极电势，增强耐蚀性；②加入易钝化合金元素，如 Cr、Ni、Mo 等，可提高基体金属的耐蚀性；③加入能促使合金表面生成致密的腐蚀产物保护膜的合金元素，是制取耐蚀合金的又一途径。

4. 答：按磁性质，物质可分为：反磁材料、顺磁材料、铁磁材料。反磁材料内部原子的电子都已成对。顺磁材料内部原子中有未成对电子。铁磁材料内部原子中也有未成对电子，同时其内部还存在着称为"磁畴"的许多局部小区域，在这些小区域内，相邻的原子磁矩取向一致，趋于相互平行的排列。

5. 答：应用最广的合金元素有铬、锰、钨、钴、镍、硅和铝等。合金元素有的半径与铁原子的相似，并且电负性和外层电子构型也相似，形成取代固溶体，有的半径较小，形成间充固溶体。有的极易钝化。合金元素能显著提高钢的力学性能，还赋予钢许多新的特性。

6. 答：陶瓷由晶相、玻璃相、气相组成。晶相决定着陶瓷的力学、物理、化学性能。玻璃相在陶瓷中起着黏结分散的晶相、填充气孔、降低烧结温度等作用。陶瓷中气孔若均匀存在，可使陶瓷的绝热性能大大提高，密度大大下降。但气孔会使陶瓷的抗电击穿能力下降，受力时易产生裂纹，透明度下降。

7. 答：陶瓷材料一般具有质脆、硬度高、强度高、耐高温、耐腐蚀、对热和电的绝缘性好的特点，韧性和延展性较差。按化学成分分，结构陶瓷可分为氧化铝陶瓷、氧化硅陶瓷、氧化锆陶瓷和碳化硅陶瓷。

8. 答：结构陶瓷是在工程结构上使用的陶瓷。结构陶瓷具有高硬度、高强度、耐磨耐蚀，耐高温和润滑性好等优点，常用作机械结构零部件。它克服了传统陶瓷的脆性。

9. 答：形状记忆合金是一种在加热升温后能完全消除其在较低的温度下发生的变形，恢复其变形前原始形状的合金材料。这是利用某些合金在固态时其晶体结构随温度发生变化的规律而已。例如，镍-钛合金在 40℃以上和 40℃以下的晶体结构是不同的，但温度在 40℃上下变化时，合金就会收缩或膨胀，使得它的形态发生变化。这里，40℃就是镍-钛记忆合金的"变态温度"。各种合金都有自己的变态温度。若某种记忆合金的变态温度很高，在高温时它被做成螺旋状而处于稳定状态。在室温下强行把它拉直时，它却处于不稳定状态，因此，只要把它加热到变态温度，它就立即恢复到原来处于稳定状态的螺旋形状了。

11. 答：陶瓷作为生物材料，有生物惰性和生物活性两类。生物惰性材料的物理和化学性质十分稳定，在人体中几乎不发生变化，它有不生锈、不溶出、不需要取出的特点。生物活性材料会分解、吸收、反应或产生沉淀作用等，主要由 CaO、P_2O_5 等组成。这种材料具有优异的生物相容性，能与骨骼形成骨性结合面，结合强度高，稳定性好，植入骨内还具有诱导骨骼细胞生长，逐渐参与代谢，甚至完全同天然骨骼结合成一体。

12. 答：无机建筑材料按组成可分为

无机建筑材料	金属材料	黑色金属：钢、铁
		有色金属：铝、铜等及其合金
	非金属材料	天然石材：沙、石、各种岩石制成的材料
		烧土制品：黏土砖、瓦、陶瓷、玻璃等
		胶凝材料：石灰、石膏、水玻璃、水泥混凝土、砂浆、硅酸盐制品

13. 答：我国早在周朝已使用石灰修筑帝王的陵墓。从周朝至南北朝时期，人们以石灰、黄土和细砂的混合物作夯土墙或土坯墙的抹面，或制作居室和墓道的地坪。明清时期，三合土的使用和发展，使石灰的用途更为广泛。此外，在中国古建筑中，常用石灰和某些有机物配制成复合胶凝材料使用，取得了良好的效果。

14. 答：按照硬化条件，胶凝材料可分为水硬性胶凝材料和气硬性胶凝材料两类。水硬性胶凝材料能在水中（也能在空气中）硬化，保持并继续提高其强度。水泥是典型的水硬性胶凝材料。气硬性胶凝材料只能在空气中硬化，也只能在空气中保持或继续提高其强度。主要的气硬性胶凝材料有石灰、石膏、镁质胶凝材料、水玻璃等。

15. 答：硅酸三钙水化很快，水化硅酸三钙形成后几乎不溶于水，并立即以胶体微粒析出，逐渐凝结成为凝胶。经水化反应生成的氢氧化钙浓度达到过饱和后以晶体析出。铝酸三钙水化生成的水化铝酸三钙也是晶体，在氢氧化钙饱和溶液中它能与氢氧化钙进一步发生反应，生成水化铝酸四钙晶体。

水泥的水化反应是在颗粒表面进行的。水化产物很快溶于水中，接着水泥的颗粒又暴露出一层新的表面，又继续与水反应，如此不断反应，就使水泥颗粒周围的溶液很快成为水化产物的饱和溶液。在溶液已达饱和后，水泥继续水化生成的产物就不能再溶解，就有许多细小分散状态的颗粒析出，形成凝胶体。随着水化作用继续进行，新生胶粒不断增加，游离水分逐渐减少，水泥浆逐渐失去塑性，即出现凝结现象。

此后，凝胶体中的氢氧化钙和含水铝酸钙将逐渐转变为结晶，贯穿于凝胶体中，紧密结合起来，形成具有一定强度的水泥石。随着硬化时间（龄期）的延续，水泥颗粒内部未水化部分将继续水化，使晶体逐渐增多，凝胶体逐渐密实，水泥石就具有愈来愈高的胶结力和强度。

16. 答：使用石灰时，通常将生石灰加水，使之消解为熟石灰——氢氧化钙，这个过程称为石灰的"熟化"或"消化"。硬化过程为：①石灰膏或浆体在干燥过程中水分不断减少（蒸发、被砌体吸收），氢氧化钙从过饱和溶液中逐渐析出，形成结晶；②氢氧化钙吸收空气中的二氧化碳，生成难溶于水的碳酸钙结晶，并放出水分，为碳化作用。

17. 答：石灰在建筑工程中的应用范围很广，常用的有以下几种：①砂浆和石灰乳；②灰土和三合土；③硅酸盐建筑制品；④碳化石灰板。

第 7 章

一、填空题

1. (1) 聚乙酸乙烯酯；$CH_3COOCH \!=\! CH_2$ （乙酸乙烯酯）

(2) 聚甲基丙烯酸甲酯（或有机玻璃）；$CH_2\!=\!\underset{\underset{CH_3}{|}}{C}COOCH_3$（甲基丙烯酸甲酯）

(3) 聚己二酰己二胺（尼龙 66）；$HOOC(CH_2)_4COOH$ 和 $H_2N(CH_2)_6NH_2$（己二酸和己二胺）

(4) 聚己酰胺（或尼龙 6）；$\begin{matrix}CH_2\!-\!CH_2\!-\!CH_2\\CH_2\!-\!CH_2\!-\!NH\end{matrix}\!\!\!\Big\rangle C\!=\!O$（己内酰胺）

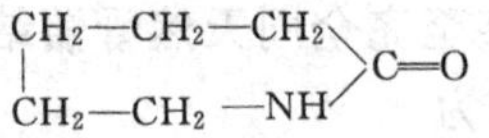

(5) 聚异戊二烯；$CH_2\!=\!\underset{\underset{CH_3}{|}}{C}\!-\!CH\!=\!CH_2$（异戊二烯）

2. 聚苯乙烯；$CH_2\!=\!\underset{\underset{C_6H_5}{|}}{CH}$；加聚；208000

3. 玻璃态、高弹态、黏流态

4. 玻璃；＞；高弹；＜

5. 低；高；高；低；大；小

6. 相似相溶；溶胀；溶解

7. 降解；交联

第 8 章

一、填空题

1. 石油勘探、油田开发、油气集输、石油炼制

2. $C_5\sim C_{11}$、$C_{11}\sim C_{20}$、300～500℃、蜡、地蜡、石蜡

3. 过氧化物、辛烷值、100、0

4. 混合气、十六烷值、100、0

5. 基础油、添加剂、改善基础油的润滑性能

6. 润滑作用、冷却作用、洗涤作用、密封作用、防锈作用

7. 液体润滑剂、稠化剂、添加剂，稠化剂

8. 抽提溶剂油、洗涤溶剂油、油漆溶剂油

9. 润滑、冷却、防锈、清洗

10. 剪切、氧化